天然高分子基钻井液体系研究

顾雪凡 张洁 陈刚◎著

内 容 提 要

本书较全面、系统地介绍了天然高分子基钻井液体系。主要从传统钻井液体系、复杂地层钻井液新体系及钻井液与其他油田化学工作液通用性研究等三个视域评述了钻井液体系研究进展。基于钻井液体系表(界)面性质和物理化学性质，阐释了天然高分子基钻井液体系相关的胶体与界面化学理论基础。结合国内外相关研究成果，并融入课题组在此领域取得的研究成果，分门别类地介绍了天然杂聚糖类、纤维素基、淀粉基、烷基糖苷类及木质素基等天然高分子基钻井液体系，重点探讨了主剂化学结构与钻井液性能调控之间的关联作用机制，突出强调了开展环保型钻井液体系研究对油气田生产过程中环境保护、储层保护、油品保护具有重要的理论和实际应用价值。本书涉及高分子科学、油田化学、胶体与界面化学、环境科学、农林学等学科，可供相关领域的科研人员、工程技术人员、研究生及企业管理人员参考。

图书在版编目（CIP）数据

天然高分子基钻井液体系研究／顾雪凡，张洁，陈刚著．—北京：中国石化出版社，2020.9
ISBN 978-7-5114-5988-6

Ⅰ. ①天… Ⅱ. ①顾… ②张… ③陈… Ⅲ. ①高分子材料—应用—钻井液—研究 Ⅳ. ①TE254

中国版本图书馆 CIP 数据核字（2020）第 175873 号

未经本社书面授权,本书任何部分不得被复制、抄袭,或者以任何形式或任何方式传播。版权所有,侵权必究。

中国石化出版社出版发行

地址：北京市东城区安定门外大街 58 号
邮编：100011　电话：(010)57512500
发行部电话：(010)57512575
http://www.sinopec-press.com
E-mail：press@sinopec.com
北京柏力行彩印有限公司印刷
全国各地新华书店经销

*

787×1092 毫米 16 开本 18.5 印张 430 千字
2020 年 9 月第 1 版　2020 年 9 月第 1 次印刷
定价：108.00 元

前 言

"可持续发展"是科学发展观的基本要求之一，是关于自然、科学技术、经济、社会协调发展的理论和战略。2016年联合国正式启动《2030年可持续发展议程》，"保护、恢复和可持续利用生态系统，遏制生物多样性丧失"是发展目标之一；我国高度重视这一议程，各项落实工作已经全面展开，每年公开议程落实进展报告。

石油天然气支撑着当代主要的能源结构，油气田是产出石油天然气的生产场所，在油气田钻探开发作业中需使用大量化学药剂，必然存在污染环境的隐患。践行HSE(健康、安全、环保)管理体系，研发环境友好型油气田化学处理剂和工作流体是确保油气田"绿色"生产、"和谐"生产、可持续发展的技术关键。钻井液是油气田化学工作液中唯一的循环工作流体，开展环保型钻井液体系研究对油气田生产过程中环境保护、储层保护、油品保护具有重要的理论价值和实际应用基础研究意义。

可再生天然高分子源于自然界中动、植物以及微生物资源，是自然界赋予人类极为重要的物质资源和宝贵财富，属于取之不尽、用之不竭的可再生资源。此类材料使用后的废弃物易于被自然界微生物分解成水、CO_2以及无机小分子，是典型的环境友好材料。目前，已报道的天然高分子基钻井液处理剂主要包括植物胶、纤维素、淀粉、糖苷类、腐殖酸以及木质素等各种多糖、半多糖、植物酚类及其衍生产品。近年来，天然材料及其改性产物用作钻井液处理剂因来源丰富、性能卓越、可生物降解而蓬勃发展，终将对人类生存与能源开发、健康与环境保护以及世界经济发展起到不可估量的作用。

本书是在作者多年从事"油气田化学工作液研究"的工作基础上，总结所在课题组"天然高分子基钻井液体系"相关研究成果，评述业内具有一定影响力的课题组的特色研究工作撰写所成。全书内容共分4章，顾雪凡副教授撰写本书第1章、第2章和第3.3节内容(共计208千字)，张洁和陈刚教授撰写第3~4章(共计222千字)。第1章主要从三个视域总结了钻井液体系研究进展，包括传统钻井液体系、复杂地层钻井液新体系以及钻井液与其他油田化学工作液通用性研究；聚焦钻井液体系表(界)面性质和物理化学性质，阐述了天然高分子基钻井液体系相关的胶体与界面化学理论基础。第2章分门别类地介绍了天然高分子基钻井液处理剂研究成果，包括天然杂聚糖类、纤维素基、淀粉基、烷基糖苷类以及木质素基，结合典型实例，重点评述了主剂化学结构与钻井液性能调控之间的关联作用机制，旨在为进一步完善天然高分子基钻井液体系应用的基础理论与技术方法提供新思路。第3章选取了张洁教授自1996年开始，以国产植物胶杂聚糖为原料，持续开展环保型钻井液体系研究的部分代表性成果，涉及杂聚糖PG钻井液体系、杂聚糖SJ钻井液体系、纤维素基钻井液体系、聚合物-淀粉复合钻井液体系以及聚合物-木质素复合钻井液体系等。第4章着眼于在石油开采过程中"保持钻井液与压裂液体系统一"这一重要现场应用要求，结合长庆油田储层特点及油田化学工作液发展趋势，介绍了课题组在"长庆油田压裂-钻井通用水基工作液"有关环保型通用工作液研究所开展的工作，旨在探讨钻井液与其他油田化学工作液通用性研究在现场应用推广的现实及深远意义。

本书阐述的"天然高分子基钻井液体系研究"主要成果是张洁教授主持并完成的国家自然科学基金项目"环保型聚糖-木质素钻井液体系的应用基础研究"（50874092）和陕西省教育厅服务地方产业化培育专项项目"杂聚糖清洁钻井液在陕北油田定向井中的应用（17JF025）"所取得的主要科研成果；同时融入了顾雪凡副教授主持的陕西省教育厅重点实验室项目"木质素-聚糖的催化合成及其在清洁钻井液中的应用基础研究（18JS089）"和陈刚教授主持的陕西省重点研发计划重点产业创新链（群）项目"绿色多功能钻井液材料研究与应用及其钻后废液治沙技术开发（2019ZDLGY06-03）"取得的部分研究成果。在此对程超、郭钢、张云月、张强、胡伟民、张凡、高龙等硕士研究生在项目推进过程中的辛勤付出一并表示感谢！本书的撰写过程中也得到了课题组汤颖教授、张黎老师、都伟超博士、董三宝博士的无私帮助，对他们致以衷心的感谢！

感谢西安石油大学优秀学术著作出版基金资助出版，感谢陕西省教育厅重点实验室项目（18JS089）和陕西省重点研发计划重点产业创新链（群）项目（2019ZDLGY06-03）资助，感谢石油石化污染物控制与处理国家重点实验室和陕西省油气田环境污染控制技术与储层保护重点实验室的大力支持。最后由衷感谢我们的家人，没有他们长期以来的倾情付出，我们无法专注地投入学术研究并完成著作。

由于作者学识有限，加之时间仓促，难免有一些观点与见解存在不当之处，恳请广大读者批评指正。

目 录

1 钻井液体系研究及胶体化学理论基础 1
　1.1 钻井液体系研究 1
　　1.1.1 传统钻井液体系研究 1
　　1.1.2 复杂地层钻井液新体系研究 4
　　1.1.3 钻-采通用油田化学工作液研究概述 12
　1.2 钻井液胶体与界面化学基础 17
　　1.2.1 钻井液体系表(界)面性质 18
　　1.2.2 钻井液体系的物理化学性质 24
　　1.2.3 高分子相关理论与技术研究进展 33

2 天然高分子基钻井液处理剂研究 36
　2.1 天然高分子基钻井液概念的提出 36
　　2.1.1 天然高分子基钻井液体系产生的背景 36
　　2.1.2 主要天然高分子基钻井液体系 37
　2.2 天然高分子基钻井液处理剂作用机理 38
　　2.2.1 钻井液滤失性概述 38
　　2.2.2 天然高分子基钻井液降滤失剂作用机理 40
　　2.2.3 钻井液流变性概述 43
　　2.2.4 天然高分子基钻井液流变性调控作用机理 44
　　2.2.5 钻井液抑制性概述 48
　　2.2.6 天然高分子基钻井液抑制性调控作用机理 49
　　2.2.7 钻井液润滑性概述 52
　　2.2.8 天然高分子基钻井液润滑剂作用机理 53
　2.3 天然杂聚糖钻井液处理剂 55
　　2.3.1 天然杂聚糖的化学结构与化学改性 55
　　2.3.2 天然杂聚糖钻井液处理剂研究 59

2.4 纤维素基钻井液处理剂 ······ 62
2.4.1 纤维素的化学结构与化学改性 ······ 62
2.4.2 纤维素基钻井液处理剂研究 ······ 66
2.5 淀粉基钻井液处理剂 ······ 69
2.5.1 淀粉的化学结构与化学改性 ······ 69
2.5.2 淀粉基钻井液处理剂研究 ······ 73
2.6 烷基糖苷类钻井液处理剂 ······ 78
2.6.1 烷基糖苷的化学结构与化学改性 ······ 78
2.6.2 烷基糖苷类钻井液处理剂研究 ······ 80
2.7 木质素基钻井液处理剂 ······ 85
2.7.1 木质素的化学结构与性能 ······ 85
2.7.2 木质素基钻井液处理剂研究 ······ 86

3 天然高分子基钻井液体系研究 ······ 92
3.1 杂聚糖 SP 基钻井液体系研究 ······ 92
3.1.1 杂聚糖 SP 的交联改性及其作为钻井液添加剂研究 ······ 92
3.1.2 杂聚糖羧甲基化改性及其作为钻井液添加剂研究 ······ 99
3.2 杂聚糖 SJ 钻井液体系研究 ······ 108
3.2.1 杂聚糖 SJ 的磺化改性及其作为钻井液添加剂研究 ······ 108
3.2.2 杂聚糖 SJ 的磷酸酯化改性及其作为钻井液添加剂研究 ······ 116
3.3 纤维素基钻井液体系研究 ······ 123
3.3.1 CMC 水基钻井液体系研究 ······ 123
3.3.2 改性柿子皮-CMC 钻井液体系研究 ······ 145
3.3.3 杂聚糖衍生物与 CMC 协同性研究 ······ 150
3.4 淀粉基钻井液体系研究 ······ 157
3.4.1 果皮粉-淀粉钻井液体系抗温性研究 ······ 157
3.4.2 无机聚合物-淀粉钻井液体系抗温性研究 ······ 164
3.5 木质素基钻井液体系研究 ······ 171
3.5.1 铁-木质素钻井液体系研究 ······ 171
3.5.2 无机聚合物-木质素磺酸盐钻井液体系研究 ······ 178

4 天然高分子基钻-采通用油田工作液研究 ································ 186
4.1 杂聚糖SJ钻井-压裂通用工作液应用研究 ··························· 186
4.1.1 杂聚糖SJ钻井-压裂通用工作液基础配方研究 ··················· 186
4.1.2 杂聚糖SJ钻井-压裂通用工作液用作钻井液性能评价 ············· 200
4.1.3 杂聚糖SJ钻井-压裂通用工作液基础液向压裂液转化工艺探索 ····· 205
4.1.4 杂聚糖SJ钻井-压裂通用工作液用作压裂液性能评价 ············· 212
4.2 杂聚糖成胶性能及其在调剖工作液中应用研究 ······················ 217
4.2.1 杂聚糖衍生物成胶性能研究 ···································· 217
4.2.2 杂聚糖基钻井液向调剖工作液的转化工艺 ······················ 219
4.3 胍胶压裂返排液配制钻井液体系研究 ································ 222
4.3.1 胍胶压裂返排液配制钻井液体系构建 ·························· 222
4.3.2 胍胶压裂返排液配制钻井液性能评价 ·························· 244
4.3.3 胍胶压裂返排液配制钻井液构效分析 ·························· 251
4.4 清洁压裂返排液配制钻井液体系研究 ································ 253
4.4.1 清洁压裂返排液配制钻井液体系构建 ·························· 253
4.4.2 清洁压裂返排液配制钻井液性能评价 ·························· 276
4.4.3 清洁压裂返排液配制钻井液构效分析 ·························· 282

参考文献 ·· 286

1 钻井液体系研究及胶体化学理论基础

1.1 钻井液体系研究

1.1.1 传统钻井液体系研究

钻井液俗称钻井泥浆,简称泥浆,通常是以其多种功能性满足油气钻井工作需要的各种循环流体的总称,对实施储层保护起至关重要的作用。钻井液处理剂(钻井液添加剂)旨在保障钻井液的稳定性和调控钻井液的工艺性能,以满足现场复杂条件下的钻井需求。依据钻井液处理剂作用不同,通常分为十六类:碱度和 pH 值控制剂、杀菌剂、除钙剂、腐蚀抑制剂、消泡剂、乳化剂、降滤失剂、絮凝剂、起泡剂、堵漏材料、润滑剂、页岩稳定剂、表面活性剂、降黏剂和分散剂、增黏剂、加重剂。依据钻井液处理剂的化学组成,通常分为无机处理剂、表面活性剂以及有机高分子处理剂三大类。钻井液总是随勘探技术的需要和钻井工艺的不断提高而不断发展的。从最初的清水钻井液到现在的不渗透钻井液等先进技术,钻井液技术得到了长足发展。

国外钻井液技术大致经历了以下四个阶段:

第一阶段:1914~1916 年,清水作为旋转钻井的洗井介质,即开始使用"泥浆"。

第二阶段:20 世纪 20 年代~20 世纪 60 年代,以分散型水基钻井液为主要类型。在此期间,钻井液体系经历了从细分散体系向粗分散体系的转变,同时亦出现了早期使用的油基泥浆和气体型钻井流体。

第三阶段:20 世纪 70 年代~20 世纪 90 年代,以聚合物不分散钻井液为主要类型。聚合物钻井液是国外水基钻井液发展最快的一类,它的出现标志着钻井液工艺技术进入科学发展阶段,同时在抗高温、深井钻井液方面取得长足进步。

第四阶段:20 世纪 90 年代起,阳离子聚合物钻井液和正电胶钻井液以及其他新型钻井液得以蓬勃发展,钻井液技术进入崭新的发展阶段。

我国钻井液技术的发展大致分为三个阶段:钙处理钻井液阶段(20 世纪 60 年代~20 世纪 70 年代)、三磺钻井液阶段[磺化酚醛树脂(SMP)、磺化褐煤(SMC)、磺化栲胶(SMK)]、聚磺钻井液阶段。值得一提的是,三磺钻井液的研制成功,是中国在深井钻井液技术上的一大进步。在此基础上,引入阴离子型聚丙烯酰胺类作为流变性及滤失性处理剂是中国在深井钻井液技术上的第二次飞跃。进而,将阳离子型有机聚合物引入三磺钻井液作为强抑制剂是中国深井钻井液技术上的第三个里程碑。由此将"聚合物钻井液"与"三磺钻井液"结合在一起而形成的"聚磺钻井液"体系得到高度重视,快速发展并取得了许多重要成果,为提高勘探开发速度、增产增储起到重要作用。

钻井液种类繁多,分类复杂,其基本功能主要包括携带和悬浮岩屑,稳定井壁和平衡地层压力，冷却和润滑钻头、钻具，传递水动力等。上述基本功能除去和钻井液自身性能密切相关之外，很大程度上还依赖于油气藏压力特征和井壁状态。

1）油气藏压力特征

压力是地下流体力场的直接表达物理量。Hunt"流体封存箱"理论认为，根据地层压力不同，地下地层单元可划分为不同水动力系统，彼此之间被区域内在纵向呈平板状的封隔层分离，因此它们之间的流体压力不能相互连通。地层压力伴随埋深增加表现出不同特征，可能是静水压力，亦可能是异常高/低压，通常使用压力系数 A_c 表示异常幅度（以压力系数 0.9~1.1 作为正常压力考虑）。我国绝大多数含油气盆地的勘探与开发中，遇到不同程度异常地层压力：压力系数为 0.6~2.2 不等，埋深处于 1200~5500m 之间，年代涵盖古生代至新生代，岩性主要包括碳酸盐岩、泥岩、砂岩、膏岩等。

含油气盆地深层与中浅层压力分布特征及发育规律存在很大区别。国内外关于油气盆地层埋深界定尚未统一，有部分学者将 4500m 作为盆地深层的划分标准。总体来讲，盆地不同层深油气藏特征和盆地类型、储集岩性、储层物性、温度、油气相态等密切相关。盆地类型从宏观上决定了盆地内油气藏压力分布，其他因素则从微观上影响。

（1）盆地类型。汪文洋等基于 Busy 和 Ingersoll 盆地分类体系，比较分析了全球不同埋深油气藏压力差异性，指出在盆地中浅层，被动陆缘盆地、前陆盆地、裂谷盆地、克拉通盆地中均以常压为主，超压油气藏则在前陆盆地中占比最高（36.3%）；在盆地中深层，上述盆地转而均以超压为主，尤以在陆缘盆地占比最高（91.7%）。金之钧等基于盆地三分原则，对我国典型含油气盆地进行科学分类（表1-1-1），统计研究了这三类盆地的地层压力分布模型，结果显示，克拉通盆地油藏压力轻微超压，裂谷盆地异常低压油藏有一定分布，前陆盆地以异常高压油藏为主。

表1-1-1 我国典型含油气盆地分类

克拉通盆地	裂谷盆地	前陆盆地
塔中、塔北隆起	松辽盆地	塔里木盆地库车坳陷
四川东部（古生代）	渤海湾盆地济阳坳陷	准噶尔盆地南缘山前坳陷
鄂尔多斯（早中生界）	准噶尔盆地腹部	柴达木盆地西部山前

（2）储集岩性。在含油气盆地中浅层油气藏中，岩性主要有碎屑岩、碳酸盐岩、火山岩、变质岩，均以常压为主，仅碳酸盐岩中超压油气藏占比相对较高；深层油气藏中岩性以碎屑岩和碳酸盐岩最为常见，均以超压为主，尤以碎屑岩为甚。

（3）储层物性。通常以储层孔隙度 12% 为界，低于此值为致密储层，反之为非致密储层。一般地，在盆地中浅层，二者均以常压油气藏为主，前者超压油气藏占比相对较高；在盆地深层，致密储层仍以常压油气藏为主，非致密储层则转而以超压油气藏为主。

（4）温度。通常，在盆地深层存在高温高压、高温低压、低温低压、低温高压四种油气藏。温度与油气生成关系密切，是决定有机质成烃演化的重要控制因素。低温梯度是最为基础的地层热学参数之一，可用来描述沉积盆地的低温场特征。通常，在盆地中浅层，油气藏压力伴随温度升高显著增大，这意味着常压油气藏比例随之减小，超压油气藏比例则随之增大；在盆地深层虽有相同正相关性，但是温度并非是超压形成的决定性因素。对此，Barker曾提出"水热增压效应"概念，即当地温梯度高于1.5℃时，随着温度升高，封闭岩体内流体压力增速高于其外部流体压力增速，导致其内部产生异常高压。

（5）油气相态。含油气盆地中存在多种油气藏相态，主要有液态石油、油-气混相、气态烃类、凝析气等。在盆地中浅层，各类油气藏均以正常压力为主，其中凝析气藏中超压占比相对较高；在盆地深层，不同相态油气藏压力特征则变得复杂。

2）钻井液稳定井壁基础

在钻井作业中，井壁失稳坍塌危害重大，会带来钻具阻卡、大段划眼，造成井径扩大，影响固井质量，诱发井漏、卡钻等井下复杂事故。发生井塌现象的地层分布较为广泛，诸如胶结较差的砂岩、砂砾岩，微裂缝发育所成火成岩，破碎性白云岩和煤岩，节理发育所成泥页岩等；尤以强水化作用泥页岩中更为多见。细而言之，井塌现象表现在泵压升高且不稳定，钻盘扭矩增大，钻具憋跳，钻具运动不畅、上提下放遇卡遇阻等方面，井径扩大且呈不规则形态，返出大量岩性混杂垮塌岩块等。

剖析成因，是地质、物理化学、工艺三者共同作用的结果。地质原因包括原始构造应力、地层构造形态、岩石性质、孔隙压力、高压油气层影响等多个方面。物理化学原因主要包括黏土矿物水化膨胀、流体静压力、毛细管作用等三个方面。工艺方面主要由于钻井液密度低、钻井液液流冲蚀、起下钻压力激动过大、井内液面下降、钻头、扶正器撞击井壁等造成。

井壁失稳归根到底是力学问题，发生于井壁岩石受到应力超过其自身强度时。因此，预防井塌的关键在于实现井壁受力力学平衡。结合上述成因分析，实现途径主要有：合理井身结构、用套管封隔高低压/易坍塌地层；合理钻井液密度，保持井壁处于力学稳定状态；利用防塌钻井液体系，提高钻井液抑制性能，运用物理化学方法有效抑制地层水化作用；使用具有良好封堵造壁性能的钻井液体系封堵地层层理和裂隙，降低滤失作用的影响；合理工程措施，规范操作，降低压力激动、避免定点循环、优选钻井参数、合理排量与返速等。

井塌处理策略主要聚焦两个关键点：一则采取有效措施避免新的井塌现象发生；二则尽快将塌块带出井眼，避免因其滞留阻卡钻具。具体包括：添加封堵防塌剂/适当提高密度/提高抑制性等抑制井塌，稳固井壁；增强钻井液携带悬浮能力/打稠泥浆段塞/适当提高排量等携带塌块，净化井眼。

钻井液防塌技术方案的设计程序与实施步骤如下：

（1）井壁失稳机理分析。一般运用X射线衍射分析、红外光谱吸收分析、差热分析、薄片分析、扫描电镜分析等手段对不稳定地层组构特征及理化性能进行分析，探究井壁失稳内因及技术对策。

（2）实钻情况调研。调研井塌地区已发生的井下复杂事故，以及钻井地层地质、钻井液体系、钻井工艺等，综合易塌地层测试分析资料，解析井塌原因，采取应对措施。

（3）防塌钻井液优选。基于坍塌地层岩心或岩块评价钻井液对其膨胀性、分散性以及岩心强度的影响，优化防塌钻井液体系和配方。

（4）防塌技术方案制定。依据孔隙压力、坍塌压力、破裂压力等三个压力剖面确定压裂液合理密度，保持地层处于力学稳定状态；基于优选钻井液体系，制定强化封堵能力和抑制性技术方案及工程技术措施。

1.1.2 复杂地层钻井液新体系研究

石油钻探旨在发现油气层、正确评价油气藏、最大限度地开发油气田。钻井完井液是钻井、完井作业中损害油气层的主要因素，亦是保护油气层的重要技术。我国在此方面经过多年传承，开展了系列研究、攻关、推广应用工作，使中国在钻井、完井保护油气层领域取得了所需原始基础资料，探究了钻井、完井损害储层机理，在保护油气层环保型钻井完井液体系开发，钻井、完井保护油气层及环境技术研究，钻井、完井保护油气层及环境效果评价研究等方面取得巨大进展，许多方面已接近国外先进水平，个别技术甚至处于国际领先水平。

对复杂油气藏的系统认识与合理开发依赖于岩石物理学、地质力学、黏土矿物学、(表)界面化学以及纳米技术等相关科学与技术发展。我国开发地质学的形成与发展很大程度上归功于 20 世纪 60 年代初大庆油田的开发，提出了系列新概念和储层研究新方法，伴随开发进程由二次采油转向三次采油阶段，钻井专业工程逐步深入至复杂地质条件油气藏开发。油气藏储层保护成为石油工程与技术科学化、系统化的重要标志，贯穿钻井、完井、采油/气、增产储层改造，以及原油流动性改善等全过程。

值得一提的是，系统科学思想始终指导着我国储层保护研究。"七五"期间(1986~1990年)国家重点科技攻关项目"保护油层、防止污染的钻井完井技术"正是按照系统工程思想所设置，研究规模在世界上史无前例，公关取得成果整体达到 20 世纪 80 年代末国际先进水平。"七五"期间(1991~1995 年)对攻关成果进行总结和推广应用，这些前辈们攻关及后续研究成果麇集于保护储集层技术、保护油气层钻井完井技术、现代完井工程等专著中。随后，我国开创了储层保护新局面，形成了自己的特色和优势。

储层保护系统与油气藏开发、储层评价、储层改造等存在密切关系。罗平亚院士团队以系统科学理论为指导，投身于保护储层的油气藏开发钻井、完井科学与技术研究。提出深井高温水基泥浆理论，研发出深井高温水基泥浆系列配套技术；作为主要完成者的"六千米七千米超深钻井工艺""聚丙烯酰胺泥浆"两项科研成果荣获全国科学大会奖；主持研究的"两性离子聚合物泥浆体系"成果荣获国家科技进步二等奖；所创建的"保护油层屏蔽式暂堵技术"系列技术在全国广泛应用，经济效益上亿元。此外，在井壁稳定、水平井钻井技术、渗流物理化学、采油过程中的油层保护技术、油田应用化学工程理论和应用技术等方面均取得重要成果。

储层保护钻井液体系和配方优选是钻井过程中油气层保护技术的核心内容之一。科学诊断储层损害机理，确保处理剂与储层配伍性，确定暂堵合理方案，有效控制钻井液滤失性、流变性等性能，清除井下条件所形成的泥饼等，是保护油气层钻井液技术的关键。研制新型、高效保护储层钻井液，是当前石油钻井工程界所面临的一项重要任务。伴随钻井液工艺技术不断发展，钻井液种类随之日益增多。目前，常见分类方法主要包括：依据连续介质性质分为水基钻井液(进一步依据钻屑水化作用强弱细分为分散性/非抑制性钻井液和抑制性钻井液)、油基钻井液、气体钻井液三类；依据钻井液密度分为非加重钻井液和加重钻井液二类；依据黏土颗粒大小分为细分散钻井液、粗分散钻井液、不分散钻井液三类。上述不同分类方法从不同角度反映了钻井液的作用本质。

近年来，为了满足环境保护的需要，同时又不失去钻井液所必需的性能，国内外钻井工作者竞相研究开发新的环保型钻井液体系，国内外先进水平的水基防塌钻井液新体系，以及适应于极复杂地质条件下的、环保性能优良的第二代合成基环保钻井液新体系，代表了钻井液的发展方向。这些研究在很大程度上体现出21世纪钻井完井液技术蓬勃发展的总趋势——满足油气层保护、环境保护、油品保护、低成本、高效钻井液新体系、新技术的要求。这里主要介绍涌现出的针对不同地质保护对象的钻井液体系及不同井别和作业环节的钻井液体系。

1) 不同地质保护对象的钻井液体系

(1) (特)低渗透砂岩油气层钻井液体系。

相较于一般油气藏而言，低渗透砂岩储层通常具有黏土含量高、孔喉细微、亲水性强、水敏及盐敏严重、毛细管压力高、含水饱和度高、压力敏感效应显著等特点。在钻井过程中，此类储层主要损害因素为水锁、水敏及微粒迁移，而压力敏感效应进一步加剧了储层损害的程度。水锁损害是因井壁表面毛细管末端效应增加毛细管阻力所致，固相侵入能够引起永久性水锁；储层渗透率越低，水锁损害程度越明显。水敏性损害则是指在钻井液滤液抑制性较低时，与地层不配伍外来流体进入储层所引起的储层中黏土矿物发生水化膨胀和分散运移而造成储层孔隙空间和喉道缩小及堵塞，引起渗透率下降从而损害油气层。显然，水敏性损害可能加重水锁损害。

水锁效应的影响因素及其预测方法对提高低渗透储集层的采收率具有重要意义。张振华等基于对多种条件下砂岩岩心水锁效应的实验研究，比较研究了影响砂岩油藏水锁效应的几个主要因素，并建立了水锁效应的灰色静态预测模型。在实际钻井作业过程中，水锁损害主要是由钻井液滤液侵入所引起；倘若侵入的滤液不能及时返排出来，则会导致地层损害。此类储层通常采用屏蔽暂堵技术防止固相和减少滤液的侵入。

屏蔽暂堵技术是罗平亚院士于20世纪90年代初创建的。该技术借助储层被钻开时钻井液液柱压力与油层之间形成的压差，在极短时间内迫使钻井液中所含不同类型和尺寸的固相粒子进入储层孔喉或裂缝的狭窄之处，在井壁附近形成渗透率接近零的屏蔽暂堵带，实现储层保护。屏蔽暂堵材料一般包括架桥粒子、充填粒子、可变形粒子。适用于低渗透砂岩油气层的钻井液体系应具有良好流变性和造壁性，以减少其滤液对储层的侵入；二则，因无法完全避免液相侵入，故钻井液滤液应与储层具有良好配伍性，且有良好的抑制性能、返排性能。

具体来讲，降低钻井液表面张力以降低毛管压力是降低水锁损害的有效途径。通常，降低表面张力的常见方法是加入表面活性剂。控制水敏和微粒迁移损害则有赖于钻井液抑制性的提高，应含有无机盐或黏土稳定剂。主要途径包括：加入无机盐，抑制地层黏土水化膨胀、分散运移，但此方法对地层中惰性微粒的迁移效果甚微，且抑制水敏效果是暂时性的；加入诸如无机聚合物羟基铝、有机阳离子聚合物等黏土稳定剂，亦可抑制黏土水化膨胀、分散运移，此方法不仅对地层中惰性微粒的迁移效果甚佳，而且抑制效果是永久性的；此外，加入硅烷/催化剂等使得黏土表面憎水化，有助于实现惰性微粒固定。此外，钻井液所具有的密度应使液柱对地层产生低于3.0MPa的正压差，确保无负压差产生，以避免压力敏感加剧储层损害；必要时可使用气体型流体钻井技术，实施欠平衡钻井，以此消除固相堵塞。

目前，保护储层钻井技术研究热点聚焦于屏蔽暂堵保护油层技术、无渗透钻井液技术、欠平衡钻井技术三个方面。在强水敏性地层普遍使用的钻井液则主要包括强抑制性超低渗透钻井液、钾基聚合物钻井液、甲基葡萄糖苷钻井液、有机盐钻井液等。徐生江等在有机盐钻井液中添加胺基抑制剂，根据"理想充填理论"选择暂堵剂，凭借胺基抑制剂与"理想充填"暂堵剂的协同增效作用提高了有机盐钻井液的抑制性和封堵性，以此实现保护极强水敏性储层的目的。周文军等为实现低渗透率、低压力、低丰度"三低"苏里格气田提高钻井速度、降低开发成本的需求，攻关形成了以井身结构优化、PDC 钻头设计、井眼轨迹优化与控制以及钻井液体系优化斜井段应用复合盐钻井液、水平段应用无土相暂堵钻（完）井液等为核心的水平井快速钻井配套技术。王先兵等依据屏蔽暂堵技术原理，以岩心实验确定的对渗透率贡献最大的孔喉半径区间为基础，研发出与储层孔喉渗透率贡献率分布匹配的多级架桥暂堵油气层保护剂，其架桥粒子 FDPD 和可变形粒子 FEP 在钻井液中最佳加量分别为 4% 和 2%~3%。

（2）中、（特）高渗透砂岩油气层钻井液体系。

近年来，人们逐渐意识到中高渗砂岩储层损害所引起的油气井实际产能的下降往往比低渗、特低渗砂岩储层大得多。而且因高渗砂岩储层孔喉大小分布范围广，因此对其实施暂堵的难度比低渗、特低渗砂岩储层更大。高渗砂岩储层保护技术的关键在于钻井液体系的选择以及复配暂堵方案的确定。高渗砂岩储层的主要损害机理为固相侵入和滤液与地层流体不配伍。为避免钻井液中固相颗粒的侵入，须强化对储层中较大孔喉的暂堵和保护，尽可能阻止钻井液固相侵入储层深部。由于高渗透砂岩储层孔隙大，故钻井液滤液侵入深度更深，给储层带来的损害相应增大。

建立暂堵最优化方法的基础是孔隙结构的分形描述。因储层是在不同年代和不同环境下沉积而成，因而地层的复杂性因不同层位、甚至相同层位不同深度各不相同。传统暂堵方法主要依据储集层平均孔喉直径优选暂堵剂颗粒尺寸，难以有效封堵对油气层渗透率贡献权重大的大尺寸孔喉。为此，暂堵粒子与储层孔喉大小高度匹配研究一直是有效暂堵领域关注的热点。1973 年，Kaeuffer 假设钻井液中暂堵颗粒服从 Gaudin-Schuhmann 粒度分布模型，得出颗粒理想充填条件，即需要满足暂堵剂颗粒累积体积分数与粒径的平方根成正比。1975 年，Abrams 针对保护油气层钻井液体系首次提出"1/3 架桥规则"。1998 年，Hands 等在 Kaeuffer 理想充填理论基础上提出又一颗粒获得理想暂堵效果的条件，即暂堵剂颗粒在其粒径累积分布曲线 d_{90} 值与储层最大孔喉直径相等，习惯上称之为 d_{90} 规则。在我国，如前所述，20 世纪 90 年代初，罗平亚院士团队提出能改善架桥稳定性的"2/3 架桥原理"和屏蔽暂堵技术思想和理论。随后，崔迎春和吴彬等提出屏蔽暂堵分形理论，其理论要点是选择与储层孔隙分布分维数相同/相近的暂堵剂。随后，徐同台等依据 $d_{流动50}$、d_{max} 确定架桥粒子直径，依据 1/4 储层 $d_{流动50}$ 确定充填粒子 d_{50}，突破中、高渗透储层和不均质储层油气层保护技术瓶颈。鄢捷年课题组基于理想充填理论及 D_{90} 暂堵新方法实现对中、高渗储集层有效暂堵。相对于传统方法而言，理想充填暂堵技术突显了对渗透率贡献更大的大孔喉暂堵和保护，同时也兼顾对中等和较小孔喉的暂堵和保护。由此，基于此技术设计的钻井液动滤失量明显降低,对储层岩样的侵入深度较浅,渗透率恢复值显著提高,最大突破压差亦有所降低,具有储层保护效果。

(3)裂缝性致密砂岩气层钻井液体系。

在世界范围内,不少经济效益较好的油藏是裂缝性或裂缝-孔隙性油气藏。勘探开发实践证实,重视钻井完井作业中储层保护技术能够给经济开发致密砂岩气藏注入活力。在砂泥岩剖面中,大多数裂缝分布于致密岩层,裂缝的存在会增加地层的非均质性,破坏隔层封隔性,导致地层易于损害。裂缝性致密砂岩储层的基本地质特征是裂缝形态多样、规模大小不一、裂缝与岩石基块物性差别小。此类储层往往属于低孔低渗型,致密的低孔渗砂岩储层通常具有强烈的应力敏感特征,易于产生较发育的高角度裂缝和层间裂缝,并形成裂缝群。

研究表明,裂缝有助于提高储层渗透率3~10个数量级,伴随渗透率提高,钻井液对地层的污染随之加重。裂缝产状、裂缝张开度、基岩电阻率、地层流体电阻率、钻井液滤液电阻率构成了对钻井液侵入裂缝性致密砂岩储层电性特征影响的组合因素。范翔宇等在分析致密砂岩裂缝发育特征及钻井液侵入对其电性特征影响的基础上,建立了不同裂缝系统的钻井液侵入深度定量计算模型,并用于塔里木盆地中部某区9口井17个层位裂缝性致密砂岩储层钻井液侵入深度精细计算。

同样,钻井液对油气层的损害主要来自固相侵入堵塞和滤液损害。可以根据储层裂缝特点、孔喉尺寸分布、工作液中各种粒子粒径及分布情况,加入适当的架桥粒子、填充粒子、变形粒子将原工作液升级成具有优良储层保护作用的钻井完井液。曾明友等在钻井液中添加3.0%DUP-II+4.0%QS系列+1.5%FT-1+0.5%HT-201等屏蔽暂堵材料,钻井液密度控制在$2.08\sim2.13\text{g/cm}^3$,含砂量控制在0.2%以内,用于柴达木盆地狮子沟构造地层特性裂缝性油气藏,渗透率恢复值达到80%以上,在裂缝发育的地层还具有堵漏效果。黄维安等则以塔里木盆地B区块致密砂岩气藏为例,模拟该区块储层环境,进行高温敏感性与水锁损害评价,结合储层固相损害,系统探究了致密砂岩气藏损害特征;进而运用理想充填技术与表面活性剂相结合,研发出"协同增效"型保护致密砂岩气藏的低损害钻井液,能够有效阻止滤液及固相侵入储层,并利于返排,实现保护B区块致密砂岩气藏的目的。

(4)裂缝性碳酸盐岩油气层钻井液体系。

碳酸盐岩储层在世界油气生产中占有重要地位,我国碳酸盐岩储层受到大陆板块和盆地沉积条件控制,储层埋深大(>4000m),普遍经历了多旋回发育和多次构造运动,地质条件复杂,储层孔隙类型多样、裂缝不同程度发育、宏观-微观多尺度结构并存、裂缝动态宽度变化大、易突然开启并伴随大量新裂缝产生,井漏等事故频发,储层损害非常严重。

此类储层突出理化特征为:含H_2S等酸性气体,存在硫沉积及腐蚀问题;敏感性矿物发育,潜在损害严重。高含H_2S及CO_2气碳酸盐岩储层发育有包含伊利石、白云石、方解石、微晶石英、硫化钙、石膏、焦沥青等大量敏感性矿物,具有较强碱敏、水敏、盐敏、速敏损害,尤以碱敏损害为甚。现有钻井完井保护储层技术包括欠平衡钻井技术和屏蔽暂堵技术。但前者不适用于高含硫、多压力、多产层系统碳酸盐岩储层;后者是保护此类储层的有效措施。屏蔽暂堵技术不仅有助于解决H_2S腐蚀钻具及固液相损害储层问题,而且能够实现同一长裸眼井段高压气层的保护和弱承压漏层的治理。

如前所述，暂堵粒子与储层裂缝宽度（孔喉大小）匹配模型是暂堵机理研究的重点。Bernt等强调最大暂堵粒子直径不应小于裂缝宽度，以确保获得稳定架桥，从而增强地层承压能力，阻止储层漏失。

对于高含H_2S及CO_2气的碳酸盐岩储层无法使用碱溶性暂堵剂，因为在钻井完井过程中，为了防止H_2S及CO_2腐蚀设备，保证作业、人员安全，须使用高pH值钻井完井液（最高可达11~12）。酸溶性暂堵剂主要以超细$CaCO_3$为主，在碳酸盐岩储层中应用极为广泛。孟尚志等证实以超细$CaCO_3$为主要成分的储层保护剂ODB206能够明显提高岩心渗透率恢复值，对改善滤饼质量，增强井壁稳定性具有明显效果。谢成康等则通过计算机模拟架桥实验，给出粒子架桥分布参数与裂缝参数的定量关系式，计算结果表明架桥粒子粒径与裂缝平均宽度之比为0.8~0.9时最优，暂堵剂体积浓度处于1.3%~1.6%范围时最宜。蒋海军等先后指出：在裂缝性储层屏蔽暂堵技术中，当架桥粒子粒径与裂缝宽度之间匹配关系处于0.5~1.0、架桥粒子浓度不小于3%时，暂堵效果理想；架桥粒子粒径为裂缝开裂度均值的80%~100%时，能够实现稳定架桥。

从屏蔽暂堵技术的暂堵-解堵机理以及应用来看，渗透率恢复率大小是评价暂堵技术成败的关键指标。刘静等指出裂缝宽度与钻井压差是影响屏蔽暂堵效果的显著因素。当岩样裂缝宽度与钻井液粒度分布峰值相匹配时，暂堵和返排效佳。究其本质，屏蔽暂堵技术能够在井壁上形成渗透率极低的滤饼（内/外滤饼），从而阻止工作液压力传给地层，促使井壁地层孔隙压力趋同于原状地层孔隙压力，储层应力敏感性随即减弱/消除，实现有效防止储层裂缝扩大和延伸。与此同时，正压差钻井完井作业中所形成的滤饼促使井壁附近储层颗粒有效应力逐渐增大、岩石抵抗张性破裂的能力相应增强了，进而提高了井壁附近储层破裂压力与承压能力。

目前，低渗、中渗、高渗透孔隙型储层屏蔽暂堵技术发展完善，能够满足储层保护技术要求。然而，适用于特低、超低渗透孔隙型以及裂缝性储层暂堵技术尚存在广阔发展空间。尤其是特低、超低渗透储层的滤饼形成以及强度问题，裂缝性储层强应力敏感性、暂堵粒子粒径与裂缝动态宽度匹配关系以及自然返排问题仍具挑战。

在上述代表性复杂地层储层开发与保护的进程中，我国暂堵型保护油气层钻井液技术先后经历了"屏蔽暂堵、精细暂堵、物理化学膜暂堵、仿生"四代传承与发展。罗平亚院士团队开创了第一代屏蔽暂堵技术，以鄢捷年教授为代表的学者们将此技术拓展为第二代精细屏蔽暂堵技术，以孙金声和蒋官澄教授为代表的学者们融入物理化学成膜理论，克服了前二代技术需准确预知油气层孔径分布规律的缺陷，如今第四代仿生暂堵型保护油气层钻井液技术是更多其他学科与保护油气层理论结合，开展交叉研究为主要方向与趋势。

(5) 低压油气层钻井液体系。

钻井过程中，钻井液密度是至关重要的参数，须根据所钻地层孔隙压力、破裂压力及钻井液流变参数确定。钻井液安全密度窗口是指钻井过程中维持井壁稳定的钻井液密度范围。将钻井液密度严格控制在此范围之内，是有效防止井塌的必要条件；对实现安全、快速钻井具有重要意义。通常，在低压油气层、枯竭油气层钻井或、欠平衡钻井时，所用钻井液的密度常小于1.0kg/L。实际作业中除了考虑井壁应力状态之外，还须考虑泥页岩与钻井液接触后所发生的水化过程对安全密度窗口的影响。鄢捷年课题组对于不同地层井况开展了系统低密度钻井液体系研究。

他们早期的工作中研究了页岩水化对其力学性质和井壁稳定性的影响(以呼002井泥页岩为例)，证实水化后坍塌压力所对应的钻井液密度值提高0.23g/cm³，破裂压力所对应的钻井液密度值降低0.15g/cm³。随后，他们开展了适用于欠平衡钻井中钻井液密度的确定与控制方法研究，讨论了欠平衡钻井井底负压差确定因素、建立了合理钻井液密度计算方法、研发出欠平衡钻井地面数据监控系统，可用于调节钻井液密度和井口回压，以此控制井底负压差。近年来，他们致力于不含气体的低密度钻井液以满足低压油气藏钻井和欠平衡钻井的要求。他们选用高强度低密度HGS系列空心玻璃球(一种硅硼酸钙盐，90%粒径分布范围为8~85μm)作为钻井液减轻剂(在普通水基钻井液中加量为20%)，辅以架桥粒子所得低密度钻井液具有全井密度均匀、形成的泥饼润滑性好的特点；其中密度为0.32g/cm³的产品适用于1700m井深以内，密度为0.38g/cm³的产品适用于2800m井深以内。

(6) 深井HTHP油气层钻井液体系。

油气勘探开发已走向深层次挖掘阶段，深井、超深井钻探规模日益扩大。伴随井深增加，钻井技术难度逐渐增大，对钻井液性能要求随之提高。因井底地层压力大，要求钻井液密度高；因地层温度高，要求钻井液抗温能力达200~220℃。为满足深井、超深井钻井作业需求，抗230℃高温油基钻井液体系应运而生。相较于水基钻井液相而言，油基钻井液密度受温度和压力的影响程度明显更高。关于温度和压力对钻井液密度影响规律的研究得到国内外广泛关注。

鄢捷年等指出，温度和压力对各种钻井液密度影响规律大致相同：在温度一定时，钻井液密度均随压力的升高而增大，高温时压力的影响程度比常温时大，油基钻井液的密度与压力的关系图呈指数曲线形式。管志川则在Peterst等的研究基础上发现，当压力恒定时，不同油基钻井液密度的倒数与温差呈线性关系，其斜率虽与压力负有关，但并不构成线性关系。这表明压力对密度的影响规律相较于温度更为复杂。此外，油基钻井液配方中基油不同，则在高温高压条件下受温度和压力的影响亦不同；而且钻井液油水比或密度发生改变时，情况更为复杂。为此，鄢捷年等改进现有油基钻井液在高温高压条件下的密度预测模型不足，建立了已知HTHP给定密度油基钻井液密度模型，便能够准确预测其加重后在HTHP密度的新模型。

实际钻井作业中，井内油包水乳化钻井液所承受的温度和压力均随井深增加而升高，然而其表观黏度受二者的影响效果却相反：温度升高，钻井液密度和表观黏度降低；压力升高，钻井液密度和表观黏度则增大。而且，当进入深部地层时，伴随温度升高，温度对钻井液密度和表观黏度的影响程度明显超过压力的影响。因此，伴随井深增加，钻井液密度和表观黏度趋于减小。一般而言，油基钻井液表观黏度在高温条件下，控制在20mPa·s左右，有助于实现有效携岩和保持井眼清洁。

此外，鄢捷年课题组针对我国西部7000m以上超深井(伴有异常高压，预计井底温度超过200℃)，亦开展深井HTHP油气层高密度水基钻井液体系研究。具有较低HTHP滤失量和稳定流变性水基钻井液体系面临的主要技术难点包括两个方面：传统抗高温水基钻井液处理剂抗200℃以上高温很有挑战；高密度钻井液在高温高压下流变性难以控制。滤失量取决于滤液黏度和滤饼质量，尤以后者关键。对于高密度钻井液而言，控滤失量的关键在于形成低渗透率内滤饼；影响超高密度钻井液流变性的主要因素则是固相含量和固相粒子分散度。固相含量高，则钻井液中自由水少，流动时内摩擦阻力增大。活性固相（膨润土）含量高，则分散度提高，钻井液表观黏度相应提高。固相颗粒中超细颗粒多，则比表面积增大，黏度效应相应增强；但固相颗粒粒径过大导致沉降稳定性差。钻井液密度提高，则固相容量限减小，活性固相对流变性影响相应增大。此外，因钻井液中聚合物可能与固相颗粒形成网架结构而造成钻井液黏度、切力上升，因此，保持良好流变性的关键是，将固相、加重剂以及其他处理剂的加量控制在最低范围内，并选用合适粒径加重材料。

鄢捷年课题组的主要研究思路包括：优选出抗温能力强的降滤失剂作为钻井液体系的主剂，然后利用处理剂之间的协同增效作用提高钻井液的抗温能力；确保钻井液中黏土含量在容量限以下，调整钻井液中低密度固相含量及其分散度，即通过改善体系中各种固相颗粒的级配关系和适当提高体系的固相容量限得以控制高密度钻井液的流变性。基于此思路，他们报道了一种以OCL-JB为主要降滤失剂能够抗210℃高温的高密度水基钻井液体系。性能评价表明，OCL-JB主要是基于吸附作用增大黏土颗粒的Zeta电位和水化膜来提高泥浆中黏土微粒的聚结稳定性，得以控制钻井液高温高压滤失量。该钻井液体系（$2.3g/cm^3$）经210℃高温后性能稳定，具有良好的高温高压流变性能和滤失造壁性能，与此同时抑制能力、抗污染能力、润滑性能均较好。

匡韶华等则立足中海油缅甸区块异常高压特点，分析超高密度水基钻井液流变性和滤失量影响机理，突破超高密度水基钻井液技术难点，提出超高密度水基钻井液性能调控思路：清水配浆，不加膨润土；选用白沥青GEL和超细$CaCO_3$进行有效封堵；选用有机盐weight3作为液体加重剂；同时采用高密度铁矿粉（$\rho=5.60g/cm^3$）与重晶石复配加重；高效减阻润滑剂对加重材料进行表面改性，形成络合水化膜。这一思路的巧妙之处在于，weight3不仅提高了液相的密度和黏度，减少了固相含量，有助于流变性调控；而且在钻井液中可离解为M^+和有机酸根阴离子X_mRCOO^-，M^+能够进入层状黏土晶格，抑制黏土分散与膨胀，X_mRCOO^-则能够吸附于黏土片状结构边缘，抑制其分散与膨胀。

2）代表井别和作业环节的钻井液体系

（1）水平井钻井液。

作为定向井和水平井的理想钻井液，Aphrons钻井完井液是一种适于在近平衡钻井中使用的"微泡"型钻井液。此类钻井液能够在无充足空气或注入气体条件下，产生由多层黏膜包裹的"微泡"，属于非聚集、可循环使用的均匀刚性气体体系。其优势在于不仅能够还原钻井液密度，而且能够阻止/延缓钻井液滤液进入地层，实现非侵入环境创建。实际应用中，通常加入高动切力和强剪切稀释性聚合物以提高微泡稳定性；生物聚合物黄胞胶是此类钻井液中最有效的微泡稳定剂。

以丙烯酸类聚合物、聚糖衍生物、生物聚合物、聚环氧乙烷等处理剂为代表的不同类型聚合物钻井液体系，在解决水平井钻井过程中井眼净化、井眼稳定、悬浮固相、润滑性能等相关问题中展现出优势。经过不断升级改进，目前已报道多种具有强堵塞能力和良好流变特性的聚合物盐水钻井液、聚合物/分散剂钻井液、低膨润土的聚合物钻井液等体系。例如，以羧甲基纤维素（CMC）为增黏剂的二种聚合物钻井液（无分散相高黏度胶质聚合物钻井液、聚合物盐/交联聚合物作分散剂)均表现出良好流变性和降滤失性,有助于井壁稳定和井眼清洁,能够极大提高机械钻速,有效控制储层损害。

此外,低含盐量聚合醇水基钻井液因能够在泥页岩表面形成吸附层,抑制泥页岩水化、膨胀与分散而具有良好滤失性、流变性、润滑性能,起到有效稳定水平井段页岩的作用。聚合醇的化学结构不是严格化学定义的聚合醇,大多数聚合醇是由含活泼氢的疏水化合物和环氧化物共聚而得。由于其化学结构的多样性,其产品类型多,性能广,广泛应用于各个领域。适用于水基钻井液添加剂的聚合醇主要被用为抑制剂,其次部分聚合醇还被用作降滤失剂、润滑剂等。Cannon 等首次用 30%的乙二醇和丙三醇成功地解决了水敏地层的页岩膨胀问题,并对多羟基物质的抑制机理有了初步的探究。吕开河等新研制的多功能聚醚多元醇,选用 SYP1 为主剂,对聚合物包被剂、防塌剂和降滤失剂进行了优选实验。在此基础上,研制了一种新型聚醚多元醇钻井液。对聚醚多元醇钻井液的抑制性、流变性、滤失造壁性、润滑性以及对油气层的保护性能进行了室内评价实验,并分析了该钻井液的作用机理。在 HD4-23H 井进行的聚醚多元醇钻井液现场试验表明,在钻进过程井壁稳定,井径规则,起下钻畅通,井下安全,测井、下套管及固井作业顺利。室内实验和现场应用表明,聚醚多元醇钻井液具有优良的防塌性和润滑性,能有效地抑制岩屑分散,起到稳定井壁和保护油气层的作用,满足复杂地质条件下钻井的需要。

国内外学者对聚合醇钻井液作用机理展开了深入的研究,得出以下结论:①聚合醇钻井液存在浊点效应,当温度升至聚合醇的浊点时,聚合醇会从水溶液中析出,以乳液的形式存在于钻井液中,可以提高钻井液润滑性能,当聚合醇吸附于岩石表层时会形成一层隔离层,阻止钻井液滤液摄入井壁,同时一些颗粒大小适当的聚合醇还会封堵岩石中的微小空隙;②聚合醇中含有大量的醚键,聚合醇吸附于黏土表面,分子内的醚键在黏土表面形成一层稳定的化合物,同时该化合物可以与钾离子协同作用使该化合物结构更加稳定与表层更加致密,从而在黏土表面阻碍水分子的渗入,防止岩石水化分散,保持井壁稳定;③聚合醇渗透说认为,聚合醇可以通过增加钻井液滤液的黏土、降低滤液化学活性起抑制页岩水化分散的作用。另有混合金属层状氢氧化物(MMH)钻井液因主处理剂 MMH 带正电荷,而在体系中与黏土相互作用形成正电胶/黏土胶粒复合体,具有较强束缚自由水的能力,表现为具有独特流变性,抑制能力强,防塌效果好,机械钻速提速显著;但也存在滤失量偏大的问题。

(2) 大位移井钻井液。

大位移井钻井作业的主要影响因素包括井壁稳定、井眼清洁以及摩阻问题。目前,油基钻井液和水基钻井液是国际大位移井钻井液体系两大主体。其替代体系合成基钻井液于20 世纪 80 年代发展起来,常温条件下屈服值和稠度系数更高、泥饼摩擦系数更低,因此能够更好地解决井眼清洁问题。合成基钻井液以人工合成或改性的有机物为连续相,盐水为分散液相,并有乳化剂、流变性调节剂等形成油包水逆乳化悬浮分散体系,具有油基钻井液的工作性能。合成基钻井液具有生物易降解,毒性低,对环境无害等优点;与此同时,合成基钻井液可以在常规深井或者环境复杂的井下正常工作,具有显著的经济效益。Nasiri 等用脂肪酸和醇合成酯作为酯基钻井液,研究表明,该酯基钻井液具有良好抑制性、滤失性、润滑性能,可以抗 170℃高温,同时该酯基钻井液对环境无害且易降解。

此外，为杜绝润湿性反转所致油气层损害，Patel 等巧妙制得一种可转化为水基钻井液的油基钻井液。此类钻井液不仅兼具常规钻井液和合成基钻井液性能优点，而且能够在完钻后及时转化为水包油乳化钻井液，将油湿岩石表面返回水湿状态，避免了油相渗透率降低，从而对储层起到有效保护作用，尤其有助于简化海上钻井钻屑处理程序。与水基钻井液相比，合成基钻井液具有更快的钻井速度，在海洋钻井中，钻井废弃物具有良好的生物降解性以及对环境无害，可以直接排入海中，极大程度地降低了成本，所以合成基钻井液被广泛使用于海上钻井施工。

(3) 小井眼井钻井液。

小井眼钻井技术于 20 世纪 80 年代后期逐渐为人们所重视，其突出优点在于能够较大幅度降低钻井费用，提高油气田开发综合经济效益；不足在于尽管较小的环形空间有利于井眼稳定，但在使用常规含固相钻井液体系时会造成当量密度相关井眼失稳、抽吸-激动压力和卡钻相关井下复杂作业等问题。此类特有技术问题的解决需要研发有别于常规含固相钻井液体系的特殊钻井液体系，其主要性能参数应满足如下要求：低固相或无固相体系、优异的流变性和携岩能力、良好的抑制性和润滑性。为此，理想的小井眼钻井液体系通常无固相、低黏度、含高密度盐水，添加剂应具有良好配伍性，并且可生物降解。

甲酸盐无固相钻井液体系是目前国际上在小井眼钻井应用中最为成功的钻井液体系。该体系能够有效稳定泥页岩，对储层损害程度低，而且黏度低、摩阻小、能够提高聚合物的热稳定性。

(4) 其他特殊工艺井钻井液。

伴随小井眼钻井技术的诞生，连续油管(CT)作业对钻井液体系提出了更高要求。设计保护油气层钻井液的关键是避免钻井液滤液和固相颗粒侵入地层，在钻井液中加入适当尺寸的桥堵颗粒是一种有效策略。此类钻井液中，加入超细桥堵颗粒有助于形成超薄致密泥饼，促使适当减少聚合物处理剂用量。

多分支井钻井液技术是小井眼井、定向井、水平井的有机结合，其对钻井液的要求由此可概括为：固相含量低，以减轻固相沉积；抑制性强，以有利于稳定井壁；携岩能力强，以避免岩屑床形成；润滑性好，以减小钻柱的扭矩和摩擦阻力。

欠平衡钻井液技术在老油田及特殊油田开发，特别是低渗透油藏、致密气藏、边际油藏、衰竭油藏、灰岩裂缝油藏等开发中具有显著优势。在实际配制和使用过程中还需要根据该地区储层的实际情况及市场经济的可行性来选择最优的钻井液体系。套管钻井液技术基本上可以按照小井眼钻井液的特点来设计套管钻井液。

1.1.3 钻-采通用油田化学工作液研究概述

1) 钻-采通用性油田化学工作液产生的背景

油田开采生产的工序是：钻井→完井→采油→集输。为满足油田勘探开发需要，油田化学工作液是通过各种油田化学添加剂按照一定配比混合形成的工作流体，主要包括钻井液、完井液、压裂液、酸化液、堵水调剖液等。长期以来，在油田勘探开发过程中，各个环节生产作业彼此相对独立，使用不同体系的油田化学工作液，且配方较为复杂，不仅给注水、测井、集输及炼化等先前或后续作业造成很多困难，还使得每口井作业时工作液工艺愈加烦琐，难以控制。如此，不仅给施工作业队伍带来麻烦，而且造成废弃工作液的排放资源浪费和经济损失，还给油田当地生态环境和环境保护工作带来巨大压力。

因此，实现油田化学工作液体系应尽可能单一，实现工作液由钻井向完井再向采油转化，显得十分迫切。目前，部分废弃工作液的转化再利用工艺已经实现了工业化应用。例如，废弃钻井液向水泥浆转化技术(简称MTC技术)，是迄今为止将钻井液转化为其他工作液技术中研发和应用最早且较成熟的技术。它是将废弃钻井液和矿渣混合，利用激活剂激活矿渣中的固化成分，再辅以其他添加剂得到各种用途的固井液。MTC技术在国内外都进行了大量的研究，实现了钻井液与完井液通用。使用MTC技术固井有许多优点：可固化井壁泥饼，失水量低，适应性和能活性强，成本低，可得到低密度固井液。在实现了钻井-完井工作液通用后，人们又力图实现钻井-采油工作液的通用。采油过程又包括注水、压裂、酸化、调剖、堵水等作业。

2) 钻-采通用性油田化学工作液的可行性

虽然在油田钻井和采油不同生产环节对油田化学工作液的要求不同，各个工作液所呈现的作用效能各异，不同的油田化学工作液使用的添加剂也有所不同，但是工作液的基本性能却有相同或相似之处。不同油田工作液性能的通用特点主要体现在以下几方面：

(1) 流变性。流变性是油田化学工作液的基本性能之一，常用的流变参数有表观黏度、塑性黏度、动切力、动塑比、流性指数、稠度系数等。在钻井作业中，钻井液的流变性在解决钻井问题方面发挥着重要作用：①携带岩屑，保持井底和井眼的清洁。②提高机械转速。③保持井眼规则和保证井下安全。在压裂作业中，为满足支撑剂的悬浮能力，压裂工作液必须具有一定的黏度，以提高混砂比和携带较大直径的支撑剂。此外，具有一定黏度的堵水调剖工作液，可以有效地改善水流的波及效率，提高原油产量。

(2) 滤失性。滤失量是评价油田化学工作液的重要指标之一。相同条件下，油田化学工作液的滤失量越小，控制滤失能力越强，可以实现提高岩心承压能力、漏失压力和破裂压力梯度，达到扩大安全密度窗口的目的。不同油田生产环节对相应的工作液的滤失性能均具有较高的要求。

(3) 抑制泥页岩膨胀性。在钻井作业过程中，泥页岩吸水后不仅会改变井壁岩石的力学性能，降低岩石强度，而且水化膨胀也会产生膨胀应力，进而改变井壁的应力状态，诱发或加剧井壁岩石的力学不稳定性，引发井塌等事故。因此，要求钻井液必须具备一定的抑制泥页岩膨胀性。在压裂或者堵水调剖等作业中，对于进入地层的流体如压裂液或堵水调剖液也要求具有一定的抑制泥页岩水化膨胀性，从而减轻进入地层的流体对储层渗透率的影响。

生产实践为钻-采通用油田化学工作液的研发提出了应用需求；具有相同或相似基本性能的不同油田化学工作液，为实现它们之间的转化提供了可能性。钻井液和完井液向采油工作液转化的可能形式总结如图1-1-1所示。在这些过程中，部分转化工艺已经实现，并得到现场应用，取得了良好的经济效益。

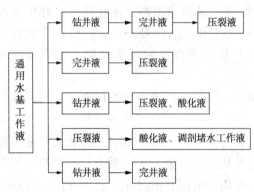

图 1-1-1　油气田通用工作液转化示意图

3）钻井-压裂通用工作液研究概述

在通常使用的工作液体系中，钻井液与压裂液一般是完全分离的不同工作液体系，本课题组在与企业合作项目调研发现，长庆油田已具备建立使用钻井-压裂通用水基工作液的必要性和可行性。主要原因有：①长庆油田位于鄂尔多斯盆地，减少废弃工作液的排放势在必行，以减少对生态环境的破坏，同时减少缴纳因破坏环境的罚款来降低成本。②长庆油田平均每口井钻井液费用就在 30 万元左右，平均单井压裂液费用在 10 万元左右，建立通用工作液体系可以降低钻井液和压裂液总成本。③长庆油田油区内施工的井相对集中，为通用工作液的使用创造了有利的条件。④长庆油田是一个非常有开发潜力的油田，建立通用工作液体系具有长远的经济效益和社会效益。在石油开采过程中如何保持钻井液与压裂液体系的统一，被视为石油行业又一新的技术课题，愈来愈引起人们的重视。该问题解决得是否完善，不仅直接关系到开采速度、开采质量和经济效益，同时可以解决固井、测井和油气开采所遇到的一系列的问题。因此，研制出压裂-钻井通用水基工作液，对于生产实践具有重大意义。

长庆油田储层为低压、低渗、低丰度；且非均质、性差、无初产；必须经过改造才能获得产能。因此，在完成钻完井作业后，必须进行压裂、酸化等油气井改造作业，才能进行开采。鉴于长庆油田储层矿物的特点，在油气田开采过程中涉及的通用油田化学工作液性能，必须满足：对储层伤害小；必须有较好的抑制性能和滤失性能；低毒或无毒，对环境污染小；对油品污染小。

长庆油田现有的区块钻井所使用的钻井液体系可归纳为：钻穿表层黄土层，主要用清水或低固相聚合物钻井液，提高钻井速度，钻井液主要组成有膨润土、高分子聚合物（如 KPAM、PAC-H、HV-CMC）等，防止坍塌及有效清洗井眼，使表层套管下入顺利；以防塌、防漏、安全快速钻进为目的，以低固相聚合物体系或双钾聚合物钻井液体系为主；若遇水平井段，使用无土相低伤害暂堵钻（完）井液体系。

长庆油田现有的区块水基压裂液应用技术可归纳为：整体开发压裂技术、前置酸加砂压裂技术、多级加砂压裂技术、底水油藏改造技术、水平井分段压裂技术、低伤害压裂液体系（低分子胍胶压裂液体系、生物酶破胶剂、PAC 阳离子聚合物压裂液体系）、重复改造技术、碳酸盐岩加砂压裂技术、交联酸携砂压裂工艺、气井机械分层压裂合层开采技术、CO_2 增能压裂技术等。

4）钻井-调剖通用工作液研究概述

不同油田化学工作液具有不同特性，这为关键技术的突破指明了方向。例如，常用水基杂聚糖类压裂液和水基堵水调剖液主要为冻胶或凝胶，而水基钻井液为弱凝胶。实现钻井液向压裂液转化、钻井液向堵水调剖工作液转化，关键在于对水基钻井液进行交联或凝胶化。

堵水作业根据施工对象的不同,分为油井(生产井)堵水和水井(注入井)调剖两类。其目的是补救油井的固井技术状况和降低水淹层的渗透率(调整流动剖面),提高油层的采收率。

目前,我国大多数油田逐步进入后期开发,采用注水开发方式,地层非均质性严重,油藏地质复杂,在开发中后期含水上升速度加快,调剖堵水技术已成为国内外高含水油田改善水驱效果的重要技术措施。随着油气储层深度越来越深,地层温度和地下水矿化度的增大,研发新的耐温耐盐型调剖堵水剂的需求愈来愈高。现用的聚合物型堵水调剖剂的耐温耐盐性有限,仅适用于储层温度小于120℃,矿化度低于$8\times10^4\ mg\cdot L^{-1}$的油藏。硅酸盐具有盐敏、热敏、钙镁敏等特性,可以解决高温高盐的问题。此外,水溶性硅酸盐具有价格低廉、耐温耐盐性能优良、注入性好、环境友好、不易生物降解等特点,能够应用于高温高盐等条件苛刻的油藏。但是,硅酸凝胶的胶凝时间较短,且随地层温度升高,胶凝时间缩短,凝胶脆性高,易破碎且不可恢复。Sandiford等水溶性硅酸盐与交联聚合物混合复配,复配体系的性能优于单一体系,堵水剂强度提高,胶凝时间也得到延缓,有效封堵高渗透层和漏失带。主要是由于交联聚合物形成凝胶网架结构限制了硅酸凝胶的沉积。将硅酸盐溶液与聚合物溶液混合注入地层,使得混合液的黏度增大,可以降低注入流体的流度。复合硅酸凝胶的脆性减小,黏弹性增强且不易破碎。

油田化学工作液中添加剂应尽可能简单,保持水基钻井液与堵水调剖工作液两个不同体系的统一,不仅可以大幅度降低油田作业生产成本,而且减少添加剂的种类,减轻添加剂对采出原油的污染,降低炼化难度。

5) 压裂返排液配制钻井液研究概述

循环利用钻井液、压裂液返排液转化为新钻井液、压裂液体系,不失为一项既经济又合理的处理方法。压裂作为油气田生产过程中重要的工艺,随着采油次数的增多,压裂所产生的压裂返排液的量相应增大。

当油田开采产生的压裂返排液与回注的深井距离相对较近时,对返排液处理采用处理后回注,能够达到处理成本低,处理方便简单和快速处理等优点。韩卓等对非常规压裂产生的压裂返排液进行分析,得到其中含有的主要污染物,采用PJJ-1对压裂返排液进行破胶,Fe/C微电解对破胶后的返排液进行深度氧化,再从多种絮凝剂中筛选用PAC絮凝,通过压滤固液分离所得上清液的悬浮物,色度和含油等都满足回注的标准。张晓龙采用"酸化-化学氧化-pH值调节-絮凝-沉淀-过滤"工艺对池46地区采出水进行处理,在对废水进行氧化处理时,废水pH值在3.0左右;氧化剂NaClO用量为1.25%,氧化时间大于20min;进行絮凝处理的pH值在9.0左右;无机絮凝剂PAC用量为800mg/L;有机絮凝剂絮凝剂CPAM(1200万)用量为5mg/L;絮凝剂PAC与CPAM的投加时间应该间隔30~40s。

另一方面,目前压裂返排液回用则主要基于重复利用压裂液策略,即消除/降低对重新配制压裂液有影响的离子,从而达到返排液的再利用;返排液的回用对返排液的处理量较大,操作流程较简单,成本相对较小,对返排液的绿色处理有很大的应用前景。马红等对官西-5井压裂产生的胍胶压裂返排液进行了成分分析,得到各个离子对再配压裂液的影响限度值，再通过氧化、混凝、定位除硼和加入去除金属离子的试剂，压裂返排液的黏度、浊度、色度、石油类物质和金属离子浓度都得到了显著的降低，将处理后的返排液配制压裂液，在100℃下剪切1h，其黏度保持在100mPa·s以上，满足压裂过程中压裂液的使用标准，从而实现压裂返排液的回用。侯普艳对内蒙地区大牛油田采油过程中产生的压裂返排液进行重复利用配制压裂液，通过一系列的去除固相、除硼、破胶和金属离子去除等工艺后，用再处理的压裂返排液配制的压裂液的黏度保持在50mPa·s左右，满足现场采油过程中压裂液的使用要求，对大牛油田压裂产生的压裂废液得到了很好的处理。何婷婷通过对苏里格气田的压裂返排液进行回用因素进行探究，发现压裂返排液中的残留破胶剂和交联剂对压裂返排液回用配制压裂液有一定影响，加入杀菌剂、柠檬酸、还原剂和螯合剂对其进行处理后再配制压裂液，压裂液具有良好的耐温度、耐盐、抗剪切、滤失量少和残渣少等特性，满足现场压裂需求，实现返排液的回用。

实际上，胍胶压裂返排液和清洁压裂返排液中分别含有氯化钾和季铵盐对膨润土均起抑制性作用。因此，基于保护环境、节约资源、循环利用的理念，采用压裂液返排液配制钻井液策略，能够减少废弃压裂液排放，缓解油田水资源缺乏问题，同时还能带来良好的经济效益。

本质上讲，胍胶压裂返排液和清洁压裂返排液对膨润土抑制性作用机理如下：

胍胶压裂返排液中含有氯化钾，其中钾离子对黏土水化膨胀具有一定的抑制性，其作用机理分为两方面：一方面是由于钾离子的水化能力相对于Na^+、Ca^{2+}和Mg^{2+}等离子的水化能力要弱。经过水化后的膨润土，在钻井液中会吸附阳离子，并且当阳离子的水化能力越弱，越容易被吸附。当膨润土吸附钾离子进入层间，由于钾离子的水化能力较差，导致层间的水分子被钾离子挤出，从而晶层收缩，使得膨润土的二次水化不容易。另一方面钾离子经过水化后，它的直径要比晶层间距小很多，能够很容易进入膨润土的层间，之后进入层间的钾离子不再有水化的能力，所以钾离子的体积变小，原来被水分子支撑开的层间距又相应的回缩变小，当膨润土颗粒体积有收缩时，并且进入膨润土层间的钾离子抑制了相近层间的膨胀，从而使得膨润土的水化膨胀不能作用。

清洁压裂返排液主要是阳离子表面活性剂，含有季铵盐，其对钻井液有较好的抑制性，其抑制性机理为：对于阳离子季铵盐类，在钻井过程中，钻到泥页岩，它对其具有很好的抑制效果，主要是因为它可以在岩层有多个吸附点，从而能够稳固在岩层上，但由于部分阳离子季铵盐类相对分子质量较大，相对于小相对分子质量的胺类物质能够进入层间，其主要吸附于黏土表面位置，对于膨胀性很强的黏土，它的抑制效果不是很好。季铵盐类与膨润土作用的模型如图1-1-2所示。另外一些阳离子季铵盐类与阴离子类添加剂存在配伍性差，黏度增大，有毒等问题。

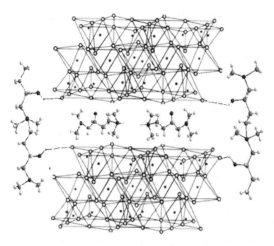

图 1-1-2　季铵阳离子与膨润土作用的分子模型

1.2　钻井液胶体与界面化学基础

油气田开发过程，针对不同油藏地质特征及不同开采阶段，人们采用不同驱动方式，引起油藏中流体地球化学特征变异。石油地球化学家往往把油气的运移、聚集过程视为"地质色层效应"。在此视域下，运移、聚集、开采过程中，均可以把储层孔隙、裂隙空间视为地质色层效应的分离柱，不同相对分子质量、不同结构、不同极性的流体化合物在其中进行着吸附-脱附效应。值得格外关注的是，油藏开发中的地质色层效应存在二个非均质体：储层本身(陆相储层尤甚)和储层流体。这正是复杂地层钻井液体系研发的地球化学背景，即储层-储层流体(表)界面物理化学作用影响钻井液流体性能与应用。

胶体与界面化学的研究对象是自然界中所存在物质的表面、界面性质，以及由这些性质所引发的一系列宏观和微观的变化，涉及热力学、动力学、流变力学、界面形态与性质等，为解决科学研究、工农业生产以及日常生活中相关实际问题提供了重要的理论基础知识。在石油工业中，原油钻探、开采、处理、集输、炼制等各个环节均与胶体与界面化学相关理论与技术具有密切关系。

钻井过程中用于钻井润滑、携砂、防塌、防滤失的钻井液正是基于胶体与界面化学知识配制的黏土颗粒在溶剂水中的分散体系，是典型的胶体体系。为满足生产实际需求，钻井液须达到一定的稳定性、流变性、滤失性、润滑性等，这正是胶体与界面化学研究的范畴。原油开采过程中对其本体降黏、降凝以及乳化降黏主要基于两亲性表面活性剂改变物质之间的界面性质以达到降低输送/开采阻力的目的。原油脱水过程则是基于改变界面强度和乳化稳定性以实现油水分离。污水/污泥的处理主要基于桥联作用，在高分子聚电解质和表面活性剂的共同作用下调控界面稳定性，达到水、油、泥、机械杂质分离的目的。这里在储层-储层流体(表)界面视域下，以钻井液代表性体系为例，简述相关胶体与界面化学知识理论的应用。

1.2.1 钻井液体系表(界)面性质

通常对胶体范围的定义是基于质点的线性大小,无论是高分子还是细分的体相物质,只要由处于 $10^{-9} \sim 10^{-6}$ m 尺寸范围内的质点组成均可视为胶体。然而,这两种胶体质点与周围介质之间的关系却截然不同。前者质点与周围介质形成热力学意义的真溶液,后者则至少为二相系统。实际作业中钻井液体系属于多相系统,因此,仅讨论与其共存天然/合成高分子材料添加剂对体系相关性能的影响,而不展开论述单纯的高分子真溶液。

1) 表面张力和表面自由能概述

胶体化学的研究对象是质点处于 $10^{-9} \sim 10^{-6}$ m 具有巨大比表面积的高度分散体系。体系中处于表(界)面层的分子占总分子数比例很高,这些分子所处的微环境与体相内部分子迥然不同,赋予体系众多特殊的物理化学性质,产生了特有的界面现象。事实上,胶体体系的各种性质均与比表面积密切相关。例如,区分聚结和聚沉/絮凝的差异性可从体系比表面积是否变化入手。聚结是指两个(以上)小质点群聚形成单个大质点的过程,其主要特征是总表面积变小。聚沉/絮凝是指二个(以上)小质点聚集形成絮块的过程,不形成新质点,其主要特征是总表面积基本不变。当发生聚结现象时,较小的质点消失,留存的是新的大质点;当发生聚沉/絮凝现象时,小质点仅失去动力学性质的独立性,以保持原质点其他特征的独立个体加入以絮块为单位的运动。

自然界中的物质存在固、液、气三种相态,在任何二相之间都存在着相界面,其中固-固、固-液、液-液相界面称为界面;固-气、液-气界面则习惯上称为表面。表(界)面性质是胶体化学的主要研究内容之一,表面张力和表面自由能是描述表面性质的重要物理量,各具优势。表面张力是表面层分子间实际存在的表面收缩力,是从力学平衡的视角解决流体界面问题,具有直观方便的优点。表面自由能可以描述为体系每增加单位面积时 Gibbs 自由能的增量,或者体相内部分子迁移至表面时所需消耗的可逆功;是基于热力学原理和方法处理界面问题,对各种界面都具有普适意义。对于液体而言,二者具有相同量纲(例如:mN/m、mJ/m^2);对于固体却不同,因为固体诸多物理性质各向异性。固体与液体最为显著的差异莫过于固体不具有流动性,因此固体表面有以下三个特点:不易缩小和变形、不均匀、表面层的组成不同于体相内部。

2) 弯曲液面的典型表面现象

两相之间界面双侧存在压差时,界面将呈弯曲状,且凹侧压强大。双侧压差/附加压力 (Δp) 与表面张力 (σ)、曲率 (R) 之间的关系遵循 Laplace 公式:$\Delta p = \sigma(1/R_1 + 1/R_2)$(其中,$R_1$、$R_2$ 分别为二相之间形成液膜的曲率半径)。显然,附加压力与液体表面张力成正比,与弯曲液面曲率半径成反比。即曲率半径愈小,附加压力愈大。例如,经典的毛细管上升/下降公式为:$\Delta \rho g h = 2\sigma \cos\theta / r$。这里所涉及的与表面张力密切相关的物理量接触角 (θ) 将在下文中展开。此外,当平面液体变为弯曲液面后,与之相平衡的蒸气压 (p_r) 亦发生变化,即 Kelvin 公式:$\ln(p_r/p_0) = 2\sigma M/(RT\rho r)$。它表明液滴愈小,与之平衡的蒸气压愈大。当液滴 $r \to \infty$ 时,液体蒸气压 $p_r \to p_0$。

在油气藏开发中,油、气层不能有效排出外来水致使地层含水饱和度增加,气相流动阻力增大,油、气相渗透率下降的现象称为"水锁效应"。实际钻井作业中,水锁效应所造成的储层伤害主要是由钻井液侵入所致。研究表明，储层高含水饱和度主要是由岩石强润湿性所致，尤以低孔低渗型凝析油气藏为甚。气层未开时，处于平衡态的体系中非湿相天然气往往聚集于大孔道中间地带，原生水则多分布于小孔道颗粒附近；一旦外来水侵入则平衡打破，外来水在表面张力作用下进入孔隙，且因孔隙半径不规则性而进入孔隙喉道。通常，低渗气藏岩石颗粒小，比表面积大，润湿相吸附性强，非润湿相流动性大，导致气驱水效率低下，到一定程度便力不能及，此时的含水饱和度称为束缚水饱和度；显然低渗凝析油气藏中束缚水饱和度远大于其原始水饱和度。低渗气藏的含水饱和度原本就相对较高，留在地层中的外来侵入水更加剧了储层高含水饱和度程度，破坏了聚集气的连续性，愈发增大了对气体渗透率的伤害，导致水锁损害。

显然，高含水饱和度是储层产生水锁损害的重要原因，水锁损害则是凝析油气藏最为突出和严重的损害类型之一。根据上述 Young-Laplace 公式，毛细管压力与接触角余弦成正比。这意味着，储层液湿性越强，毛细管压力就越大，导致大量原始地层水、外来侵入水、井底附近凝析水齐滞于油气层中，降低了油气渗透率，最终使油气藏的产能急剧下降。

水锁效应的本质是因毛细管压力所产生的附加气压降所致，气、水润湿性差异使得这一毛细管压力成为气驱水阻力。毛细管压力等于毛细管弯液面双侧非润湿相压力与润湿相压力之差，其数值可通过任意弯曲界面 Laplace 公式计算得出。理论上，毛细管压力的大小与地层多孔介质中毛细管半径成反比，然而地层毛细管半径却无法改变。因此，降低水锁效应的主要方法为降低"液-气"表面张力，主要途径为使用表面活性剂。

鉴于岩石孔隙结构的复杂性和多变性，利用 Laplace 公式进行实际毛细管压力计算并判断油气藏受到水锁损害程度存在困难。张振华等对各种条件下砂岩岩心水锁效应进行系统研究，对影响砂岩油藏水锁效应的主要因素进行合理评价，由此建立了低渗透砂岩储集层水锁效应灰色静态预测模型。研究结果表明，相关主要影响因素包括油水界面张力、气测渗透率以及储集层水饱和度。油水界面张力愈高，则钻井液等外来流体侵入储集层后的水饱和度愈高；储集层的渗透率随之降低，水锁损害程度就随之加剧。所建立的水锁效应灰色预测模型能够对低渗透砂岩储集层水锁损害程度进行初步定量预测，其准确程度与实验岩样及实验数据的代表性密切相关。

3）吸附作用

在平衡条件下，某组分在二相接触所形成的表/界面层（Gibbs 表面）中的浓度与其在体相中的浓度不同，这一现象称为吸附。前述使用表面活性剂降低"液-气"表面张力以减弱"水锁效应"的实质是表面活性剂在二者之间界面吸附的结果。需要指出的是，吸附的本质是被吸附分子在吸附剂界面上的浓聚，吸收是气体分子在固体中的溶解，吸着则是同时发生吸附和吸收作用的现象。

(1) Gibbs 吸附公式。

Gibbs 吸附公式是通过热力学方法推导得出的适用于一切界面吸附的基本公式，其基本表达式为：$S^s dT - V^s dp + Ad\gamma + \sum n_i^s d\mu_i = 0$，在其他指定条件下有相应衍生表达形式。通常情况，"液-气"和"液-液"（表）界面张力伴随溶质浓度变化所发生的对应变化易于测定，因此可基于 Gibbs 吸附公式计算不易直接测定的（表）界面吸附量；而"固-气"和"固-液"（表）界面则是吸附量易于测定，因此可基于 Gibbs 吸附公式计算比较吸附前后（表）界面张力的变化。总体而言，立足Gibbs吸附公式，结合其他具体指定条件和假设便可推导出不同形式颇具应用价值的吸附等温方程，以解决不同实际问题。

著名的Langmuir吸附等温方程可用来计算表面活性剂在"液-气"表面的吸附量。只是离子型和非离子型表面活性剂在水中存在状态不同，因而Gibbs吸附公式的应用形式有所差异。需要指出的是，因离子型表面活性剂离子端基或非离子型表面活性剂亲水端基存在水合作用，致使即使达到极限，表面活性剂也无法呈现完全紧密定向单层排列。通常是依据公式计算得出极限吸附（$\varGamma_\infty$），进而求出此时每个分子所占据的面积，以此获得吸附分子及吸附层结构信息。例如，不溶性两亲分子形成的有一定紧密结构的二维分子有序组合膜兼具理论和应用价值。

（2）物理吸附和化学吸附。

依据吸附分子与吸附界面之间作用力不同，吸附作用理论上分为物理吸附和化学吸附两大类。顾名思义，产生物理吸附的作用力是物理性的，以范德华力为主（也包含氢键的形成）；产生化学吸附则源于化学作用，包括吸附分子与吸附界面之间进行电子交换、转移、共用等。

物理吸附的主要理论包括Langmuir单分子层吸附理论和BET多分子吸附理论，后者是对前者的继承和发展。BET理论认为，固体对气体的物理吸附是范德华力的结果，而分子之间必然存在范德华力，因此分子与已被吸附分子发生碰撞后亦存在被吸附的可能，即吸附作用能够形成多分子层。

与化学反应类似，化学吸附的发生也需越过活化能，吸附剂实质上是通过改变吸附活化能改变反应机理，降低反应能耗。与在讨论物理吸附时常假设吸附热为常数不同，化学吸附热与表面覆盖度的关系较为复杂，常见三种吸附等温方程式（Langmuir等温式、Temkin等温式、Freundlich等温式）便反映了吸附热与表面覆盖度的不同关系。

（3）固体自稀溶液中吸附的一般规律。

① Traube规则。极性吸附剂自一种非极性溶剂中优先吸附强极性物质，反之亦然。

② 溶解度对吸附量的影响。溶质在溶剂中的溶解度越小则越易被吸附。这是因为，溶质的溶解度越小，溶质与溶剂之间的作用力相对越弱，所以被吸附的倾向越大。

③ 界面张力对吸附量的影响。吸附发生于界面，界面张力越低的物质越易于在界面吸附。

④ 高分子在固-液界面的吸附。高分子在固-液界面吸附的特点主要有：高分子在良溶剂中舒展成带状，在不良溶剂中卷曲成团，时常为"多点吸附"，脱附相对困难；高分子因具有不同相对分子质量而在吸附时与多组分体系吸附相似，会发生分级效应；高分子因具有较大相对分子质量，向固体内孔扩散时会受到阻碍，因此达到吸附平衡极慢；吸附量大多情况下随温度升高增加。

⑤ 表面活性剂在固-液界面的吸附。一般地，表面活性剂在固-液界面的吸附量与其浓度变化趋势为：当pH值近中性时，离子型表面活性剂在固体表面的吸附类似Langmuir单分子层吸附；阴离子表面活性剂（pH>7）、阳离子表面活性剂（pH<7）在固体表面的吸附则多为双平台型；非离子表面活性剂在固体表面的吸附则为S型。

（4）吸附作用在钻井液体系中的应用。

钻井液处理剂往往始于吸附于黏土颗粒表面而发挥作用，主要涉及降滤失剂、抑制剂、稳定剂、流形改变剂、絮凝剂等。黏土是岩石经过风化作用所形成。黏土成分相当复杂，主要组成元素是硅、氧、铝，常伴有石灰石、石膏、氧化铁、其他盐类等。黏土包括含有吸附活性的吸附土和基本无吸附能力的非吸附土两类。非吸附土的典型代表是高岭土，也称为陶土。吸附土中一类是本身即具有吸附活性，如漂白土；另一类则需经过活化才具有活性，如蒙脱土（膨润土）。

4）润湿作用

（1）润湿作用概述。

简而言之，润湿作用是指固体表面上一种流体被另一种流体所取代的过程。因此，润湿作用必然涉及三相，而且至少二相为流体。蒋官澄教授对润湿作用本质作出了精准阐释。他指出润湿性的本质是"固体/流体1/流体2"体系中，优先润湿相在固体表面取代较弱润湿相，从而引起吉布斯自由能下降。润湿性在微观上表现为吉布斯自由能的下降，在宏观上表现为润湿性强的流体在固体表面上取代润湿性弱的流体。从润湿性的热力学定义中可以看出，润湿性不仅于固体表面的固有理化性质有关，而且与润湿性评价时所采用的"流体对"有关。习惯上将能够增强水或水溶液取代固体表面空气能力的物质称为润湿剂。

Osterhof 和 Bartell 将润湿过程分成沾湿（黏附）、浸湿（浸润）、铺展三种类型。沾湿是指液体和固体接触，变"液–气界面"和"固–气界面"为"固–液界面"的过程。若接触面积为单位值，则此过程中体系自由能降低值（$-\Delta G$）可表示为：$-\Delta G = \gamma_{SG} + \gamma_{LG} - \gamma_{SL} = W_a$。显然黏附功（$W_a$）值愈大则固–液界面结合愈牢固。通常恒温恒压条件下，发生沾湿的条件是 $W_a > 0$ 的自发过程。此外，若将取代固体更换为具有同等面积的液柱，因同种液体表面张力为零，则有：$W_c = \gamma_{LG} + \gamma_{LG} - 0 = 2\gamma_{LG}$。内聚功（$W_c$）是衡量液体分子之间相互作用大小的物理量，能够反映液体自身结合牢固程度。

浸湿是指固体进入液体，液体表面无变化的过程，实质是变"固–气界面"为"固–液界面"。若接触面积为单位值，则此过程中体系 $-\Delta G$ 可表示为：$-\Delta G = \gamma_{SG} - \gamma_{SL} = W_i = A$。浸润功 W_i 反映液体在固体表面上取代气体的能力；又称黏附张力，是用以对抗液体表面张力而产生铺展的力量。$W_i \geq 0$ 是恒温恒压条件下浸湿过程发生的条件。铺展的实质亦是"固–气界面"为"固–液界面"取代的过程，但其与浸润所不同的是在铺展过程中，液体表面同时发生扩展；即"固–气界面"消失，"固–液界面"和"液–气界面"形成。若接触面积为单位值，则此过程中体系 $-\Delta G$ 可表示为：$-\Delta G = \gamma_{SG} - (\gamma_{SL} + \gamma_{LG}) = S$。铺展系数 $S \geq 0$ 是恒温恒压条件下铺展过程发生的条件。进一步结合黏附功和内聚功表达式可得，$S = W_a - W_c$。显然，当"固–液界面" W_a 大于液体 W_c 时，液体能够自行铺展于固体表面。

1805 年，Young 提出著名的 Young 方程：$\gamma_{SG} - \gamma_{SL} = \gamma_{LG}\cos\theta$。由此建立基于接触角（$\theta$）大小判断润湿性标准。当 $W_a = \gamma_{LG}(1+\cos\theta) \geq 0$，即 $90° < \theta < 180°$ 时，发生沾湿；当 $W_i = \gamma_{LG}\cos\theta \geq 0$，即 $\theta \leq 90°$ 时，发生浸湿；当 $S = \gamma_{LG}(\cos\theta - 1) \geq 0$，即 $\theta \leq 0°$ 时，发生铺展。习惯上将 $\theta = 90°$ 作为润湿与否的标准：$\theta < 90°$ 称为润湿，$\theta > 90°$ 则称为不润湿；显然 θ 值愈小，则润湿性愈佳；当 $\theta = 0°$ 时，称为铺展。鉴于严格遵守 Young 方程的条件是理想表面，因此在解决实际问题涉及两相之间接触角时，应注意相关因素产生的影响，主要包括：两相不溶体系、接触面粗糙度、

非均匀表面、滞后现象的动力学性质等。接触角常见测定方法有气泡法、吊片法、水平液体表面法、粉末表面接触角测定法等。

值得注意的是，固体表面通常分为高能表面和低能表面二类。前者表面自由能处于500~5000mJ/m²之间，主要是金属及其氧化物、SiO_2、无机盐等物质表面；后者表面自由能低于100mJ/m²，主要是有机固体表面。一般而言，表面张力低的液体易于在高能表面铺展，但高能表面的自憎现象例外。Zisman等开展了大量有关低能表面润湿的系统研究工作。其中临界表面张力(γ_c)是反映低能固体表面润湿性的重要经验常数。只有表面张力小于或等于某一固体γ_c的液体才能在该固体表面铺展，因而γ_c值愈小的固体愈难以润湿。理论上讲，低能固体γ_c仅反映固体最表层原子或基团的润湿性质，与固体体相的组成、结构无关，取决于其组成元素。例如，对于聚合物而言，引入原子后γ_c变化顺序为：N>O>I>Br>Cl>(H)>F。通常，饱和烷烃C数愈多，H含量愈高，则γ_c愈小，则愈难以润湿。而当某一聚合物表面γ_c极低时，常见各种极性和非极性液体均无法在其上铺展，此类具有双憎性质的材料兼具广泛和特殊用途。最后，小比表面低能固体自溶液的吸附量能够基于接触角的变化使用Gibbs吸附公式计算；大比表面低能固体上"固-液界面"的吸附量则能够通过吸附前后溶液浓度的变化测定。

(2) 钻井液体系相关界面润湿作用。

润湿性是胶体与界面化学的重要组成部分，而岩石表面的润湿性则在石油工程和油层物理中占据关键位置。油气层岩石表面的润湿性是控制油气层流体在孔隙介质中流动和分布的关键因素，亦是评价油气藏动态分析及改造油气藏等不可或缺的物性参数，油气层中油、气、水相对渗透率及采收率具有重大影响。石油工程领域油气层岩石表面的润湿性传统研究主要针对液相（水相和油相）对岩石表面的作用，并以此划分为水润湿($\theta<75°$)、中润湿($75°\leq\theta\leq105°$)、油润湿($\theta\geq105°$)三类，相关研究从不同视角阐述了润湿作用对油水分布情况、注水效率以及采收率的影响。

在三次采油过程中，常常向油层注入表面活性剂，以影响油层润湿性。微观实验表明，这一途径不仅使润湿性减弱，也可以使水湿向油湿转变。当强水润湿地层转变为油润湿时，油层的有效渗透率明显下降。此外，润湿性亦影响油藏岩石的毛管压力、电阻率、注水开发动态等，最终影响油气井产量。鄢捷年等也早在1993年便研究了十六烷基三甲基溴化铵（CTAB）和SDDBS在水湿和油湿硅石上的吸附量，并测定了其对砂岩岩样润湿性的改变。结果表明，阳离子表面活性剂比阴离子表面活性剂更易于吸附于水湿硅石表面，使得硅石水湿性明显减弱甚至变为油湿。生物基表面活性剂不仅在此方面表现出相似的作用，而且由于其可再生资源和优异的表面/界面性质更为引人关注。

然而，油基钻井液尤其是其中的表面活性成分会导致储集层岩石从水润湿转变为中性润湿甚至油润湿，从而对储集层渗透率、产能造成损害。为此，任妍君等选用宏观、微观相结合的实验方法，研究了不同pH值条件下无固相逆乳化钻井液体系（聚氧乙烯脂肪胺乳状液）对硅酸盐岩润湿性、渗透性的影响规律，以及聚氧乙烯脂肪胺吸附行为的pH值响应性，提出了可逆乳化钻井液储集层损害特性和机理的新认识，以及可改进完井、固井效果的井眼清洗方法。

后来，油气藏（尤其是天然气藏、凝析油气藏）中所存在大量不同性质气体与岩石表面的相互作用，尤其是对岩石润湿性的影响研究引起油气田开发界广为关注。气体润湿性名词自2000年首次提出，同样控制油气层流体在孔隙介质中流动和分布，影响相对渗透率、毛细管力、束缚水饱和度、水驱动动态、电学特性等，尤其对页岩气、煤层气等非常规油气藏产量有重要影响。

气体润湿性研究对油气藏的开采具有重要意义。李克文和Firoozabadi于2000年基于润湿性理论，采用简单的唯象网络模型，首次提出油气藏岩石表面"气体润湿性"概念。他们在实验室内利用氟碳聚合物FC754和FC722将凝析气藏润湿性从优先液润湿转变为优先气润湿，为提高气井生产能力开拓了新思路，为油气藏润湿性研究开创了新领域。随后，国际上一些研究者相继开展了气体润湿性在提高采收率和堵水作业中应用研究，取得了一定进展。

在我国以蒋官澄教授为首的研究团队，聚焦多孔介质油气藏岩石表面气体润湿性理论基础与应用研究，对其科学含义、评价方法、反转机理、反转材料进行了系统研究，贡献了突出学术成果：明确了气体润湿性概念、建立了两种气体润湿性评价方法、研发了系列储层气润性反转材料、阐释了气润性反转机理、探讨了气体润湿性对毛细管、油/气/水分布和渗透规律的影响，并应用于石油工程，相关成果部分收录于蒋官澄教授学术专著《多孔介质油气藏岩石表面气体润湿性理论基础与应用》。蒋官澄教授将气体润湿性定义为：在"气/液/固"体系中，气体相对于与其不互溶的液体在固体界面具有优先覆盖的能力。这一定义的科学性在于既和润湿性传统认知一脉相承，又和国内外学者所提出润湿性概念的内涵高度契合。

如前所述，固体表面润湿性受表面化学组成和表面结构的控制。因此，气体润湿性表面的构建能够通过两条途径实现：一则，在低表面自由能物质上制备粗糙结构；二则，降低具有粗糙结构物质的表面自由能。固体表面存在剩余自由力场和不均一性，导致固体表面存在不同数量表面能，油气储层岩石则是典型的高能表面。如前所述，当一种液体与固体表面接触时，若该液体的表面张力低于所接触固体的表面能，将在固体表面铺展。显然，固体表面能越高，越容易被液体所润湿，由此推导出固体表面润湿性与表面自由能的关系："气-水-固"体系中，固体表面自由能愈低，水湿性愈差；"气-油-固"体系中，固体表面自由能愈低，油湿性愈差；"气-液-固"体系中，固体表面自由能愈低，气润湿性愈好。

凝析气藏是一种介于油藏和纯气藏之间的特殊油气储层，在原始地层温度和压力条件下，以气态形式存在。传统等温降压开采方式因产生反凝析现象致使部分油气资源损失在储层中而难以开采。细而言之，当井筒附近区域的压力低于气体露点压力时，气相会在井筒附近凝结成液相，形成气、液两相，堵塞井筒附近地层空隙，严重影响流体在孔隙内的运移，造成产能急剧下降，即凝析气藏"液锁效应"。理论和实验均表明气体润湿程度对凝析气藏气井产能有较大影响。为此，国内外不少学者利用气润湿反转法提高凝析气藏产量。例如，Li等指出当凝析气藏井底附近地层的润湿性由液湿性反转为气湿性时，凝析液不易滞留在孔喉中，流体在井筒附近地层孔隙中的流动状况能够得以显著改善，气井产能得以提高。

然而，不容忽视的是储层岩石润湿性的变化会影响构成岩石黏土矿物膨胀分散性的变化，会对井壁稳定造成影响。黏土矿物/钻屑膨胀分散性相关研究较为成熟，涉及黏土矿物化学组成和晶体结构、黏土分散度、pH 值的影响规律等。然而，黏土矿物表面润湿性变化所引起的膨胀分散性能变化相关研究则有些薄弱。构成岩石的黏土矿物中，蒙脱土因晶层间以分子间力连接而导致水分子易于进入晶层间，引起晶格膨胀；加之蒙脱土带有较多负电荷，永久负电荷占比甚至高达 95%，更加剧了蒙脱土水化膨胀分散。

蒋官澄团队开展了利用系列自制氟碳表面活性剂类气润湿反转处理剂将砂岩润湿性转变为气体润湿研究。氟碳表面活性剂分子由极性端(亲水)和非极性(疏水)端组成，极性端结构与普通表面活性剂无明显区别，非极性端上氢原子部分或全部被氟原子取代，形成氟碳链。低极性氟碳键不仅比碳氢键结构稳定，而且还表现出特有的疏水疏油"双疏表面"特性。理论上，砂岩岩石带负电，当氟碳表面活性剂接触岩石时，其分子结构中极性端易于吸附于带负电的岩石表面，使得非极性氟碳链端露于外侧，形成薄而致密的分子膜，赋予岩石表面"双疏表面"，使其表面润湿性由液湿性反转为气湿性，具有良好两憎性。

蒋官澄团队详细研究了经实验室自制气湿反转剂 FC-1 处理前后蒙脱土的性能变化情况，结合 SEM、TEM 分析蒙脱土晶体聚集形式及微观形貌，探讨了蒙脱土性能与气润湿性关系以及作用机理，为凝析气藏岩石表面润湿性反转为气润湿性后大幅度增加气藏产量提供了机理支撑。结果表明，此类"双疏"润湿处理剂不仅能够改变岩石表面的润湿性，而且能够降低固-液界面张力，减小"贾敏效应"所引起的毛细管阻力，改善液相在储层内部的流动性，提高液相的相对渗透率，最终提高气井的产能。

此外，他们还相继合成并评价了 FC911、FG40、FS811、FG1105、FG40、FS811 等氟碳表面活性剂气体润湿反转效果；在此基础上他们开展了聚合物类气润湿反转处理剂及气润湿反转机理研究。值得一提的是，他们选用含氟单体与多巴胺为材料，所研制出的解除水锁气湿反转处理剂在油气藏岩心表面具有极强黏附性，兼具氟聚合物较低表面能、憎水、憎油等特性；室内研究结果表明其气湿反转效果显著，应用潜能巨大。

在此基础上，他们开展了保护不同渗透性储层的系列钻井液新体系研究。例如他们针对(特)低渗储层所普遍存在的易堵塞、水锁损害、水化膨胀等损害，应用气体润湿性基础理论，研发了二种丙烯酸酯类聚合物油气层保护剂：含氟丙烯酸酯聚合物防水锁剂 FCS-08 和无氟丙烯酸酯两亲聚合物贴膜剂 LCM-8。随后，将此两种保护剂加入储层上部钻井液，创建了"改善岩石表面性质"为突出特点的保护(特)低渗储层钻井液完井液新方法。室内评价和现场应用均表明，该钻井液完井液体系的岩心渗透性堵塞率和恢复率皆大于 90%，实现了对井筒附近储层的"零损害"，且井日产油量提高 20% 以上。这一润湿反转技术、防水锁技术与新型贴膜技术相结合的储层保护新方法，为避免钻井液完井液所致(特)低渗储层损害开辟了新途径。

1.2.2　钻井液体系的物理化学性质

胶体化学是研究胶体分散体系物理化学性质的科学，与生产实践应用密不可分。胶体化学从 19 世纪下半叶发展至今，有关胶体分散体系光学性质、电学性质、动力学性质、稳定性、流变学性质等基本规律、理论相继发现、建立、继承、发展。胶体分散体系中，分散相和分散介质之间具有强烈亲和作用的胶体分散体系称为亲液胶体，是自发形成的热力学稳定体系；反之，则称为疏液胶体。疏液胶体是热力学不稳定体系，在分散相和分散介质之间存在明显界面，有自动聚结趋势。高分子真溶液和缔合胶体都是亲液胶体；这里论述的实际作业中的钻井液体系是疏液胶体。

1) 钻井液体系的电学性质

(1) 质点表面电荷来源。

若固体表面带电荷，则固体表面的电荷因静电作用吸引溶液中带相反电荷的离子，使其向固体表面靠拢；这些被吸引带相反电荷的离子称为反离子。反离子仍处于溶液中，与固体表面存在一定距离，即构成了双电层。动电现象的存在，表明胶体体系中质点表面带电荷，可正可负。实际上，除去溶胶，其他与极性介质相接触的界面总是带有电荷。界面电荷的存在影响溶液中离子在介质中的分布：带相同电荷的离子在界面被排斥，带相反电荷的离子被吸引至界面附近。由于离子的热运动，离子在界面上构筑起具有一定分布规律的扩散双电层。这一分布状态决定了溶胶的电性质，以及其他物理化学性质。

一般而言，水溶液体系中质点表面电荷的来源主要包括电离作用、晶格取代、离子晶体的溶解、离子吸附/不等量溶解等方面。作为钻井液主要配浆基材的黏土是由细粒状具有晶体结构的黏土矿物组成的颗粒聚集体。总体而言，属于硅酸盐，硅溶胶在弱酸性和碱性介质中以 SiO_3^{2-} 形式存在，固表面呈负电性；因而与其接触的液相扩散离子带正电荷。晶格取代是黏土颗粒表面带电的主要原因。黏土晶格中的 Al^{3+} 易于部分被 Mg^{2+}/Ca^{2+} 取代，致使黏土晶格带有负电荷；因而黏土表面吸附体系中的某些正离子以维持电中性，而这些正离子因水化作用形成双电层。

(2) 动电现象。

在外电场作用下带电的分散相与分散介质之间可产生相对运动，并由此产生电位差，即为分散体系的动电现象。动电现象的特征是双电层中带电固体表面与大量溶液之间的相对剪切运动。在电场力作用下，带电固体表面(连同带着剪切面以内的一部分溶液)向一个方向运动，而剪切面以外扩散层中的反离子则带着部分溶剂向相反方向运动；反之亦然。动电现象是研究胶体体系稳定性理论的基础。水基钻井液是以水为连续相的钻井液，是水和固体物质在高分子聚电解质和表面活性剂的共同作用下形成的一类相对稳定的胶体分散体系。其中聚合物钻井液和正电胶钻井液与胶体与界面化学的关系尤为密切。

典型的动电现象包括电泳、电渗、沉降电位、流动电位四种。电泳是在外加电场作用下，带电表面(溶胶粒子)相对于静止不动的液相做相对运动的现象。电渗则是在外加电场作用下，液相相对于静止不动的带电表面(毛细管或多孔隙)做相对运动的现象。沉降电位是在外力作用下，液相相对于静止不动的带电表面流动而诱导产生电场的现象。显然，沉降电位实为电泳的逆过程。流动电位是在外力作用下，带电表面相对于静止不动的液相流动而诱导产生电场的现象。显然，流动电位实为电渗的逆过程。在多孔地层中，水通过泥饼小孔所产生的流动电位在油井电测工作中具有重要意义。

Tchistiakov 着眼于动电现象，系统地阐述了黏土矿物所引起的储层损害，尤其是对各种物理、化学因素影响黏土颗粒稳定性、运移及砂岩储层渗透率的规律进行了理论分析。主要影响因素包括储层流体的流速、化学组成、pH 值和温度以及黏土矿物组成、微观结构、可交换阳离子组成等。研究表明，黏土引起的储层损害不仅取决于其黏土总含量，还取决于其组成、微观结构和形态。值得注意的是，在油层物理和石油地质分析中发现，储层岩石孔隙中含有高岭石颗粒时往往储层损害的机理是微粒运移。然而，Hayatdavoudi 等却发现，在低温下并非高岭石微粒运移，而是被过氧化钠氧化，氧化反应的过程是地层微粒从高岭石母体上被逐渐分散和解离的过程，最终产物包含埃洛石小螺旋结构。假设大部分黏土矿物可溶解于 NaOH，则在 Na^+ 充足及适当压力条件下，高岭石会转化为蒙脱石，高岭石族的其他矿物还可能转化为珍珠石和埃洛石。结合渗透率恢复值试验结果及 SEM、X-射线衍射实验的分析结果，高岭石在室温($pH=12$)条件下，短时间内即可能引起储层损害。减轻高岭石损害的有效方法是将高岭石接触的流体 pH 值控制在 8 以内，以防止过氧化钠等强氧化剂的形成。

（3）扩散双电层理论。

历史上人们很早便从理论上研究固-液界面双电层性质，最初 Helmholds 提出平行板电容器模型。此模型因忽略了溶液中离子的热运动，而不能解释溶胶的实际电性质。为此，Gouy-Chapman 提出扩散双电层模型。为了得到双电层内电荷与电位的分布，Gouy-Chapman 作了如下假设：固体表面是无限大的平面，表面电荷均匀分布；将扩散层中的反离子视为点电荷，其分布遵守 Boltzman 能量分布定律；正负离子所带电荷数目相等、符号相反，整个体系呈电中性；溶剂的介电常数在整个扩散层处处相等，且平衡时，离子分布遵守 Boltzman 能量分布定律。毋庸置疑，Gouy-Chapman 扩散双电层模型在认识双电层结构和解释动电现象方面取得了很大进展，但是也遇到不少困难，尤其是在高表面电位情况下。

Sterm 指出 Gouy-Chapman 扩散双电层模型存在的问题源于其对于点电荷的假设。Sterm 指出真实离子有一定大小，从而限制了其在表面上的最大浓度和离固体表面的最近距离；真实离子与带电固体表面之间，除去静电作用之外，还存在与离子本性相关的非静电相互作用（特性吸附作用）。在此基础上，Sterm 修正和发展了 Gouy-Chapman 扩散双电层模型，提出了著名的 Sterm 双电层模型。其突出贡献表现在：将带电固体表面溶液一侧第一层定义为紧密层，紧密层中离子凭借静电吸引、范德华引力、溶剂化作用牢固吸附，电位由 φ_0 降至 φ_d。外围是剪切面，剪切面上的电位称为 ζ 电位，与动电现象密切相关。第二层定义为扩散层，是从 Sterm 平面向外延展的广阔区域。扩散层亦分布着正负离子，但是与固体表面电荷相反的离子相对更多；伴随相距表面距离增大，过剩的反离子逐渐减少，直至到达某一距离，反离子过剩量为零。自固体表面至反离子过剩量为零处即为整个双电层的范围。

Sterm 双电层模型的优势在于考虑到离子大小，且规定了紧密层中反离子的最大吸附量，有效避免了 Gouy-Chapman 模型得出的反离子在表面附近的不合理高浓度。正因为 Sterm 模型区分了电性吸附与非电性吸附，对 Gouy-Chapman 模型无法解释的某些动电现象作出了合理阐释。然而，由于 Sterm 模型数学处理过于复杂，双电层扩散层依旧沿用 Gouy-Chapman 模型计算，因此在定量处理动电现象或胶体稳定性问题时，很多时候仍采用 Gouy-Chapman 模型（以 φ_0 代替 φ_d）。

双电层理论是憎液溶胶稳定理论的基础，动电现象和 ζ 电位的研究对于这两个理论联系实践有重要意义。上述四种动电现象所涉及的电位均为剪切面上的电位，极为 ζ 电位；而固体表面的电位(φ_0)则称为热力学电位。在双电层模型中，仅有 ζ 电位能够通过动电现象直接测得，其他电位的测定则有些困难。

黏土矿物在水溶液中易形成双电层,其紧密层为紧邻表面的水分子和水化的补偿阳离子;其次为扩散层,阳离子在黏土矿物表面的静电吸引和自身热运动的共同作用下,达到受力平衡,且距离矿物表面越远,阳离子浓度越低;最外层是自由层,水分子和阳离子自由活动,与溶液本体性质一致。Deriagin BV 等认为双电层致密层中的水实为吸附水层,扩散层中的水则为渗透水层。吸附水层又细分为两层,水化离子基于离子-偶极键作用紧密地吸附于矿物表面,紧邻外围水分子则通过偶极-偶极联结作用高度定向地吸附于矿物表面。因此,吸附水层的水具有高黏度和剪切力,迥异于自由水;渗透水层的水主要以水化阳离子形式存在,水分子在一定程度上发生结构变形。

当黏土颗粒与钻井液流体相对运动时,所形成剪切面上 ζ 电位能够直接测得(近似视为 φ_0),其值反映双电层和水膜厚度、黏土矿物颗粒在悬浮液中的稳定性、黏土矿物与储层骨架颗粒联结的强度等。通常,ζ 电位增加,双电层厚度增加,颗粒之间排斥力增加,反之则减小;此外,ζ 电位还受到温度、黏土矿物表面电位、溶液 pH 值、介电常数、溶液的浓度和化学组成、交换离子类型等因素影响。

钻井液多种处理剂作用机理都与 ζ 电位值密不可分。例如,降滤失剂是一类能吸附在黏土颗粒表面,并电离出大量负电基团的高分子聚电解质。通过提高土粒 ζ 电位和水化膜厚度,避免黏土胶粒发生聚结,保持细颗粒含量,形成致密泥饼降低钻井液滤失量。包被剂选择性包被作用的实现涉及配浆土充分水化,蒙脱石表面负电性强,ζ 电位高;地层劣质土则水化差,表面负电性弱,ζ 电位低。降黏剂主要相关降黏机理包括:一是表面官能团提高黏土颗粒的 ζ 电位,增大土粒间电性斥力,拆散黏土颗粒间端面和端端连接的网架结构,使黏度、切力下降;二是负电基团强水化性使黏土颗粒水化膜厚度增加,黏土颗粒形成结构的阻力增大。另有,阳离子改性多元醇防塌剂吸附于泥页岩颗粒表面,改变其表面电荷,压缩黏土扩散双电层,降低其负电性,抑制泥页岩颗粒水化;可成膜覆盖裂缝和孔隙表面,从而减缓压力和钻井液滤液传递。

2)钻井液体系的动力学性质

分散体系的动力学性质是分散相质点在分散介质中热运动的体现,微观表现为布朗运动,宏观表现为扩散作用,在力场中表现为沉降作用。

(1)布朗运动与扩散作用。

布朗运动是植物学家布朗于 1927 在显微镜下观察到悬浮在水中的花粉微粒不停地做无规则运动,而后扩展到其他微粒。布朗运动与分子的热运动本质并无不同,其速度取决于粒子的大小、介质的黏度、温度等。胶体尺度粒子因受力不平衡性较大,而表现为布朗运动显著。如此,在热运动作用下物质从高浓度区域向低浓度区域自发移动,直至达到浓度平衡。Einstein 从理论上推导得出球形粒子(半径为 r)平均位移(X)和扩散系数(D)的关系式:$X^2 = (2Dt)^{1/2}$,称为 Einstein 布朗运动公式。这一关系式表明扩散作用是布朗运动的宏观表现,布朗运动是扩散作用的微观基础。

扩散实际上是质点与流体之间的相对速度,其讨论常集中于扩散系数(D)。Stokes 将粒子视为球形质点,基于"等效球"模型推导出流动函数公式,描述了流体质点通过静止球的轨迹,并得出压强与速度关系式。Fick 则从实验层面得出关于扩散作用的两个基本定律。Fick 第一定律证实浓度梯度的存在是发生扩散作用的根本原因;Fick 第二定律则指明了扩散方向任意指定点处浓度随时间的变化情况。运用 Fick 定律求得 D，便可得以此获得粒子尺寸和形状信息。

（2）力场中的沉降作用。

若分散相密度小于分散介质密度，分散相质点将上浮；若分散相密度大于分散介质密度，分散相质点在重力场中则发生沉降。伴随沉降作用进行，位于容器不同高度之处的分散相质点出现浓度梯度；而且分散相质点与介质之间密度差愈大，沉降速度愈大。与扩散作用使得质点在介质中趋于均匀分布相反，力场中的沉降作用则是将分散相质点在分散介质中浓聚。体系中扩散作用和沉降作用是同时存在的对抗过程，哪种作用占据主导地位取决于质点的尺寸大小和力场强弱。总体而言，粗大的质点和强力场情形下，沉降作用占据主导地位；反之，扩散作用占据主导地位。

在重力场中，粗分散体系中分散相质点较大，易于较快沉降；且分散相质点愈大，沉降速度愈快。由于胶体体系实际质量不受溶剂化影响，因此将沉降速度的减慢归因于阻力因子的增大更为恰当。力场中沉降现象的研究重点是测定分散质点的质量或相对分子质量。在沉降过程中可将多分散悬浮体以其质点大小细分成不同级分，并确定级分组成，即多分散体系的沉降分析；并由沉降曲线构筑质点大小分布曲线。

当分散相质点处于纳米尺度时，体系在重力场中的沉降速度极慢，占据绝对主导地位的扩散作用使体系具有动力学稳定性，离心机的发明获得了可强于重力场百万倍的离心力，使小质点实现较快速度地沉降成为现实。分散相质点在离心场中的沉降速度仍可使用重力场中推导的公式，只需将重力加速度（g）替换为离心力加速度（$\omega^2 r$）。其中，ω 是离心机旋转轴的角速度（$\omega = 2\pi n$，n 为旋转轴每秒的转数），r 是质点与旋转轴的距离。

在重力场或者离心场中，利用沉降方法测定最小质点的极限值均取决于布朗运动的速度。即在一定时间间隔内，只有质点布朗运动位移明显小于其在重力场/离心力场中运动位移时，才能够利用沉降分析法测定胶体体系中粒子的尺寸分布。质点布朗运动位移（X）通常使用 Einstein 平均运动公式：$X = [\kappa T t / (3\pi \eta r)]^{1/2}$ 计算。

实际生产中，分散体粒度太细而难于下沉，可能是某个制造过程的若干环节遭到严重失败的根源所在。沉降太快的分散体可能带来同样多的麻烦，人们不得不用泵搅匀材料。常用于海洋深水钻井液的高盐 PHPA 聚合物钻井液中盐类质量分数高，稳定性差，常出现水土分层、重晶石沉降等现象，给深水钻井施工带来不利影响。

Chauveteau 等详细分析了各种不同沉降过程中的储层损害机理，尤其是对导致颗粒持续沉降的各种作用力进行了定量分析。他们指出表面沉降、孔隙桥堵、内滤饼和外滤饼的形成机理主要为表面沉积和孔隙架桥，以此建立了定量预测固相颗粒沉积所致储层渗透率下降的数学模型。

（3）渗透压与 Donnan 平衡。

半透膜的存在使得溶剂从低浓度一侧向高浓度一侧自发单向扩散，为阻止溶剂扩散作用所施加的反方向压力称为渗透压（π）。当半透膜的一侧存在聚电解质时，位于膜两侧的简单离子在体系达到渗透平衡时浓度不相等，这一现象称为 Donnan 平衡（Donnan 效应）。消除 Donnan 效应的主要措施有：增加小分子电解质浓度、降低聚电解质含量、将两性调至等电点附近，以减少电荷量。

3）钻井液体系的稳定性

（1）双电层对胶体稳定性的影响。

虽然疏液胶体体系具有热力学不稳定，但是实际上却能在一定时间内保持稳定。究其原因，粒子的无规则运动使其保持了动力学稳定性；更进一步地，质点表面及附近区域因形成双电层而相互排斥，能够有效阻止因有效碰撞所造成的聚沉。简而言之，双电层之间的排斥作用是保持疏液胶体体系稳定性的主要因素。

溶胶体系对电解质极为敏感，在体系中加入少量无机盐类即可能发生溶胶聚沉。这是因为，少量电解质即可压缩双电层，高价反离子进入 Stern 层能够极大地降低质点电势，甚至改变其符号，致使质点间电性斥力减小。当质点之间范德华吸引力大于质点间排斥力时，会发生质点间因有效碰撞引起聚集作用的现象，直至生成沉淀物，即为疏液胶体的聚沉作用。在一定时间内引起疏液胶体发生可觉察变化所需加入的惰性电解质最小浓度称为该疏液胶体的临界聚沉浓度（CCC）或聚沉值；聚沉值的倒数则称为聚沉率。研究表明，电解质中对聚沉现象起决定性作用的是与胶体粒子所带电荷相反的异号离子价数。异号离子价数价数愈高，聚沉率愈高，即 Schulze-Hardy 经验规则。

国内外研究者在探讨钻井作业中储层盐敏损害机理时，对矿化度变化所引起的微粒运移损害开展了大量研究。储层盐敏损害是指因外来流体矿化度与地层水矿化度差异而引起储层黏土矿物膨胀和分散，导致孔喉缩小及堵塞，引起储层渗透率下降而损害储层的现象。Kchistiakov A A 指出储层渗透率下降的速率取决于黏土颗粒周围双电层所依赖的物理、化学因素。Khilar K C 等在研究砂岩储层矿化度变化引起的损害时，提出了矿化度下降所导致的微粒脱离、运移现象存在临界矿化度。樊世忠等从微粒受力分析出发，从理论上讨论了双电层作用力对微粒的影响，研究了微粒水化分散、运移的临界盐浓度，由此提出评价新方法。

（2）DLVO 理论。

DLVO 理论由苏联学者 Derjaguin-Landau 和荷兰学者 Verwey-Overbeek 分别独立提出，其基本观点是：胶体质点间同时存在范德华作用和双电层之间交互所产生的排斥作用，此二者均与质点间距离有关。根据 DLVO 理论，质点间总作用能 $[U(h)]$ 等于排斥能 $[U_i(h)]$ 和吸引能 $[U_m(h)]$ 之和。反映质点间总作用能与质点间距离关系的曲线称为质点间总作用能曲线，该曲线能够预估质点碰撞的结果和胶体体系的聚结稳定性。在适当条件下，质点接近，此时排斥能大于吸引能，在总作用能与距离的关系曲线上形成势垒，足够大的势垒能够有效阻止质点的聚集和聚沉作用，使胶体体系保持稳定。外加电解质则可影响体系的稳定性；胶体质点表面溶剂化层有助于防止聚结，从而提高体系稳定性。

上述 DLVO 理论能够合理解释钻井液体系中电解质对黏土胶体稳定性的影响。根据 DLVO 理论，体系矿化度降低时，黏土溶解度随之升高，致使黏土矿物晶片之间的连接力减弱；与此同时，反离子浓度减小，则扩散层之间斥力增加，扩散层间距相应增大，造成黏土矿物失稳、脱落。反之，当体系矿化度升高时，同离子效应亦能使晶片间连接物溶解；与此同时，反离子浓度增加，则扩散层之间引力增加，致使双电层间距压缩，有利于絮凝，导致黏土矿物失稳、分散。黏土矿物分散后，伴随流体运移，堵塞孔喉，导致渗透率降低。因此，此类钻井液需调控矿化度范围，提高体系抑制黏土水化膨胀性能。

(3) 高分子材料对钻井液体系稳定性的影响。

人们对高分子材料对胶体体系稳定性的影响认识由来已久，习惯上将高分子材料对溶胶起稳定性作用时称为保护作用。究其本质，高分子材料吸附于溶胶粒子表面形成一层高分子保护膜而包围胶体粒子，且其亲水性基团伸向水中，分子的部分链节在介质中形成空间位垒，并具有一定厚度，进而有利于保持胶体体系的稳定性。当胶体质点相互靠近时，这一层黏稠的高分子膜兼具增强斥力和削弱引力的作用，因此胶体稳定性得以增加。理论上，高分子材料吸附层越厚、与介质亲和性越强，则分散介质稳定性越好。这一因高分子材料吸附所产生的对疏液分散体系的稳定作用即所谓空间稳定作用。

Napper 等基于 Gibbs 函数对这一空间稳定作用进行了热力学阐释。当高分子材料覆盖溶胶粒子后，粒子之间因布朗运动发生碰撞，随即产生二种结果：一则，斥力大于引力，溶胶仍保持原状；另有，引力大于斥力，引起絮凝沉淀。前种情况，$\Delta G>0$，表明体系稳定（细分为熵稳定、焓稳定、焓-熵结合型稳定）；后种情况，$\Delta G<0$，表明体系不稳定。

宏观表现为，加入稳定剂或聚沉剂，胶体体系聚结稳定性发生变化。作为此类体系的稳定剂需满足：高分子材料相对分子质量高，且分子结构与质点表面和分散介质兼具良好亲和性，有利于发生吸附和形成较厚吸附层。此外，研究发现，高分子材料对溶胶体系的稳定性作用遵循以下规律：一则，加入高分子材料的量能够覆盖溶胶粒子表面，才具有稳定作用；二则，受到高分子材料保护作用的溶胶体系，诸多物理化学性质随即产生显著变化，且与所加入的高分子材料性质接近；三则，高分子材料在溶胶粒子表面吸附需要一定时间，因此加入方法与先后次序均为溶胶稳定性产生影响。此外，向疏液胶体体系中加入高分子材料时，在考虑体系稳定机制的同时亦要重视静电作用。如上所述，倘若加入高分子材料浓度过低，则体系会因 CCC 值降低而变得不稳定，称为敏化作用。有时仅加入少量高分子材料便直接引起体系聚沉，称为絮凝作用。前述 Stokes 定律不仅适用于动电现象的解释和沉降速度的计算，亦适用于絮凝动力学分析。絮凝作用的本质是桥连/搭桥作用，其一般机制是：吸附于质点上的高分子材料长链同时吸附于其他质点，如此便将二个或多个质点通过高分子材料连接起来，导致絮凝发生。显然，这一作用发生的前提是质点表面有空白部分；这也是通常高分子材料在高浓度时表现为保护作用，在低浓度时表现为絮凝作用的原因。

钻井液处理剂中包被剂的选择就体现这样一种智慧：一则，包被剂与钻屑电性斥力较小，吸附性强，且吸附量大，可强吸附缠绕包被；二则，包被剂与配浆土负电性强，二者之间静电斥力大，吸附量小，可以桥联成网，但不能包被。而低相对分子质量降黏剂的降黏机理则是对这一空间稳定作用的破坏。低相对分子质量降黏剂一般可借助自身阳离子基团优先吸附在黏土颗粒表面，顶替原已吸附的包被剂，拆散包被剂与黏土颗粒之间所形成的空间网架结构。

(4) 表面活性剂对钻井液体系稳定性的影响。

表面活性剂常作为分散剂添加到钻井液中以提高体系的稳定性。表面活性剂这一分散作用的实现主要是基于：两亲表面活性剂易于在（表）界面吸附形成亲介质吸附层，降低液体介质的表面张力和液-固界面张力，减小液体在岩石上的接触角，以提高其润湿能力和降低体系的界面能量；与此同时，储层粒子孔隙中渗透速率的加快有利于表面活性剂在储层表面的吸附和其他胶体粒子聚集体的分散。表面活性剂吸附于储层不仅能够改善其表面物理化学性质，而且吸附层本身能够起到空间稳定的作用。

一般地，表面活性剂在分散体系中的分散作用，因分散介质和分散相性质差异而有所不同。常见以水为代表的极性分散介质的分散体系中，若分散相粒子为非极性疏水性表面粒子，则使用离子或非离子型表面活性剂均能够提高分散体系稳定性。分散相粒子为极性粒子时，若加入带相反电荷的离子型表面活性剂，优先发生吸附，但若电性中和，则会因失去粒子间静电排斥作用而致使粒子聚集；若加入带同种电荷的离子型表面活性剂，伴随表面活性剂浓度的改变，将产生不同效果。通常在高的离子型表面活性剂浓度下，能够提高粒子表面的亲水性和静电排斥作用，从而实现分散体系的稳定。需要指出的是，离子型表面活性剂分子中引入多个离子基团，亦会提高分散相粒子的分散程度。另一方面，对于为非极性分散介质的分散体系中，表面活性剂往往通过吸附于界面并以疏水基团向液相起到空间稳定作用，即借助熵效应实现分散作用。毕竟分散剂是为提高分散体系稳定性所加入的外来物质，其选择首要原则是应具有良好的润湿性能。

表面活性剂在石油工业中的重要应用价值，除上述直接影响接触角和润湿性能以及体系界面能量变化，还体现在起泡、乳化增溶作用。自然这些作用有些是正向的，有些则是负面的，研究者努力扬长避短，以期最大限度地发挥表面活性剂的长处。目前，相关研究依旧沿两个方向发展：一则，向表面活性剂分子中引入不同特性基团，进一步提高其表面活性、多效性、易降解性等；二则，拓展不同种表面活性剂之间的复配，尤其是表面活性剂与聚合物之间的复配，以期相得益彰，获得多重功效。

4）钻井液流变性质理论基础

（1）稀分散体系的黏度。

流变性质是指物质在外力作用下发生变形和流动的性质，钻井液体系涉及的研究对象为固体分散在液体中的溶胶或悬浮体。通常纯液体、低分子稀溶液、稀分散体系流变性质符合牛顿流体流变性特征。

分散体系流动时，体系流线在分散相质点附近受到干扰，相对于纯分散介质流动时仅需克服内摩擦阻力消耗能量而言，还应消耗额外的能量，因此分散体系的黏度高于纯分散介质的黏度。通常溶胶黏度（η）与溶剂黏度（η_0）之比称为相对黏度（η_r）。

1906 年，Einstein 根据流体力学理论推导出稀分散体系黏度方程：$\eta = \eta_0(1+2.5\varphi)$，式中 φ 表示体系中分散相的体积分数。这一方程成立的假设前提是：粒子是远大于介质分子的圆球；粒子是刚体，完全为介质润湿；分散体系极稀，粒子之间无相互作用；无湍流。实际情况并非如此理想，往往需要作出修正，常见修正式如表 1-2-1 所示。

表 1-2-1 Einstein 黏度方程修正形式

Einstein 黏度方程修正形式	参数说明	适用条件
$\eta_r = 1+k_1\varphi+ k_2\varphi^2 +\Lambda$	k_1，k_2，Λ 是常数	浓分散体系
$\eta_r = 1+K\varphi$	K 为形状系数	非球形粒子稀悬浮体
$\eta_r = (1-\varphi)^{-2.5}$		低浓度多分散球形粒子体系

续表

Einstein 黏度方程修正形式	参数说明	适用条件
$\eta_r = 1+2.5(1+3\Delta R/R)\varphi_{干}$	R 为粒子半径，ΔR 为溶剂化层厚度，$\varphi_{干}$ 为粒子本身体积分数	粒子发生溶剂化
$\eta_r = 1+2.5[1+1/L\eta_0 R^2(\varepsilon\zeta/2\pi)^2]\varphi$	L 为体系电导率，ε 为介质介电常数（$\zeta=0$ 时，即为 Einstein 方程）	电黏滞效应

对于高分子电解质体系而言，所带电荷促使分子舒展，体系黏度较大。若加入无机电解质，双电层被压缩，高分子呈蜷曲状，体系黏度降低。

（2）浓分散体系的流变类性。

浓分散体系多属于非牛顿流体，主要包括塑性型、假塑性型、胀性型三种流变类型。

钻井液流变性的核心问题正是研究各种钻井液体系的剪切应力 τ 与剪切速率 γ（流速梯度）之间的关系。在钻井过程中，钻井液在各个部位的 γ 不同，通常沉砂池处为 $10\sim20\text{s}^{-1}$、环形空间为 $50\sim250\text{s}^{-1}$、钻杆内为 $100\sim1000\text{s}^{-1}$、钻头喷嘴处为 $10000\sim100000\text{s}^{-1}$。描述 γ 与 τ 之间关系的曲线即为流变曲线，大体可以分为牛顿流体、塑性流体、假塑性流体三类，对应流变方程分别为：牛顿内摩擦定律（$\tau=\eta\gamma$）、宾汉（Bingham）方程（$\tau=\tau_0+\eta_p\gamma$）、幂律方程（$\tau=K\gamma^n$）。通常钻井液为塑性流体或假塑性流体，因此其流变曲线符合宾汉方程或幂律方程（图 1-2-1）。

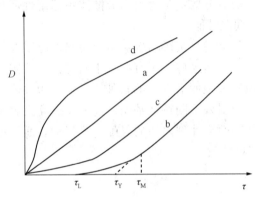

图 1-2-1　流变曲线的四种基本流型
a—牛顿型；b—塑性型；c—假塑性型；d—胀性型

鉴于宾汉模式存在仅适合于在中剪切速率范围描述钻井液流变性的局限性，幂律模式存在仅适合在低、中剪切速率描述钻井液流变性的局限性，近年来卡森（Casson）模式愈来愈广泛地用于描述钻井液的流变性。相较而言，卡森方程（$\tau^{1/2}=\tau_c^{1/2}+\eta_\infty^{1/2}\gamma^{-1/2}$）的优势在于不仅在低剪切区和中剪切区有较好的精确度，而且还能够利用低、中剪切区的测定结果预测高剪切速率下的流变特性。通常，卡森方程各流变参数合理范围为：$\tau_c=0.6\sim3.0\text{Pa}$、$\eta_\infty=2.0\sim6.0\text{mPa}\cdot\text{s}$、$\eta_{环}=20\sim30\text{mPa}\cdot\text{s}$、$I_m=300\sim600$。

对塑性流体而言，当剪切应力（τ）低于静切力（τ_s）时，流体不发生运动，表现为钻井液流变曲线在流动初期黏度随 τ 的增大而降低（曲线段）；继续增大 τ 值，黏度不再随 τ 增大而变化，表现为钻井液流变曲线呈直线段，此时的黏度称为塑性黏度（η_p）；延长此段与 τ 轴相交于 τ_0，称为动切力或屈服值（τ_0）。上述钻井液流型特点与其内部结构密切相关。τ_s 的存在，表明此类钻井液内部存在凝胶结构；伴随 γ 增大，凝胶结构被拆散的速率亦增加，此时，钻井液黏度随 τ 增大而降低；随后，当凝胶结构恢复与破坏速率达到平衡状态时，钻井液黏度不再随 τ 增大而变化。

相较而言，假塑性流体最大的不同在于，不存在 τ_s（流变曲线过原点），这意味着施加极小的 τ 流体便能流动；黏度随 τ 的增大而降低（流变曲线无直线段）。同样，此种钻井液流型特点亦与其内部结构密切相关。无 τ_s 存在，表明此类钻井液内部无空间网架结构，或者此类结构极为脆弱，剪切拆散后难以恢复；黏度始终伴随 τ 值增大而降低，这是由于形状不规则粒子/水化膜沿流动方向转向/变型，使得流动阻力减小所致。

上述各种体系流变性质与时间无关，但有些体系的流变性质却与时间有关，以触变性体系和震凝性体系为代表，又以触变性体系常见。在一定切变速率下，触变性体系切应力伴随时间增长而减小。搅拌状态呈流体，静置后则慢慢变稠甚至胶凝，且能够反复可逆进行。触变性流体体系极为复杂，关于触变现象产生的原因业内普遍认同 Freundlich 的观点：触变现象是在恒温下凝胶和溶胶在外切力作用下的相互转换过程，这一过程的完成需要一定的时间。至于内在机制，触变现象尚存在争议。

钻井泥浆存在触变现象。通常发生絮凝的钻井液体系在切力作用下，絮凝物因其结构被切力拆散而使得体系黏度降低；若完全拆散，黏度将无法继续下降。此种体系中存在分散相定向与不定向、拆散与聚结之间的平衡，若平衡耗时过长，则存在触变性。

与触变现象相反，某些体系在外切力作用下黏度迅速上升，静置后又恢复原状，称为负触变现象。负触变现象可以视为具有时间因素的切稠现象其滞后圈是顺时针的，迥异于触变现象的逆时针滞后圈。例如，钠型蒙脱土悬浮体加入水解聚丙烯胺（PAM）后，成为典型的负触变性体系。究其本质，钠型蒙脱土微粒弱吸附于 PAM，屏蔽了 PAM 链间相互吸引力；剧烈振动时，钠型蒙脱土发生脱附，PAM 链间相互吸引力恢复，体系黏度随即上升。此外，侯万国教授在带有正电荷的 Mg-Al 型混合氢氧化物溶胶与钠型蒙脱土混合所得悬浮体系中观察到有趣的正负触变性相杂现象，称为复合触变性。

（3）黏弹性。

外力作用于黏弹性物体上，一部分能量消耗于内摩擦，以热的形式放出，体系进入新的平衡位置；一部分能量则作为弹性储存，使体系各部分形变处于新的不平衡位置。鉴于此，黏弹性物体在外力作用下发生的形变过程伴随时间逐渐发展，直至最大形变，即发生蠕变。这期间，达到新的平衡状态所需时间称为松弛时间，对应过程称为松弛过程。Kelvin 模型用于描述蠕变过程，Maxwell 模型用于描述应力松弛过程，Burger 模型则反映无交联的高分子形变与时间之间的关系。实际高聚物的黏弹性无法使用任何单一模型来描述，而需要利用多个模型串联或并联进行描述，这是因为高分子含有多种不同尺寸运动单元，且其相对分子质量呈多分散性。通常情况，高聚物的松弛时间分布于较宽范围，称为松弛时间谱。

1.2.3 高分子相关理论与技术研究进展

钻井液处理剂的核心是相关化学产品和工作液配方组合的研发与更新，新型配方组合的诞生会革新与之相适应的油田化学工艺技术，油田化学工艺的应用又往往领先于相关油田化学原理的研究。

近年来，研究发现高分子材料显著影响胶体体系的稳定性、絮凝性、流变性等，并与表面活性剂发生多种相互作用，因此更多的研究者将高分子溶液也纳入胶体化学的主要研究对象。从这个意义上，胶体体系大致分为分散体系（粗分散体系和胶体分散体系）、高分子亲液胶体（亲溶剂）、缔合胶体（胶体电解质）三类。将胶体化学相关知识理论用于解决石油工程领域相关问题，不仅丰富了学科内容，也促进了对胶体与界面化学更深层次知识的探索；石油工程的深入发展对胶体化学提出了更多更高的要求。辛寅昌、王彦玲等编著的《胶体与界面化学在石油工业中的应用》指出，固体表面能、双电层改进理论、表面能与本体性质之间的关系、胶体体系的热力学、平衡的动态润湿和散布过程、表面的光谱和光学研究等是目前理论研究的重要方向，读后深受启迪。

另一方面，"高分子物理和表征"这一领域的研究核心正是对高分子结构与性能之间关系的理解，从这个意义讲，这一领域是衔接天然高分子基钻井液处理剂构建和应用的桥梁。可喜的是，改革开放四十多年来我国学者在此领域中概念的突破、理论的发展和技术的创新三个方面都取得了丰硕成果，部分代表性研究成果如下：

1) 概念的突破

高分子单链凝聚态体系蕴含了高分子凝聚态物理的许多基本原理，对此领域进行深入系统研究有助于理解高分子不同于小分子的诸多独特物理性质。以钱人元为首席科学家们所开展的"高分子凝聚态的基本物理问题研究"项目在国际上开辟了高分子单链凝聚态研究新方向，提出了单链单晶、单链玻璃态、共混高聚物的不相容–相容–络合转变等原创性新概念。吴奇课题组首次观察到理论上预测的高分子随溶剂质量变化发生"线团到塌缩球"的构象变化现象，并发现构象变化过程中存在"融化球"构象与折皱线团并存。单链塌缩过程中"融化球"现象随后经计算机分子模拟证实是热力学可逆过程，并具有核–壳结构特点。

单链凝聚态模型理论亦可应用于其本体性质的预测。杨玉良课题组基于图论获得超支化高分子的各种黏弹性质，可推广至具有任意拓扑结构高分子链，能够方便地解决任意拓扑结构高分子黏弹性理论计算问题。安立佳课题组将特性黏度与黏度的关系转化为特性黏度与能量耗散率的关系，提出了单个高分子线团含多相流体力学相互作用和长程累积效应的部分穿透球模型，基于流体动力学和统计力学方法，在平均场框架下有效处理了多体流体力学相互作用和长程累积效应，并结合 Einstein 扰动耗散理论和 Debye 转动耗散理论，推导出任意拓扑结构高分子特性黏度普适性理论公式。胡文兵课题组揭示了高分子链结构单元沿其单链动力学不均一性所致"挥鞭效应"，对于深入理解高剪切场中本体高分子非牛顿流体流变行为具有重要价值。

此外，江明和吴奇课题组提出"不相容–相容–络合"转变概念，串接了"特殊相互作用增容"和"高分子络合"两个原本独立开展研究的领域，开辟出大分子自组装非嵌段共聚物路线。傅强和王贵恒课题组运用逾渗理论从唯象角度论证了无机刚性粒子增韧的可行性，促使聚合物增韧走向无机刚性粒子多元化增韧技术，突破了无机刚性粒子增强增韧聚合物的传统概念。

2) 理论的发展

林嘉平课题组发现软硬段共聚物自组装能够形成具有多级液晶相的超分子螺旋结构，以及胶束超分子聚合和环化现象，为有序多层次纳米结构逐级构筑开辟了新途径。李宝会课题组研究了受限条件与自组装结构之间的关系，预测了多种受限诱导的介观自组装结构，阐明了迥异结构的形成机理和基于结构受挫程度的形态转变机理，提出了受限几何和小尺寸等效应，为可控制备具有特定微相结构的新材料提供了有力的理论依据。张平文课题组将高分子领域自洽平均场理论转化为弦模型自由能形式，解决了两相周期匹配问题，阐释了有序结构之间的衍化机制。李卫华课题组创建了多个嵌段共聚物分子设计指导原理，获得一系列复杂/非经典纳米有序结构，为拓宽嵌段共聚物应用范围、加深对嵌段共聚物分相机理的认识奠定理论基础。门永锋课题组深入研究互穿网络模型，澄清了结晶高分子材料在应力场下的结构演化规律，为理解相关产品微观结构及性能定制提供了理论基础。通过对高分子材料破坏过程中微观结构与宏观行为表现的对应解析，为从宏观上辨识材料是否已经失效提供了有力依据。俞炜课题组结合流体力学、非平衡热力学有效建模手段，创建了系列共混体系流变学本构模型，形成了较为系统的理论，实现了对黏弹性体系相形态演变和流变性质的准确预测，具有普适性，基本解决了高分子共混体系中大分子构象、相形态之间多尺度、多层次结构耦合问题。郑强和宋义虎等系统深入研究了高分子纳米复合材料流变学，建立了适用范围极宽的"两相流变"模型，被国际流变学同行誉为"宋-郑两相流变模型"。他们所阐明的高分子纳米复合材料非终端区域线性流变的时间-浓度叠加原理和非线性流变的应变幅度-浓度叠加原理，揭示了基体对其补强、耗散及非线性流变行为的决定性贡献及其与"粒子相"之间的黏弹性耦合效应，对发展"界面层属性可预测""黏弹性可调控"高分子功能纳米复合材料具有重要理论指导意义。

3）技术的创新

技术的革新为高分子复合材料复杂界面结构和迥异环境中的不稳定性研究护航。薛奇课题组改进表面增强拉曼光谱(SERS)和荧光共振光谱观测到高分子链在界面受限态时物理性质的剧烈变化。孙平川课题组研发了用于表征高分子和生物大分子中多尺度结构和动力学的系列固体NMR新技术，在分子水平上为阐明高分子结构-性能关系提供了重要表征手段。张文科和张希等巧妙将原子力显微镜(AFM)成像定位与单分子操纵功能相结合，在国际上率先发展了可用于高分子单晶中链内、链间相互作用及折叠模式研究的新方法，开发了气相单分子力谱技术，相关研究深化了对高分子晶体中链折叠模式及结构与力学性质关系的认知，为高分子单晶材料的设计及纳米力学性质调控奠定了重要基础。课题组采用微流变观测探针胶体粒子在高分子非牛顿流体中的扩散行为，给胶体与界面化学和高分子流体理论原有模型提出了新问题，有望激发新的探索热点。张俐娜课题组开创了NaOH/尿素、LiOH/尿素和KOH/尿素水溶液低温溶解纤维素等聚多糖大分子新技术和新机理，证明其在溶液中呈刚性链构象，且易于平行聚集形成纳米纤维，后经再生法并辅以多级结构调控以及诱导纳米纤维形成，成功制备出高强度和多功能的纤维，具有优良的力学性能、电化学性能、生物相容性、生物降解性，在石油工程、环境等多个领域具有应用前景。

2 天然高分子基钻井液处理剂研究

2.1 天然高分子基钻井液概念的提出

2.1.1 天然高分子基钻井液体系产生的背景

近年来,随着复杂地层深井、超深井及特殊工艺井油气钻探越来越多,对钻井完井液技术提出了更高的要求。践行 HSE(健康、安全、环保)管理体系,逐渐形成"钻井完井液系统工程技术"概念,标志着钻井完井液技术研究和应用进入了一个全新的发展阶段。油气田钻探开发作业中使用大量化学药剂,研发环境友好型化学处理剂和工程流体是确保油气田"绿色"生产、"和谐"生产、可持续发展的关键。

钻井液处理剂是保证钻井液优良性能的关键。随着对钻井液的要求越来越高,开发新型钻井液添加剂已成为各国科研人员的共识。针对钻井技术对钻井液提出更高、更新的要求,特别是在钻井液技术发展受到环保政策及法律、法规限制的情况下,研究满足钻井工程技术和环境保护需要的新型钻井液体系更显得非常必要。为了满足环境保护的需要,同时又不失去钻井液所必需的性能,国内外钻井工作者均在竞相研究开发新的环保型钻井液体系。

自 20 世纪 80 年代以来,环保型钻井液体系不断发展,如甲酸盐钻井液体系,聚合醇钻井液体系,硅酸盐钻井液体系等。这些环保型钻井液体系具有低毒性,易降解和对环境影响小的共同特征。其中,尤以国内外先进水平的水基防塌钻井液新体系,以及适应于极复杂地质条件下的、环保性能优良的第二代合成基环保钻井液新体系,代表了钻井液的发展方向。这些研究在很大程度上体现出 21 世纪钻井完井液技术蓬勃发展的总趋势——满足油气层保护、环境保护、油品保护、低成本、高效钻井液新体系、新技术的要求。

目前,或因成本高(每立方米人民币 10000 元以上),或因应用效果不理想(不能完全满足工程需要),一定程度上限制了上述环保型钻井液体系的广泛应用。另有一些新开发的钻井液体系,因其添加剂合成工艺复杂,未能实现工业化生产。所以亟待开发一类环境友好,来源广泛、成本低廉,易于合成/改性,能够满足钻井工程需要的钻井液体系。

可再生天然高分子源自自然界中动、植物以及微生物资源,是自然界赋予人类极为重要的物质资源和宝贵财富,属于取之不尽、用之不竭的可再生资源。此类材料废弃物易于被自然界微生物分解成水、CO_2 以及无机小分子,是典型的环境友好材料。而且,天然高分子具有不同功能基团,能够通过化学、物理方法改性赋予多种功能,有望成为替代合成塑料的主要工业产品。天然高分子材料用作改性钻井液处理剂具有显著优势,尤其在满足深层及复杂条件下页岩气开发和环境保护新要求方面具有巨大潜能。

国内,王中华团队在此方面开展了大量工作,取得了丰硕成果,并持续性评述国内外研究现状。他们指出天然材料改性钻井液处理剂的研究应充分利用丰富的天然材料资源，拓展新原料开发，强化基础研究，聚焦性能目标，体现绿色环保，革新改性手段和途径，通过氧化还原、高温降解、分子修饰、接枝共聚等方法多方位改性，以提高产品的综合性能，降低处理剂生产成本，尤其是有效发挥天然高分子基钻井液处理剂作为降滤失剂、流形调节剂、结构剂、封堵剂、防塌剂的多重功能性，以满足石油工业深度发展的需要。

2.1.2 主要天然高分子基钻井液体系

新型环境友好型化学添加剂应当选择来源丰富，价格低廉的天然材料，通过化学改性，简化合成工艺，提高其综合性能，降低成本，并形成系列产品以利于应用推广。一般地，天然高分子主要包括多糖(植物胶、纤维素、淀粉、甲壳素/壳聚糖等)、蛋白质、木质素、天然橡胶、天然聚酯等。广义的天然高分子还包括天然高分子衍生物及用天然有机物质作为原料通过生物合成、化学合成或复合而成的多种高分子材料。近年来，科学界和工业界都在积极投入环境友好型方法和技术的研究，致力于基于天然高分子的绿色产品开发。为此，以张俐娜院士为首的我国长期从事天然高分子研究的老、中、青专家、教授们共同编写了"天然高分子基新材料"丛书，涵盖了天然高分子基新材料基础研究和应用的诸多方面，读后受益匪浅。

对于天然高分子基钻井液处理剂而言，目前已报道的种类主要包括植物胶、纤维素、淀粉、糖苷类、腐殖酸以及木质素等各种多糖、植物酚类及其衍生产品；并可通过对天然材料上进行基团的可控性增减，对其吸附性、亲水性、抗温抗盐等多种性能进行调控，从而适应钻井作业的各种要求。近年来，天然材料及其改性产物用作钻井液处理剂中因其性能卓越、可生物降解、符合环境保护、油气层保护的要求，备受青睐。

例如，美国、加拿大、英国、挪威等国已成功将杂聚糖应用于油气井钻井液。国内在江苏油田也已成功将杂聚糖应用于油田钻探环节并取得良好的经济效益和环保效益。总结杂聚糖在国内外实践应用表明：杂聚糖具有降滤失、防塌、润滑、增黏、成膜护壁、抑制水合物结垢等多重功能，此外，杂聚糖与自然水源相匹配，无毒无污染，是一大类环境友好型油田化学品。

此外，研究者发现不同多糖间进行复配作用均具有一定的协同作用，协同作用具体表现为正协同作用或协同增稠性(协同凝胶化)，负协同作用或协同拮抗性。黄原胶与罗望子胶按照质量比例1:4复配后，产生协同效应，浓度为10g/L时，混合体系的黏度为罗望子胶溶液的4倍。卡拉胶与槐豆胶、黄原胶与魔芋胶等两种非凝胶多糖按照一定比例混合后形成凝胶，产生协同凝胶化作用的本质是不同水溶胶分子间的缔合或解缔合。Morris将协同凝胶化分为三种类别：穿插网架凝胶、偶联网架凝胶和相分离网架凝胶。当协同体系中，多糖单独形成凝胶并建立各自独立的网架结构，不同多糖间发生拓扑学上的相互作用时，即可形成穿插网架凝胶。当体系中多糖间互不相容，甚至不同多糖间由于结构的原因产生相互排斥作用，或者多糖对水溶剂的亲和力不同时，则形成相分离凝胶。当不同多糖分子间产生相互协同作用时，常形成偶联网架凝胶。Miles等也提出多糖共混体系的凝胶结构有四种形式：一种聚合体胶体的网架体系中包含另一种聚合物、穿插网架体系、相分离网架体系、偶合体系。当不同多糖进行混合后，复配体系中多糖的特性不仅未能得到互补或者提升，反而产生拮抗作用。如琼胶与果胶、淀粉、羧甲基纤维素钠和海藻酸钠等产生拮抗作用，阻碍琼胶三维网架凝胶结构的形成。为了利用不同多糖之间或者多糖与其他物质间的协同效应，弥补或增强单一多糖的某些特性，满足工业生产需要，取得良好的应用价值和经济效益。

近年来，在我国油气田勘探开发过程中，常常遇到硬脆性泥页岩地层井壁失稳问题，部分油气藏板块岩石硬且脆、层理裂隙发育，黏土矿物含量高，遇水发生不均匀膨胀、剥落掉块现象。一些地区实际地层本身含有裂缝、胶结差、甚至无胶结的破碎带。当地层中裂缝较为发育时，地层的不连续特性将严重影响井壁稳定。糖苷类钻井液体系具有与油基钻井液相似的性能，可在井壁和岩屑表面形成半透膜，提高页岩的膜效率，从而有效减缓压力传递和滤液的侵入，同时形成低渗透致密的滤饼，达到抑制页岩水化及增加孔隙压力的目的，成功地维持井眼稳定。该类钻井液还具有良好的润滑性、抗污染能力以及储层保护特性，并且无毒、易生物降解，因而对环境造成的污染很小，具有极好的应用前景。

随着页岩油气勘探开发的迅猛发展，石油勘探开发向深部地层和海上发展的深入，复杂井、深井、超深井和特殊井数量增多，复杂地层钻探对钻井液性能提出了更高要求。孙金声课题组立足当前中国页岩气井钻井液技术面临的主要技术难题，对比分析了美国页岩气井与我国主要页岩气产区井壁失稳机理的差异，指出了中国页岩气井水基钻井液技术研究存在的误区与不足，提出了中国页岩气井水基钻井液技术发展方向，特别强调亟须开发环境可接受性好、成本低的环保型水基钻井液体系。海洋深水水基钻井液体系主要包括基液、流形调节剂、降滤失剂和泥页岩水化分散抑制剂等部分。其中流形调节剂也称为增黏提切剂，用作此类用途的天然高分子改性产品主要有生物聚合物黄原胶、高黏聚阴离子纤维素（PAC-LV）、高黏CMC等；降滤失剂主要有磺化类处理剂、高黏聚阴离子纤维素（PAC-LV）、低高黏CMC、改性淀粉等。

2.2 天然高分子基钻井液处理剂作用机理

2.2.1 钻井液滤失性概述

降滤失剂是极为重要的钻井液处理剂之一，它对稳定井壁、保护油气层起着关键作用。所谓钻井液滤失性是指在压差作用下，钻井液中的自由液向地层渗透的现象；钻井液滤失量则指在一定温度、一定压差和一定时间内通过一定过滤面积的滤液体积。一般地，滤失量少则钻井液造壁性好，即，在滤失过程中，随着钻井液中的自由水进入岩层，钻井液中的固相颗粒附着在井壁上形成泥饼的性质好。

从这个意义上，降滤失剂是一类能吸附在黏土颗粒表面，并电离出大量负电基团的高分子聚电解质。通过提高土粒ζ电位和水化膜厚度，避免黏土胶粒发生聚结，保持细颗粒含量，形成致密泥饼降低钻井液滤失量。钻井液滤失性能应满足以下要求：尽力控制滤失量，以减轻对油气层的损害；对一般地层而言，API滤失量应尽量控制在15mL以内，HTHP滤失量不应超过15mL（但有时通过适当放宽滤失量来提高钻速的）；对于易坍塌地层而言，滤失量需严格控制，API滤失量以在5mL以下为宜；加强对钻井液滤失性能的检测；

提高滤饼质量，尽可能形成薄、韧、致密及润滑性好的滤饼，以利于固壁和避免压差卡钻。通常，获得致密性与渗透性小的泥饼方法主要包括：使用膨润土造浆；加入适量纯碱、烧碱或有机分散剂（如煤碱液等），提高黏土颗粒的ζ电位、水化程度、分散度；加入CMC或其他聚合物以保护黏土颗粒，阻止其聚结，从而有利于提高分散度；加入一些极细的胶体粒子（如腐殖酸钙胶状沉淀）堵塞泥饼孔隙，以使泥饼的渗透性降低，抗剪切能力提高。

进一步地，钻井液滤失细分为瞬时滤失、动滤失、静滤失三种。瞬时滤失发生于井底岩石表面尚无泥浆时的瞬间，滤失速率高且不易控制，在整个滤失过程中所占比例较小。其影响因素主要有：压差ΔP、滤液黏度μ及温度、岩层的渗透性、固相的尺寸和分布水化程度、钻井液在地层孔隙入口形成"桥点"的速度。动滤失是钻井液在循环流动中的滤失，符合井下情况，但无论是室内还是现场都难以测定。笼统地讲，动滤失取决于钻井液的流动情况和钻井液处理剂效用。根据达西定律的动滤失方程：

$$\frac{dV}{dt}=\frac{KA\Delta P}{\mu l}$$

式中　dV/dt——平衡后的动滤失速率，$cm^3 \cdot s^{-1}$；

　　　ΔP——压差，MPa；

　　　μ——钻井液滤液黏度，$mPa \cdot s$；

　　　A——滤失面积，cm^2；

　　　K——滤饼渗透率，cm^2；

　　　l——泥饼厚度，cm。

静滤失则是钻井液处于静止状态下的滤失，尽管与实际情况有所差距，但评价方法简单，能够较好地反映钻井液的滤失性能。钻井液的静滤失遵循达西规律的静滤失方程，人们对降滤失剂作用机理的认识便始于这一经典的达西公式。

$$\frac{V_f}{A}=\sqrt{2K\Delta P\left(\frac{f_{sc}}{f_{sm}}-1\right)}\frac{\sqrt{t}}{\sqrt{\eta}}$$

式中　V_f/A——钻井液单位面积的静滤失量；

　　　K——泥饼的渗透系数（由滤饼质量决定）；

　　　ΔP——压差，MPa；

　　　f_{sc}——钻井液泥饼中固相含量的体积分数；

　　　f_{sm}——钻井液体系中固相含量的体积分数；

　　　t——时间；

　　　η——滤液黏度，$mPa \cdot s$。

由式中可以看出，静滤失量的影响因素包括：渗滤时间t（滤失量与渗滤时间的平方根成正比）、压差ΔP（决定泥饼的可压缩性）、滤液黏度η及温度（滤失量与滤液黏度的平方根成反比，温度升高，滤液黏度下降，滤失量增大）、滤失固相含量、类型（钻井液固相含量增大，滤失量降低泥饼的固相含量降低（水含量高），滤失量降低、岩层的渗透性、泥饼的压实性和渗透率K（滤失量与渗透率的平方根成正比）、絮凝与聚结。

显然，当井深和地层孔隙压力固定时，ΔP、f_{sc}、f_{sm}为定值，若V_f/A不能满足要求，须使用降滤失剂调控K和η。根据前述胶体化学基本原理，K值主要取决于以下三方面：滤饼中颗粒粒度配比(决定滤饼所能达到的致密程度)；滤饼毛细孔的润湿性质；滤饼中的电荷密度和亲水基团的密度(决定颗粒结合水的能力强弱)。

与之对应，降滤失剂从作用机理上分为三种类型：一是调整泥饼中的颗粒粒度配比，尤其是保存易于流失的细粒子和超细粒子，促使滤饼更加致密，例如纤维棒状的堵塞物"液体套管"、超细碳酸钙粉、单向压力封闭剂、油溶性树脂和沥青类产品等；二是改变井壁的润湿性又兼有堵塞孔隙作用，如树脂、油渣、乳化石蜡、乳化沥青、磺化沥青等；三是各类水溶性高分子类聚合物，天然产物类主要有改性淀粉、水溶性纤维素类等。

2.2.2 天然高分子基钻井液降滤失剂作用机理

降滤失剂依据分子结构不同主要分为腐殖酸类、纤维素类、淀粉类、树脂类以及丙烯酸类等。总体来讲，上述各类降滤失剂代表性产品特点如下：腐殖酸类(SMC)抗温、抗盐能力较强；纤维素类(CMC、Drispac)抗温达180℃、抗盐能力较强、抗钙能力较差；淀粉类(CMS、HPS)抗温能力较差、抗盐能力强；树脂类(SMP)抗温达220℃、抗盐、抗钙能力很强；丙烯酸类(JT-888、NPAN)抗温、抗盐能力强，抑制性好。

简而言之，天然高分子基钻井液降滤失剂降滤失作用机制与其独特的分子结构密切相关，最显著的莫过于吸附基团和水化基团的相对数量与空间分布情况。此类降滤失剂高分子链上吸附基团(—COOH、—CONH$_2$、—CN、—OH、—N$^+$)相对较少，占30%~40%；负电水化基团(—COO$^-$、—SO$_3^-$)较多，占60%~70%。一方面，高分子本身因具有大量分布于三维空间的吸附基团而吸附了细小颗粒并呈网状结构分布于滤饼中，不仅促使滤饼具有良好致密性，亦使细小颗粒不易于凝聚；另一方面，高分子本身因带有丰富的负电性基团和亲水性基团而大大增加了颗粒结合水，从而降低了滤饼的渗透率。

在国内早期的研究中，山东大学张春光等通过对降滤失剂作用机理的深入研究，指出降滤失剂主要通过以下几个机理发挥作用：①全方位地堵塞泥饼中的毛细孔道使其光滑且致密；②增加泥饼负电荷密度使其形成强有力的极化水层；③吸附于黏土晶体颗粒侧面形成桥联缩小毛细孔径；④增加滤液黏度；⑤改变泥饼毛细孔的润湿性。这里谨以此为参考，结合天然高分子基钻井液降滤失剂自身特点，按照吸附机理、增黏机理、捕集机理、物理堵塞机理四个方面详述其降滤失作用机理。需要指出的是，这四方面均从某一角度合理地阐释降滤失剂降滤失作用，实际上，降滤失是一个极为复杂的过程，其作用机理是综合性的，而且往往是多种机理协同作用的结果，且各有所长。

1) 吸附机理

总体而言，无论是静滤失还是动滤失过程，富含吸附-水化基团的天然高分子基降滤失剂在钻井过程中，能够通过吸附-水化作用吸附于黏土颗粒表面，同时负电基团水化，由此增大黏土的负电性和水化膜厚度，增大黏土颗粒表面ζ电位，增大黏土颗粒间斥力，阻止黏土颗粒因碰撞而聚结，使得钻井液保持一定的胶体特性。更进一步地，黏土颗粒与降滤失剂吸附、桥联形成空间网架结构，避免土粒直接接触，提高土粒聚结稳定性；确保细颗粒形态，形成致密泥饼，促使泥饼渗透系数K减少，从而起到降滤失作用。此外吸附水化层的高黏弹性，对泥饼兼具堵孔作用。

例如，CMC-Na降滤失作用机理：CMC-Na在钻井液中电离生成长链多价阴离子。其大分子链节上的羟基和土粒面上的氧形成的氢键、大分子的分子间力，加之羧甲基与断键边缘上 Al 离子之间的静电吸引力等使得 CMC 能够吸附在黏土颗粒上形成致密水化膜，同时增大土粒的 ζ 电位，提高土粒负电性，阻止颗粒聚集；多个细土粒黏结于同一分子链上，参与形成空间网架结构，避免土粒接触（护胶作用），从而大大提高了土粒（尤其是聚结趋势强的细土粒）的聚结稳定性，有利于保持和提高细土粒的含量，形成致密的泥饼，降低滤失。

此外，吸附水化层高黏弹性的 CMC，增大了钻井液的液相黏度，对泥饼具有堵孔作用，从而提高了渗滤阻力。然而，纤维素醚类降滤失剂由于分子环状链单元中醚键在高温下氧化分解，故纤维素醚单独使用时抗温一般不超过 150℃。鉴于此，朱阿成等采用溶液共混法和乳液共混法为主、机械共混法为辅的共混方法对低黏 CMC-Na 进行改性，引入锌类纳米材料 ZZ，制得纳米改性材料 CMC-ZZ。比较发现，CMC 和 CMC-ZZ 在 150℃ 以下都具有良好的降滤失能力；但是当温度升高到 180℃ 后，仅 CMC-ZZ 具有良好降滤失能力。究其原因，CMC-ZZ 中因所含纳米材料颗粒部分水化膨胀和分散形成网架结构，升高温度有助于网架结构形成；而另一部分纳米材料颗粒则与分子链产生物理/化学作用，保护分子链在高温下不发生变化。

又如，在钻井泥浆中加入离子型淀粉基降滤失剂后，淀粉高分子链上的吸附基团凭借静电相互作用随即吸附于泥浆颗粒表面。因离子型吸附基团周围存在较强的静电场，在水溶液中距一价离子 $2\times10^{-10} \sim 3\times10^{-10}$ m 处的电场可达 10^8 V·cm^{-1}，如此强的静电场易于使介电常数较大的水分子发生极化，致使水分子在淀粉高分子链上离子基团的电场作用下产生定向排列。依据扩散双电层结构理论，泥浆固相粒子的悬浮稳定性与其颗粒之间的排斥力及吸引力相关。黏土颗粒表面吸附了—COOH、—COONa、—SO$_3$Na 等电离后带负电荷的基团，增加了颗粒表面负电性，引起双电层结构的改变，提高了黏土胶粒的动电电位（ζ 电位），黏土颗粒之间的静电斥力远大于范德华吸引力，从而阻止颗粒絮凝与聚沉，使得泥浆颗粒分布均匀。上述吸附于淀粉高分子链上的颗粒所形成的空间网架结构圈闭了一部分自由水，减少了向滤饼渗透的自由水量；另一方面，水分子的极化使离子基团在淀粉链上的定向排列更为紧密，形成水化膜，而水化膜具有一定强度和柔韧性，能够通过形变封闭细微孔隙，使得钻井液中的自由水不能顺利通过泥饼，最终导致泥饼渗透系数降低。

理论上讲，以羟乙基淀粉（HES）、羟丙基淀粉（HPS）为代表的非离子型淀粉基降滤失剂，淀粉高分子链呈螺旋状结构，相对分子质量较高，且分子链上含有大量羟基、苷键、醚键，因而能够与黏土颗粒上的氧或羟基发生氢键吸附或诱导作用。基于此，此类降滤失剂吸附多个黏土颗粒形成空间网架结构，能够阻止黏土颗粒絮凝变大，从而确保具有足够量的细颗粒，并保持细颗粒的适度分布。大量黏土细颗粒（≤0.1μm）吸附于淀粉高分子链上，阻碍了粒子的直线运动，使其不易接触而黏结。当淀粉基降滤失剂的浓度达到一定值后，每个黏附有黏土细颗粒的高分子链还通过与细黏土颗粒之间的桥接，形成布满整个钻井液体系的网状结构，起到了空间位置稳定作用。这一带有大量亲水基团的立体网架能够有效吸附泥浆中的自由水，使得钻井液能形成薄而致密的滤饼，从而降低泥饼渗透系数。

综上，根据达西定律的静滤失方程和动滤失方程，含吸附-水化基团的天然高分子基降滤失剂在钻井过程中，无论是静滤失还是动滤失过程，均可基于吸附-水化作用，实现泥饼渗透系数 K 减少，从而起到降滤失作用。

2) 增黏机理

倘若降滤失剂的加入完全不改变滤饼的性质，而是仅仅通过改变滤液黏度来降低滤失量；那么从前述钻井液静滤失方程可以直观地看出，静滤失量与钻井液滤液黏度的 1/2 次方成反比。理论上讲，聚糖类降滤失剂链分子属于大分子，其环醇羟基与黏土表面相互作用，具有一定的桥连作用，所构筑的空间网架结构的强度增大，导致黏度增大。如此便阻止了水分子的自由移动，最终形成井壁保护膜。水分子不能自由移动亦影响内部结构，使得过滤体积减小，达到了保护目的层位的目的，避免了井壁掉块、脱落甚至坍塌情况的出现。实际上，在常用天然高分子基降滤失剂中，仅 MV-CMC 接近此种情况。

表 2-2-1 为几种常见的含有增黏功能团的水溶性改性天然高分子基降滤失剂。它们所含有的极性亲水基团（—OH、—O—、—CONH$_2$），能够与黏土颗粒紧密结合，提高泥浆的黏度与切力，降低水的动能，增大滤液渗流阻力，从而达到控制钻井液滤失的作用。

表 2-2-1 具有增黏功能团的水溶性改性天然高分子基降滤失剂

降滤失剂名称	功 能 团	类 型
高黏度羧甲基纤维素钠盐（MV-CMC）		阴离子型
低黏度羧甲基纤维素钠盐（LV-CMC）		阴离子型
羧甲基淀粉钠（CMS-Na）	—CH$_2$COO$^-$Na$^+$	阴离子型
羧甲基淀粉钾（CMS-K）	—CH$_2$COO$^-$K$^+$	阴离子型
羧甲基羟乙基淀粉（CHES）	—CH$_2$COOH —CH$_2$CH$_2$OH	阴离子型
2-羟基-3-磺丙基淀粉（HSPS）	—CH$_2$CH(OH)CH$_2$SO$_3$H	阴离子型
2-丙烯酰胺-2-甲基丙磺酸/丙烯酰胺淀粉接枝共聚物（SgAMPS/AM）	—CH$_2$CH(-)CONHC(CH$_3$)$_2$CH$_2$SO$_3$H 和—CH$_2$CH(-)CONH	阴离子型
羟乙基淀粉（HES）	—CH$_2$CH$_2$OH	非离子型
淀粉丙烯酰胺接枝共聚物（SgAM）	—CH$_2$CH(-)CONH$_2$	非离子型

上述淀粉类的钻井添加剂由于其较大的相对分子质量和较为强烈的吸附性能可以将工作液中的坂土进行一个桥连的作用，形成空间网状结构，在钻井工作液中表现出一定的增加黏度的效果，阻止了水分子的流动速度和自由移动的能力，进而可以减少井壁滤失量的体积，达到保护井壁和储层的作用，也因为其易降解，对钻井开采全过程中涉及的污染源有一定的抵制作用，稳定了井壁与其中的土分。

3) 捕集机理

捕集是指高分子无规线团或固体颗粒通过架桥而滞留在孔隙中的现象。天然高分子基钻井液降滤失剂是一类直链线型或不规则线型、相对分子质量适中的天然改性聚合物，其相对分子质量分布较宽、分散度较大，例如树脂类（30000~50000）、淀粉类（200000~500000）、纤维素类可达 1000000 等。若此类降滤失剂无规线团或固体颗粒的直径为 d_c，孔隙直径为 d_p，则捕集发生的条件是如下式所示：

$$d_c = (1/3 - 1)d_p$$

由此可见，具有不同相对分子质量分布的天然高分子基钻井液降滤失剂在钻井液中会蜷曲成大小不同的无规线团。当这些无规线团的直径 d_c 符合捕集条件时，即通过桥架而被滞留于滤饼的孔隙中，使得滤饼中水通道变窄，或使滤饼变得较为致密，使得自由水流动空间位阻增大、滤饼渗透系数 K 降低，则直接导致钻井液滤失量减少。

4）物理堵塞机理

当天然高分子无规线团或固体颗粒的直径 d_c 大于孔隙的直径 d_p 时，它们虽然不能进入滤饼的孔隙，但是能够通过封堵滤饼孔隙入口而起到减少钻井液滤失量的作用，这种降滤失机理称为物理堵塞机理。对于天然高分子基钻井液降滤失剂而言，加入钻井液中遇水即发生溶胀，形成大分子无规线团或凝胶状颗粒，对孔隙进行密闭性物理堵塞，从而可以大大降低滤饼的渗透系数。

预胶化淀粉和高取代度羧甲基淀粉在水中均可形成凝胶状大分子堵塞性颗粒。张春光等实验研究表明，非离子型降滤失剂预胶化淀粉降滤失作用基本仅取决于其游离颗粒的含量，而非基于分子结构分析得出吸附量的影响。他们指出，伴随降滤失剂加入量的增大，吸附量和游离颗粒同步增大；当吸附达到饱和后，游离颗粒含量持续增多，随即借助自身不带电的特性全部用来堵塞滤饼孔隙，使滤饼致密，降低其渗透系数 K，阻断水分流失的通道，从而实现其降滤失功能的。这一结果与 Plank 等早年对非离子型淀粉、阴离子型 PAC 和线型磺酸盐聚合物 HT 泥浆形成滤饼的孔隙研究相符。即，当滤失量降至大体相同水平时，线型阴离子聚合物具有缩小滤饼毛细孔直径的作用，而非离子型淀粉则无此作用。因此，非离子型降滤失剂仅凭自身不带电性的特性而无孔不入地堵塞所有孔隙以达到降滤失作用；如此全方位堵塞毛细孔隙的作用比带电降滤失剂更为优越之处就在于，带电降滤失剂往往在黏土颗粒上具有固定吸附位置。综上，非离子型降滤失剂的优点表现为对电解质不敏感，有较强的耐盐能力，在盐水钻井液中使用降滤失效果更佳。

此外，木质素类处理剂因其多元羟基而与井中岩块吸附，此时多元苯环的疏水性质起到隔离作用，使得黏土在井壁吸附并堵塞井壁上的孔径，即通过降低滤液体积作用机理实现钻井液滤失量降低。

2.2.3 钻井液流变性概述

钻井液流变性是指在外力作用下，其发生流动和变形的特性。流变性是钻井液极为重要的性能，反映其携带、悬浮钻屑及加重剂的能力，体现在对钻井工程的多重影响，包括井壁稳定，井底和井眼的清洁，机械钻速，井下安全等方面。

通常意义上，钻井液是一种内部具有空间网架结构的结构流体，正是这一凝胶结构有助于钻井液携带、悬浮钻屑及加重剂，保持井眼清洁。为了表征这一凝胶结构的强弱和黏度的产生来源，钻井液流变性能包括以下参数：塑性黏度 PV/η_p（反映钻井液在层流状态下，网架结构的破坏与恢复达到动态平衡时，固相颗粒之间、固相颗粒与液相之间以及液相内部内摩擦阻力总和大小）、结构黏度/动切力 τ_0（反映钻井液在层流状态下，达到动态平衡时黏土颗粒之间、黏土颗粒与高分子聚合物之间形成网架结构能力的强弱）、表观黏度 AV（反映钻井液在某一 γ 下，其 PV/η_p 与 AV/τ_0 二者作用的总和）、凝胶强度/静切力 τ_s（反映钻井液在静止状态下,形成空间网架结构的强度)、剪切稀释性(反映钻井液 AV 伴随 γ 增大而减小的特性,通常用动塑比 τ_0/η_p 表示 γ 特性的强弱,合理范围处于 0.36~0.48 之间)、流性指数 n(反映钻井液流体所表现出的非牛顿性程度,一般要求 n 值处于 0.4~0.7 之间)、稠度系数 K(反映钻井液的稀稠程度,K 值越大,黏度越高)、触变性(反映钻井液搅拌变稀、静止后变稠的特性,通常使用终切和初切之差表征)。

总体来讲,钻井液的流变性由液相黏滞力、液相与固相之间内摩擦力、固相之间作用力构成。合理流变性一般原则是:在满足携砂和悬浮加重剂、清洁井眼的前提下,黏度、切力低为宜。化学处理剂能够改变钻井液内部结构强度,从而调控钻井液流变性。六速旋转黏度计作为一种钻井液流变性能测试专用仪器,以宾汉方程和幂律方程为数学模型,通过弹簧扭力系数、转速、内外筒间隙等参数的设计,实现流变性能直读与简单计算。具体而言,$AV(\text{mPa}\cdot\text{s})=\theta_{600}/2$,$PV(\text{mPa}\cdot\text{s})=\theta_{600}-\theta_{300}$,$YV(\text{Pa})=0.511(\theta_{300}-PV)$。

理论上讲,钻井液流变性对钻井工程的多重影响主要包括以下方面:

(1)钻井液流变性能直接影响环空中岩屑上返。钻井液处于层流状态时呈抛物形,片状岩屑上升过程受力不均匀,产生力矩作用,致使岩屑翻动下滑;处于平板型层流状态时,在 τ_0 作用下伴有流核存在,流核内部无相对运动,钻屑受力均匀。流核受 τ_0/η_p 直接影响,τ_0/η_p 值越大,流核越大,越有利于携带钻屑。

$$d_0 = \frac{(D-d)^2}{\frac{24V}{\frac{\tau_0}{\eta_0}}+3(D-d)}$$

$$V_{临界} = \frac{100\eta_p + 10\sqrt{100\eta_p^2 + 2.52\times 10^{-3}\rho\tau_0(D-d)^2}}{\rho(D-d)}$$

(2)钻井液流变性能直接影响井壁稳定。为避免紊流时流体对井壁强烈的冲蚀作用,钻井过程中钻井液应尽量保持处于层流状态,通常将综合雷诺数 $Re=2000$ 作为层流、紊流状态的临界转换点,由此得到计算临界流速公式,显然,临界流速主要受到钻井液 η_p、τ_0 以及密度的影响;η_p、τ_0 越低则临界流速越低,越容易出现紊流流态。

(3)钻井液流变性影响岩屑和加重剂的悬浮状态。固体颗粒越大,所需切力越大;切力不足则会导致钻屑在井内沉降和滞留。

(4)钻井液流变性是影响井内液柱压力激动的主要因素。

(5)钻井液流变性影响机械钻速。Eekel 指出,机械钻速与钻头处雷诺数 0.5 次方成正比。这意味着,黏度越高,机械钻速越低。

2.2.4 天然高分子基钻井液流变性调控作用机理

如前所述,钻井液流变性调控策略主要着眼于调整钻井液的黏度和切力,使之处于适中范围。这是因为,若黏度和切力过大,会造成泥包钻头、钻井速度不当、岩屑在地面不易除去、钻井液脱气困难等问题;反之,黏度和切力过小,则影响钻井液携屑和井壁稳定等。基于宾汉方程或幂律方程流变参数调控策略,结合实验测量结果判断黏度和切力偏高还是偏低,针对性加入能够调整钻井液黏度和切力的化学物质，即流变性调整剂。总体而言，偏低则需增加体系的固相含量、加入增黏剂；偏高则需减少体系的固相含量、加入降黏剂。

1) 增黏剂

水基黏土钻井液不容忽视的缺点在于因其高黏度、高固相所导致的钻速降低、钻井费用增加。通常加入少量高分子聚合物即可较大程度上提高体系黏度，从而减少钻井液固相含量。总体来讲，增黏作用机理主要包括以下三种：分子链中极性基团水化和分子链之间的互相纠缠，对钻井液的水起稠化作用；通过吸附，增加黏土颗粒体积，提高流动阻力；通过桥接，在黏土颗粒间形成结构，产生结构黏度。天然高分子基聚合物具有环境友好的天然优势，黄原胶、香豆胶、纤维素改性衍生物、淀粉改性衍生物等均为常见有效流型改进剂。

生物聚合物黄原胶是一种适用于淡水、盐水以及饱和盐水钻井液的高效增黏剂，其显著特点是具有突出的剪切稀释性能和增黏提切性能，能够有效改进流型。此类钻井液在高剪切速率下的极限黏度低，有利于提高机械钻速；而在环形空间的低剪切速率下则具有较高黏度，有利于形成层流，使钻井液携带岩屑的能力明显增强。

早期研究认为，钻井液提切剂通过增加体系黏度而实现提高体系切力的目的。因此，早期的提切剂多为固体或者异常黏稠液体。值得强调的是，为确保钻井速度适宜，提切剂的加入在实现提高钻井液切力和改善防沉降性能的同时，还应考虑到体系塑性黏度的增量以小为宜。随后，研究发现处理剂中的极性基团（—OH、—COOH、—CONH$_2$、—OCO—NH—、—CO—NH—CO—、—CONH—等）与其他基团基于静电引力或氢键等相互作用，形成高比表面积网架结构，而且分子中长烷基直链之间亦可基于缔合作用形成三维网架结构，实现增黏、提切的目的。

然而，页岩气开发过程中，采用高浓度 CaCl$_2$ 抑制地层造浆时，膨润土会因水化率低而失去提黏、提切作用，即使采用凹凸棒、石土也难以满足高浓度 CaCl$_2$ 条件下对钻井液的流型控制要求，此时钻井液的流型调节须依靠增黏剂高分子链段的弯曲、缠绕加以实现。上述广泛使用含有—COOH、—CONH$_2$ 等基团的增黏剂产品，易于和 Ca^{2+} 等离子发生反应而失效；同时，高浓度 Ca^{2+} 相较于 Na$^+$、K$^+$ 等一价金属离子而言，更易导致高分子材料电势降低、分子链中亲水基团与水分子间发生去水化作用，加剧聚合物增黏剂高分子链间的聚集、沉淀而失效。加之钻井过程中遇到的温度效应（地层温度）会进一步加剧 Ca^{2+} 对处理剂的去水化作用，极大地影响流型调节剂性能。为此，中国石油大学（北京）联合中原钻井工程技术研究院开展了系列工作。他们以黄原胶和多羟基大单体为原料，基于高分子间的接枝改性方法研制了一种抗高浓度 CaCl$_2$ 水溶性聚合物增黏剂 IPN-V。室内评价表明，IPN-V 对 CaCl$_2$ 浓度为 20% 和 40% 的 CaCl$_2$ 水溶液体系均表现出良好的增黏性能；体系存在保护剂时，IPN-V 能够满足 CaCl$_2$ 浓度为 20% 和 40% 的无土相水基钻井液流型调节要求，抗温可到达 120℃。进一步地，他们基于超分子自组装理论，以黄原胶（XG）-表面活性剂（S）-β-环糊精（β-CD）自组装体系为研究对象，借助主客体识别作用，研究了自组装体系对黄原胶的改性作用及其在无土相水基钻井液体系中的应用。研究结果表明，与黄原胶相比，自组装体系的微观结构存在显著差异，有清晰网状结构形成；自组装体系的剪切稀释性和低剪切速率下的流变性能均更为优良；自组装体系 90℃下抗 NaCl 达饱和、可抗 4% $CaCl_2$；能抗 150℃高温。以该自组装体系为主体、密度为 $1.6g/cm^3$ 的无土相水基钻井液经 150℃热滚 16h 后，高温高压滤失量为 10.2mL，体系流变性能稳定。

实际上，作为一种直链或具有支链的高分子材料，多糖在高浓度时会通过分子间缠绕或者分子间次级键相互作用起到增稠协同作用，从而使体系黏度增大。吴伟都等对 CMC 与阴离子胍尔胶复配溶液的流变特性研究显示，CMC 与胍尔胶之间存在显著协同作用，二者复配能够有效增加零剪切黏度、黏度、黏性模量以及弹性模量。叶炳鸿等基于分子动力学研究方法，借助 Hyperchem7.0 分子结构计算软件，研究了魔芋葡甘聚糖与胍尔豆胶的微观结构及相互作用过程，揭示了体系构效关系。结果表明，魔芋葡甘聚糖与胍尔豆胶共混后具有一定的协同增效作用，流变性能有所改善，但未有形成性能优异的凝胶；加入卡拉胶后，魔芋葡甘聚糖、胍尔豆胶及卡拉胶三者共混后主要通过分子间氢键形成性能优异的凝胶。Milas 等研究了卡拉胶-魔芋胶-结冷胶复配体系的凝胶机理。马彩霞等对卡拉胶-魔芋胶-结冷胶复配机理的研究发现，相较于 NaCl 而言，KCl 的存在大大促进三者的协同增效作用，这一差异归因于离子半径差异。吴绍艳等研究发现，魔芋胶与胍尔豆胶虽为非凝胶多糖，但二者共按一定比例共混能够得到凝胶。当总糖浓度为 1%，魔芋胶与胍尔豆胶的共混比例为 3∶2，制备温度为 80℃，Ca^{2+} 浓度为 0.1mol/L 时获得最佳协同效果。

此外，作为世界范围内产量第三的重要纤维素醚羟乙基纤维素（HEC），其流变特性能够通过化学改性加以调控或通过与其他聚合物的复合作用加以控制。近年来，国内外学者对此类改性水溶性聚合物体系增黏机理研究具有重要价值。

HEC 水溶液的流变行为通常使用 Graessley 经典缠结理论描述，但更多作为钻井液流型改进剂使用的是疏水改性羟乙基纤维素（HMHEC）。HMHEC 水溶液的流变行为可通过疏水烷基醚形成超分子结构加以解释。HMHEC 分子中存在疏水侧链，疏水侧链之间相互缔合，形成存在于分子间的瞬时网架结构，致使溶液增稠、溶液剪切黏度增加以及溶液剪切变稀程度增加。此外，HMHEC 主链的动态增黏作用亦不可忽视。HMHEC 溶液的流变性质与一定溶液浓度、温度下其相对分子质量、疏水基团的种类、碳链长度、物质的量分数及其分布等因素密切相关。当相对分子质量增大时，聚合物溶液临界缔合浓度（Critical Association Concentration，CAC）下降，临界黏度上升。疏水基团分子链越长，临界聚集浓度越低，越易于发生疏水缔合作用，溶液增黏性能越好；但若继续增加分子链长度，非极性分子链自卷和发生分子内缔合的趋势随之增加，聚合物增黏性能反而有所减弱。当体系浓度低于 CAC 时，其黏度主要由聚合物相对分子质量控制；高于 CAC 时，分子间疏水缔合作用则成为控制聚合物黏度的主要因素。显然，增加疏水基团的含量和聚合物的浓度会加剧大分子间缔合作用，从而引起溶液黏度增加。在一定范围内，疏水基团含量越高，疏水缔合效应越强，体系表观黏度越高；但超过阈值后，聚合物水溶性下降，且易发生相分离，导致溶液表观黏度下降。在相同浓度下，伴随疏水长链中碳数的增加，HMHEC 缔合能力增强。一般地，当疏水链中碳数小于 12 时，HMHEC 以分子内缔合为主；其他条件相同，疏水基摩尔分数<10%时，HMHEC 则以分子间缔合为主；疏水基摩尔分数为 10%~50%时，分子间和分子内缔合同时存在，但聚合物链束较为疏松；疏水基摩尔分数>50%时，只存在分子内缔合，此时 HMHEC 分子形成单一的分子胶束。此外，疏水基团在大分子中的空间分布是影响 HMHEC 发生分子间缔合或分子内缔合的又一个重要因素。与无规结构 HMHEC 相比，微嵌段结构 HMHEC 表现为更强的分子间缔合作用；并且伴随嵌段长度增加，分子间缔合能力增强，溶液黏度增大。

有趣的是，HEC 疏水改性工艺参数对其增黏性能的影响具有双重作用。例如，升高温度从两方面影响 HMHEC 疏水缔合作用：一方面，疏水缔合本质上是熵驱动吸热过程。这意味着，升高温度，疏水缔合作用增强。与此同时，升温促使分子热运动加剧，使得亲水分子链更为舒展，有利于其流体力学体积增大，表现为 HMHEC 溶液表观黏度增大；另一方面，升温亦使疏水基团热运动加剧，则疏水缔合作用被削弱；与此同时，疏水基团周围水分子的结构亦发生改变，造成水分子与疏水基团之间的相互作用改变，致使疏水缔合作用被进一步削弱。不仅如此，升高温度还减弱亲水分子的水化作用，使得分子链趋于收缩、流体力学体积减小，表现为 HMHEC 溶液表观黏度减小。

2）降黏剂

降黏剂是钻井过程中另一类不可或缺的钻井液流变性调整剂。虽然固控设备能够清除钻井液中的各种固相，在一定程度调节钻井液流变性，但现场应用中降黏剂的作用却尤为重要。降黏剂又称为稀释剂，是一类在不大量稀释、不显著降低钻井液黏土含量情况下，降低黏度、切力的处理剂，主要降低钻井液的结构黏度。降黏剂的分子结构特点主要有：线性结构、低相对分子质量（2000），具有吸附基团（—OH、—CONH$_2$、—CN、—N$^+$），具有负电强水化基团（—COO$^-$、—SO$_3^-$），上述两类功能基团各占比例约为 50%。

早期的研究中，张春光等对降黏剂作用机理进行了深入研究，在此时期对降黏剂的研究主要聚焦于木质素等天然高分子改性衍生物处理剂。以木质素磺酸盐为代表的植物酚类钻井工作添加剂由于其多羟基的性质常常被用作工作液体的稀释剂，主要作用是降低工作液的黏度，防止卡钻、泥包工况的出现，提高钻时。天然酚类的钻井工作添加剂作为天然大分子能够包被被水化的岩块，防止和抑制其过度分散，在地层可以有效地抑制地层造浆的可能性，防止不稳定的井下工况的发生。此类降黏剂主要作用于黏土颗粒，其作用机理为：一则，磺化的木质素凭借自身的多羟基的性质和后期添加的磺酸基，吸附在黏土块表面，形成保护层，一方面阻止外部的自由水向内扩散，另一方面防止内部的固相颗粒由于膨胀而引起的塌陷，进而引起内部固相含量比表面和摩擦力的增加，流动性变差；二则，少量的木质素磺酸盐中的羟基基团和磺酸基基团与工作液中的黏土片相互作用，增加了黏土颗粒的水化性能，水化基团在水中电离，形成扩散双电层，提高了黏土颗粒表面负电和水化层厚度，拆散黏土颗粒边-边、边-面结合，即拆散黏土颗粒在泥浆中连接所产生的结构，从而降低了钻井液的黏度和切力，使得钻井工作液的流动性能得到加强，同时伴随悬浮能力降低；三则，木质素磺酸盐中的羟基基团和磺酸基基团与工作液中的黏土片相互作用对黏土具有一定的稳定作用。

近年来，聚合物降黏剂研究广泛，对低相对分子质量聚合物降黏剂而言，其降黏机理是低聚物通过氢键或阳离子链节吸附于黏土颗粒表面，水化基团通过增加黏土颗粒表面负电和水化层厚度，拆散黏土颗粒连接所产生的结构。具体而言，低相对分子质量聚合物降黏剂在黏土上的吸附量随温度的升高而增大，随 pH 值的升高而降低。当 pH>10 时，低聚物能使大分子聚合物收缩脱水，通过竞争将吸附于黏土颗粒表面的聚合物解吸下来，拆散黏土之间形成的结构，从而使钻井液黏度降至淡水钻井液黏度以下。当 pH<10 时，除去吸附机理，低相对分子质量聚合物亦可通过与大分子聚合物形成稳定络合物，拆散聚合物之间形成的结构以消除聚合物的提黏作用。

上述吸附作用对黏土具有一定的分散作用，引入阳离子基团则会抑制此分散作用，阻碍黏土进一步分散，从而提高了体系的降黏能力。例如，与 HEC 相比，阳离子改性 HEC 溶液的流变性能显著改变。阳离子侧链基团使 HEC 具有聚电解质的性质，侧链上的带电基团之间的排斥力可以扩大聚合物的分子线团，导致较高的剪切黏度和表观拉伸黏度。阳离子改性 HEC 溶液的黏度与聚电解质在溶液中的形态有密切关系。阳离子改性 HEC 溶于水后离子化作用使反离子脱离高分子链区向纯溶剂区扩散，使得分子链上带有净电荷，由于分子链上有一定同号的电荷密度分布，这些非常靠近的同号电荷存在着强大的静电斥力，静电斥力使高分子链扩张，促使阳离子改性 HEC 在溶液中伸展，溶液越稀，离解程度越大，从而使得稀聚电解质溶液比浓聚电解质溶液黏度大。当溶液浓度增大时，与聚离子能键合的相反电荷离子增多，即分子链的有效电荷密度越低，静电排斥相对减弱，分子链较为卷曲，故溶液黏度相应降低。

2.2.5　钻井液抑制性概述

简而言之，钻井液的抑制性是指其抑制地层造浆的能力。究其本质，抑制性是钻井液对泥页岩地层中黏土水化膨胀及水化分散的抑制能力。泥页岩是指以黏土矿物为主、固结程度较高的沉积岩。油气田生产中泥页岩井壁的稳定性是影响钻井技术发展的重大问题之一，因泥页岩亲水，其水化及水润作用成为影响井壁稳定性的关键性因素。一般而言，黏土中的蒙脱石和伊蒙混层黏土是引起水化膨胀乃至分散的主要原因。因此，页岩抑制剂(防塌剂)，通常是指能够抑制泥页岩膨胀和分散的化学剂，其重要作用是在钻井过程中抑制地层黏土的水化造浆，避免地层土侵入钻井液体系破坏钻井液的性能，维持井壁稳定，保证钻井安全。

以页岩抑制剂为主要处理剂的水基钻井液主要有：钙处理钻井液(石灰、石膏、$CaCl_2$)、钾盐钻井液(KCl)、盐水钻井液(NaCl)、正电胶钻井液以及聚合物钻井液。其中聚合物抑制剂是通过其分子在泥页岩表面的吸附和包被作用实现抑制作用的。包被作用作为新的概念，诞生于 20 世纪 80 年代，用以替换絮凝作用和选择性絮凝作用。包被作用本质是选择性吸附-包被地层劣质土，抑制其水化分散；选择性吸附-桥联配浆优质土，提供钻井液的结构黏度。具体而言，包被剂高分子链吸附缠绕于钻屑颗粒上，将其覆盖包裹，抑制其水化分散，保持钻屑较粗的颗粒形态，使其易于被固控设备清除；与此同时，一个高分子同时吸附于几个黏土颗粒上，或一个黏土颗粒吸附于几个高分子，彼此交叉连接形成空间网架结构，提供钻井液的结构黏度，从而抑制泥页岩的水化分散。

此外，防止井壁垮塌是聚合物钻井液的又一重要作用。此类钻井液防塌机理主要包括以下两方面：一则，长链聚合物在泥页岩井壁表面发生多点吸附，封堵了微裂缝，从而防止泥页岩剥落；二则，聚合物浓度较高时，在泥页岩井壁形成较为致密的吸附膜，能够阻止或减缓水进入泥页岩，表现为在一定程度上抑制泥页岩水化膨胀。聚合物钻井液的关键在于利用高分子聚合物对钻屑的抑制作用，尽可能减少细颗粒数量，即保证钻屑不分散实现低固相，辅以流变特性调控，实现快速钻进。通常依据聚合物品种不同，聚合物钻井液大体分为单一丙烯酰胺类、多种大分子金属盐复配类、阳离子类、两性复合离子类共4种类型。其抑制性能评价，主要通过膨润土线性膨胀实验、防膨实验以及泥球实验进行。

2.2.6 天然高分子基钻井液抑制性调控作用机理

1) 包被和桥联作用

简而言之，天然高分子基钻井液包被剂调控钻井液抑制性是基于包被和桥联二种基本作用完成的，作用机制则与其独特的分子结构密切相关。通常情况，包被剂是直链状高分子，相对分子质量较高[$(200\sim500)\times10^4$]，以确保达到较好的包被效果；官能团以吸附基团为主（—OH、—$CONH_2$、—CN、—N^+），所占比例达60%~70%，以确保实现有力的吸附；含有适量的负电强水化基团（—COO^-、—SO_3^-），所占比例为30%~40%，其电性斥力使得分子链充分伸展，保持与配浆膨润土颗粒存在较高的电性斥力。

聚糖及其衍生物是天然高分子基钻井液抑制剂中极为重要的一类。糖链分子表面存在大量裸露的羟基，因此在钻井过程中易于在井壁表面吸附成膜，减弱水向地层深部渗透，从而有效防止地层土造浆的影响。作为淀粉的下游产品之一，生物聚合物甲基葡萄糖苷（MEG）钻井液是一种类油基钻井液，具有较好的页岩抑制作用。MEG钻井液的抑制机理主要体现在其独特分子结构外显的半透膜效应。MEG分子结构上含有1个亲油甲氧基（—OCH_3）和4个亲水羟基（—OH）。亲水羟基能够吸附于井壁或钻屑表面，亲油甲氧基则朝外。这一独特结构使得，MEG在钻井液中加量达到某一阈值后便可在井壁上形成一层憎水半透膜，即仅允许水分子通过，而不允许其他离子通过；此半透膜的存在迫使地层中的水和钻井液中的水隔离。通常情况下，这一阈值理论上不低于35%，现场应用中液体MEG加量处在10%~30%为宜，固体加量则应处于3%~12%。理论上讲，MEG分子中4个羟基吸水性很强，能够与水分子形成牢固的氢键，降低钻井液中水的活度。从这个意义，调节MEG钻井液活度可以控制地层水和钻井液的运移方向；进而通过渗透作用、去水化作用以及封堵作用等实现有效抑制页岩的水化膨胀和分散、保持井壁稳定的目的。

现场应用发现，MEG因其非极性烷基基团（—CH_3）太短导致为疏水性较弱，表现为MEG吸附膜不能有效将井壁岩石与钻井液隔离，存在抑制性较弱的问题。增长直链烷基碳链是提高MEG疏水性的直接思路，然而研究表明，伴随碳链增长，MEG不仅抗温能力和井壁稳定能力逐渐提高，而且在界面的吸附能力、起泡性亦随之提高（辛基糖苷水溶液起泡率100%），难以满足钻井工程的需要。另一方面，采用三甲基硅烷基等多支链结构替代甲基，能够通过增大空间位阻实现增强糖苷结构疏水性的目的，其优势实现了较强抑制性又不以增大起泡性为代价。

与MEG相比，其改性产品阳离子烷基糖苷（CAPG）分子结构最显著的区别在于引入强吸附季铵阳离子。此类钻井液的抑制机理是多种物理作用和化学作用的综合表现，主要包括：基于离子交换及静电吸附作用嵌入并拉紧黏土晶层、基于羟基和季铵基团多种吸附成膜降低水活度、聚胺阳离子型化合物与黏土表面硅氧烷基形成氢键，进一步强化在黏土表面的吸附；聚胺分子上的疏水部分覆盖在黏土表面，减少表面的亲水性，增强憎水性，阻止水分子进入，形成封固层；而且聚胺在黏土表面的吸附是不可逆的，不易被其他离子交换解吸，加之高分子链会在颗粒间起到桥连或锚固作用，从而大幅度提高钻井液的抑制性，表现为能够有效抑制黏土的水化分散膨胀，从而解决泥页岩等复杂易坍塌地层的井壁失稳问题。与 MEG 相比，CAPG 在钻井液中加量大为降低：作为抑制剂使用时加量为 2%~5%；作为主剂形成 CAPG 类油基钻井液时用量为 5%~30%。

MEG 另一改性产品聚醚胺基烷基糖苷（NPAG）分子结构更为复杂，突出表现在引入了 1 个亲水聚醚基团（—C—O—C—）和 1 个强吸附多氨基团（—NH$_2$）。显然 NPAG 分子结构中官能团更为丰富，因此其抑制机理相应更为多元，是多种物理和化学作用的共同结果。主要抑制机理有：嵌入及拉紧黏土晶层，多点吸附、成膜阻水、降低水活度、吸附包被，堵塞填充孔隙、形成封固层等。尤其是，NPAG 在泥页岩中能够通过其分子链中氨基特有的离子交换和吸附作用很好地镶嵌于黏土层间，或通过桥连作用等使黏土层紧密结合在一起，封堵其他离子或水分子的进入，降低黏土吸收水分的趋势，有效防止黏土的水化分散和膨胀，保持地层和钻井液的稳定性。同时 NPAG 可通过调整取代基或引入新官能团来优化分子结构，在抑制性能上具有较大的提升空间，能够有效解决泥页岩因水化膨胀、分散所导致的井壁失稳、钻头泥包、井眼净化等一系列问题。与 MEG 相比，NPAG 在钻井液中加量大为降低。根据地层水敏性不同，现场加量仅为 0.5%~2% 即可达到强抑制效果；加量达 20% 即可形成类油基钻井液体系。其在井壁上所形成的一层牢固强吸附憎水半透膜，堪比油基钻井液形成的憎水半透膜；同时，NAPG 分子中烷基糖苷结构的位阻效应能够充分保证钻井液的稳定性，实现钻井液抑制性和稳定性的完美统一。

上述葡萄糖苷及衍生物抑制机理突显了阳离子和非离子聚合物作用机理特点：阳离子聚合物主要基于中和黏土的负电荷、阳离子高分子的包被作用以及吸附桥连在井壁上形成一层保护膜；非离子聚合物则基于浊点效应（当低于一定温度时是水溶性的，但高于此温度时从水中析出形成乳状液）和竞争吸附作用。聚胺类页岩抑制剂则通过引入多氨基团提供多个强烈阳离子吸附点，能够长久稳定页岩，对抑制黏土的水化分散起着重要作用，且具有相对分子质量较低及对环境污染程度小等优点。

另有研究表明，无机盐的加入能够使聚合物在泥页岩颗粒表面的吸附量增加，加之无机抑制剂和有机抑制剂对泥页岩的水化分散和膨胀的抑制作用各有侧重，从而实现无机与有机抑制剂之间的协同增效作用。进一步地，无机盐的加入实际上能够明显降低钻井液的活度，进而提高泥页岩井壁表面与水基钻井液之间所形成的上述非理想半透膜效率，以此实现稳定井壁的作用。此前，Zhang 等通过压力传递装置较为系统地研究了不同条件下无机盐与泥页岩渗透压及泥页岩膜效率之间的关系，指出 Ca^{2+} 相较于 Na^+ 和 K^+ 而言拥有更大的离子水化半径和离子交换能力，因而在相同的水活度及泥页岩条件下，$CaCl_2$ 溶液对泥页岩所产生的渗透压和膜效率明显高于 KCl、NaCl 等一价金属盐溶液，更有利于保持泥页岩井壁的稳定。

事实上，传统意义 $CaCl_2$ 水基钻井液正是通过 Na^+/Ca^{2+} 交换将钠土转变为水化能力较差的钙土，结合压缩黏土颗粒表面的扩散双电层，引起黏土晶片面-面、端-面聚结，造成黏土颗粒分散度下降,致使钻井液获得化学抑制环境。近年来,为进一步提高高浓度$CaCl_2$无土相水基钻井液抑制性,研究者基于阳离子交换、氨基吸附等多种抑制机理,兼顾配伍性,从"总体抑制"效用出发设计构建钻井液体系,有利于最大限度降低长段泥页岩水平井段失稳风险。

2) 封堵剂作用机理

通常情况下,井壁失稳主要由两方面的原因引起:泥浆密度过低,则导致泥浆液柱压力难于支撑力学不稳定的地层;泥浆液柱压力高于地层孔隙应力,则驱使泥浆进入泥页岩孔隙、产生压力穿透效应,造成井眼附近泥页岩含水量增加,孔隙压力增大,泥页岩强度降低。后者是业界公认主要的井壁失稳原因,因此在钻井过程中防止泥浆渗入泥页岩是保证井壁稳定的关键措施。

Downs 和 Van Oort 曾总结了文献报道的防塌机理的共同认知,包含以下三点:一则,通过对泥页岩物理封堵以减少水对泥页岩的渗透;二则,通过表面活性剂/成膜剂在泥页岩孔喉内形成微液和液晶的油相物质等途径,使得泥页岩孔喉润湿反转或表面张力变化,增大毛细管压力,以减少水对泥页岩的渗透;三则,通过调整泥浆活度和黏度以减轻压力穿透和扩散效应。

总体来讲,井内泥浆对泥页岩的化学作用本质是对井壁岩石力学性能参数、强度参数、近井壁应力状态的改变。泥页岩吸水即改变井壁岩石力学性能,使得岩石强度降低;若所发生的水化膨胀受到约束便产生膨胀应力,导致近井壁应力状态改变,则会诱发或加剧井壁岩石的受力不平衡。鉴于此,要彻底解决泥页岩井壁失稳问题,需将影响井壁稳定性的化学作用和由此产生的泥页岩强度和力学稳定性变化有机结合,较为全面地探讨泥浆处理剂井壁稳定机理。多种已报道的防塌泥浆体系作用机理正是建立在对泥页岩井壁稳定的化学-力学耦合机理的认知之上,主要体现在以下四个方面:

(1) 各种防塌泥浆体系尤其注重强化防塌剂在泥页岩井壁上的吸附能力,如多元醇类处理剂对泥页岩具有强烈亲合性,阳离子聚合物基于静电作用与泥页岩井壁发生强烈吸附,如此形成的在井壁表面的牢固吸附是形成井壁稳定能力的基础。

(2) 基于防塌剂与其他处理剂之间协同效应所提供的化学和物理作用是另一重要机制。基于此类效应在井壁上所形成的保护膜能够有效防止泥页岩的孔隙压力穿透,控制泥页岩含水量的上升。其中憎水性油膜是最为有效的井壁保护膜,能够凭借润湿反转增大毛细管压力,从而获得较大承压防渗能力。

(3) 以泥浆引起晶间凝结力变化和裂解的化学作用为突破口,通过防塌剂与黏土矿物表面形成共价键或发生化学反应形成复合物,将泥页岩的活性表面钝化、硬化、封闭,驱除表面水,构筑阻止泥浆水侵入的屏障。例如,硅酸盐和多元醇复合物与泥页岩井壁相互作用能够有效硬化井壁,减少泥页岩含水量,从而提高泥页岩强度。

(4) 着眼于防塌剂的力学稳定功能,提高封堵胶结作用,以有效控制钻井过程中泥页岩井壁微裂缝的形成与发展,黏结已出现的微裂缝,从而减弱泥浆水侵入的力学破坏效应。例如,具有浊点效应的多元醇所形成的憎水性微粒表现出优异的封堵胶结微裂缝的能力。

在上述机理中,不难发现多元醇泥浆体系防塌抑制性能的优势,而且兼具良好环保性。研究表明,多元醇与泥页岩具有强烈亲合性,多元醇优先吸附于泥页岩,排挤泥页岩表面吸附阳离子所带束缚水；并在泥页岩内浓集，有效减少泥页岩含水量。需要强调的是，多元醇的吸附量并非泥页岩硬化的关键，多元醇必须复配 KCl 才能获得理想的防塌效果。究其原因，多元醇与 KCl 具有强烈亲合性，足以将溶剂化水分子移除，形成牢固的复合物，为多元醇提供吸附动力，从而在泥页岩内形成氢键和亲合力共同作用的复合物吸附网络，即多元醇-KCl 有机黏土复合物，极大地降低了泥页岩含水量，井壁强度随之增大，硬化效果明显。

碱溶性微米级纤维素由具有伸缩性、强压缩性、轻微膨胀性的纤维状颗粒组成，与传统仅具有架桥作用而不能变形的酸溶性脆性暂堵剂 $CaCO_3$ 相比，拥有用量少、快速有效封堵、最大限度减少钻井液中固相和滤液侵入储层的优点。其暂堵机理主要包括两个方面：一则，在钻井液流动过程中，微米级纤维素具有一定定向作用，总是趋向于靠近剪切速率最低的井壁附近区域，在井壁处滞留形成多点吸附，并迅速形成封堵层。与此同时，一部分纤维状颗粒会进入近井壁的孔喉或裂缝中，无形中增加了泥饼的强度及完整性，赋予泥饼强抗冲蚀能力。二则，微米级纤维素尺寸分布宽广，近乎无限可变。光电显微镜测定显示，用于钻井液暂堵剂的微米级纤维素颗粒尺寸大致是：直径约为 $20\mu m$，长处于 $2\sim200\mu m$ 范围内，粒度中值（d_{50}）约为 $50\mu m$。这一尺寸分布特点使其既能对极小孔喉和裂缝实现封堵，又能凭借卷曲对较大孔喉和裂缝进行充填。因此，微米级纤维素钻井液暂堵剂在较宽储层渗透率和孔隙度范围内都具有快速封堵作用。

Suri 和 Sharma 指出，对于加有超细 $CaCO_3$ 和超细盐粒的钻井液体系而言，影响储层岩样渗透率恢复值大小的并非暂堵剂颗粒，而是聚合物胶粒（尺寸约为 $1\mu m$）和钻屑颗粒。鄢捷年团队研究发现当体系中仅存在超细 $CaCO_3$ 时，岩心渗透率恢复值基本不受影响；而体系含有生物聚合物时，则导致严重的储层损害情况发生。因此，为减轻储层损害，钻井液中暂堵剂颗粒尺寸必须处于一个适合的范围内，须同时满足如下二个要求：一则，暂堵剂颗粒必须足够大，确保其不会侵入储层；二则，暂堵剂颗粒必须足够小，确保所形成的泥饼能够有效将滤液中的聚合物和钻屑滤除，以防止它们侵入储层。

继 1977 年 Abrams 提出 1/3 架桥规则之后，Hands 等提出暂堵剂颗粒的 d_{50} 规则。上述两种经验性规则都对暂堵剂颗粒尺寸的选取具有指导意义。随后，Suri 和 Sharma 基于对固相颗粒所导致的储层损害机理进一步理论和实验研究，提出了更具实用价值的固相颗粒多组分滤失模型。此模型，一则能够预测储层岩心受钻井液污染和返排后的损害深度以及对渗透率的损害程度，二则能够用于对钻井液中固相（含暂堵剂）粒度分布状况进行优化设计，以最大限度减轻固相对储层的损害。另有 Wenrong Mei 等使用蒙特卡罗模拟方法，按照多孔介质中微粒运移、沉积及堵塞机理，建立了以储层孔隙结构为基础的孔喉网络模型，并用于暂堵剂优选技术中，能够较为简便地优选暂堵剂尺寸。

2.2.7 钻井液润滑性概述

钻井液能够使钻具与井壁之间的干摩擦变为湿摩擦，从而使摩擦产生的阻力减小，钻井液的这种性能称为钻井液润滑性。钻井液润滑性通常包括泥饼的润滑性能和钻井液流体自身润滑性能两方面，泥饼和钻井液摩阻系数是评价钻井液润滑性能的二个主要技术指标。三类钻井液中，大部分油基钻井液摩阻系数在处于 0.08～0.09 范围内，各种水基钻井液摩阻系数处于 0.20~0.35 之间，如加入润滑剂则可降至 0.10 以下。水平井要求钻井液摩阻系数处于在 0.08~0.10 范围内。向钻井液中添加优质润滑剂以降低井下摩阻是预防和解决钻井安全问题的关键技术手段之一。

在钻井过程中，按照摩擦副表面润滑情况，摩擦可分为边界摩擦、干摩擦(无润滑摩擦)以及流体摩擦三类。钻铤在井眼中的运动属于边界摩擦；空气钻井中钻具与岩石的摩擦，或井壁不规则情况下，钻具直接与部分井壁岩石接触时的摩擦属于干摩擦。钻井作业中的摩擦现象极为复杂，摩阻系数是滑动/静止表面间相互作用及润滑剂作用的综合体现，摩阻力的大小与钻井液润滑性密切相关，因素影响还涉及：井斜角，钻柱重力，静态和动态滤失效应，井壁表面泥饼润滑性；钻柱、套管、地层、井壁泥饼表面的粗糙情况，接触表面塑性，接触表面所承受的负荷；流体内固相颗粒的含量和大小，流体黏度与润滑性。

理想的钻井液润滑性包括：能够减少钻具摩擦阻力，缩短起下钻时间；有利于实现使用较小动力转动钻具的目标；能够防黏卡，防止钻头泥包。钻井液润滑性的影响因素包括：钻井液的密度、黏度、滤失情况、固相类型及含量、岩石条件、地下水矿化度以及溶液 pH 值，润滑剂和其他高分子处理剂的使用情况等。钻井液常用润滑剂总体分为惰性固体润滑剂和液体类润滑剂二类，又以后者为主。早期液体润滑剂主要包括矿物油、沥青、柴油、原油等物质；现已逐步被环境友好类润滑剂取代，如脂肪酸、有机酯类物质、植物油、生物润滑剂以及表面活性剂等。一般地，性能优异的钻井液润滑剂应满足如下基本要求：黏度高、润滑膜强度高、氧化能力强、荧光效应弱、腐蚀性低、倾点低、热稳定性好、溶解性强、不易燃、无毒无害、易于生物降解、与钻井液配伍性好(不影响钻井液流变性、滤失量，不使钻井液起泡等)、价格合理、来源充足。

基于上述要求，无荧光和毒性、易于生物降解、来源于天然植物的各类改性产物是钻井液润滑剂的理想备选物。目前，国内外使用的钻井液润滑剂有 170 多种，约占钻井液处理剂总量的 6%，其中大部分钻井液用润滑剂与表面活性剂有关。

2.2.8 天然高分子基钻井液润滑剂作用机理

润滑作用机理主要取决于润滑剂的主要成分，聚糖及其衍生物是天然高分子基钻井液润滑剂中极为重要的一类。烷基糖苷(APG)及其衍生物具有环保性能，在钻井液中表现出优良的稳定井壁和润滑防卡能力，其润滑作用机理主要包括三个方面：降低钻具与井壁之间的摩擦、改善泥饼质量、降低重晶石颗粒间的内摩擦。

以生物聚合物甲基葡萄糖苷(MEG)为代表的 APG 类钻井液润滑剂因其分子结构中含有多个羟基而能够在钻柱、套管表面及井壁岩石上发生强力吸附，所含有的一个烷基则作为亲油基团朝外规则排列，形成稳定且具有一定强度的润滑膜。MEG 改性产品阳离子烷基糖苷(CAPG)除去多羟基吸附特性之外，分子中还具有阳离子结构季铵基团强吸附性；MEG 另一改性产品聚醚胺基烷基糖苷(NPAG)分子中则含有氨基等强吸附基团。依靠上述吸附基团强力吸附于井壁、钻具等金属表面或泥饼上，定向排列形成润滑膜，使得井壁和钻具之间的干摩擦转变为与 APG 吸附膜之间的边界摩擦，从而极大地降低了钻具与井壁之间的摩擦力，降低了钻具的旋转扭矩和起下钻阻力。

另一方面，APG类钻井液润滑剂直接参与泥饼的形成，赋予泥饼较好润滑性，能够有效杜绝或减少压差卡钻或黏附卡钻的发生。尤其是CAPG和NPAG基于羟基氢键和季铵/氨基基团的强力吸附于黏土表面，促使水化层加厚；糖苷结构的存在，使得黏土表面位阻增加，使得黏土颗粒聚结稳定性增加，确保黏土颗粒保持较小的粒度及合理的粒度大小分布。如此便产生薄而韧、结构致密的滤饼，降低滤饼的渗透率。加之APG具有一定的分子尺寸，能够通过吸附进入并滞留于滤饼孔隙之中或封堵滤饼孔隙入口，从而改善泥质量。

此外，伴随钻井液密度升高，高重晶石含量下的流体摩擦不容小觑。APG类钻井液润滑剂因具有多羟基结构，可优先吸附于重晶石表面，形成润滑膜，有效降低重晶石间的内摩擦，改善流动性，从而提高钻井液的固相容量限。更有趣的是，在水基钻井液中，加入膨润土聚阴离子纤维素衍生物钻井液能够提高钻速，其提速机理是：在钻井液原有的流变性、固相含量、分散性的基础上，通过改善体系润滑性以降低扭矩、钻井液黏度及摩阻系数，从而实现提速目的。此种提速剂能够在钻头、钻具组合等金属表面形成薄膜，杜绝钻屑黏附于钻头和钻具上发生泥包，起到润滑效果。

近年来，钻井工程进入复杂井身结构钻采发展阶段，定向井、丛式井、大位移井、深井、超深井等特殊井身结构越来越多地出现在石油地质钻探作业中。无疑，迥异于直井的上述井身结构增加了钻进过程中的扭矩和摩阻，存在加速钻具磨损、增大钻井设备功耗的隐患，甚至会导致断钻、黏附卡钻等钻井安全事故。例如，水平井和大位移井中因井斜角的存在，钻柱与井壁的接触面积增大，致使钻柱旋转摩阻力扭矩增大；加之井眼周围因应力平衡产生井眼变形，易造成定向托压、起下钻遇阻等复杂情况。此外，钻井过程中，钻井液持续循环于环空中，其功能之一便是冷却、润滑钻头钻具。钻井作业现状对钻井液的润滑性能提出更高要求。因此从现场应用实际出发，深入研究各类钻井液润滑剂润滑机制，兼顾钻井液处理剂配伍性，提高钻井液的润滑特性对多种特殊复杂结构井钻探具有重要现实意义。

此外，钻井液密度和酸碱性强弱亦是体系构建时不容忽视的两个重要参数。钻井液密度指单位体积钻井液的质量（kg/m^3），主要用于调节钻井液的静液柱压力，以平衡地层压力和构造应力，为避免发生井塌和安全钻井提供保障。钻井液密度须处于一个适宜的范围，过高则会引起钻井液过度增稠、易漏失、钻速下降，导致油气层损害加剧；过低则易发生井涌甚至井喷，有时会导致井塌、井径缩小、携屑能力下降等。加入各种加重材料和无/有机盐是提高钻井液密度的常用方法。在加入加重剂之前，应严格控制钻井液中低密度固相的含量；所需密度值越高，加重前钻井液固相含量应越低，黏度、切力相应越低。钻井液常用加重材料主要有：重晶石粉、石灰石粉、钛铁矿粉和铁矿粉、方铅矿粉等。

钻井液酸碱性强弱则直接影响钻井液中黏土颗粒分散程度，因而很大程度上影响钻井液黏度和其他性能，可使用钻井液pH值和碱度滤液的pH值表示。烧碱是调节钻井液pH值的主要添加剂，有时亦使用纯碱和石灰。一般而言，大多数钻井液维持在较弱的碱性环境，pH值通常处于9.5~10.5之间。但对于不同类型钻井液，pH值范围发生变化。通常分散型钻井液的pH值超过10，石灰处理钻井液的pH值处于11~12之间，石膏处理钻井液的

pH 值处于 9.5~10.5 之间，不分散聚合物钻井液的 pH 值处于 7.5~8.5 之间。

实际应用中，钻井液中维持碱性的无机离子包括 OH^-、HCO_3^-、CO_3^{2-} 等，因而常使用碱度表示钻井液的酸碱性。引入碱度参数的优势体现在如下两方面：一则，碱度测定值能够方便地确定钻井液滤液中 OH^-、HCO_3^-、CO_3^{2-} 三种离子的含量，便于判断体系碱性来源；二则，能够确定钻井液体系中悬浮石灰的含量（储备碱度）。细而言之，碱度是指溶液或悬浮体对酸的中和能力，API 指定酚酞和甲基橙二种指示剂评估钻井液及其滤液碱性强弱。

2.3 天然杂聚糖钻井液处理剂

2.3.1 天然杂聚糖的化学结构与化学改性

1）天然杂聚糖的化学结构

（1）植物种实杂聚糖的化学结构与性能。

天然杂聚糖在油田勘探开发中的应用主要集中于植物胶的应用研发上。来源于植物种实、茎叶或根块中含有的黏性多糖，通常称之为植物种实杂聚糖，主要包括胍尔胶、香豆胶、田菁胶、胡麻胶等。此类植物种实杂聚糖及其衍生物具有良好的水溶性和增稠性，在油田生产中主要用于水基压裂液的稠化剂。

植物胶从盛产植物豆中制得，主要成分是半乳甘露聚糖（图 2-3-1），不同品种植物胶中甘露糖与半乳糖的比例有所差异。半乳甘露聚糖属于杂聚糖类天然聚糖，分子结构中主链是由 D-甘露糖通过 β-1,4 苷键连接而成，在某些甘露糖上 D-半乳糖通过 α-1,6 苷键连接形成侧链，构成多分枝结构。目前，油田生产中消耗量最多的植物种实类杂聚糖是胍尔胶及其衍生物。胍尔胶分子链上的半乳甘露糖基上含有 2 个顺式羟基，易与无机或有机硼酸盐在溶液中游离的硼酸根离子交联形成冻胶，黏弹性好。

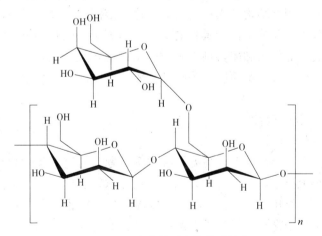

图 2-3-1 半乳甘露聚糖化学结构

（2）树胶的化学结构与性能。

树胶是指一种变硬的树脂或各种树和灌木的渗出物，干燥后形成透明或者具有一定色泽的无定形物质。有些树胶溶于水，另一些会吸收水并且浸泡于水中时会膨胀得很大。典型的有阿拉伯胶、黄芪胶等。相较于植物种实杂聚糖而言，树胶的水溶性和增稠性均相对较差。树胶主要成分为天然杂聚糖苷，主要以半乳糖、甘露糖、阿拉伯糖、木糖、葡萄糖和葡萄糖醛酸中的两种或者两种以上的单糖基按照一定的方式连接构成，其分子链可以是单长链或带有支链的长链。

(3) 生物杂聚糖的化学结构与性能。

黄原胶，又称黄胞胶、汉生胶，是以碳水化合物为主要原料由甘兰黑腐病黄单胞菌经微生物发酵工程所得到的微生物多糖发酵产品。黄原胶是由以2个D-葡萄糖单元、2个D-甘露糖单元、一个D葡萄糖醛酸为单元所组成的五糖单元重复单元聚合体。其一级结构分子包括由β-1,4-苷键连接的D-葡萄糖基主链和由2个D-甘露糖、一个D-葡萄糖醛酸的交替连接所成三糖集团的侧链。部分连接主链的甘露糖在C_6被乙酰化，部分侧链末端的甘露糖C_4、C_6则连接有一个丙酮酸基团。黄原胶分子结构见图2-3-2。

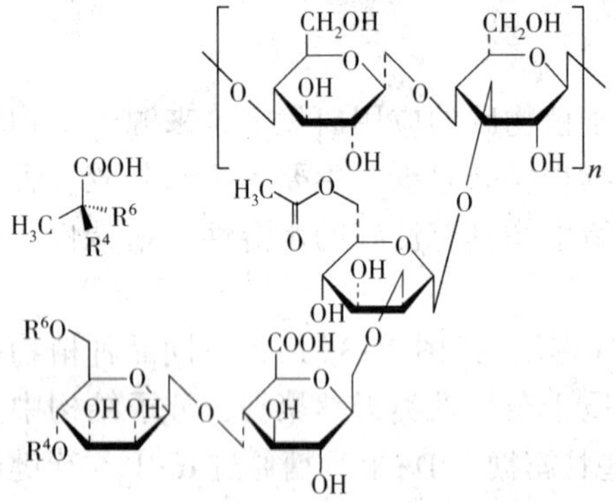

图2-3-2 黄原胶的分子结构

值得一提的是，黄原胶分子中含有—COOH、—OH等强极性基团，分子中带电荷的侧链反向缠绕于主链骨架。在有序状态时，主链与侧链通过氢键形成双螺旋结构，并凭借静电相互作用和空间位阻效应等来保持其稳定。当双螺旋结构发生共价键结合时，因形成极为规整的螺旋共聚体网状结构而使黄原胶分子具有强刚性特征。从而使黄原胶水溶液中的分子链极为舒展，且能够很好地控制水溶液的流动性，因此黄原胶水溶液具有显著的增黏性能。正是这种特殊的结构使黄原胶溶液成为典型的假塑性流体，具有良好的剪切稀释性。即：黄原胶溶液在低剪切下具有较高的黏度；随着剪切速率的升高，分子间的缠绕作用减弱，网架结构从无序转变为有序，溶液的黏度逐渐下降直到稳定。除此之外，黄原胶硬直分子链和分子链上具备的氢键、阴离子，以及侧链缠结起来对主链的保护，使其溶液具有良好的耐热和耐盐性能及对酸碱的稳定性。正是上述优异的增黏性、独特的流变性、理想的稳定性使黄原胶作为钻井液添加剂在淡水、盐水和饱和盐水基钻井液均得以应用。

2) 天然杂聚糖的化学改性

(1) 天然杂聚糖化学改性概述。

天然产物自身具有水溶性较差，高温易降解等问题，为进一步优化天然杂聚糖的理化性能，需要对天然杂聚糖进行化学改性以满足应用需求。总体来讲，天然杂聚糖的化学改性主要通过醚化反应、酯化反应、交联改性、接枝共聚以及超分子间相互作用等途径。

天然杂聚糖分子链中含有大量裸露的活泼羟基，通过与含有相应官能团的化学试剂发生醚化或酯化反应，得到含有不同基团的醚化/酯化改性产物。杂聚糖经过改性后，或增加了分子链的长度、或在主链上形成侧链，新的基团与原糖分子链之间发生相互作用，使得卷曲的糖链分子在水溶液中进一步伸展，增加的亲水性官能团不仅能够改善杂聚糖的水溶性，也能够有效增强改性产物水溶胶液的黏度。

天然杂聚糖的交联改性分为物理交联和化学交联两种。通过物理处理方法使杂聚糖分子链相互间缠绕形成空间网架结构，称为物理交联。物理交联能够使杂聚糖分子的双螺旋结构相互靠近，颗粒晶体结构更加稳定，抑制水解作用增强。通过交联改性单体与分子上羟基间形成醚化或酯化键从而交联形成衍生物，称为化学交联。化学交联能够有效改善杂聚糖分子链的结构，提高杂聚糖在水基油田化学工作液中的抗温性和增黏降滤失等能力。目前，针对杂聚糖的交联改性主要有醛类交联改性、硼类交联改性和环氧氯丙烷交联改性。

杂聚糖的接枝改性指改性剂与分子上羟基间形成醚化或酯化键，向分子中引入新的官能团，增加了分子中的侧链，改变分子的网架架构。按照引入官能团电性的不同，可以将杂聚糖接枝改性分为阳离子化改性、阴离子化改性、非离子化改性。杂聚糖类的阴离子化改性是指向长链分子中引入带负电的基团，与分子中的羟基发生酯化或醚化反应。常见的阴离子化试剂一般包含硫酸根（SO_4^{2-}）、磺酸根（SO_3^{2-}）、磷酸根（PO_4^{3-}）、羧基（—COO—）等。阳离子化指糖链分子与正电基团通过发生接枝共聚反应，制备阳离子型改性产物的过程。目前，常见的阳离子化试剂多为季铵盐类。非离子化改性的改性过程中引入的基团呈电中性，分子链中引入正电荷和负电荷，常见的非离子化改性主要通过羟丙基化反应、羟乙基化反应等。

（2）胍尔胶的化学改性。

胍尔胶水溶胶液中不溶物含量较高，作为压裂液破胶后返排残渣含量高，易造成储层损害。从分子结构方面分析原因：固体粉末胍尔胶通常以卷曲的球形结构存在，分子主链上甘露糖基上大量的羟基被包裹在分子内部，降低其在水溶液中的溶胀平衡时间大大延长。为了改善这些缺点，需要对胍尔胶原粉进行化学改性，使其广泛应用。胍尔胶及其改性衍生物在油田工作液中的特点如表2-3-1所述。除此之外，田菁胶、魔芋胶、香豆胶、刺槐豆胶等也属半乳甘露糖聚糖，常作为稠化剂应用于压裂工作液。常用的此类杂聚糖在室温下水溶胶液的流变参数如表2-3-2所示。

表2-3-1 胍尔胶及其衍生物在油田工作液中的特点

名称	类型	特点（原胶与改性胶相对照）
胍尔胶	原胶	①水不溶物含量高；②溶胀平衡时间长；③黏度不易控制；④耐盐耐剪切性能较弱
羟丙基胍尔胶	非离子	相比于胍尔胶原粉，①水溶性增强，溶胀平衡时间缩短；②水不溶物含量降低；③耐盐性提高
羧甲基胍尔胶	阴离子	相比于胍尔胶原粉，①水溶性增强；②水不溶物含量低；③引入羧基后，聚阴离子作用使其在水基钻井液中具有较好的降滤失作用
羟丙基羧甲基胍尔胶	非离子-阴离子	相比于胍尔胶原粉，①增稠性和增溶性优良；②与钙离子等二价金属离子混合可显著增加黏度
阳离子胍尔胶	阳离子	①具有一定耐温性和耐盐性；②引入阳离子基团后，具有抗氧化性及杀菌能力；③具有较好的抑制页岩水化膨胀能力

表 2-3-2 植物种实杂聚糖及其衍生物在室温下水溶胶液的流变参数

名称	胶液浓度/g·L^{-1}	漏斗黏度/s	表观黏度/mPa·s	塑性黏度/mPa·s	pH 值
羟丙基胍尔胶	5	45	15	11	7
魔芋胶	5	20	8.5	7.5	9.5
田菁胶	5	23	6.5	4.0	10
改性槐豆胶	5	20	6	4.5	10

羟丙基胍尔胶是天然胍尔胶的衍生物，经胍尔胶粉化学改性后所得，具有许多优异特性，水不溶物及残渣均较胍尔胶原粉有较大幅度的降低，应用范围广泛。用于油田水基压裂液及泥浆添加剂，能有效地减少对地层的污染，且具有增黏效果显著、抗高温性能好、稳定性强、携沙能力强、交联性能好、残渣低等优点。

（3）黄原胶的化学改性。

黄原胶的疏水改性对于扩大其应用范围及功能化改进具有重要意义。石油工作者通常采取疏水改性黄原胶的策略以进一步提高黄原胶的耐温耐盐性。从化学改性反应类型来看，黄原胶的醚化改性和酯化改性两种途径均可以实现对其疏水改性。黄志宇课题组以 1-溴代十六烷为醚化试剂，对黄原胶进行醚化改性，制得疏水改性黄原胶（XG-C16），临界缔合浓度为 0.16%。性能测试表明，140℃下，0.3%的 XG-C16 溶液表观黏度（421mPa·s）约为相同浓度下改性前溶液表观黏度的 3.4 倍，具有较好抗温性；5%的 NaCl 溶液中，0.3%的 XG-C16 溶液表观黏度为 728mPa·s，且依然保持良好的空间网状结构，具有良好的抗盐性。进一步基于 ANS 荧光探针和扫描电镜测试表明，黄原胶的主链保持原有有序刚性螺旋结构，疏水长链的引入则降低了黄原胶的缔合浓度；相较疏水改性前，进一步优化空间网状结构变得更加致密，证实了黄原胶醚化疏水改性有助于提高黄原胶的耐温耐盐性。无独有偶，方波课题组选用油酸酰胺丙基二甲基叔胺与环氧氯丙烷反应合成长链疏水阳离子醚化剂，并以此阳离子醚化剂和黄原胶反应合成了长链疏水两性黄原胶（OD-XG）。进一步性能测试表明，相对于黄原胶而言，其醚化改性产物 OD-XG 溶液黏度显著增大，黏弹性、触变性、耐温性均显著提高。

另一方面，黄原胶的酯化改性也具有广阔的应用前景。Mihaela Hamcerencu 等分别使用丙烯酸、丙烯酰胺、马来酸酐对黄原胶进行酯化改性，结果表明改性后的产物用于生物医药领域性能更加理想。吴文辉课题组采用 1-溴代辛烷将黄原胶侧链上的-COOM 基团酯化，得到以 100 结构单元计，取代度为 11 和 21 的水溶性疏水改性黄原胶 HMXG-C8-11 和 HMXG-C8-21。性能测试表明 HMXG-C8 水溶液的表观黏度随聚合物浓度、辛烷基取代度的增加而增加；随温度增加而降低；辛烷基取代度大则盐增黏现象明显。西安石油大学张群正课题组基于黄原胶和马来酸酐发生酯化反应，合成了具有更好黏度特征的改性黄原胶 MX。性能测试表明，黄原胶酯化改性产物 MX 增溶性良好、溶液黏度明显提高、耐温耐盐性增强，对油田钻井液增黏剂的研究及应用具有重要的指导意义。此外，黄原胶也可以通过交联改性、接枝共聚反应等化学改性途径进一步地改善性能以满足日益提高的应用需求。

2.3.2 天然杂聚糖钻井液处理剂研究

1) 植物种实杂聚糖类钻井液处理剂

常见的是植物种实胶有胍尔胶、香豆胶、田菁胶等。其中，胍尔胶是目前水溶性最好的天然高分子之一，在钻井液中有助于保持体系有适当的黏度和切力。邱存家等以胍尔胶为研究对象，经适度交联改性后制得可满足钻井要求的新型复合胶无黏土钻井液，满足现场钻探要求。李蔚萍等以瓜尔豆胶和植物淀粉改性产品为原料，研制出新型高效钻井液增黏剂GFZ。细致考察了剪切速率、温度、体系pH值等因素对GFZ溶液黏度的影响。结果表明，GFZ稀溶液属于假塑性非牛顿流体，体系黏度伴随GFZ含量增加而增大，伴随温度升高而缓慢下降，是一种新型高效价廉的增黏剂。

香豆胶是由植物香豆子种子中提取出来的天然杂聚糖，其水溶液为假塑性流体，具有较强的耐盐性。香豆胶的分解温度可达300℃。通过与羧甲基纤维素(CMC)配合使用可制得无固相钻井液或低固相钻井液。这种钻井液不含黏土或黏土含量大幅度减少，而且性能优良，具有较强的抗盐抗高温能力，同时有效防止钻井过程中地层造浆。用香豆胶对普通水基黏土钻井液进行处理，可降低钻井液密度，改善钻井液性能。魔芋胶是从魔芋粉中提炼而得一种天然杂聚糖，其主要成分是多缩甘露聚糖。魔芋胶具有增稠、膨胀、润滑、悬浮、乳化等特性，广泛应用于工业各个领域。魔芋胶处理后的钻井液具有优良的流变特性，较高的抗钙、抗盐能力，可大幅度提高钻井液的黏度，降低滤失量，能抑制水敏性地层垮塌，具有良好的护壁效果。

近年来，一些新型的天然聚糖成为研发人员关注的对象。SJ属于天然杂聚糖衍生物，其分子是由己醛糖和戊醛糖组成的长链分子，其主要组成糖基为L-阿拉伯糖(42.8%)，D-半乳糖(35.7%)，D-木糖(14.3%)，D-葡萄糖醛(7.2%)。SJ数均相对分子质量为30~120万，其中相对分子质量较小部分能溶于水形成透明溶液，相对分子质量较大部分不溶于水但能均匀悬浮于水中，相对分子质量居中部分则表现出胶体粒子的性质。SJ在江苏油田进行了应用，该添加剂具有一定的增黏、抑制黏土矿物的水化膨胀的性质，具有较好的润滑防卡、防塌护壁作用。SJ的改性产品KD-03作为钻井液处理剂已经在江苏油田成功进行了工业化应用，实践已证明KD-03杂聚糖在钻井液中具有以下作用：①有效避免或减少黏土颗粒的水化膨胀和分散，表现出较强的抑制性；②KD-03分子在井壁聚集成膜，具有良好的造壁性和降滤失效果，有效地控制了由于固相微粒和滤液侵入地层而引起的储层损害；③保持地层孔径与滤液之间的低表面张力，有效地降低了因滤液滞留效应而引起的储层损害，同时在泥饼表面成膜，具有一定的润滑作用；④杂聚糖链中的环状多羟基分子结构单元使其表现出一定的抗冻性；⑤线性大分子主链使其在水基钻井液中表现出一定的增黏性；⑥相对分子质量较大部分不溶于水，有一定的封堵作用；KD-03在水基钻井液中还表现出一定的润滑性。此外，KD-03杂聚糖可以进行生物降解，由其组配的钻井液是理想的环保型钻井液。

2) 树胶杂聚糖类钻井液处理剂

植物胶在工业中应用广泛，但在传统钻井液中应用较少。与淀粉相比植物胶具有较慢的降解速度和较好的抗高温能力，因此更适合用于循环钻井液中。自20世纪90年代以来，国内外多种植物胶相继被用于钻井液中，取得了良好效果。

树胶在工业上的用途非常广泛，但在油田化学中的应用报道较少。与胍尔胶等植物种实杂聚糖相比，树胶具有在空气中不易发酵降解的特性，因此适合在循环工作的钻井液中使用。自 20 世纪 90 年代开始使用杂聚糖作为钻井液添加剂，曾在墨西哥湾高水敏页岩层应用并获得了成功。国外已研发适用于钻井液的树胶类添加剂（如盖提胶），并发现这类产品在钻井液中具有降滤失、润滑等作用效能。本课题组前期研究中，针对 PG 树胶的理化特性和化学反应特点，已建立一系列以提高油田化学品用 PG 橡胶作用效能的化学改性方法，并将其糖苷类改性产品（如 KD-03、SJ 等）在江苏油田现场进行了钻井液中的工业化应用，取得了良好的效果。

3）生物杂聚糖类钻井液处理剂

黄原胶在油田开发中可用于调配钻井泥浆、提高原油采收率、完井、修井、调剖、堵井、地层压裂等诸多环节，自 1961 年由美国 Kelco 公司投入工业化以来发展迅速，所生产的商品名为 Kelzan XC polymer 和 XanFlood 两种黄原胶分别用于钻井泥浆和二次/三次采油。我国自 20 世纪 70 年代起，南开大学、郑州工业大学、中科院生物所、河南省科学院生物所、四川省抗菌工业研究所、山东省食品发酵工业研究院、等多家单位相继开展了黄原胶的研究工作。1984 年，由地矿部成都探矿工艺研究所和南开大学生物系共同开展的黄原胶新型泥浆处理剂研究和现场钻井应用试验通过了技术鉴定。经测试，国产黄原胶泥浆性能尤其是抗钙盐能力远优于聚丙烯酰胺，且主要性能指标达到或接近美国同类产品水平。令人振奋的是，这些早期的研究和现场应用试验均表明，国产黄原胶钻井泥浆，即使在含盐量极高的青海省大浪滩盐湖地区、云南省安定盐矿地区地质探矿钻井皆取得理想结果，充分显示了黄原胶加重泥浆悬浮重晶石及其抗高盐性能。当时，四川大邑制糖厂生产的黄原胶已部分用于地矿部探矿钻井。

谈及黄原胶用作钻井液处理剂，其稳定性、流变性、增稠性最为突出。其中，黄原胶溶液的稳定性表现在具有强抗温、抗酸碱、抗生物降解能力，许多酶，如蛋白酶、淀粉酶、纤维素酶、半纤维素酶等都不能降解黄原胶。泡沫钻井液作为欠平衡钻井工作液的一种，在提高机械钻速、防止压差卡钻、减少地层漏失、保护储层等方面均具有显著优势。美中不足的是，当泡沫流体钻遇大段水敏性泥页岩地层时，泡沫流体无法在井壁形成泥饼，且液柱压力不足以平衡地层坍塌压力，致使泥页岩水化伴随钻井时间增加而加剧，最终导致井壁失稳问题。目前，研发性能优异的防塌处理剂体系是解决泡沫钻井井壁失稳问题最为普遍和有效的策略。

吴婷婷等构建了以脂肪醇聚氧乙烯醚磷酸钠（AES）为发泡剂、黄原胶为稳泡剂、聚乙烯醇（PVA）和 K_2SiO_3 为抑制剂的防塌泡沫钻井液体系。在防塌性能方面，该体系能够有效降低泥页岩自吸水速度，具有持久高抑制性能以及硬度测试结果；能够有效防止钻井液中自由水的侵入，实现泡沫钻井过程中井壁稳定的目标。耿向飞等则着眼于研究以黄原胶为稳泡剂的可循环微泡沫钻井液体系微泡粒径的影响因素，在最佳条件下，体系静置 12h 后的微泡沫平均粒径小于 200μm。

低浓度的黄原胶溶液因其强假塑性，表现出较高的黏度和独特的流变性，常用于钻井液流型调节剂和增黏剂。张洁课题组以钻井液黄原胶水溶胶液为研究对象，研究了浓度、

pH值、温度、剪切速率等因素对低浓度黄原胶水溶胶液流变性的影响，以及黄原胶水溶胶液体系的流变模型。结果表明，在一定剪切速率下，黄原胶水溶胶液浓度越大，黏度越高，非牛顿性越强；温度升高会使体系黏度降低，当温度恢复到初始温度时，黏度恢复到初始黏度的70%~80%；pH值为6~7时，黏度最大；剪切速率为$1\sim100\text{s}^{-1}$时，黏度急剧下降，剪切速率为$100\sim500\text{s}^{-1}$时，黏度下降缓慢；体系流变模型符合Herschel-Bulkley方程；体系剪切稀释性明显，触变性较小。在石油天然气钻井工程中，低浓度（0.1%~0.7%）的黄原胶水溶胶液就能满足钻井、完井液增黏、降滤失、改善流型等方面的需要。

近年来，生物聚合物新产品油基液态型黄原胶备受关注，它是以优质耐温黄原胶为原料，采用特殊工艺和专用设备在有机溶剂作用下所制得的可流动的液体黄原胶，固含量达40%。与传统黄原胶相比，油基液态型黄原胶具有稳定性好（热、酸、碱、盐）、润滑能力强、钻孔稳定性高、固含量高、无污染、体系稳定等诸多优点。杨振杰等深入探索了油基液态型黄原胶对钻井液性能的影响规律，着重分析了其对不同钻井液体系流变性能的影响规律。主要结论是：油基液态型黄原胶是一种性能优良的新型钻井液流型调节剂，适用于聚合物、聚磺和聚合物水包油钻井液；其作用机理为增强钻井液的空间网架结构，改善钻井液的剪切变稀性能；在高温条件下仍然保持良好的流变性能和降滤失性能，抗温稳定性显著优于传统常规黄原胶产品。基于上述特点，油基液态型黄原胶特别适用于聚合物水包油钻井液和各种混油钻井液，尤其在高温和高含油量体系中能够更好地展现流型调控优势，在大斜度定向井和水平井钻井液中颇具价值。

黄原胶处理的钻井液在高剪切速率下的极限黏度较低，有利于提高机械钻速；而在环形空间的低剪切速率下具有较高的黏度，有利于形成平板形层流，提升钻井液的携岩能力。由于黄原胶的侧链上含有一定数量的羟基，可以与三价金属离子（如Al^{3+}和Cr^{3+}）发生交联作用，形成冻胶。这种冻胶，在加入保护剂后，可用于储层温度85℃以下及高含盐砂岩地层和灰岩地层的注水井调剖。相比于合成聚合物调剖剂（滞留量为55.16~147.09 g/m^3），黄原胶冻胶体系在地层岩石表面吸附量下，在地层的滞留量特别低（12.87~18.38 g/m^3），意味着该体系不会永远封堵地层，一旦冻胶被破坏后，地层渗透率即可恢复。

黄原胶具有较好的增稠性能，即使在低质量浓度下仍具有很高黏度；且与大多数合成或天然增稠剂配伍，混溶后使混合胶黏度显著提高。例如黄原胶能够与胍尔胶、槐豆胶等植物胶分子显著协效而凝胶化；在碱性条件下，能与高价金属离子胶凝。因此黄原胶是低/无固相生物聚合物钻井液增黏剂的理想复配物。

由于高浓度$CaCl_2$存在下，膨润土的造浆能力很差，因此$CaCl_2$无土相钻井液只能借助增黏剂高分子链段的弯曲、缠绕等调控流型。然而，诸如聚丙烯酸钾、80A51、PAC-141等广泛使用的增黏剂产品，因分子链中含有—CONH或—COOH基团，容易与Ca^{2+}发生反应而失效。更糟糕的是，相对于钠盐及钾盐这样一价金属离子而言，钙盐对水溶性高分子有更为显著的去水化作用，致使常规增黏剂产品的抗钙性能较差。为此，中原钻井工程技术研究院联合中国石油大学（北京）以黄原胶为主要原料，基于高分子间接枝改性合成了一种抗高浓度$CaCl_2$水溶性聚合物增黏剂IPN-V；室内评价实验显示，该增黏剂IPN-V对$CaCl_2$浓度为20%和40%的$CaCl_2$水溶液表现出良好的增黏性能；在存在保护剂的情况下，增黏剂IPN-V能够满足$CaCl_2$浓度为20%和40%的无土相水基钻井液流型调节要求，其抗温可到达120℃。

由上可以看出，黄原胶具有优异的耐盐性和增稠降滤失性能，但耐温性有待进一步提高。韩琳等合成了黄原胶丙烯酰胺接枝共聚物（XGG），性能测试表明黄原胶接枝此类乙烯基单体后耐温性显著提高，即使温度达到160℃，XGG在淡水、4%盐水以及饱和盐水钻井液中仍表现出良好的降滤失性。除去接枝改性、疏水改性、交联改性黄原胶等策略外，蒋官澄等基于超分子自组装理论，构筑了黄原胶-β-环糊精自组装网状结构自组装体系，结合透射电镜对体系的构效关系进行了分析。实验结果表明，所构筑自组装体系存在显著网状结构，明显易于黄原胶微观结构物；自组装体系的剪切稀释性和低剪切速率下的流变性均优于黄原胶，在90℃下抗NaCl达饱和（26.5%）、可抗4%$CaCl_2$及150℃高温，以自组装体系为核心的无土相水基钻井液，密度为$1.6g/m^3$时，150℃热滚后，高温高压滤失量为10.2mL，体系流变性能稳定。综上，超分子自组装对黄原胶的抗温、抗盐、抗钙、剪切稀释性均有明显改进，拓宽了无土相水基钻井液的应用。

2.4 纤维素基钻井液处理剂

2.4.1 纤维素的化学结构与化学改性

1) 纤维素的化学结构

纤维素是地球上最为丰富的资源之一，存在于绿色植物如棉花、秸秆、蔗渣等一切高等植物及海洋生物中，是构成植物细胞壁的基础物质，具有产量大、无污染、可再生、可完全生物降解等优异性能。不同植物中纤维素含量不一。棉花中纤维素含量很高，其质量分数可达92%~95%，亚麻中纤维素质量分数达80%，木材中的纤维素含量约占木材质量的1/2。化学视域下，纤维素本质上是一种复杂的多糖，是D-吡喃葡萄糖单元通过β-1,4-苷键相连而成的线性高分子，具有C_1椅式构象。纤维素分子链上每1个葡萄糖单元含有3个醇羟基，分子式为$[C_6H_7O_2(OH)_3]_n$，结构式如图2-4-1所示。

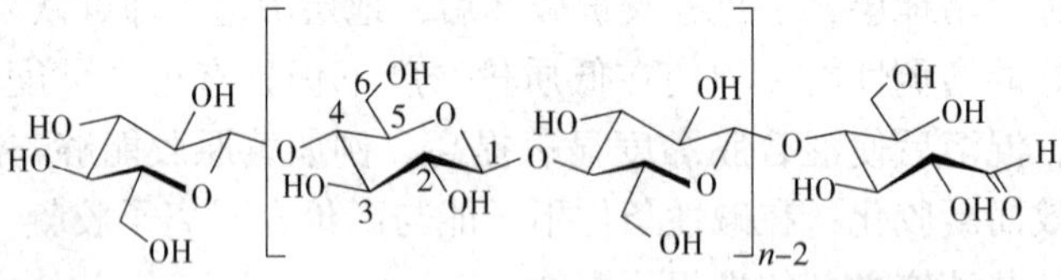

图2-4-1 纤维素的结构式

2) 纤维素的化学改性

纤维素自身具有强烈的分子链间氢键网架及高度结晶的聚集态结构，不溶于水，也不溶于一般有机溶剂，很大程度限制了其应用范围。幸运的是，纤维素结构式中活泼醇羟基（1个C_6上的伯羟基、2个C_2、C_3上的仲羟基）的存在能够使它发生系列反应，包括醚化、酯化、氧化、交联以及接枝共聚反应等。纤维素的化学改性是指基于改性试剂与纤维素羟基的化学反应将新的官能团引入到纤维素分子链上，生成物理化学性质显著不同的纤维素衍生物。改性效果则主要受到纤维素葡萄糖基上游离羟基反应活性的影响。一般而言，改性纤维素衍生物理化性质和其取代度大小密切相关。通常，取代度定义为平均每个葡萄糖残基上被取代的羟基数。显然，纤维素衍生物的最大取代度为3；需要强调的是，取代度可以不是整数。值得一提的是，伴随多种新型纤维素溶剂体系的相继开发，纤维素化学改性从传统的多相介质拓展到近年来的均相反应体系，有助于有效调控纤维素的化学改性的取代度。张俐娜课题组对均相体系中纤维素化学改性研究做了全面概述，详尽总结了纤维素在新型良溶剂中的反应特性及其衍生化产物的结构、性质以及应用。

（1）纤维素醚化改性。

纤维素醚化改性是指纤维素大分子中葡糖糖环上 C_6 上的伯羟基、C_2、C_3 上的仲羟基中氢与烃基化试剂(醚化剂)反应生成纤维素醚类衍生物的过程。总体而言，传统纤维素醚化改性是碱纤维素与醚化剂多相非均相体系的化学反应，对应生产工艺包含碱化和醚化二步工艺完成。根据产物离子性不同，纤维素醚分为阴离子型、阳离子型、非离子型、两性离子型(分子链上同时含有阳离子和阴离子)四类。根据产物基团种类数，纤维素醚可分为单一醚类和混合醚类两类。前者含有1种基团，例如：烷基醚、羟烷基醚、羧烷基醚等；后者则含有2种以上不同性质，例如，乙基甲基纤维素、羟丁基甲基纤维素、羧甲基羟甲基纤维素、羧甲基羟乙基纤维素等。根据所用醚化剂不同对应具体的改性方法及产物，钻井液处理剂常见纤维素改性方法如表2-4-1所示。

表 2-4-1 钻井液处理剂常见纤维素改性方法

方 法	醚化反应试剂	溶 剂	产 物
羧甲基化	氯乙酸、烧碱	醇或水	羧甲基纤维素(CMC) 聚阴离子纤维素(PAC)
羟乙(丙)基化	环氧乙烷、环氧丙烷、烧碱	醇	羟乙(丙)基纤维素(HEC/HPC)
羧乙基化	丙烯腈、烧碱	醇	羧乙基纤维素
羧甲基氰乙基化	氯乙酸、丙烯腈、烧碱	醇	羧甲基氰乙基纤维素

纤维素经醚化改性后溶解性发生显著变化，可溶于水、稀酸、稀碱、有机溶剂等。具体而言，改性产物的溶解度主要取决于三个因素：纤维素醚的聚合度，通常聚合度越高越不易溶解；取代度及醚化基团在产物分子中的分布情况；醚化反应中所引入基团的特性，通常引入的烷基基团越大则溶解度越低。然而，水溶性纤维素分子中因含有醚键而使其耐温性受到限制，通常只能在135℃以下使用。此外，水溶性纤维素在酸性、碱性、热、生物以及辐射条件下都可能发生氧化裂解或碱性降解，导致基团氧化、聚合度降低、葡萄糖环破坏，甚至碳化。

在上述改性产物中，CMC的生产工艺较为成熟，大多采用棉纤维素与氯乙酸在碱性条件下醚化制得。目前，工业上采用水媒法和溶媒法两种生产工艺，前者生产过程简单、成本低，但存在产品取代度低而且分布不均匀且质量不稳定等问题。后者生产的醚化产品取代度高而且分布均匀，产品质量稳定，适用于生产多种规格的产品，不足是生产后处理麻烦、成本高。广义上讲，此类产品的高级品，即聚合度高、取代度高、取代基团分布均匀的阴离子型纤维素醚习惯上称为聚阴离子纤维素(PAC)。工业上主要采用溶剂法生产PAC，主要原料包括α-纤维素含量在98%以上的PAC、NaOH、氯乙酸、异丙醇、乙醇、盐酸、水等。生产过程中，原料精制棉要采用剪切粉碎机粉碎至要求，并保持充分的搅拌以确保反应均匀。近年来伴随更多新型有效的纤维素溶剂的涌现，均相醚化改性快速发展。例如，碱/尿素/水体系由于碱的存在成为纤维素进行均相醚化的优异介质。利用均相体系合成纤维素醚效率高、可控性好，并且能够引入特定基团赋予产品更多定制化功能。

(2) 纤维素酯化改性。

纤维素的酯化反应是指纤维素分子链中的羟基在酸催化下与酸、酸酐、酰卤等发生一系列缩合反应生成纤维素酯的过程，纤维素酯是极其重要且附加值高的纤维素衍生物。理论上，纤维素能够与所有无机酸和有机酸生成一取代、二取代和三取代酯，因此纤维素酯化改性衍生物一般分为纤维素无机酸酯和纤维素有机酸酯两类。前者主要直接采用诸如硝酸、磷酸、硫酸等无机酸与纤维素反应制得，产品以纤维素硝酸酯应用最广，后者则主要包括纤维素的甲酸酯、乙酸酯、丙酸酯、丁酸酯、乙酸丁酸酯、高级脂肪酸酯、芳香酸酯以及二元酸酯等。上述纤维素有机酸酯中，除了纤维素甲酸酯能够直接使用甲酸作为原料参加反应之外，其余反应多以酸酐为反应物。

因缺乏有效的纤维素溶剂，传统纤维素酯的工业化生产通常采取固液两相-两步法工艺。即首先基于固液两相非均相酰化反应得到全取代纤维素酯，然后由酸催化水解获得合适取代度的纤维素酯。传统工艺存在产品稳定性差、程序复杂、能耗高等缺点。均相合成纤维素酯是克服这些问题的有效途径。以离子液体和 LiCl/DMAc 为代表的纤维素良溶剂的出现为均相合成纤维素酯提供了新思路，张俐娜课题组对此进行了系统研究。

(3) 纤维素氧化改性。

纤维素氧化改性包括选择性氧化和非选择性氧化两类。常见非选择性氧化剂有 NaClO、$H_2S_2O_8$、H_2O_2 等，氧化降解剧烈，难以控制。选择性氧化是对纤维素某个特定位置的羟基进行氧化，将纤维素葡萄糖单元 C_6 上伯羟基氧化成为醛基或者羧基，C_2、C_3 上仲羟基氧化成为酮基。不引发葡萄糖单元开环反应，能够有效抑制纤维素氧化过程中的降解度。通常不同用途产品的理化性能要求不同，可据此选择不同的氧化剂。例如，在丙酮溶剂中选用高锰酸钾为氧化剂，能够降低产品的亲水性，用于引发纤维素接枝聚合反应；2,2,6,6-四甲基哌啶氧化物氧化体系(TEMPO/NaBr/NaClO)能够改善烷基纤维素醚的水溶性，TEMPO 改性纤维素因羧基的存在对重金属离子有很强的吸附效果，用于制备多种功能纳米纤维素基材料。值得一提的是，TEMPO/NaBr/NaClO 体系仅对纤维素伯羟基进行选择性氧化，而对仲羟基无作用；并且该体系可循环再生、反应过程简单。另一种广泛用于氧化纤维素材料领域的氧化剂是高碘酸盐。与 TEMPO 体系不同的是，高碘酸盐仅氧化纤维素的 C_2、C_3 上仲羟基使 C_2 和 C_3 之间的化学键断裂，产生两个醛基。其中，高碘酸钠($NaIO_4$)和高碘酸钾(KIO_4)是目前选择性氧化纤维素 C_2 和 C_3 上羟基最有效的氧化剂，氧化纤维素的醛含量可达97%以上。

(4) 纤维素交联改性。

纤维素交联改性是指利用交联剂将纤维素、纤维素衍生物或者其他高聚物通过交联点构筑形成三维网架结构产物且理化性质改变的过程。常见交联类型包括醛类交联、活化乙烯基化合物交联、N-羟甲基化合物交联、开环交联等。该方法常用来构建具有生物相容性、能够生物降解的纤维素水凝胶；且此法制得的水凝胶具有高溶胀度。此外，仅通过非共价键即分子间的相互作用亦可构筑交联纤维素。例如，静电相互作用。Müller 等基于 CMC 和纤维素硫酸盐与壳聚糖之间阴阳离子吸引作用构建了纤维素凝胶体系。

(5) 纤维素接枝共聚改性。

上述纤维素衍生物的性能虽然比化学改性前有较为明显地改进，但因相对分子质量增加不多，从而在一定程度上限制了产品强度、黏度等性质的改进空间。纤维素接枝共聚改性在此方面具有优势，即以纤维素分子链上活性羟基作为接枝点，在此处发生化学反应，将聚合物连接到纤维素骨架上的过程。早在 1981 年，Hebeish 和 Gurhrie 对纤维素接枝共聚改性机理与工艺做了全面评述。纤维素接枝共聚产物不仅保持纤维素原有性质，而且能够通过引入化合物侧链，赋予改性产品目标功能属性。如前所述，纤维素传统化学改性反应在多相介质中进行，这意味着反应多发生在纤维素表面和无定形区，这是造成产品非均匀取代的根本原因。均相纤维素接枝共聚能够有规律地将取代基团引入纤维素主链上，克服非均相反应的先天缺陷，极大地提高产品性能。例如离子液体中纤维素均相接枝共聚的接枝效率明显高于其水相中非均相接枝效率，且反应具有无须预处理、产物均匀的特点。此外，离子液体能够回收再利用，符合绿色环保的要求。

依据聚合反应类型，纤维素接枝共聚分为自由基型、离子型、原子转移自由基型、开环型、氮氧稳定的自由基型以及可逆加成断裂链转移型等。自由基型接枝共聚(free-radical graft-copolymerization)是纤维素接枝改性主要途径，即首先在纤维素基体上形成自由基，而后与乙烯类单体反应生成接枝共聚物。此类聚合反应过程通常由引发、增长、终止、链转移四个基元反应构成，其中引发反应尤为重要。几乎所有的自由基聚合引发剂都可用于纤维素接枝共聚反应。引发剂很多，如过氧化氢、过氧化苯甲酰、氧化还原引发体系、过渡金属离子等。

离子型接枝共聚是指离子型引发剂使单体形成活性离子，于纤维素带有正/负电荷的增长链端基发生加成聚合或开环聚合反应。与自由基型接枝共聚反应的活性中心位于自由基不同，此类接枝反应的活性中心变为离子。故此类接枝共聚细分为阳离子型和阴离子型。前者采用 BF、TiCl 等金属卤化物和微量催化剂，通过形成纤维素正碳离子进行接枝共聚。后者则根据 Michael 反应原理，由纤维素与氨基钠、甲醇碱金属盐等作用形成醇盐，再与乙烯基单体反应。选用单体包括甲基丙烯酸酯、丙烯腈、甲基丙烯腈等。离子型接枝共聚法的优点表现为获得产品侧链的相对分子质量和取代度等参数可控性高，缺点在于需在无水介质中进行，且在碱金属氢氧化物存在下纤维素存在降解可能。

原子转移自由基聚合反应(Atom Transfer Radical Polymerization，ATRP)是活性/可控自由基聚合反应中应用最为广泛的技术。采用此法改性纤维素时，首先基于酯化反应将引发剂基团引入纤维素分子链上，制得大分子引发剂，而后在合适的催化剂和溶剂体系下引发乙烯基单体聚合。该技术实现了自由基聚合可控操作，且反应条件温和、接枝效率高，基于 ATRP 法均相所合成不同种类、结构以及功能的纤维素接枝共聚物相关研究蓬勃发展。

其他接枝共聚类型如，开环型接枝共聚直接以纤维素分子链上游离羟基作为引发体系，在合适的催化剂和溶剂体系下，使环状化合物单体经过开环加成转变为线型聚合物的反应。此类纤维素接枝改性法的优势在于无须引发剂；常用的环状单体有环氧化物、硫醚/内酰胺、环亚胺、内酯等。氮氧稳定的自由基聚合是基于稳定的氮氧自由基进行的可控聚合反应,通常在高温下进行,其聚合机理为:首先由氮氧化合物生成自由基,然后与单体的自由基形成休眠种,实现可控聚合,显著增大聚合物的相对分子质量,不足为反应时间较长。可逆加成断裂链转移聚合则是在特定催化剂和溶剂体系中,以双硫酯衍生物作为链转移引发剂,引发聚合物增长链与二硫酯化合物之间的可逆加成、加成物的可逆断裂以及链转移反应,同样具有反应可控的特点。

2.4.2 纤维素基钻井液处理剂研究

水溶纤维素类产品是应用最早、应用面最广、用量最大的天然材料改性钻井液处理剂之一。以羧甲基纤维素钠(CMC)为主的水溶性纤维素产品根据聚合度和黏度的不同在钻井液中分别起到增黏、降低滤失量、提高泥浆悬浮性以及改善泥饼质量等作用,用于淡水、盐水、海水以及无黏土相钻井液。其中,聚阴离子纤维素(PAC)是在羧甲基纤维素的基础上,通过优化工艺所得的取代度均匀的水溶性纤维素产品,在泥浆中表现为更佳的增黏、降滤失、防塌抑制效果。此外,另一种水溶性纤维素醚类改性产品羟乙基纤维素(HEC)和纤维素接枝共聚物,因性能良好也一直为钻井液工作者所重视。

1) 羧甲基纤维素类钻井液处理剂

羧甲基纤维素钠(CMC)是纤维素醚类衍生物,因其突出的增黏和降滤失性能而在世界范围内的石油钻井行业中得以广泛应用。我国的石油钻井行业是国内CMC市场中最重要的组成部分,CMC则是迄今为止用量最大的钻井液处理剂。参照SY 5093—92国标,石油钻井用CMC在我国分为高黏(HV-CMC)、中黏(MV-CMC)、低黏(LV-CMC)三种,其中高黏CMC主要用作钻井泥浆中的增稠(黏)剂,低黏CMC主要用作钻井液的降滤失剂,而中黏CMC理论上以上两种作用兼而有之,但实际效果相较而言却分别差了很多。一般地,上述三类CMC产品依据各地油田地质条件特点选择使用。

总体来讲,油田钻井用CMC的质量主要取决于原料质量、原料配方以及工艺控制三个方面。作为最关键原料的精制棉质量对生产油田用CMC的性能影响很大。为确保CMC产品具有良好的耐温、抗盐、抗氧化性能,精制棉应具有高吸湿度、高α-纤维素以及严格聚合度。原料配方和工艺条件应满足的理化指标则由HV-CMC(LV-CMC)具体的泥浆性能所决定。例如,钻井液处理剂的抗盐性要求CMC有较高的取代度,且取代基要均匀性分布。通常,高取代度可以通过配方优化获得;取代基均匀分布性则依赖于反应质量,一般是通过精确控制反应温度和时间提高传质速度、调控反应速度来实现。也可以在反应过程中辅以添加剂(0.5%~2%)以改善产品性能,包括亚硫酸钠、硼砂、乙醇胺、苯胺等。例如,钟传蓉等将水溶性纤维素醚用含苯环的氯代烃或溴代烃改性制得耐温改性水溶性纤维素醚,用作钻井液增稠剂,具有较好的耐温、抗盐和抗老化性能,获得中国发明专利授权。

如前所述,相较于水媒法而言,溶剂法在提高产物取代度和取代均匀性方面具有优势。例如,以乙醇、异丙醇、异丙醇/乙醇、丁醇、异丁醇、丙酮等作为有机溶剂,通过碱化、醚化等工艺所得到的纤维素钻井液降滤失剂,具有较好的降滤失和抗污染能力,适用于淡水、盐水钻井液体系。李贵云等报道了以异丙醇为溶剂所合成的钻井液用HV-CMC在淡水、4%盐水、饱和盐水中的造浆率均高于飞利浦公司的PAC(FL100);在用量为乙醇法所得HV-CMC一半时,增黏和降滤失能力在4%盐水和饱和盐水钻井液中更优,即抗盐性能更强。另一方面,采用特殊的合成工艺制得的取代度高且取代均匀的聚阴离子纤维素比CMC表现出更佳的综合性能。高黏聚阴离子纤维素(HV-PAC)与CMC具有相同分子结构;作为CMC的一种高级产品,是有效增稠、悬浮、分散、降滤失等多种性能的优良助剂。加入HV-PAC的钻井液能在井壁上形成薄而坚、渗透性低的滤饼,使滤失量降低,而且剪切力低、稳定性好、可抗多种可溶性盐类的污染。HV-PAC广泛应用于国外泥浆中;尤其是无固相泥浆中控制泥浆黏切的主要处理剂。HV-PAC主要采用乙二醇溶剂法生产,在国外生产工艺成熟,我国油田化学工作者的相关研究始于20世纪80年代。

石油钻井技术的不断发展和钻井深度的增加对此类产品的质量提出了更高标准,生产原料的标准也对应提高。朱刚卉等参照国内外相关标准,结合自身实验性能测试结果报道了高性能HV-PAC制备所需原料的标准:精制棉聚合度至少在2200以上(2300以上更佳)、α-纤维素含量至少在98%以上(99%以上更佳),一氯乙酸含量在97%以上(98%以上更佳)。值得一提的是,由中原油田、北京石油科学研究院等多家单位合作研发的钻井液用HV-PAC的生产工艺,经过数十年生产的不断优化完善与传承,所生产的HV-PAC取代度高、性能优良、产品稳定、用量少,广泛用于中原油田、胜利油田、塔里木油田以及渤海油田。随着石油工业的深入发展,尤其是沙漠油田和浅海油田得以勘探开发,HV-PAC愈发得到更多油田化学工作者和现场泥浆技术人员的青睐,具有宽广的应用前景。

LV-CMC合成工艺中碱化是基于纤维素与碱液反应生产碱纤维素,随后的醚化是碱纤维素与一氯乙酸钠在一定温度下发生化学反应,制得目标产物CMC,但常伴有副反应发生。朱刚卉等采用溶剂法,从抑制副反应角度出发,在确保原料纯度的前提下,充分保证CMC碱化和醚化反应以提高氯乙酸的利用,制备出符合美国Cahex公司指标的低黏度CMC产品,并考察了精制棉的聚合度、α-纤维素含量以及一氯乙酸纯度对产品性能的影响。近年来,为降低生产成本,人们开展了低成本纤维素原料利用的研究。即不再局限于以脱脂棉为主要原料的醚化改性产物,而是拓展到造纸木浆和废纸浆为原料。例如张艳等人报道了以水媒法制备的钻井液用低黏羧甲基纤维素钠盐,马振锋等人则用废纸浆为原料,采用干法工艺合成LV-CMC,其性能符合钻井液的要求,既降低了生产成本,又使废纸得到充分利用。张艳等选用木浆为原料,从探究碱和醚化剂用量对LV-CMC产品取代度的角度出发,优化工艺。一般地,纤维素的取代度代表羧甲基基团取代纤维素羟基的个数,而此类羟基须经碱化才能与氯乙酸钠发生醚化反应;这意味着,反应体系中碱的用量与醚化剂的用量存在线性关系。他们基于此,基于设计取代度的策略设计不同物料配比,分别以表观黏度(AV)和中压失水(API)为指标最终确立了基础配方和工艺条件。苏茂尧等采用微交联法从提高CMC取代均一性角度提高产品性能。他们以四硼酸盐和N-羟甲基丙烯酰胺为交联剂,在CMC制备过程中对CMC进行微交联,研究了交联剂类型、用量等因素对交联产物结构及性能的影响。结果表明,此微交联法能够有效地提高CMC取代均一性、抗盐性以及水溶液黏度。交联后溶液透明度显著增加;当四硼酸钠加量为3%和7%时,交联后体系盐黏分别提高23%和49%;当四硼酸钠加量为3%~9%时,交联后2%水溶液的黏度提高20%~60%。需要强调的是,生产钻井液降滤失剂用低黏度、高取代度的CMC除了要求有很高的一氯乙酸取代度,且取代均匀分布之外;此类产品的黏度往往通过在生产过程加入适当的氧化剂进行调节。

此外，李平等从高分子聚合物溶液复合使用以提高材料使用性能的角度出发，使产品兼具 CMC 抗温能力和 HPS 在 Ca^{2+} 污染泥浆中的优势，报道了 CMC/HPS 聚合物复合钻井液体系，比较研究了不同复合比和温度变化对体系流变性和触变性的影响。朱阿成等选用锌类纳米材料 ZZ 作为纳米复合处理剂的制备原料，采用溶液共混法与乳液共混法为主、机械共混法为辅的共混方法获得了聚合物/纳米粒子复合材料 CMC-ZZ。多种结构表征手段证实，经纳米改性后的复合材料 CMC 与 ZZ 发生了物理/化学作用；性能评价结果表明，CMC-ZZ 能够改善钻井液的护胶性能、降低常温/高温高压滤失量、提高塑性黏度和动切力，表现为能够明显提高钻井液老化后的表观黏度。CMC-ZZ 尤其适用于要求提高动切力的 180℃ 以上温度钻井液体系。

2) 羟乙基纤维素类钻井液处理剂

羟乙基纤维素（Hydroxyethyl Cellulose，HEC）仅次于 CMC 和羟丙基甲基纤维素（HPMC），是世界范围内产量第三的一种重要纤维素醚，是纤维素经碱化、环氧乙烷醚化等过程制备而得非离子型水溶性纤维素醚。我国邵自强团队在相关方面开展了大量研究，也对 HEC 的性能、应用与市场现状进行了评述。HEC 作为一种较好的油田化学品，主要用作增稠稳定剂和降滤失剂，具有增稠效果好、悬砂能力强而稳定、耐温性强、容盐量高等特点。国外在 20 世纪 60 年代就将 HEC 广泛用于钻井、完井、固井等采油作业。我国的 HEC 产品先后在大庆、胜利、辽河、克拉玛依等多个油田现场应用也表明 HEC 在淡水钻井液、盐水钻井液、饱和盐水钻井液以及人工海水钻井液均具有较好的降滤失性、增稠作用，具有一定的耐温能力；因其水溶液对盐不敏感，特别适用于盐水钻井液、饱和盐水钻井液。

理论上讲，HEC 的黏度主要取决于纤维素的聚合度、羟乙基的摩尔取代度以及羟乙基的取代均匀度；流变特性则能够通过化学改性或者与其他聚合物复合作用加以调控。熊犍等对经疏水化改性和阳离子化改性的羟乙基纤维素水溶液的流变学性能及其影响因素进行了评述，包括改性产品的相对分子质量、侧链的种类及链长、物质的量分数及其分布、体系反应的浓度、温度等。

由于 HEC 大分子链中缺少与亲水基团匹配的疏水性基团，因此在某些情况下需要适当增强其疏水性和增稠性，以拓展应用范围。HEC 经疏水化改性后成为具有"双亲结构"的水溶性纤维素衍生物，赋予其水溶液某些功能特性。在石油开采中，HEC 通过疏水改性，表现为更显著的增黏性、耐温性以及抗剪切稳定性。邵自强等在合成 HEC 过程中直接加入烷基或链烯基乙烯酮二聚体（AKD）作为改性试剂，获得改性 HEC。与通常进行的 HEC 二次改性处理工艺相比，AKD 改性 HEC 方法更为简便，可根据生产需要在 HEC 生产的各个阶段加入。此外，将 HEC 与溴代十二烷反应得到的疏水缔合 HEC，具有抑制页岩、黏土以及钻屑分散的能力，以此达到提高钻井液的稳定性、防止井壁坍塌、保护油气层的目的。近年来，张恒等以离子液体为溶剂，开展了均相体系疏水改性 HEC（HMHEC）的合成及其流变性能、增稠性能系列研究。结果表明 HMHEC 水溶液具有良好的耐温、耐盐、抗剪切性能及 pH 值稳定性。

3) 纤维素接枝共聚物类钻井液处理剂

天然高分子与烯类单体共聚既能保留纤维素固有的优点不被破坏，又能赋予产品新的性能，因此纤维素接枝共聚物类钻井液处理剂的研发广为关注。在国内早期的研究中，张连生等所制得的 N-羟甲基丙烯酰胺-丙烯酸钠接枝羧甲基纤维素,作为钻井液处理剂表现出良好的综合性能:不仅增黏和降滤失能力明显优于聚阴离子纤维素,而且因降解后的产物具有足够的相对分子质量而在淡水钻井液中经165℃高温后仍保持良好的降滤失性能。蒋太华等将改性纤维素与丙烯腈的接枝共聚物水解、磺化后,制得降滤失剂 LS-2。室内及现场试验均表明,LS-2 降滤失能力较强、热稳定性较好、抗电解质污染效果较好、且对钻井液的黏切影响较小,适用于多种类型的钻井液体系。

两性纤维素接枝共聚物属于分子链上同时含有正负电荷的功能高分子材料,作为新型油田化学处理剂,在抑制黏土水化分散、稳定井壁、提高钻速具有显著优势,加之相容性佳、加量少,能够满足现代化钻井技术的诸多要求而显示出较好的应用前景。谭业邦和张黎明课题组在此方面开展了系统性研究,不仅细致研究了此类聚合物结构与性能的关系,而且对其与钻井液中黏土作用机理进行了深入探讨。

他们采用自由基溶液聚合法,以价廉的 $KMnO_4/H_2SO_4$ 为引发剂,将 CMC 与丙烯酰胺(AM)、阳离子单体二甲基二烯丙基氯化铵(DMDAAC)在一定条件下接枝,制得 CMC/AM/DMDAAC 两性纤维素类聚合物(CAD),在最佳条件下单体聚合转化率高达90%以上;并在细致研究 CAD 水溶液流变性质和黏度性质的基础上,进一步考察了其作为多功能新型钻井液处理剂的潜能。他们系统研究了 CAD 作为聚合物钻井液处理剂抑制黏土水化膨胀性能、配浆性能(增黏性、耐盐性、复配性)可生物降解性能等;着重进行了 CAD 构效关系分析,同时探索了 CAD 控制黏土水化与提高低固相泥浆黏度的作用机理。同样的研究思路,他们采用过硫酸铵(APS)/四甲基乙二胺(TMEDA)氧化还原引发体系,将 CMC 与阳离子单体甲基丙烯酸二甲胺基乙酯(DMAEMA)进行接枝聚合,制得两性聚合物 CGD;并以此为代表研究了聚糖类两性聚合物在水溶液的溶解性、黏性行为以及生物降解特性。此外,他们对研制的又一种两性纤维素接枝共聚物 CGAD,不仅详细研究了其水溶液性质、泥浆性能、在膨润土上的吸附行为及作用机理,采用三种热失重分析法更为深入地研究了 CGAD 的热降解特征,测定了热分解活化能,取得了比较一致的结果,确定热分解反应为一级,为开拓此种共聚物的应用提供了理论依据。

2.5 淀粉基钻井液处理剂

2.5.1 淀粉的化学结构与化学改性

1) 淀粉的化学结构

淀粉是自然界绿色植物光合作用合成数量最大的碳水化合物之,属于取之不竭的可再生资源,广泛存在于植物的种子、根、茎、果实中。淀粉是 D-吡喃葡萄糖通过 α-1,4-苷键或 α-1,6-苷键相连而成的高聚体,完全水解后生成 D-葡萄糖。因葡萄糖在淀粉结构中的缩聚方式不同,通常将淀粉分为直链淀粉和支链淀粉两种(如图 2-5-1 所示)。

2) 淀粉的化学改进

天然淀粉因存在难以溶解于冷水、易腐败、易糊化等缺点,而极大地限制了其在工业上的应用。为充分利用淀粉资源,人们基于多种物理、化学等改性策略,研发了多种改性

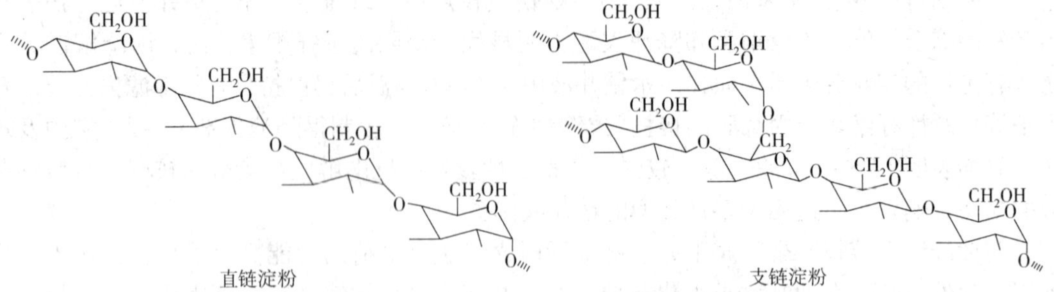

图 2-5-1 淀粉结构式

淀粉产品。总体来讲，变性淀粉的性能主要取决于淀粉来源、取代基团（及分布）、预处理手段、改性方式、取代度大小等。即不同来源的淀粉中，直链淀粉与支链淀粉的比例或含量、相对分子质量分布有异，经过不同预处理过程、改性方法所获得不同变性程度的改性淀粉衍生物，性能各异。

淀粉分子经水解和化学试剂处理，改变淀粉分子中 D-吡喃葡萄糖基单元的结构，赋予其新的化学特性和物理特性，称之为淀粉的化学改性。

淀粉结构中含有活泼羟基，依据淀粉分子与阳离子化剂的成键方式，阳离子淀粉通常分为醚化型、酯化型以及接枝共聚型三类。

（1）淀粉醚化改性。

淀粉醚化改性指淀粉分子中的羟基与醚化试剂发生化学反应生成淀粉醚。常温下，醚键比酯键稳定，不易与碱、氧化/还原剂反应；且醚化反应比接枝反应易于发生，故淀粉醚化改性产物在应用中最为广泛。依据醚化淀粉在水溶液中呈现的电荷特性，通常分为非离子型和离子型两类。前者取代反应主要发生在 C2 原子上，代表性产品为羟烷基淀粉醚，包括羟乙基淀粉（HES）、羟丙基淀粉（HPS）等。后者细分为阴离子型和阳离子型，其中如前所述羧甲基淀粉钠（CMS）是最常见的阴离子淀粉醚，阳离子淀粉醚则主要以含氮醚类衍生物为主。从已报道的文献看，阳离子醚化试剂包括 N-(2,3-环氧丙基)三甲基氯化铵（GTA）和 3-氯-2-羟丙基三甲基氯化铵（CTA）两种；阳离子淀粉醚化改性产物主要有叔胺盐类和季铵盐两类。

此类产品中氮原子带有正电荷，能够与带负电荷矿物质等形成静电层或离子键，因而其水溶性好、稳定性好、易分散且黏度高。其中，叔胺盐类仅在酸性条件下应用较多，季铵盐类在酸性、中性、碱性条件下均性能优越。研究表明，当取代度（DS）达到 0.2 以上时，阳离子淀粉醚化改性产物诸如絮凝等各方面应用性能均有不同程度的增强。然而，目前商业生产中应用成熟的阳离子淀粉取代度大多都低于 0.2，高取代度的产品亟待研发、生产、投入应用。

影响醚化反应的主要因素涉及催化剂及醚化剂的用量、反应温度、反应介质等。研究表明，限制反应介质中的水含量有利于获得较高取代度的醚化淀粉。Wang 等通过在 NaOH 水溶液中加入有机溶剂，提高了 2,3-环氧丙基三甲基氯化铵-缩水甘油基三甲基氯化铵-NaOH 体系醚化产物的取代度；加入甲醇、四氢呋喃、二恶烷三种有机溶剂，所制得羟丙基三甲基氯化铵淀粉的取代度分别为 0.65、1.19、1.26。后续研究表明，1-丁基-3-甲基氯化咪唑离子液体亦能促进 NaOH 介质中淀粉与缩水甘油基三甲基氯化铵醚化反应,体系在最佳条件下所能够制得最高取代度达 0.99 的阳离子淀粉。

另一方面,淀粉颗粒的尺寸大小、直链淀粉的含量等均对醚化反应产生较大影响。Heinze 等报道了苄基豌豆淀粉与 2,3-环氧丙基三甲基氯化铵、氯乙酸钠发生反应所得产物取代度和产率均高于马铃薯和蜡质玉米淀粉。这一结果表明相近条件下直链淀粉比支链淀粉更易于发生醚化反应。

鉴于介质中水含量对阳离子淀粉醚化改性产品性能的重要影响,此类改性产品的制备工艺通常包括湿法、干法以及半干法三种。湿法工艺包括有机溶剂法和水溶剂法两种。其主要过程是将淀粉、水、碱、醚化试剂加热糊化,或者将淀粉加水糊化后再与碱及醚化试剂反应。此法的优势在于所得产品杂质少、质量稳定,不足在于效率低、反应时间长、产生废水污染环境。干法工艺则是先使用少量的水/有机溶剂将淀粉润湿,然后与醚化剂、碱催化剂混合,干燥至基本无水,在一定温度下发生反应。此法的优势在于制备工艺简单、效率高、污染小,不足在于反应物难以混合均匀、产品稳定性不理想。为此,继上述两种工艺之后,半干法应运而生。半干法是将淀粉同醚化剂和碱催化剂一起均匀混合后,在一定水含量和温度条件下反应。相较于干法工艺,半干法制得产品稳定性得以提高,而且反应条件温和、转化率高。此后,不少研究人员开展了更多制备方法的研发。例如,Wei 等基于微波辐射法,以缩水十二烷基三甲基氯化铵、缩水十二烷基二甲基氯化铵、缩水十四烷基二甲基氯化铵对玉米淀粉进行改性得到了一系列阳离子淀粉。扫描电子显微镜(SEM)和 X 射线衍射实验表明,微波辐射对淀粉的结晶度和表面结构没有显著影响。进一步絮凝性能测试表明,最佳添加剂量为 0.29g/L。与上述方法相比,微波辐射法具有反应转化率高的优点。

(2)淀粉酯化改性。

淀粉酯化改性指淀粉分子中的羟基与酯化试剂发生化学反应生成淀粉酯。与淀粉醚化改性产物相似,不同取代度的酯化产物性能差异显著,限制反应介质中的水含量有利于获得较高取代度的酯化淀粉。一般地,低取代度的淀粉酯易溶于水、糊化温度较低、絮沉能力较弱、黏度较高,高取代度的淀粉酯(DS>1.7)则表现为良好的热塑性和疏水性。为获得较高取代度的酯化产物,通常在有机介质中制备淀粉酯。常用有机溶剂包括吡啶、酰氯、甲苯、N,N-二甲亚砜、二甲基甲酰胺等。近年来,研究发现离子液体对淀粉具有良好溶解性,因此涌现出许多采用离子液体作为新型介质的酯化反应研究。Biswas 等报道了浓度高达 15% 的淀粉在 80℃ 下能够溶解于 1-丁基-3-甲基氯化咪唑(BMIMCl)。究其原因,主要是因离子液体与淀粉分子之间所产生的强烈氢键作用,削弱了淀粉分子内及分子间的氢键所致。与大部分有机溶剂相比,离子液体具有不易燃、不易爆、热稳定性好、易于回收利用、近乎无可测蒸汽压等优点;在离子液体中对天然大分子改性可视为绿色反应。

然而令人遗憾的是,Biswas 等的研究表明 BMIMCl 对淀粉的酯化尚无催化作用,若无外加吡啶难以获得淀粉醋酸酯(或淀粉丙酸酯)。随后,Xie 等报道了脱水葡萄糖单元、酸酐、吡啶(摩尔分数比为 1∶5∶3)在 BMIMCl 中能够获得不同取代度的淀粉醋酸酯和淀粉丁酸酯。这一结果表明吡啶不仅是酯化反应的良好催化剂,而且能够与离子液体 BMIMCl 共同作为酯化反应介质。有趣的是,Lehmann 等发现在 BMIMCl 中对淀粉进行酯化改性时,淀粉分子中羟基参与反应的活性顺序由大到小依次为:C6、C2、C3,不同于其在一般有机溶剂中羟基反应的活性顺序：C6>C2>C3。他们借助凝胶渗透色谱-多角度激光光散射联用技术（GPC-MALLS）进一步比较研究了淀粉在有无吡啶存在时 BMIMCl 中相对分子质量的变化情况。结果表明，无吡啶存在时，淀粉溶解于 BMIMCl 后相对分子质量下降 86%；而当有吡啶共存时，其相对分子质量约为最初溶解于离子液体时的 3 倍。

此外，为提高酯化反应的产率及取代度，研究者探讨了微波辐射法在淀粉酯化反应中的应用。Horchani 等比较研究了微波加热与摇瓶震荡相结合、摇瓶震荡、微波加热三种反应方式下，淀粉与油酸在金黄色葡萄球菌（staphylococcus aureus, SAL3）为催化剂体系发生酯化反应的产率和取代度。结果表明，微波加热和摇瓶震荡相结合的体系反应 4h 后得到产率为 76%，取代度为 2.86 的淀粉油酸酯，最为理想；其他两种操作方式下，产率分别为 50% 和 45%，取代度分别为 1.8 和 1.6。

(3) 淀粉氧化改性。

淀粉氧化改性指淀粉与氧化剂作用生成淀粉衍生物。淀粉氧化反应主要发生在处于葡萄糖残基 2,3,6 位的 C 上以及处于 1,4 位的环间苷键上。氧化反应不仅造成苷键断裂，而且有限地引入醛基和羧基，致使淀粉分子官能团发生变化，部分解聚。常用氧化剂主要有高锰酸钾、高碘酸、过氧化氢、次氯酸盐、2,2,6,6-四甲基哌啶氧化物（TEMPO）等；不同氧化剂使淀粉发生氧化的机理不同。例如，高锰酸钾作为氧化剂时，反应主要发生在淀粉无定形区的 C6 原子上，即仅伯羟基氧化为醛基，碳链不断开；高碘酸作为氧化剂时，则发生 C2~C3 键断裂形成醛基，得到双醛淀粉。

一般地，不同来源的淀粉因其分子结构存在差异而造成改性产物氧化程度不同；同一来源淀粉改性产物的氧化程度高低受到氧化剂浓度、体系 pH 值、反应温度等因素的影响。氧化程度的差异性将直接对淀粉氧化产物诸如力学性能、耐水性等产生影响。Kuakpetoona 等系统比较研究了不同结构淀粉氧化产物的差异性。结果表明，源自马铃薯呈松散 B 型结晶结构的淀粉比源自玉米及稻米呈 A 型结晶结构的淀粉更易于发生氧化反应；支链淀粉比直链淀粉更容易被氧化。Zhang 等分别以过氧化氢、高碘酸钠为氧化剂合成了系列氧化度各异的氧化豌豆淀粉，产品最佳拉伸强度为 12.4MPa，最大吸水量为 13.2%。值得一提的是，他们将羧基含量为 95% 双醛淀粉进一步与乙二醇发生缩合反应，即二次改性，获得了兼具理想力学性能和耐水性能的产品。

(4) 淀粉交联改性。

淀粉交联改性指由淀粉分子中的羟基与具有二元/多元官能团的化合物反应形成二醚键/二酯键，将两个(或以上)的淀粉分子连接起来形成多维网架结构。总体来讲，交联淀粉的平均相对分子质量显著增大，糊化温度升高，热稳定性提高、黏度增大，但溶胀性能和溶解能力有所下降。细分而言，交联剂种类是影响淀粉交联反应速率的重要因素之一。常用的交联剂有三氯氧磷、磷酸二氢钠、偏磷酸三钠、环氧氯丙烷等。Carmona-Garcia 等发现同在碱性条件下，偏磷酸三钠因其环状结构而发生双分子反应，与三氯氧磷用作交联剂相比，反应速度较慢。Mao 等则发现，分别选取三氯氧磷、偏磷酸三钠为交联剂，向源自香蕉的淀粉颗粒中所引入磷酸酯的含量及位置不同；前者仅在淀粉颗粒表面发生交联反应，后者则能够在淀粉颗粒内部引入磷酸酯。因此，前者交联产物中磷含量仅为 0.010%，后者则高达 0.214%。为实现以偏磷酸三钠交联剂在较短时间内制得交联度较高的交联淀粉，

Mao 等辅以微波加热法，调控微波功率，在 3min 之内获得了较高取代度（$1.6×10^{-2}$~$1.9×10^{-2}$）的交联淀粉。

此外，研究人员近几年来注意到有机硅单体及其聚合物具有低表面张力、低玻璃化温度、较好耐温性能、良好的渗透率等优点。因此，有机硅改性淀粉提高淀粉类降滤失剂抗温性的研究近几年受到了不少的关注。例如，研究人员在合成 CMS-Na 的过程中，加入水溶性无机硅酸盐对其改性，使得淀粉分子中引入 Si-H，因 Si-H 在碱性条件下与水反应生成 Si-OH，而最终得到有机硅降滤失剂产品。性能测试表明，该有机硅改性淀粉降滤失剂自身分解温度达 220℃，在 150℃ 以下具有理想降滤失剂效果。赵鑫等人以 CMS-Na、六甲基二硅氮烷（有机硅）、含苯基有机胺、环氧氯丙烷为原料，KI 为催化剂，制得一种有机硅改性阳离子淀粉（OSCS），自身热分解温度为 262℃。钻井液性能测试显示，OSCS 在 170℃ 高温下具有良好耐热稳定性，适用于井底温度低于 170℃ 的深井钻探。

（5）淀粉接枝共聚。

淀粉的接枝产物一般采用水溶性单体（或高价金属盐）与淀粉骨架反应引发单体聚合接枝或链转移聚合接枝。淀粉的接枝共聚物兼具淀粉的抗盐性和高聚物的抗高温性，具有较高的应用价值。有关淀粉接枝共聚改性的研究主要集中在接枝丙烯酰胺（AM）、丙烯酸（AA）、甲基丙烯酸及具有氨基取代基的阳离子单体方面。淀粉/AM 接枝共聚物分为凝胶型和线型接枝链两种，线型产品可用于增稠剂和絮凝剂。铈盐是淀粉和 AM 发生接枝共聚反应的高效引发剂。近年来淀粉与多元单体接枝共聚反应得以迅猛发展，有关多元单体结构与淀粉接枝率之间内在规律性的研究仍是改性淀粉产品研究的重要方向。

2.5.2　淀粉基钻井液处理剂研究

在 20 世纪末期，海外工作人员开始尝试用多糖类化合物作为钻井添加试剂，针对水溶液比较敏感的地层进行了初步的尝试，并且取得了极大地应用意义。淀粉作为多种多糖工业化生产的原材料，多种糖苷及其衍生的产品都可以从其中获得，这将作为绿色的油田化学工业的一个新的重要的方向，必定会收到社会环保人士的青睐。淀粉由多个六碳糖于糖苷键组合而成可以用来生产改性多糖及其副产物，例如葡萄糖和杂聚糖药剂，在许多方面已经取得了显著的成果，比如在原油的开采、现场的钻井作业中、油气储运过程之中都有不错的效果。在钻进过程当中便于控制钻具，稳定泵压，便于起下钻的通畅，避免引起卡钻等特殊工况，能够顺利进行下钻打井的工作需求，具有一定的润滑作用和抵抗高压的能力，对于地层的造浆问题也有一定针对性，使得破碎的岩石块不容易分散和吸水膨胀，对于井壁的完整性有一定的保护作用。

淀粉钻井液是一种膨胀性流体，由于淀粉在高速搅拌时会形成网架结构，因此钻井液黏度随动切力的增大而增高，静置时又恢复原状。淀粉分子中的羟基与黏土表面的氢氧根之间可以形成氢键而互相吸附，保持黏土稳定的分散状态，具有较好的降滤失作用。淀粉分子在岩石颗粒之间形成胶结作用，同时淀粉分子在井壁表面吸附，形成一层薄而坚韧的膜，阻碍水分子进入地层内部，起到较好的防塌护壁作用。淀粉在钻井液中还能起到一定的润滑作用。国内将改性淀粉用作钻井液处理剂始于 20 世纪 80 年代初期，虽然起步晚于国外油田应用研究，但是发展迅速。目前，淀粉基钻井液处理剂具有理想的降滤失性、较好的防塌效果、突出的抗盐能力，成为盐水及饱和盐水钻井液的优质降滤失剂。

通常，淀粉具有较强的抗盐性，可作为饱和盐水钻井液中的降滤失剂。但未经改性的淀粉具有抗温性能差的特点，当使用温度超过70℃时，淀粉易降解，并导致钻井液起泡严重。此外，也存在对于盐碱度大的层位不适宜的缺点，由此引发的滤失量增大、井壁不稳定的可能性加大，黏度的降低所引起的悬浮能力降低，岩块不能够被及时的携带出来，有可能造成埋钻现象的发生。上述可能发生的问题和引起的现象严重制衡着淀粉类钻井工作液处理试剂的发展，尤以淀粉类钻井工作液处理试剂的耐温性亟待解决，这对井下安全和环境保护都具有特殊的目的和含义。总体来讲，通过淀粉改性能够显著改善这一问题。用于钻井液处理剂的淀粉改性产物主要包括淀粉醚化产物和接枝共聚物二类。总体而言，淀粉醚化产物抗盐性能佳，适合用作饱和盐水钻井液降滤失剂，但抗温能力差仍是其不可忽略的缺点；相较而言，淀粉接枝共聚物则兼具良好的抗盐性能和显著提高的抗温能力，因而广泛用作各种类型的水基钻井液。

1) 淀粉醚类钻井液处理剂

如前所述，淀粉醚化改性产物在工业应用中最为广泛。淀粉的醚化反应通常经过碱化和醚化两个过程。常见用于钻井液处理剂的醚化淀粉改性物主要包括羧甲基淀粉、羟烷基淀粉、以及阳离子淀粉。即淀粉与氯乙酸钠反应所到CMS，与环氧乙烷/环氧丙烷等在碱性条件下反应所得羟乙基淀粉(HES)/羟丙基淀粉(HPS)，与丙烯腈发生氰乙基化反应后，经碱性水解得到的羧乙基淀粉醚(CES)；与磺酸盐在碱性条件下反应得到的磺乙基化淀粉(SES)和2-羟基-3-磺酸基丙基淀粉醚(HSPS)以及复合离子型改性淀粉(CSJ)、阳离子化后得到的以季铵型为代表的阳离子化淀粉等，其主要性能特点如表2-5-1所示。其中，阴离子型CMS、非离子型HPS是此类钻井液处理剂的主要备选物。

表2-5-1 常见淀粉醚化产物及其特点

名称	种类	特点
CMS	阴离子型	黏度较低，抗盐能力强，抗钙镁离子能力差
SES	阴离子型	抗盐，抗钙镁离子污染，有效降低钻井液滤失量
HPS	非离子型	抗盐，抗高价金属离子污染
CES	非离子型	黏度较高，抗盐，抗钙镁离子污染，有效降低滤失量
CSJ	复合离子型	抗温能力强，抗盐能力可达饱和，适用于饱和盐水钻井液、正电胶钻井液，具有较好的流变性和降滤失能力
季铵型阳离子淀粉	阳离子型	较好降低滤失量，抗盐能力强，防塌效果好

(1) 羧甲基淀粉类钻井液处理剂。

羧甲基淀粉(CMS)被誉为"工业味精"，是改性淀粉的代表性产品，通常使用其他钠盐，又称羧甲基淀粉钠(CMS-Na)。CMS-Na易溶于水，是淀粉醚化衍生物的一种，以小麦、玉米、土豆、红薯(任何一种均可)等淀粉为原料，与氯乙酸钠在碱性条件下经醚化反应可制得。CMS-Na和CMC是被化工部列为"九五"计划中重点开发的六种精细化工产品之一，是十大支柱工业中必不可少的原料。与CMC相比，CMS-Na不仅成本更低，而且降滤失性能更优，达到了OCMA标准(API失水≤7mL，$\eta_r \leq 35 mPa \cdot s$)；常用作作饱和盐水降滤失剂，具有降滤失而不提黏的特点。

在国内早期的羧甲基淀粉基钻井液处理剂相关研究中,中原油田钻井院王中华等结合钻井液现场需求,改进了姚克控等提出半干法生产CMS工艺。在此基础上,中国石油勘探开发研究院将制备过程中的NaOH替代为KOH,制得改性淀粉含钾盐的衍生物(CMS-K)。与CMS-Na相比,CMS-K在稳定页岩、控制井径扩大等方面效果更佳。四川石油管理局川东矿区系统的室内及现场试验表明,CMS是一种经济、有效的新型抗高盐的钻井液处理剂,用途广泛。

CMS虽然是饱和盐水钻井液的理想降滤失剂,但抗温能力不足。王友绍等早在1996年便采用动力学方法系统地研究CMS在钻井液中的耐温机理。结果表明CMS在淡水泥浆中的降解符合动力学一级降解。经拟合显示半衰期与老化温度呈指数关系[$t_{1/2} = 250.24e^{-(t-89.93)/12.65}$],最高失效温度为125℃($t_{1/2}=16h$)。此外,高温下黏土颗粒的吸附作用与膨化分裂等行为也将影响泥浆的稳定性。因此,提高CMS基产品抗温能力是此类钻井液处理剂的主要目标,赵鑫、解金库等在此方面开展了系列工作。他们先后以CMS-Na、环氧氯丙烷、苯基有机胺等为原料,制备了苯基阳离子淀粉降滤失剂,表现出良好热稳定性,在160℃高温滚动16h后,常温中压滤失量仅为8.4mL;以六甲基二硅氮烷、苯基有机胺、CMS、3-氯-2-羟丙基磺酸钠等为主要原料,同样制得抗160℃高温的钻井液用淀粉降滤失剂;以CMS-Na和膨润土为原料,合成了一种膨润土改性羧甲基淀粉抗高温降滤失剂,钻井液性能结果显示,在150℃加热炉中高温滚动16h后,其滤失量仅为8.8mL。蒋官澄课题组以CMS为骨架,接枝单体丙烯酰胺(AM)和2-丙烯酰胺基-甲基丙磺酸(AMPS),采用Design-Expert软件优化反应条件;在最佳条件下合成改性CMS,并以其作为主剂复配成膜剂,获得新型降滤失剂CBF。室内评价表明,CBF在淡水、盐水钻井液中均具有良好降滤失效果,在盐水钻井液中能够耐150℃高温。王德龙等在合成CMS-Na的过程中通过引入水溶性无机硅酸钠进行改性,研制出一种新型硅改性的CMS-Na降滤失剂,在淡水浆中能抗温150℃。与CMS-Na相比,经硅改性后抗温性能显著提高。上述研究为提高CMS类钻井液处理剂的抗温能力提供了多种思路与途径。

(2)羟丙基淀粉类钻井液处理剂。

羟丙基淀粉(HPS)是含有羟丙基取代基的淀粉衍生物,其构成基本单元葡萄糖中含有3个可被置换羟丙基,可获得不同置换度的产品。水媒法制备羟丙基淀粉,反应条件温和,设备要求不高,是一种常用制备羟丙基淀粉的方法。将一定数量的羟丙基引入淀粉分子,淀粉多项性质得以有效改善。羟丙基不仅能够产生空间位阻效应,阻止淀粉链的聚集和结晶,而且其亲水性能够减弱淀粉颗粒结构的内部氢键强度,使其易于膨胀和糊化。

作为一种代表性的非离子型钻井液添加剂,HPS因不受电解质或硬水的影响,而具有一定的抗盐、抗钙能力,因醚键的稳定性,而表现为兼具温度稳定性(耐热、抗冻)和化学稳定性(耐酸、碱、氧化剂),因此在稳定井壁、改善井眼条件、防塌、絮凝等方面均有不俗表现。值得一提的是,除在饱和盐水中的降滤失能力与CMS相当之外,羟丙基淀粉抗钙、抗镁能力均优于CMS。从泥浆体系的发展看,羟丙基淀粉有望发展成为不分散低固相泥浆的主要处理剂。

在国内早期的羟丙基淀粉钻井液处理剂相关研究中,王中华等根据现场需要研制了一种碱性的羟丙基淀粉产品,其性能能达到OCMA标准。吉林省石油化工设计研究院与吉林油田钻井公司充分利用吉林省玉米资源，合作开展了基于淀粉羟烷基化制备 HPS，用于钻井液降滤失剂的研究。历经二年多时间，他们先后完成了室内试验和现场钻井应用试验。他们研发的羟丙基淀粉产品在吉林油田乾安地区钾基泥浆体系和吉林油田英台地区钙基泥浆体系中的应用试验均表明 HPS 改性降滤失效果显著，并且其他各项性能指标亦符合设计要求。

与 CMS 制备工艺相似，HPS 制备亦可采用半干法、水分散法、非水溶剂法以及微乳化法，各类工艺的主要优缺点如表 2-5-2 所示。

表 2-5-2　不同制备工艺比较

HPS 制备工艺	主要优点	主要缺点
半干法	产物呈洁白粉状、取代度较高	易于引起淀粉主链降解，存在爆炸隐患
水溶剂法	产物纯度较高	取代度一般低于 0.1（加入催化剂后有所提高）
非水溶剂法	工艺简单、反应条件温和、收率高，产物取代度高	多为有毒、易燃溶剂，且价格较高，产品难于纯化
微乳化法	反应条件温和、效率高、可定量回收溶剂，产物精制简单	体系稳定性不佳

西安石油大学李谦定、刘祥课题组在比较 HPS 制备工艺优缺点的基础上，聚焦钻井液处理剂使用要求，采用非水溶剂法合成了系列不同取代度（$DS=0.5\sim0.8$）且具有冷水溶胀分散性的 HPS，并系统考察了原料配比、反应温度、溶剂、催化剂用量等因素对取代度的影响。进一步地，他们参照"《水基钻井液用降滤失剂评价程序》（SY/T 5241—1991）及《钻井液用改性淀粉》（SY/T 5353—1991）"行业标准研发了以 HPS 为主剂，复配得到了降滤失性能良好的 QDF 降滤失剂。

近几年有关 HPS 钻井液处理剂方面的研究主要围绕保证其价廉、环保、抗盐的优势，拓展其抗温性能展开。姜翠玉等针对 HPS 在国内油田生产中作为水基钻井液降滤失使用中存在增黏能力过大而抗温性能不足的问题，采用溶剂法制备了系列不同摩尔取代度（$MS=0.5\sim0.8$）的 HPS；探讨了在最佳工艺条件下，MS 与降滤失性能的关系。进一步地，以 HPS 为主剂，筛选复配不同降黏剂，依据国标"《钻井液材料规范》（GB/T 5005—2010）"进行常温中压滤失量测定和黏度测定，获得一种复合 HPS 类降滤失剂：HPSS。该产品性能明显优于市售同类产品 WNP 和 LV-CMC，其降滤失性能较 HPS 有明显的改进，不仅具有较好的抗温、抗盐、抗钙镁性能，而且所配泥浆常温黏度合格。

（3）其他淀粉醚化产品类钻井液处理剂。

实际应用中，地层条件复杂，研究者在两种代表性淀粉醚化改性产品的基础上，研发了其他多种类型的产品，以提高淀粉改性产物的性能。早期的相关研究中，王中华团队以工业玉米淀粉为原料，以 3-氯-2-羟基丙磺酸为醚化剂，在 NaOH 存在下，合成了一种淀粉衍生物 2-羟基-3-磺酸基丙基淀粉醚（HSPS）。实验表明，HSPS 在淡水、盐水以及饱和盐水泥浆中均具有良好降滤失作用。在饱和盐水抗盐土泥浆中，即使 $CaCl_2$ 加量高达 10%，泥浆失水量仍保持较低值（<7mL）。与之媲美的是姚克俊团队将淀粉经氰乙基化后再碱性水解所制得的另一种淀粉衍生物羧乙基淀粉醚（CES）。实验表明，CES 在淡水、盐水以及饱和盐水泥浆中均具有良好降滤失性能。其是在饱和盐水泥浆中，其降滤失性能相对最佳，

黏度相对最低；当其加量为15g/L时，泥浆滤量在7mL以内（基浆滤量为104mL）。

此外，阳离子淀粉作为一类极其重要的化学变性淀粉，自20世纪30年代已有报道。20世纪50年代末，Caldwell申请了首个商品阳离子淀粉专利，随后阳离子淀粉的种类和产量得以迅速增长，并因其价格低廉、来源丰富、绿色环保等优势在油气田开发中得以广泛关注。近年来，伴随油气田开发逐步深入，地层条件愈发复杂，更多研究投入到更多类型淀粉衍生物的研发，以满足油田钻井液添加剂现场应用的更高要求。例如，周玲革等为解决淀粉类处理剂在实际应用中所存在的抗温能力有限、易于降解及发酵、并产生恶臭气味等问题，以玉米淀粉为原料，研制了一种复合离子型改性淀粉降滤失剂CSJ，用于淡水、盐水以及正电胶钻井液中，均表现出较好的抗温和抗盐性能。

2）淀粉接枝共聚物类钻井液处理剂

在国内早期的相关研究中，高锦屏、王中华等学者开展了系列工作，为我国淀粉接枝共聚物钻井液降滤失剂研究奠定了基础。高锦屏团队于1993年以硝酸铈铵/乙酰乙酸乙酯为引发剂，合成了淀粉/AM/PVA接枝共聚物（APS）。室内试验表明，APS具有良好抗高温降滤失性能，抗温能力高达170℃，显著优于CMC，且具有价格便宜的优势。随后，他们调研大量国内外"泥页岩井壁不稳定问题"相关研究发现，含阳离子聚合物的钻井液不仅能够减少钻井过程中由泥页岩引起的卡钻、井漏等事故，而且能够减少和防止滤液引起的矿物成分膨胀分散、运移，有利于保护油气层。针对当时有机阳离子聚合物在国内应用较少，存在处理剂品种少、价格昂贵、部分产品因耐生物降解而长期滞留在环境严重危害环境及人类健康等问题，他们研制了一种以廉价、易生物降解的淀粉为主要原料的既有良好抑制作用又对环境没有污染的阳离子淀粉-烯类单体接枝共聚物（OCSP）。性能测试表明，OCSP不仅具有良好抑制性，而且能够与部分处理剂配伍。

同一时间，王中华团队亦采取引入阳离子基团以提高此类降滤失剂抑制能力的策略。他们首先合成了两种阳离子单体2-羟基-3-甲基丙烯酰氧丙基三甲基氯化铵（HMOPTA）、3-甲基丙烯酰胺基丙基三甲基氯化铵（MPTMA），使其分别与AM、K-AA、淀粉接枝共聚，所得四元接枝共聚物用作钻井液降滤失剂性能评价时，因引入了阳离子基团，不仅具有较好的降滤失作用，而且具有较好的防塌效果。进一步地，为充分利用接枝共聚物兼具主链和支链特点的优势，他们采取将产物中同时引入磺酸基和阳离子基团的策略，使得接枝改性产物不仅具有较好的降滤失效果，而且具有较好的耐温抗盐和防塌效果。他们选用2-丙烯酰胺-2-甲基丙磺酸（AMPS）提供磺酸基，于1998年合成了季铵盐类单体，二乙基二烯丙基氯化铵（DEDAAC）提供阳离子基团，制得了AM/AMPS/DEDAAC/淀粉接枝共聚物，用作钻井液降滤失剂。他们详细研究了DEDAAC用量对产物降滤失能力和防塌效果的影响，由此确定最佳用量；比较研究了共聚物加量对淡水泥浆、盐水泥浆、饱和盐水泥浆以及人工海水泥浆性能的影响，结果表明，所合成的接枝共聚物降滤失剂在这四种泥浆中均具有较好的降滤失效果和显著提高黏切能力。进一步耐温实验显示，老化温度从室温上升到180℃，滤失量仅从9.2mL增大至10.4mL（16h）。随后，西南石油大学陈馥等和中国石油大学（华东）乔营等分别合成了二烯丙基-二甲基氯化铵（DMDAAC）、丙烯酰氧基三甲基氯化铵（DAC）两种季铵盐类单体，以此对AM/AMPS/季铵盐类阳离子单体/淀粉接枝共聚物降滤失剂进行了改性研究和性能评价，均获得了良好的降滤失性和耐温抗盐性能。

近年来,接枝共聚改性仍是提高淀粉改性产品抗温能力的途径之一。高素丽等将丙烯腈(AN)引入上述 AM/AA/淀粉体系在一定温度和引发剂作用下制得烯类四元淀粉接枝共聚物,进一步性能评价表明,该四元接枝共聚物降滤失剂在淡水、饱和盐水以及复合盐水钻井液中均具有较好的降滤失作用和耐温(150℃)、抗盐、抗钙污染能力,且具有较强的抑制包被能力,能够有效地控制页岩水化分散。四川仁智油田技术服务股份有限公司获得授权专利,由淀粉与乙烯基单体接枝共聚制备的抗高温钻井液降滤失剂,可生物降解,在150~170℃高温环境下仍具有优异的降滤失性能,并且抗盐至饱和。薛丹等以 N,N'-亚甲基双丙烯酰胺为交联剂,过硫酸铵为引发剂合成的高黏度抗剪切丙烯酸钠淀粉接枝共聚物,在盐水及饱和盐水钻井液中均具有较好的增黏和降滤失作用。王力等将淀粉与丙烯酰胺(AM)、丙烯酰氧基三甲基溴化铵以及苯乙烯磺酸钠接枝共聚制备的淀粉接枝聚合物,表现出较好的降滤失性和耐温抗盐能力。迟姚玲等以淀粉与 AM、丙磺酸单体接枝所得多元共聚物,热稳定性较好,抗盐抗钙能力均较强。

还应注意的是,淀粉由于其特殊的组成与结构,在钻井工作液中表现出不稳定的问题,在使用中也有很大的局限,容易变质发臭,引起井壁的不稳定。钻井液的液相(称为滤液)在油气生产区的流入会导致储层中流体的相对渗透率显著降低,并因此导致井的生产率。在极端温度和压力条件下开发具有低毒性和良好性能的非水流体的兴趣越来越大,这促进了该领域的研究。研究者探讨了使用来自脂肪酸的乙烯基酯改性的淀粉衍生物作为控制反相乳液(W/O)钻井液中滤液添加剂的潜力。所用合成钻井液由标准配方制备,经过动态老化过程并通过高温高压下的物理化学过滤测试以及电气稳定性和流变测试进行评估。结果表明,由淀粉脂肪酸酯开发的制剂能够与标准钻井液技术竞争,并且这些材料的性能与多糖的化学改性程度相关。已经开发了一种衍生自木薯淀粉的新型添加剂,其在水基钻井泥浆中的过滤控制中非常有效。对五种不同浓度(0.3%、0.5%、0.7%、1.0%和2.5%)和三种尺寸(64μm、7μm 和 920nm)进行室内实验。2.5%的纳米淀粉能够改善 64.2%流体损失,同时将泥饼厚度降低 80.9%。

2.6 烷基糖苷类钻井液处理剂

2.6.1 烷基糖苷的化学结构与化学改性

1) 烷基糖苷的化学结构

烷基糖苷(APG)又称烷基多苷,分子结构通式为 $RO(G)_n$。其中 R 代表烷基,通常是含8~18个碳原子饱和直链烷烃;G 代表含5个或6个碳原子的糖单元;n 表示糖单元个数;当 $n=1$ 时,称为烷基单糖苷;当 $n=2$ 时,称为二糖苷;当 $n>2$ 时,统称为烷基多苷。通常所讲的烷基糖苷是单苷与多苷的总称。需要指出的是,若以淀粉水解产物糖为原料,其糖溶液中存在 α-D(+)-糖和 β-D(+)-糖,则产物对应有 α-甲基葡萄糖苷和 β-甲基葡萄糖苷两种异构体。加之,脂肪醇与糖之间的脱水可在不同位置进行,致使烷基糖苷的组成极为复杂,习惯上将这些混合物也称为烷基多苷。

总体来讲,APG 是将糖分子上引入一非极性基团烷基,使其改性成为非离子型表面活性剂烷基糖苷。低糖分子结构中因含有大量羟基而极易溶于水，又因为无非极性基团而表面活性低。如此，低糖分子不易吸附在泥页岩表面，而大量溶于水中；少量吸附在泥页岩表面的葡萄糖分子因未有非极性基团而不能有效地阻止水分子进入泥页岩内部，致使防塌作用不理想。在糖分子上引入烷基所制得的 APG，降低了糖的 HLB 值，提高了其表面活性，利于分子集中于钻井液与井壁的交界面，逐步在井壁上沉积或吸附形成封固层；而且其中的非极性基团，能够有效地阻止水分子进入泥页岩内部，从而显著地抑制泥页岩水化膨胀、分散。此外，APG 因含有非极性基团烷基而表现为亲油能力增加、润滑性增强。

国外于 1994 年首次报道了将烷基糖苷（APG）应用于钻井液，国内对 APG 在钻井液中的应用研究始于 1996 年；继甲基糖苷（MEG）之后，随后又出现了乙基糖苷、丙基糖苷、十二烷基糖苷、羧甲基糖苷、三甲基硅烷基糖苷等。然而伴随葡萄糖分子上引入非极性的烷基基团碳链的增长，不仅抗温能力和井壁稳定能力逐渐提高，油溶性增加、界面吸附能力提高，而且起泡性亦随之提高。例如，1%己基糖苷水溶液起泡率为 15%，辛基糖苷水溶液起泡率大于 100%，难以满足钻井工程的需要。目前，仅有乙基葡萄糖苷和丙基葡萄糖苷钻井液开展了相关的研究，未见应用报道。研究最多、应用最广泛的烷基糖苷仍然是 MEG。从化学结构看，MEG 是一种具有环状结构和四个羟基的多元醇，含有 1 个亲油的甲氧基（—OCH_3）和 4 个亲水的羟基（—OH），有 α-甲基葡萄糖苷和 β-甲基葡萄糖苷两种对应异构体。

2）烷基糖苷的化学改进

改性烷基糖苷衍生物主要有磺化烷基糖苷、醇羟基改性糖苷钻井液、聚醚烷基糖苷、阳离子烷基糖苷、聚醚胺基烷基糖苷、无机盐-烷基糖苷等烷基糖苷衍生物，其中用作钻井液处理剂研究最深入、应用最广泛的此类衍生物当属醇羟基改性糖苷衍生物；阳离子烷基糖苷（CAPG）和聚醚胺基烷基糖苷（NPAG）。前者是烷基糖苷经醚化和季铵化的产物，后者则是烷基糖苷接入聚醚和氨基的合成产物。

CAPG 本身带正电，属于阳离子表面活性剂，其分子结构上含有 1~3 个相连的葡萄糖环、1 个亲油的烷基、3 个亲水的羟基、1 个亲水的醚键，以及 1 个强吸附的季铵阳离子（图 2-6-1）。NPAG 本身不带电，属于非离子表面活性剂，其分子结构上含有烷基糖苷、聚醚多元醇、多氨基团等结构单元（图 2-6-2）。基于上述分子结构特点，CAPG 和 NPAG 能够根据现场应用需求针对性设计具有显著抑制效果、润滑性能以及稳定作用的钻井液处理剂。

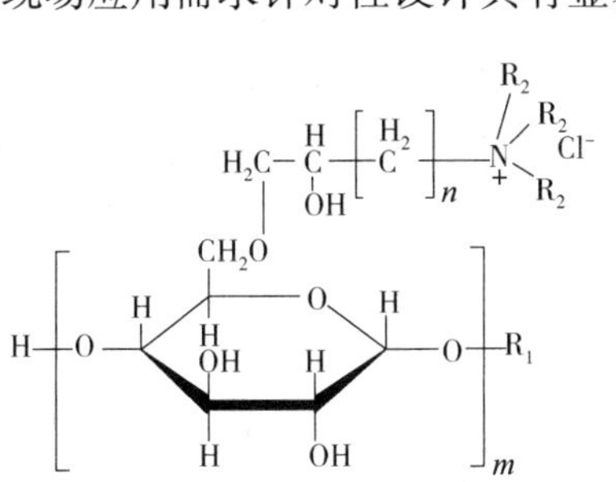

图 2-6-1　CAPG 分子结构通式
式中：m 为 1~3，n 为 1~2；
R_1 和 R_2 独立地选自碳原子数为 1~10 的烷基

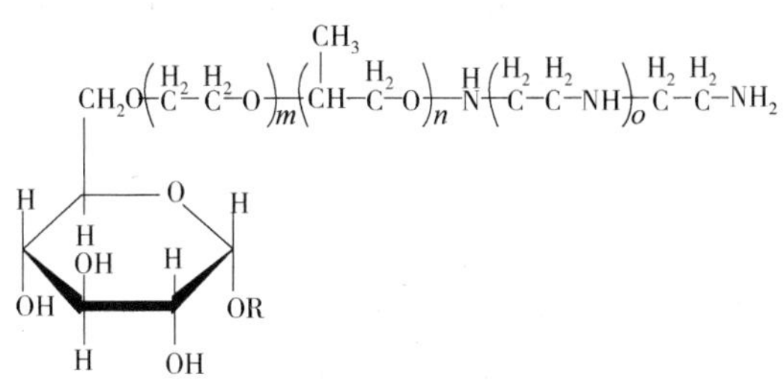

图 2-6-2　NAPG 分子结构通式
式中：m 为 0~3，n 为 0~3，o 为 0~3，
m、n 和 o 不同时为 0；R 为碳原子数为 1~10 的烷基

2.6.2 烷基糖苷类钻井液处理剂研究

烷基糖苷(APG)，也被称为仿油基钻井液体系，20世纪90年代始用于钻井液。烷基糖苷作为淀粉的下游产品之一，是葡萄糖或者淀粉经过酶解作用，通过酸性催化剂催化后，与脂肪醇缩合生成的有机化合物。因烷基糖苷钻井液流变性、润滑性、防塌抑制性、配伍性以及环保等综合性能优越，近年来深受重视。

1) 甲基糖苷钻井液处理剂

甲基糖苷(MEG)由葡萄糖和甲醇在一定条件下制成，是最先应用于钻井液的APG类产品。国外MEG钻井液研究成熟，证实此类钻井液具有突出的储层和环境保护特性以及良好的抑制性和润滑性能，能够满足海上油气开发对储层及环境保护等的特殊要求。目前，MEG钻井液在一些环境敏感地区已经替代油基钻井液。Simpson J P 等按美国环保局规定，对MEG进行生物降解评价，分别对浓度为20mg/L和40mg/L的MEG溶液进行了改进生物降解试验。结果表明，28天产生的CO_2为理论产量的86%，高于EPA规定的60%。浓度为80%的MEG溶液的LC_{50}值高于500g/L，完全符合EPA规定的排放标准。这表明，MEG钻井液是一种无毒、易生物降解的新型环保钻井液，拥有广阔应用前景。

国内早期的研究中，张琰等基于粒度分析、表面张力测定、抑制性评价等首先研究了MEG钻井液的储层保护性能，结果表明MEG钻井液对于泥页岩水化膨胀的产生具有良好抑制性，能够使井眼保持稳定，他们还首次对MEG可在井壁形成一层吸附膜给出了理论依据。在室内研究的基础上，他们团队与新疆石油管理局合作，于1999年在新疆准噶尔盆地沙南油田沙113井进行了MEG钻井液国内首次现场试验并取得成功。结果表明，该钻井液具有优良的抑制性、储层保护作用及独特的造壁护壁作用，解决了强水敏地层井壁垮塌问题，井径规则，电测取心一次成功，平均机械钻速为9.41m/h，比邻井提高了47.8%。

MEG在不同钻井液体系中可发挥不同的作用。随后，在我国其他油田相继开展了MEG钻井液现场应用试验。大庆油田的71-斜230井现场试验结果表明，MEG钻井液具有较好的流变性，钻井过程中无阻卡现象。MEG在体系中加量达到20%后，润滑防卡效果显著。胜利油田则先后在郑王庄、草104、胜坨、盐100等区块推广应用，每年推广上百口井。现场应用结果显示，MEG在体系中的加量为10%~30%时，效果显著、井径规则，较好地满足了现场对储层保护要求。中原油田2011年在水平井卫383-平1井MEG钻井液加量为10%~15%时，现场应用结果表明润滑性能优良，实钻过程中平均钻进摩阻为3~4t，起下钻摩阻为6~8t，抑制效果明显，返出钻屑棱角分明。

随着MEG钻井液现场应用的不断延展，2005年以后，人们对MEG钻井液的研究更为深入，尤其是对于MEG钻井液稳固井壁、保护储层机理的认识和不断探索。石油大学(北京)丁鄂捷年团队认为，MEG钻井液主要是通过成膜作用、渗透及去水化作用稳定页岩，具有较好的抑制性、润滑性、储层保护特性，钻井液性能稳定，在钻井液中浓度达到一定范围时，能在页岩表面形成半透膜，诱使页岩内的吸附水渗出，即：通过调节钻井液的水活度控制钻井液与地层水的运移，使页岩中的水进入钻井液中，从根本上抑制泥页岩的水化膨胀。中国石油大学(华东)吕开河等则着眼于对MEG防塌及改善钻井液流型的作用机理进行了分析，得出的主要的结论包括：MEG抑制泥页岩水化膨胀、分散的作用较弱，但能大幅度提高泥页岩的膜效率且能有效降低钻井液的水活度；MEG单独或与盐复配使用可将水活度降到0.85以下，通过渗透作用降低钻井液向地层滤失是MEG的主要防塌机理。中原油田雷祖猛等研究证实，MEG确实在黏土表面吸附达到一定量后形成半透膜，对MEG成膜规律的进一步研究显示，其在泥页岩表面的膜效率与MEG浓度呈正相关，与浸泡时间相关则呈负相关。MEG正是通过在黏土表面吸附成膜抑制黏土水化和提高膜效率实现稳固井壁，尤其在MEG加量达到40%后效果显著。

实践是检验真理的唯一标准，在此基础上，石油工作者针对MEG钻井液在现场应用中存在加量大、成本高、抑制性有待提高等问题做了进一步改进。付国都等基于对MEG改性复配，研发了钻井液用甲基葡萄糖苷固体（部分水溶固体混合物），旨在提高MEG抑制性的同时大大降低现场应用成本。以钻井液用甲基葡萄糖苷固体为主剂的改性MEG钻井液在国内诸多油田开展了新一轮应用试验。吐哈油田4口小井眼侧钻井（固体MEG加量为5%~7%）应用井无阻卡现象，平均钻井周期缩短了7.2天；大港油田（固体MEG加量为5%~7%）解决了润滑、携岩、井壁不稳和储层保护等问题；中海油服（固体MEG加量为7%）解决了月东、仙鹤作业区块作为鱼虾养殖区和国家湿地保护区的环保问题，泥饼摩擦系数始终维持在0.1以下，保证了8次取心作业的圆满完成及多项目测井作业的一次成功，下套管一次到位；中国石油川庆钻探工程公司在剑门1井深井的成功应用（固体MEG加量为7%），解决了深井超长小井眼段的抗温、润滑防卡、膏盐及盐水污染、压差卡钻等复杂问题；中国石化西南油气分公司（固体MEG加量为3%~12%）聚焦川西地区中浅层水平井钻井过程中存在的水平井段长、易卡阻、泥岩和砂岩交错导致井壁失稳且成本偏高等问题；青海油田通过推广MEG配套适用技术（固体MEG加量为2%~5%），创造了昆北水平井速度最快纪录。切12H10-11井井深2395m，钻井周期13.1天，完井周期15.42天，机械钻速15.9m/h。

2）其他烷基糖苷钻井液处理剂

MEG钻井液用于钻井作业时，体积分数在35%以上具有很好的保护储层、抑制泥页岩水化分散的作用，同时具有很好的润滑性，理想用量一般为45%~60%，显然此加量偏大。为此，除了MEG，国内同期在室内还开展了钻井液用其他烷基糖苷产品的研究，此类产品真正广泛用于现场钻井液虽尚存在差距，但颇具潜能。

此类产品中以乙基糖苷（ETG）、正丙基糖苷（BEG）、丙基糖苷（PEG）等的应用研究为多。中国石化勘探开发研究院采用葡萄糖和乙醇合成了ETG，以此研发了ETG钻井液（ETG推荐加量为2%~5%）。室内评价表明，该体系抗温150℃、抗盐不小于5%、抗钙不小于2%，油气层保护效果好，渗透率值为89%；且相较于甲酸钾、氯化钾等钻井液而言，ETG钻井液对新疆敏感地区水化分散能力较强的岩心具有更强的抑制能力。中海油服利用淀粉和乙醇合成了ETG，性能测试显示，当ETG加量为20%时，对基浆的润滑系数降低率和线性膨胀降低率均大于60%。中国石化勘探开发研究院在ETG上引入磺甲基，改性形成糖环取代糖苷钻井液：磺甲基乙基葡萄糖苷（SEG）。室内实验表明，SEG保持了ETG的优点，同时减弱了其起泡性；吸附性、与膨润土的作用能力较ETG进一步增强；降黏能力、防塌抑制性亦有所提高。相同的角度，渤海钻探钻井工艺所合成SEG溶液（SEG加量为5%~10%）的页岩膨胀率、回收率均比ETG显著提高；20%极压润滑系数降低率为70.36%，与

ETG 相当。中国石化勘探开发研究院则研发了无机盐-烷基糖苷钻井液；硅酸盐-ETG 糖苷钻井液。室内评价表明，5%$CaSO_4$、25%NaCl 共存 150℃ 热滚 24h，性能良好；10.5%膨润土在 150℃ 热滚 24h，表观黏度仅上升 4.5mPa·s，表明钻井液具有较好的固相承载能力；滚动回收率为 86.2%，线性膨胀率为 16.3%，表明泥页岩稳定效果良好。胜利油田以玉米淀粉为原料合成了 BEG 和 PEG(推荐加量为 7%)，室内研究表明，钻井液页岩滚动回收率分别为 98.2%和 96.6%，润滑系数分别为 0.027 和 0.029，较同等 MEG 加量下钻井液抑制性和润滑性有所提高；且具良好的抗污能力。山东师范大学和西部钻探克拉玛依钻井工艺研究院合作研发了由烷基糖苷、DM5512 甜菜碱、1631 制备的离子型复合起泡剂 QR-1，可作为耐温耐盐耐油微泡体系的起泡剂，在矿化度为 $1.0×10^5$ mg/L 的基液中仍能保持良好性能。

在此方面，本课题组亦开展了系列工作。针对 MEG 中的非极性基团(甲基)太短、疏水性较弱、抑制性不强、吸附膜不能有效隔离井壁岩石与钻井液等局限性，本课题组采用三甲基硅烷基等多支链结构替代甲基、增大空间位阻，不仅增强了糖苷结构的疏水性，又能降低了起泡性因素，具有较强的抑制性。以葡萄糖与三甲基氯硅烷为原料合成三甲基硅烷基葡萄糖苷(TSG)，并考察了 TSG 对膨润土线性膨胀率的影响，结合泥球实验和防膨实验进一步考察了 TSG 对黏土水化膨胀、分散的抑制作用。实验结果表明：TSG 具有较好的抑制黏土水化膨胀、分散的作用。在质量分数为 10%的 TSG 水溶液中，膨润土的线性膨胀率仅为 54.62%，防膨率为 79.07%。在 TSG 水溶液中浸泡的泥球水化膨胀程度明显降低。室温下，TSG 对水基钻井液具有增黏作用，滤失量较基浆得到了一定的控制，且摩阻系数降低。

课题组研发了以国产树胶为原料的天然杂聚糖苷绿色钻井液处理剂 SJ 系列，参照《钻井液用页岩抑制剂评价方法》(SY/T 6335—1997)，测试页岩在 SJ 水溶胶液中的线性膨胀率并与油田常用的其他几种抑制剂相比较；通过测定 SJ 水基钻井液失水后滤液和滤饼浸出液的化学需氧量和生化需氧量，其比值为指标评价了 SJ 水基钻井液对环境的影响和可生物降解性。室内实验结果表明，该系列产品中 SJ-4 具有较强的抑制性和分子聚集成膜性，在水和岩石矿物颗粒之间的表面张力和界面张力低，加量为 2%~4%即可基本满足水基钻井液抑制性和润滑性的要求；与其他处理剂的配伍性良好；杂聚糖大分子呈线型，使其在水基钻井液中表现出一定的增黏性；环多羟基分子结构单元使其具有良好的抑制水合物结垢作用，从而表现出一定的抗冻性；在各种条件下的生物降解性较高，可直接排放。通过江苏油田通过两年的现场应用，建立了天然杂聚糖苷基绿色钻井液及其相关应用工艺。取得了良好的环境效益、经济效益和社会效益。

进一步地，为了减少钻井和压裂作业时油田化学工作液的总耗材量和总排放量，以 SJ 作为通用工作液主剂进行钻井-压裂通用水基基础工作液的研究，参照《钻井液测试程序》(SY/T 5621—1993)评价了通用水基工作液作为钻井液的性能。实验结果表明：钻井液流变性、滤失性和抑制性满足油田应用要求，而且抗温能力良好，能够抵抗 2800mg/L 的 Ca^{2+}、1900mg/L 的 Mg^{2+}、2500mg/L K^+ 的污染。探索了钻井液转化成压裂液的一体化工艺，参照《水基压裂液性能评价方法》(SY/T 5107—2005)评价转化后的压裂液性能。实验结果表明：以 SJ 为主剂的水基钻井液可以向压裂液转化，实现钻井-压裂水基基础工作液通用的目标，转化后的压裂液抗温极限为83.3℃，流变性、滤失性、携砂性、抗剪切性、破胶性、配伍性以及破胶后残渣含量均可以满足油田应用要求。

本课题组所研发的另一种天然杂聚糖苷类衍生物杂聚糖苷（KD-03）是适用于低固相钻井液的多功能处理剂。KD-03作为钻井液处理剂已经在江苏油田工业化生产并应用，实践证明KD-03在钻井液中具有以下作用：①能有效避免或减少黏土矿物的水化膨胀和分散，表现出较强的抑制性；②分子的聚集成膜性产生了良好的造壁性和降滤失效果，能有效地控制由于固相微粒和滤液侵入地层而引起的储层损害；③在水和岩石矿物颗粒之间的低表面张力和低界面张力能有效降低因滤液滞留效应而引起的储层损害，并给泥饼表面带来一定的润滑作用；④环状多羟基分子结构单元使其具有良好的抑制水合物结垢作用，表现出一定的抗冻性；⑤大分子主链呈线型，使KD-03在水基钻井液中表现出一定的增黏性。上述③、④两项同时存在使KD-03在水基钻井液中表现出一定的极压润滑性。此外，KD-03在地面条件下易于生物降解，所组配的钻井液是理想的环保型钻井液。

与目前聚合糖类钻井液处理剂的性能类似，KD-03需要靠提高用量来增大黏度、降低滤失量，在应用中也存在缺点，如：在用量较少时滤失量偏大，而增加用量虽能降低滤失量，但同时会引起体系黏度过度增大。要应用KD-03，应调整聚合糖钻井液的组成，扩展聚合糖钻井液应用范围，使之满足不同地层现场生产要求。本课题组研究了KD-03水解聚丙烯腈盐低固相钻井液的各项性能评价，测试了不同用量的三种水解聚丙烯腈盐与KD-03组配钻井液的密度、黏度、电导率、滤失量等性能参数，开发了一种非稠化型钻井液体系，为进一步优化KD-03水解聚丙烯腈盐低固相钻井液现场应用工艺提供实验依据；环境友好的钻井液用羧-胺类小分子抑制剂（月桂酸-二乙烯三胺产物、油酸-四乙烯五胺产物）对泥页岩的抑制作用及其与KD-03糖浆的配伍性，为理想型胺类抑制剂的研发提供新思路；此外，为充分利用当地优势天然资源，开发环保型油田化学材料，探索了核桃青皮作为钻井液添加剂的作用效能及其与KD-03钻井液的配伍性。结果表明，配伍性良好、悬浮岩屑性能得以强化、滤失造壁性和乳化性较好，这为进一步开发天然、高效油田化学品奠定基础。

3）阳离子烷基糖苷钻井液处理剂

页岩气水平井钻井的发展对钻井液抑制性的进一步提高提出了更高要求。国外通常是通过复配其他处理剂以减小烷基糖苷的加量，实现在降低成本的同时满足强抑制性的需求。国内则从钻井液技术进步的根源出发，在MEG钻井液的基础上，针对烷基糖苷的缺陷，基于分子设计，研发了不同种类改性烷基糖苷钻井液，获得在环保、性能、应用成本等方面与烷基糖苷相比具有显著优势的系列改性烷基糖苷类处理剂，并以其为基础，形成了改性烷基糖苷类油基钻井液体系。糖苷分子上的醇羟基具有较高活性，易于进行分子修饰和分子扩链成抑制性更强、抗温能力更高的糖苷衍生物，形成加量较低，性能更优的改性糖苷钻井液。中原石油工程公司基于分子设计和合成设计，研发了以阳离子烷基糖苷（CAPG）和聚醚胺基烷基糖苷（NAPG）为代表的烷基糖苷衍生物产品。目前CAPG和NAPG已经规模化生产，并大规模应用于现场评价。

阳离子烷基糖苷（CAPG）兼具烷基糖苷和季铵盐的双重性能，是当今钻井液处理剂研发的热点方向之一。从分子结构讲CAPG是一类带有烷基和季铵基的糖苷，是基于对非离子烷基糖苷进行季铵化改性所合成的一类新型阳离子表面活性剂。因此，CAPG既保留了烷基糖苷固有的优良性能，同时兼具阳离子表面活性剂的特殊性能。具体而言，体现表现为以下特点：低毒、易生物降解，与阴离子表面活性剂复配能力强、杀菌性能强、临界胶束浓度低、润湿性和渗透性优异。

目前CAPG的合成主要包括一步法直接合成、醚化再季铵化、苷化再季铵化三种方法；国外关于阳离子型烷基糖苷的合成研究较多，主要以专利形式发布。目前已生产并投放市场的CAPG类型集中在：单烷基糖苷单季铵盐、双烷基糖苷双季铵盐、双烷基糖苷三季铵盐、烷基糖苷叔胺季铵盐等。相关产品主要有：甲基糖苷三甲铵盐、甲基糖苷三乙铵盐、甲基糖苷三丙铵盐、甲基糖苷三丁铵盐、甲基糖苷十二烷基二甲基铵盐、乙基糖苷三甲铵盐、乙二醇糖苷三甲铵盐、丙基糖苷三甲铵盐、丁基糖苷三甲铵盐、辛基糖苷三甲铵盐、癸基糖苷三甲铵盐、十二烷基糖苷三甲铵盐、十四烷基糖苷三甲铵盐等。

值得一提的是，司西强等聚焦CAPG的设计、合成、性能评价、现场应用，开展了大量工作，取得了系列成果。他们基于分子结构进行优化设计，将季铵阳离子基团桥接到烷基糖苷分子上制得了加量更低、抑制性能更好的系列阳离子CAPG钻井液，经系统性能测试后，首次将CAPG用于钻井液，分别在中江16H井、春17侧钻井、意11井开展了现场试验。研究结果表明，CAPG钻井液抑制性能优异，能够有效解决长水平段泥页岩的井壁失稳问题，对国内外钻井液处理剂的升级及钻井液新体系的开发提供新思路。此外，室内评价表明由CAPG与其他处理剂或材料等组成的CAPG钻井液，不仅抑制性、润滑性能优于MEG钻井液，而且环保性能同样令人满意（半数效应浓度EC_{50}达到126700mg/L）。现场应用亦表明，该钻井液具有良好的抑制防塌和井壁稳定效果，摩阻低、润滑性好，有利于提高机械钻速，和储层保护，同时可生物降解、无毒无害，符合绿色钻井液发展方向。他们针对黄金坝页岩气水平井的地质和工程情况，研发并应用了以CAPG、NAPG、APG为核心主剂的烷基糖苷衍生物水基钻井液技术，以吸附量、Zeta电位、龙马溪页岩浸泡实验等进行抑制性评价，以极压润滑系数、泥饼黏滞系数、抗磨性能测试等进行润滑性评价，结合流变性测试，优化出最优配方和加量，以及不同粒度级配（0.03~100μm）纳米-微米封堵材料，形成ZY-APD高性能水基钻井液。在昭通和长宁页岩气应用3井次，水平段最长1700m，解决了石牛栏组和龙马溪组地层破碎带坍塌掉块问题，起下钻、下套管畅通，避免了同类井应用水基钻井液钻井出现的复杂情况，同比该区块国内外高性能水基钻井液技术和成本优势明显。

4）聚醚胺基烷基糖苷钻井液处理剂

聚醚胺基烷基糖苷（NAPG）是在CAPG基础之上发展而来，因其将聚醚胺和烷基糖苷二者作为一个NAPG分子上的二个不同的结构单元，而集聚醚、有机胺、烷基糖苷优点于一体，赋予了NAPG钻井液体系优异的抑制防塌性能和稳定性。作为中国石化中原石油工程有限公司研发、推广应用的又一类烷基糖苷衍生物钻井液处理剂，NAPG广受关注。

室内研究发现，NAPG钻井液体系耐温达160℃，其0.1%水溶液一次页岩回收率达96.8%，相对抑制率达99.31%，表明在NAPG较低含量时，该体系即可对岩屑的水化分散起到较强的抑制作用。2013年以来，以NAPG为主剂形成的ZY-APD钻井液、类油基钻井液在顺南6井、YS108H8-5井、云页-平6井等20余口井现场应用证实，NAPG常规水基钻井液配伍性好、井壁稳定、防塌效果突出。其中顺南6井钻井液中加入0.5%NAPG后，掉块显著降低，该井平均井径扩大率仅为3.92%，而邻井顺南1井则为17.3%。

近两年，为了进一步提升钾铵基钻井液的抑制防塌效果，解决钻头泥包难题，中国石化中原石油工程有限公司基于NAPG与钾铵基钻井液的良好配伍性，充分利用钾离子较低的水化能和较小的离子半径，在保持钾铵基钻井液体系KCl含量(5.0%~7.0%)的基础上引入NAPG抑制剂，并结合流变性能、膨润土含量以及抑制防塌性能测试等优化了NAPG-钾铵基钻井液配方。室内试验表明，NAPG能够改善钾铵基钻井液流型，提高钻井液的抑制防塌效果。随后，鄂尔多斯盆地杭锦旗区块二开造斜段和三开水平段现场应用证实，NAPG-钾铵基钻井液配伍性好、抑制防塌效果突出、固相清洁能力强，有效地降低了井下复杂时间，缩短了钻井周期，提高了开采效率。

2.7 木质素基钻井液处理剂

2.7.1 木质素的化学结构与性能

1）木质素的化学结构

木质素来源丰富，是植物细胞壁的重要组成部分，大量存在于木材、竹、草等造纸原料中，在自然界中的蕴藏量仅次于纤维素，是第二大可再生天然酚类高分子化合物。木质素相对分子质量约为2000~1000000，分子结构复杂，其基本结构是由苯丙基(C_9)结构单元通过C—O键或C—C键连接而成的复杂的、无定形的三维空间网状结构。根据苯丙烷的侧链取代基不同，木质素分为松柏醇、香豆素以及芥子醇3种不同形式，其结构式分别如图2-7-1所示。各基本单元连接的方式主要包括β-O-4，β-5，β-1等。

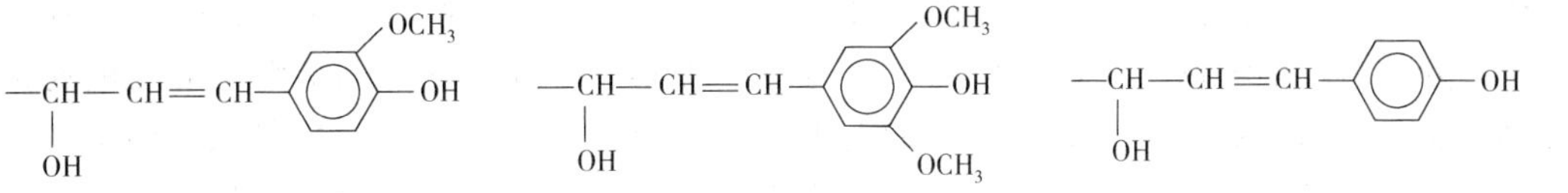

图2-7-1 三种形式木质素结构式

不同植物种类，植物不同生长阶段，其木质素的含量和成分是不同，加之重复单元间缺乏有序规律性，迄今为止，木质素是最难认识和利用的天然高分子之一。尽管如此，木质素仍凭借其分子结构中含有众多不同类型的官能团以及无毒、可生物降解、可再生等先天优势，广为关注；加之木质素主要以造纸工业废水和农作物废弃秸秆形式存在，价格低廉，在材料综合利用相关领域备受推崇。

2）木质素的化学改性

木质素作为唯一含有芳环结构且廉价、丰富、无毒的天然高分子，其在材料领域的高值化利用一直备受关注。木质素化学改性是获得高性能、低成本改性木质素衍生物的有效途径。木质素因分子中存在芳香基、酚羟基、醇羟基、羰基、羧基、甲氧基、共轭双键等多种活性官能基团而能够进行卤化、硝化、酚化、烷基化和去烷基化、酰化、氨化、酯化、磺甲基化、氢解、接枝共聚等多种化学反应。

(1) 木质素的磺化改性和硫化改性。

通常用作钻井液处理剂的是水溶性木质素磺酸盐(LS)。LS 是一类高分子电解质,通常由含有天然木质素的造纸废液经直接分离或磺化改性获得。木质素通过磺化或磺甲基化反应在分子链上引入磺酸基团,通常采用的磺化剂为亚硫酸盐,在甲醛存在时则发生磺甲基化反应。作为木质素的磺化产物,LS 分子上含有双键及甲氧基、羟基(包括酚羟基和醇羟基)、磺酸基、醚键等官能团,在一定条件下能与多种物质发生改性反应,包括氧化剂氧化、金属离子络合、磺化剂磺化、甲醛缩合或接枝等。LS 是一种强还原性物质,多种氧化剂都可以氧化它。相较于酸性条件而言,氧化作用在碱性条件下更容易进行。

木质素根据制浆工艺不同,可制得酸木质素(酸制浆)和碱木质素(烧碱制浆)两种。国内外磺化改性木质素的产品来源多为改性亚硫酸盐法造纸制浆废液和碱法造纸制浆黑液。相较于碱法造纸制浆黑液的木质素产物而言,亚硫酸盐法造纸制浆废液改性后产品的水溶性、分散性、表面活性均更好。因此,对亚硫酸盐法造纸制浆废液磺化改性是具有实用价值的一种方法。

亚硫酸盐法造纸制浆废液的磺化改性,一般采用的是高温磺化法,即将木质素与 $NaSO_3$ 在 150~200℃ 下进行反应,在木质素侧链上引入磺酸基,得到水溶性好的产品。Sokalova 等指出在氧化剂作用下,木质素的自由基磺化反应可在较低温度下进行。此外,在合成木质素酚醛树脂反应过程中,能够利用硫对木质素的去甲基化改性,在原甲氧基的位置引入酚醛基,以增加木质素的反应活性。利用硫化改性木质素取代 60% 的苯酚可制得性能更好的木质素酚羟树脂。

(2) 木质素的接枝共聚改性。

木质素的接枝共聚改性是在其主链上连接不同组成的支链,通常可分为两种方式:一是在木质素分子主链上引入引发活性中心,引发第二单体聚合形成支链,包括链转移反应法、大分子引发剂法以及辐射接枝法。二是通过功能基反应将带末端功能基的支链连接于带侧基功能基的主链上。其中常见的烯类单体包括丙烯酰胺、甲基丙烯酰胺、丙烯酸、丙烯腈和苯乙烯等。磺化木质素等也可以用甲醛、苯酚、亚硫酸盐反应产物进行共缩聚改性,以进一步提高产物抗盐性。此外,木质素能够和诸如褐煤、栲胶(及其衍生物)等其他天然高分子在甲醛存在下发生缩合反应,所得新产品兼具木质素磺酸盐和栲胶双功能产品,可用作钻井液降黏剂。

2.7.2 木质素基钻井液处理剂研究

木质素基钻井工作液处理试剂已达到 6 个大类 25 个品种,在工作液性能调节方面起着至关重要的意义,涉及钻井及开采的诸多方面,主要涉及钻井工作液性能参数的调节、完井工作液液和固井工作液中多种工况以及储层保护的要求。木质素磺酸盐(LS)是此类产品中广泛用于钻井液中的一大类处理剂,被认为是一种用于多功能组合的水基钻井液的良好添加剂。在分散体系的水基钻井液中,主要用作降黏剂和降滤失剂。

1) 降黏剂

我国油田早期使用的 LS 类降黏剂主要是铁铬木质素磺酸盐(FCLS)和木质素磺酸铬镁盐(CMLS),这二者均兼有一定的降滤失作用。20 世纪 60 年代,尚处于环境因素不够被重视的钻探早期阶段，FCLS成为广泛使用的钻井液降黏剂；并成为应用时间较长，且累积用量最多，具有较好的降黏、抗盐及抗高温能力，能够用来处理钙及饱和盐水钻井液，耐温性能可达180℃。然而，此类降黏剂尚存在以下缺点：含有毒金属铬；呈弱酸性，用量增多时会降低钻井液的pH值显著降低；适用范围处于pH=8~11的较窄范围内；用量大，容易发生井壁内泥饼黏滞性变坏。鉴于此，该产品在20世纪90年代开始受到应用限制。研究人员在无污染降黏、降滤失剂方面开展了大量的工作，无铬木质素磺酸盐（NCLS）类钻井液处理剂的研究与应用越来越广泛和深入。

在我国早期的研究中，黄进军等对LS在钻井液中的降黏、絮凝作用机理及影响因素进行研究，对其钻井液处理剂的应用具有指导意义。夏小全等对其研制的NCLS类产品CT进行了性能测试，后经四川油田30余口井次现场试验表明，该产品在淡水、饱和盐水以及石膏钻井液体系中均有良好的降黏效果，抗温能力达150℃，能够代替NCLS，以消除铬对环境的污染。钱殿存等以LS、钛铁矿粉、氧化剂为原料亦制得NCLS类产品XD9201，用作钻井液降黏剂，具有良好的降黏效果，抗盐达饱和，抗温大于150℃，适用于多种水基钻井液体系。苏长明等以LS、腐植酸盐、有机膦等为原料合成了钻井液降黏剂XG-1，经胜利和中原等油田50余口井应用获得了良好的效果，具有较强的抗温（大于80℃）和抗盐能力，适用于淡水、海水以及饱和盐水钻井液。马宝岐等以落叶松树皮为原料，制成TL92Y钻井液降黏剂，具有无毒和价廉等特点，可用于高温深井。尉小明等以LS与AM和MA烯类单体接枝共聚制得钻井液降黏降滤失剂MGAC-2。该产品作为钻井液降黏剂，具有较强的抗盐抗钙能力，可用于水基泥浆。张黎明等制得LS-栲胶接枝共聚物（LGV）用于钻井液降黏剂，结果表明，在合成中引入栲胶能够增强产物在黏土中的吸附性。王中华等采用丙烯酸、2-丙烯酰胺基-2-甲基丙磺酸、二甲基二烯丙基氯化铵单体与LS接枝共聚，合成了一种无毒、无污染的新型钻井液降黏剂，LS引入新的基团后产品用作钻井液降黏剂具有很强的耐温、抗盐和抗钙镁污染的能力，在淡水钻井液、盐水钻井液、聚合物钻井液和含钙钻井液中均具有较好的降黏作用，同时还具有较强的防塌能力。

近几年，王松等以LS为主要原料，经过甲醛缩合、接枝共聚、金属络合及磺化处理等一系列改性反应，制备了降黏剂PNK，性能优于国内外同类产品，具有较强的抗高温抗盐污染能力和抑制性，能够显著降低水基钻井液黏度和切力。李骑伶等采用对苯乙烯磺酸钠、马来酸酐、LS为原料，过硫酸铵为引发剂合成了接枝改性木质素磺酸钙降黏剂（SMLS）。构效关系分析表明，SMLS凭借拆散钻井液中的黏土网状结构降低钻井液的黏度和切力，降黏性能优异，在淡水钻井液、盐水钻井液、钙处理钻井液中的降黏率分别达到80.77%、75.00%以及70.50%，具有良好的抗盐性能。SMLS耐温性能好，在150℃以下的降黏作用几乎不受老化温度的影响，在经200℃老化16h后加量为0.4%的SMLS在淡水钻井液中的降黏率仍可达到70%。

2）降滤失剂

我国油田早期使用的木质素类降滤失剂为甲醛-木质素磺酸钠缩合物和磺化木质素磺甲基酚醛树脂共聚物（SLSP）。SLSP以木质素磺酸盐、磺化酚醛树脂、甲醛为原料制得。产品具有一定的抗温抗盐能力，用作水基钻井液体系的抗高温抗盐降滤失剂，兼具一定的降黏作用，价格低廉，可适用于高钙、高盐及深井钻井液。一般加量为1%~3%。

王中华等所研发的 AM/AMPS/木质素磺酸接枝共聚物降滤失剂 L2(1%水溶液)表观黏度≥10.0mPa·s。研究表明,当 AMPS 用量为 20%、LS 用量处于 50%~60%时,能够得到成本较低、降滤失效果较好的接枝共聚物。该接枝共聚物在淡水钻井液、饱和盐水钻井液以及复合盐水钻井液中均具有较好的降滤失效果、较强的抗盐抗温以及抗钙、镁能力。此外,他们所研发的 AMPS/DMAM/AN-木质素和褐煤接枝共聚物用作钻井液处理剂,亦具有较好的降滤失、抗温、抗盐和较强的抗钙、镁污染的能力,可用于各种类型的水基钻井液体系,尤其适用于含钙、镁的盐水钻井液、淡水钻井液以及石膏钻井液体系,其用量为 0.5%~1.5%。

本课题组张洁老师早期先后在南京林业大学李忠正课题组和西南石油大学罗平亚课题组开展了 LS 衍生物作为钻井液处理剂相关研究工作,随后在西安石油大学继承和发展。主要包括合理开发利用国内天然产物、系统开展 LS 衍生物性能评价与构效分析、拓宽植物酚类油田化学品在聚合物钻井液中的应用范围。

兴安落叶松是我国东北林区特有树种,蓄积量大且人工后备资源十分雄厚,在国内现有树种中,兴安落叶松的蓄积量和木材产量已占第一位,是我国北方造纸工业的主要木材原料。安落叶松树皮一直是国内凝缩类栲胶生产的主要原料。起初,植物酚类油田化学品只用于分散型钻井液中。为了拓宽植物酚类油田化学品在聚合物钻井液中的应用,为合理开发利用国内丰富的兴安落叶松资源,研究了必安落叶松树皮中酚类化合物经适当的化学改性反应后,酚类化合物之间发生适度的化学结合,在适宜的范围内提高其相对分子质量;所得产物添加到不分散聚合物钻井液中,可得到比纯聚合物钻井液的流变性能和失水造壁性能均更好的改性酚类强化聚合物抑制性能的钻井液,从而拓宽天然酚类化合物作为油田化学品的应用范围。研究了兴安落叶梧树皮经碱性磺化浸提(150~180℃,3~6h)后,所得酚类磺化物再经络合(70~90℃,30~100min)、偶合(70~100℃,1~6h)、缩合(70~100℃,1~6h)、交联(50~60℃,30~90min)多步化学改性,制备聚合物钻井液添加剂的新方法。所得添加剂中相对分子质量在 5000 以上级分的摩尔分数>80%,其分子上含有 3 种亲水基团:$w(-SO_3H)= 13.4\%$,$w(-COOH)= 8.26\%$,$w(Ph-OH)= 0.96\%$;该添加剂在黏土颗粒表面发生吸附包被的摩尔分数为 93.9%,在聚合物钻井液中的添加量为 $0.01kg/m^3$ 时,降黏率和降滤失率分别为 65.8%和 42.9%。

在此基础上,比较研究了从兴安落叶松树木、马尾松木材、纯化木麻黄单宁中提取植物酚类磺酸盐,在适宜的氧化反应条件下,所得氧化产物的相对分子质量分布、亲水官能团的含量变化、在黏土颗粒表面的吸附包被能力,以及对聚合物钻井液抑制性的影响。实验结果表明,氧化酚类磺酸盐比酚类磺酸盐具有更多的大分子和更高的平均相对分子质量,当木质素磺酸盐和多酚磺酸盐的配比适宜时,所得到的氧化酚类磺酸盐具有最高平均相对分子质量;氧化酚类磺酸盐在黏土颗粒表面的吸附包被能力远远强于酚类磺酸盐,能够使聚合物钻井液的抑制性得以强化,当氧化酚类磺酸盐的平均相对分子质量增大时,这种强化作用更为强烈;氧化酚类磺酸盐比酚类磺酸盐具有更高的羧基含量、更低的磺酸基和酚羟基含量。这一探索为聚合物钻井液抑制性能的植物酚类稀释剂及其在钻井液中的作用机理提供了理论依据。

通过对聚合物钻井液抑制性能的室内及现场研究,人们已注意到聚合物钻井液的抑制性不仅与所用主聚物及无机盐的种类有关而且与聚合物钻井液内部结构的性质密切相关。现场实践表明：强化聚合物钻井液抑制性能的基本途径是得到合理的钻井液内部结构，人们已在油田钻井中尝试了将相对分子质量在5000~100000的天然与合成高分子接枝物再与大分子主聚物复配使用，所得聚合物钻井液在使用过程中比纯聚合物钻井液具有钻屑紧实、主聚物损耗量少等优点。

为此，讨论了经络合-氧化-缩合-交联多步改性的兴安落叶松树木酚类磺酸盐CLT对不分散聚合物钻井液抑制性的影响，并与传统分散型钻井液稀释剂FCLS进行对比，实验结果表明：传统的经聚合改性的植物酚类磺酸盐FCLS加剧了聚合物钻井液中岩屑的水化分散，从而破坏了聚合物钻井液的抑制性；新型的经络合-氧化-缩合-交联多步改性的植物酚类磺酸盐CLT增强了聚合物在岩屑表面的吸附包被能力，从而强化了聚合物钻井液的抑制性。

为了深入研究木质素磺酸盐衍生物作为钻井液处理剂的性能，充分利用木质素资源，采用木质素磺酸盐与甲醛、伯/仲胺通过Mannich反应制备了系列木质素磺酸盐Mannich碱钻井液处理剂，利用红外光谱对其结构进行了表征，通过室内实验考察了木质素磺酸盐Mannich碱对水基钻井液黏度、切力和滤失量等因素的影响。结果显示，该类化合物在水基钻井液中具有增黏和降滤失作用，并且其性能与Mannich碱结构单元中胺甲基上的取代基链长密切相关，呈现出了一定的规律性变化，部分木质素磺酸盐Mannich碱具有一定的抗温性。合成出的木质素磺酸盐的Mannich碱，可作为所钻遇地层中硫化氢的吸收剂，钻井作业后废弃钻井液中的木质素磺酸盐Mannich碱残余可生物降解成为有机肥料，符合环境保护，碱可作为多功能钻井液处理剂深度开发。

随后将木质素磺酸钙Mannich碱LM与杂聚糖高温密闭下进行聚合反应，与杂聚糖SJ反应制备出系列聚糖-木质素SL。SJ杂聚糖苷是天然杂聚糖衍生物，其主要糖基为L-鼠李糖、L-阿拉伯糖、D-半乳糖、D-木糖和D-葡萄糖醛酸等，在水基钻井液中可作为主要的造浆材料。利用红外光谱对其进行结构表征，室内考察了SL作为钻井液处理剂对水基钻井液的黏度、切动力和滤失量等性能的影响。结果表明，常温下多数聚糖-木质素在水基钻井液中具有增黏作用和弱的降滤失作用，在高温热处理(180℃×24h)后，对钻井液大多有一定的稀释作用，塑性黏度都比较适中，可明显改善塑性黏度和动塑比，且具有一定的降滤失作用。与基浆相比，SL水不溶物处理的钻井液的塑性黏度PV、切动力YP、表观黏度AV、静动力G均有所增加，但明显低于SL水溶物处理的钻井液的相应指标；与LS、SJ钻井液相比，SL水不溶物处理的钻井液，动塑比显著提高，滤失量小于SL水溶物处理的钻井液，降滤失性能优良，其中水不溶物SL_{1-2}(合成原料中的胺为二甲胺)处理钻井液的降滤失性效果最好，高温处理后滤失量仅为12.7mL。

实际上，木质素-聚糖LCC(Lignin-Carbohydrate Complex)复合体在木材化学领域的研究已证明，木质素和聚糖以化学键的方式结合在一起并以LCC的形式存在于植物中，是继纤维素、木质素和半纤维素之后的重要化学成分。制浆造纸化学领域的研究发现，高温连续蒸煮一定时间后，大多数LCC分子链不但不断裂，而且还有新的LCC结构不断生成。虽然这是纸浆产品中木质素难以彻底清除的症结所在，但LCC比木质素或聚糖具有更突出的抗温性能，这正是合成新的抗高温钻井液处理剂所期望的特有性质。课题组采用工业木质素磺酸盐与杂聚糖 PG 及杂聚糖衍生物 SJ 反应，制得木质素磺酸盐-聚糖复合物（SLCC）。评估了 SLCC 在淡水基浆钻井液中的作用效能，考察不同固相合成反应条件下，所合成的 SLCC 处理水基钻井液的流变性能、降滤失性能、抑制页岩膨胀性能等参数。DSC 分析说明，固相合成 SLCC 的方法是可行的；木质素与杂聚糖适宜的反应温度为 160~180℃，合成产物 SLCC 中木质素与杂聚糖主要以醚键结合；$SLCC_{PG}$ 和 $SLCC_{SJ}$ 均具有一定的抑制页岩水化膨胀的能力，能够有效吸附在黏土颗粒的表面，减少钻井液中的自由水，从而有效抑制页岩的水化膨胀。

更进一步，将 UV/H_2O_2/草酸铁络合物法这种新类型 Fenton 高级氧化技术引入 LCC 钻井废液处理。即，在 UV/Fenton 体系中引入草酸盐，反应体系中生成 $Fe(C_2O_4)^+$、$Fe(C_2O_4)_2^{2-}$ 和 $Fe(C_2O_4)_3^{3-}$ 等络合物具有光化学活性，提高了体系对光线和 H_2O_2 的利用率，使反应系中·OH 产生能力明显提高，增强了体系的氧化能力，有利于反应体系对难降解、高浓度有机物的降解。同时，可降低 H_2O_2 的用量，扩大 UV/Fenton 的 pH 值适用范围（3~8）。课题组利用 Box-Behnken 实验设计，采用 UV/H_2O_2/草酸铁体系去除聚糖-木质素钻井液废液 COD 的条件进行优化。结果表明：在优化实验条件 H_2O_2 加量 0.75%（体积分数），H_2O_2/$FeSO_4$ 物质的量之比为 3.0∶1，$FeSO_4/K_2C_2O_4$ 物质的量之比为 2.5∶1 时，经 UV/H_2O_2/草酸铁体系处理后聚糖-木质素钻井液废液的 COD_{Cr} 去除率为 70.51%，与预测值接近。

另一方面，LS 用作钻井液中的一大类处理剂在水基钻井液中主要被用作抗温稀释剂和降滤失剂，其作用机理体现在两方面：①处理剂通过其分子上的吸附基团在黏土颗粒表面吸附，形成一定的溶剂化膜，稳定黏土胶体颗粒，使钻井液中黏土粒子的聚集-分散程度适中，从而保证钻井液的流变性、滤失造壁性和抑制性以及其他相关性能满足钻井作业要求；②处理剂分子中水化基团的水溶性好，则能够增强处理剂高分子链的亲水性，从而使所处理钻井液中黏土粒子表面形成较强的亲水溶剂化层，产生抗温的作用效能。为了强化 SL 作为钻井液用处理剂的吸附效能，增强钻井液的稳定性，采用化学修饰的方法增加 SL 的吸附基团或者水化基团，以优化其作用效能，利用其与甲醛的羟甲基化反应制备了羟甲基化木质素磺酸盐；采用红外光谱仪、X 射线粉末衍射仪、扫描电镜等分析了其结构；测定了改性前后的木质素磺酸盐对钻井液流变性、降滤失性、黏土水化膨胀抑制性等性能的影响。结果显示，改性后的羟甲基化木质素磺酸盐的整体结构变化不大，但羟基数量增加，与水的相溶性增强。与木质素磺酸盐相比，羟甲基化木质素磺酸盐在室温下对基浆有较强的提黏作用，经 180℃ 高温老化后降黏、降滤失作用有所增强，形成的泥饼厚度降低，对黏土水化膨胀的抑制作用增强。

此外，课题组注意到木质素分子为网状结构，而非链状结构，这样就使得部分官能团包裹于分子之中，不能有效地发挥其吸附、水化等作用，此外，这种团聚结构也使得其生物降解性差，降解速度缓慢。为了强化木质素磺酸盐作为钻井液用处理剂的效能，增强钻井液的稳定性，课题组采用硝酸以木质素磺酸盐为原料，用硝酸处理制备硝化-氧化木质素磺酸盐（NOLS），优化了反应条件，并采用红外光谱对产物进行了表征，将产物作为水基钻井液添加剂评价其作用效能。实验结果表明，在低温（0~15℃）NOLS 对钻井液具有一定的提黏作用和降滤失作用，经 180℃ 高温老化后，0℃ 和 15℃ 下的产物可以显著降低钻井液的塑性黏度、动切力、表观黏度，硝酸用量较少合成的 NOLS 对钻井液塑性黏度、动切力和表观黏度有一定的降低作用，降黏效果优于 LS。高温老化后 NOLS 不具有好的降滤失作用，形成的滤饼较基浆和 LS 处理浆的滤饼薄。室温下 NOLS 对黏土的水化膨胀的抑制作用优于 LS。

木质素化学理论研究成果已表明：木质素经氧化氨解后，能够增大其衍生物中吸附基团(—NH_2)和水化基团(—COOH)的相对含量。课题组运用该相关理论研究成果来为进一步改善木质素衍生物在钻井液中的抗温稀释和降滤失效能，采用工业木质素磺酸盐为原料制备了氧化氨解木质素，并将其用作钻井液处理剂。考察了反应温度、pH 值及氧化剂和氨化剂用量诸反应条件对氧化氨解木质素作为钻井液处理剂作用效能的影响。结果表明：优化条件下制备的氧化氨解木质素在其处理浆中，室温下具有增大动切力和降低滤失量作用；高温下具有降低动切力和滤失量作用，氧化氨解木质素处理浆于 180℃老化 16h，其降滤失率为 11.4%；与工业木质素磺酸盐相比，氧化氨解木质素在钻井液中的降切作用减弱，抗温性增强。

更进一步地，氨化木质素具有木质素大分子的人工腐殖化结构特征，其分子中的有机氮在微生物作用下缓慢释放，不仅可以处理污泥中钙等有害成分，同时作为一种缓释性肥土材料在土壤化肥中的应用前景可观。采用实验室自制的氨化木质素处理油田污泥，通过处理前后污泥中钙离子含量、污泥疏松度、含水率的变化对氨化木质素处理效果进行评价。评价结果表明，氨化木质素处理后的油田污泥中可被置换的钙含量减少，络合钙含量增加，从而降低了污泥排放对土壤的损害程度；污泥疏松度及显微结构分析均表明，氨化木质素能有效改善油田污泥疏松度；氨化木质素可在很大程度上增加油田污泥吸水率。

最后，木质素的纳米技术在石油和天然气行业的应用伴随在过去几十年迅速发展的纳米粒子技术而得以改善。纳米粒子超细尺寸(<100nm)和高表面积与体积比，允许工程师通过改变钻井液来改变钻井液的流变性适合所需的纳米粒子的组成，类型或尺寸分布钻井条件，而无须其他昂贵的添加剂。近年来，已有大量研究报道纳米粒子作为添加剂在钻井液配方中的应用。其优点包括流体流变特性的改善，滤失量的降低和摩擦系数、传热率的增加，页岩层-提高能力，抑制天然气水合物的形成。这也为木质素衍生物钻井液处理剂的设计与功能实现提供了契机。

3 天然高分子基钻井液体系研究

3.1 杂聚糖 SP 基钻井液体系研究

3.1.1 杂聚糖 SP 的交联改性及其作为钻井液添加剂研究

为能够有效地提高天然杂聚糖(称为 SP 胶)水溶胶液的黏度,采用环氧氯丙烷对杂聚糖进行交联改性,探究环氧氯丙烷对天然 SP 胶交联改性反应的适宜条件,评价改性后的杂聚糖衍生物 SP-1 在水基钻井液中的增黏、降滤失、抗温抗盐以及抑制页岩水化膨胀能力等性能,以期开发新型杂聚糖类钻井液添加剂。

目前,对于杂聚糖的改性研究主要包括接枝改性技术和交联改性技术。杂聚糖的改性主要集中于杂聚糖与丙烯酰胺类等乙烯基共聚物的接枝改性但是,丙烯酰胺类等乙烯基共聚体不仅在自然界中的降解周期长,而且其降解后的产物-丙烯酰胺单体会给人和动物的神经系统造成损伤。杂聚糖的交联改性主要选择 Cr^{3+}、Zr^{4+} 等金属离子、有机或无机硼作为交联剂,而金属离子在自然水源迁移中会对环境造成损害。

1) 体系构建

(1) 环氧氯丙烷对 SP 交联改性原理。

与常用聚糖类产品的交联剂如醛类、三聚磷酸钠等相比,环氧氯丙烷反应温和,易于控制,交联醚键化学稳定性好。通过 SP 分子链引入羟丙基,不仅可以增加 SP 的水溶性,使分子在水中更加舒展,而且通过环氧基与部分分子间进行交联,增长分子链,从而有效地提高 SP 水溶胶的黏度,同时抗温性也得到提高。环氧氯丙烷对 SP 交联改性可能的反应式如图 3-1-1 所示。

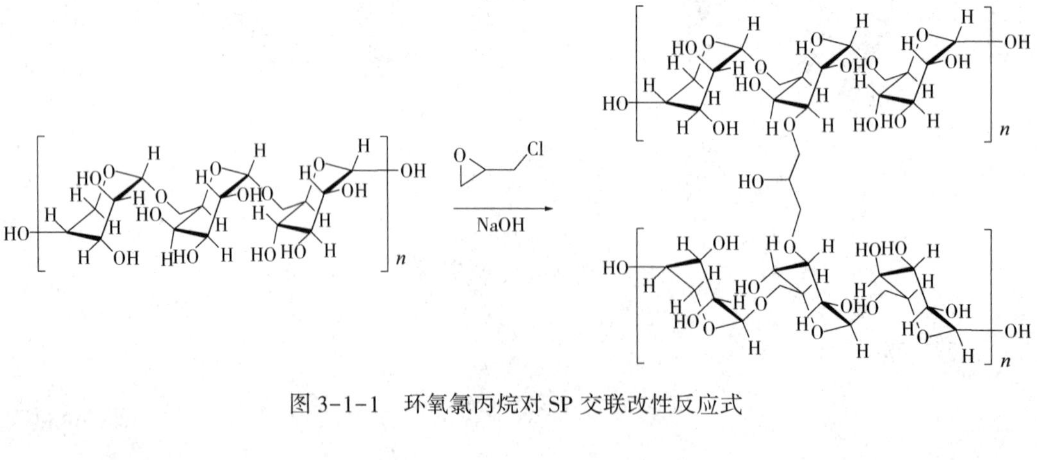

图 3-1-1 环氧氯丙烷对 SP 交联改性反应式

3 天然高分子基钻井液体系研究

(2) SP 交联改性反应条件的优化。

环氧氯丙烷对 SP 胶的交联改性反应主要受反应温度、pH 值和环氧氯丙烷的用量等因素影响,采用正交实验对影响因素进行考察,正交实验结果如表 3-1-1 所示。采用极差法分析实验数据,确定 SP 改性反应的优化反应条件,极差法分析实验数据结果见表 3-1-2。

表 3-1-1 L9(3^3) 正交实验结果

实验编号	AV/mPa·s	FL_{API}/mL	相对于基浆		相对于 SP	
			增黏率/%	降滤失率/%	增黏率/%	降滤失率/%
基浆	3.8	27.8				
SP	4.5	19.4	20.0	30.2		
1	7.5	15.4	100.0	44.6	66.7	20.6
2	9.8	13.0	160.0	53.2	116.7	30.0
3	9.3	15.6	146.7	43.9	105.6	19.6
4	7.5	15.4	100.0	44.6	66.7	20.6
5	8.0	18.0	113.3	35.3	77.8	7.2
6	9.0	13.0	140.0	53.2	100.0	33.0
7	7.5	14.0	100.0	49.6	66.7	27.8
8	8.0	13.6	113.3	51.1	77.8	29.9
9	8.0	14.4	113.3	48.2	77.8	25.8

表 3-1-2 极差法分析实验结果

项目	A	B	C
K1	406.7	300.0	353.3
K2	353.3	386.7	373.3
K3	326.7	400.0	360.0
极差 R	80.0	100.0	20.0

由表 3-1-1 和表 3-1-2 可以得出交联改性反应的优化反应条件为:反应温度 50℃,反应 pH 值 10,环氧氯丙烷的加量 56.4g/100g SP。从表 2-6 可知,pH 值是 SP 交联改性反应的主要影响因素,其次是环氧氯丙烷的用量,温度的影响最小。

(3) 反应 pH 值的确定。

为进一步确定 SP 交联改性反应适宜的反应条件,设计单因素试验。固定反应温度为 50℃,环氧氯丙烷的用量为 56.40g/100g SP,通过添加一定量的氢氧化钠或乙酸溶液改变反应体系的 pH 值,进行 SP 交联改性反应。考察不同反应 pH 值下 SP-1 处理浆表观黏度和滤失量的影响,结果见表 3-1-3。

表 3-1-3 不同 pH 值下 SP-1 处理浆性能参数

处理浆	pH 值	AV/mPa·s	PV/mPa·s	YP/Pa	FL/mL	增黏率/%	降滤失率/%
基浆		3.8	2.0	1.8	27.8		

续表

处理浆	pH 值	AV/mPa·s	PV/mPa·s	YP/Pa	FL/mL	增黏率/%	降滤失率/%
0.5%SP-1	2	5.3	3.1	2.2	25.3	40.0	9.0
	4	5.6	3.3	2.3	22.8	48.0	17.8
	8	9.7	7.2	2.5	14.9	157.3	46.4
	10	9.8	5.6	4.2	13.0	160.0	53.2
	12	8.9	5.9	3.1	15.6	138.7	43.9

由表 3-1-3 可知，当反应 pH 值小于 7 时，SP-1 处理浆的表观黏度、塑性黏度和动切力与基浆性能接近。当反应 pH 大于 7，SP-1 对水基钻井液的增黏性和降滤失性等作用效能均有不同程度的提高。当反应的 pH 为 10 时，SP-1 处理浆表观黏度最大，滤失量最小。可能的原因是在碱性条件下，通过脱质子化反应，使 SP 分子的羟基活化，易与环氧氯丙烷进行交联反应，但是碱性过强环氧氯丙烷发生自聚，有效交联度降低，因此，交联改性反应的 pH 值控制在 10。

（4）环氧氯丙烷用量的确定。

固定反应温度为 50℃，反应的 pH 值为 12，改变环氧氯丙烷的用量，对 SP 进行交联改性，交联改性后的产物 SP-1 添加至基浆中，考察 SP-1 对基浆性能的影响，结果见表 3-1-4。

表 3-1-4　不同环氧氯丙烷的加量对 SP-1 处理浆作用效能影响

处理浆	环氧氯丙烷/ (g/100g SP)	AV/ mPa·s	PV/ mPa·s	YP/ Pa	FL/ mL	增黏率/ %	降滤失率/ %
基浆	0	3.8	2.0	1.8	27.8		
0.5%SP-1	11.2	7.5	4.9	2.7	14.5	100	47.8
	22.4	7.0	4.2	2.9	16.0	86.7	42.6
	44.8	9.1	5.2	4.0	14.4	142.7	48.1
	56.4	9.8	5.6	4.2	13.0	160.0	53.2
	68.6	9.0	5.1	3.87	14.1	140	49.2

由表 3-1-4 可知，随环氧氯丙烷的加量的逐渐增大，SP-1 处理浆的表观黏度逐渐增加，滤失量逐渐降低。这是由于环氧氯丙烷作为交联剂使 SP 胶的分子之间发生交联，在碱性条件下，环氧氯丙烷用量的增加使杂聚糖衍生物分子侧链之间形成烷基桥联，分子链长增加，使得杂聚糖衍生物对黏土粒子的吸附作用增强，从而提高 SP-1 处理浆增黏性及降滤失能力。当环氧氯丙烷的加量为 56.40g/100g SP 时，SP-1 在水基钻井液中表观黏度较大，滤失量较低。因此，确定适宜的环氧氯丙烷用量为 56.40g/100g SP。

（5）反应温度的确定。

固定反应 pH 值为 10、环氧氯丙烷的加量为 56.40g/100g SP，改变反应温度，通过六速旋转黏度剂测定流变参数和中压滤失液测定滤失参数，评价 SP-1 处理浆流变性和滤失性能，考察反应温度对交联改性反应的影响，实验结果如表 3-1-5 所示。

表 3-1-5 不同反应温度对 SP-1 处理浆作用效能的影响

处理浆	反应温度/℃	AV/mPa·s	PV/mPa·s	YP/Pa	FL/mL	增黏率/%	降滤失率/%
基浆	30	3.8	2.0	1.8	27.8		
0.5%SP-1	30	6.8	4.5	2.3	19.2	80.0	30.8
	50	10.5	6.1	4.5	13.1	178.7	52.9
	60	9.85	6.2	3.7	15.2	162.7	45.3
	70	9.6	6.2	3.8	17.1	156.0	38.6
	80	9.0	5.9	3.1	15.6	138.7	43.9

由表 3-1-5 可知，在反应温度为 50℃时，SP-1 处理浆表观黏度较大，滤失量较小。随着反应温度的升高，SP-1 处理浆滤失量降低，流变性得到较好的改善。由于反应温度升高，SP-1 分子在碱性溶液中的水解程度增加，环氧氯丙烷分子的交联反应速率增加。当反应温度超过 50℃，SP-1 在水基钻井液中的增黏性和降滤失能力均有不同程度的降低。主要是因为，随着反应温度的升高，SP 水解加剧；同时，交联反应的副反应增加，环氧氯丙烷分子之间的聚合反应速率增加。因此，确定交联改性适宜的反应温度为 50℃。

2) 性能评价

为更近一步说明，经过交联改性后的 SP-1 在水基钻井液中的综合效能。通过上述实验，在优化的反应条件下制备 SP-1，评价 SP-1 处理浆作用效能，抗温性及抑制页岩水化膨胀能力。

(1) SP-1 对钻井液流变性和滤失性能的影响。

参照水基钻井液现场测试程序标准中规定的方法，使用 ZNN-D6S 六速旋转黏度计测定钻井液表观黏度(AV)、塑性黏度(PV)、动切力(YP)；使用 SD6 中压滤失仪测定钻井液的滤失量(FL)。采用 SD6 多联中压滤失仪和 ZNN-D6S 型六速旋转黏度计，测试不同浓度的 SP 和优化条件下合成的 SP-1 对基浆作用效能的影响，并与基浆的性能进行比较，实验结果如表 3-1-6 和表 3-1-7 所示。

表 3-1-6 SP 和 SP-1 处理浆性能参数对比

处理浆	用量/%	AV/mPa·s	PV/mPa·s	YP/Pa	FL_{API}/mL	YP/PV/[Pa/(mPa·s)]
基浆		3.7	2.0	1.8	27.8	0.89
KD-03	0.5	6.1	5.0	1.1	16.0	0.22
SJ	0.5	6.0	4.0	2.0	20.0	0.50
SP	0.5	4.5	3.0	1.5	19.4	0.51
	1.0	6.3	4.5	1.8	14.0	0.40
SP-1	0.5	9.8	5.6	4.2	13.0	0.75
	1.0	16.0	9.0	7.2	11.2	0.80

表 3-1-7 SP-1 对水基钻井液增黏降滤失效能的影响

处理浆	用量/%	相比于基浆		相比于 SP 处理浆	
		增黏率/%	降滤失率/%	增黏率/%	降滤失率/%
SP	0.5	20.0	30.2		
	1.0	66.7	49.6		

续表

处理浆	用量/%	相比于基浆		相比于SP处理浆	
		增黏率/%	降滤失率/%	增黏率/%	降滤失率/%
SP-1	0.5	160.0	53.2	116.7	33.0
	1.0	326.7	59.7	255.6	42.0

由表 3-1-6、表 3-1-7 可知,在水基钻井液中,随 SP-1 用量的增加表现出一定的增黏性和降滤失性。经过环氧氯丙烷交联改性后,1%(m/v)SP-1 处理浆的增黏率为 326.7%,增黏效能明显提升,降滤失率也明显提高,达 59.7%。

(2) SP-1 对水基钻井液抗温性的影响。

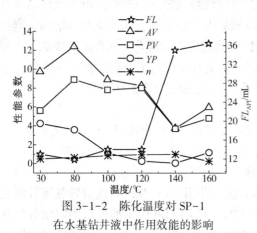

图 3-1-2 陈化温度对 SP-1 在水基钻井液中作用效能的影响

将一定量的 SP-1 水溶胶加入基浆中,高速搅拌 20min,在 30~160℃内分别滚动加热 16h 后,冷却至室温,测试各组处理浆的流变性能参数和滤失量,通过分析实验数据,确定 SP-1 处理浆的抗温极限,结果如图 3-1-2 所示。

由图 3-1-2 可知,随陈化温度的升高,SP-1 处理浆的表观黏度先升高而后逐步降低。30~80℃时,随着温度的升高 SP-1 处理浆的表观黏度和塑性黏度均有提升,滤失量降低,这是因为随温度升高,SP-1 溶解度增加,分子链更加舒展。80~120℃时,SP-1 处理浆的表观黏度略有降低,塑性黏度随温度的升高降低幅度较小,钻井液的流变性稳定,滤失量也能够维持在 15mL 以下。100~120℃时,塑性黏度略有回升,表明在钻井液中 SP-1 分子之间以及分子与钻井液中各种悬浮粒子之间形成的网架结构稳定,SP-1 分子未显著降解,分子链较卷曲,分子中环醇羟基上的正电部分未能充分裸露出来,吸附在钻井液中带负电的黏土表面,增强 SP-1 大分子与黏土粒子的吸附桥联作用。

120~160℃时,SP-1 处理浆的表观黏度、塑性黏度以及动切力先降低而后略有上升,滤失量有所上升,但是流性指数 n 变化较小,钻井液流变性能基本稳定。这主要是由于随着温度的升高,SP-1 分子逐渐降解,分子链变短,分子的伸展程度逐渐提高,分子与黏土粒子间的桥联作用逐渐增强,经过高温老化之后,黏土水化分散程度增加,黏土颗粒更加分散,此外分子的热运动加剧,削弱 SP-1 分子在黏土表面的吸附作用,致使 SP-1 的护胶能力减弱。因此,经过交联改性后,温度在 30~120℃范围内,SP-1 能够保持较好的稳定钻井液流变性能和降滤失的能力。

(3) SP-1 对水基钻井液抗污染能力的影响。

为了进一步考察 Ca^{2+}、Mg^{2+} 以及 K^+ 对 SP-1 处理浆的作用效能的影响,分别在钻井液中添加不同浓度的氯化钙、氯化镁和氯化钾,测定 SP-1 处理浆的流变性参数和滤失性能参数,评价 SP-1 处理浆的抗 Ca^{2+}、Mg^{2+} 以及 K^+ 污染的能力,实验结果如表 3-1-8、表 3-1-9 和表 3-1-10 所示。

3 天然高分子基钻井液体系研究

表 3-1-8　SP-1 处理浆的抗钙盐污染实验结果

$CaCl_2/mg \cdot L^{-1}$	$AV/mPa \cdot s$	$PV/mPa \cdot s$	YP/Pa	$YP/PV/[Pa/(mPa \cdot s)]$	FL_{API}/mL	n	K
0	9.3	5.5	3.8	0.70	16.2	0.51	0.28
3000	8.3	4.5	3.8	0.85	18.8	0.46	0.35
5000	6.8	4.0	2.8	0.70	23.0	0.51	0.21
8000	6.5	4.0	2.6	0.64	24.4	0.53	0.17

由表 3-1-8 可知，当 Ca^{2+} 浓度达到 3000mg·L^{-1} 时，SP-1 处理浆的表观黏度和塑性黏度略微下降，动切力保持不变，动塑比提升，流性指数略微降低，稠度系数略有增大，滤失量增大，说明钻井液的流变性能稳定，而且剪切稀释性能增强。当 Ca^{2+} 浓度在 3000~8000mg·L^{-1} 范围内时，SP-1 处理浆的表观黏度和塑性黏度逐渐降低，动切力也略微减小，动塑比降低，滤失量逐渐增大。此时，钻井液的流性指数与为加入 Ca^{2+} 时基本稳定，稠度系数略有降低，钻井液保持一定剪切稀释性，且适当地降低稠度稀释可以提高钻速。钻井液受到 Ca^{2+} 污染后，由于 Ca^{2+} 易与蒙脱土中的 Na^+ 发生离子交换，将钠蒙脱土转化为钙蒙脱土，降低水化能力；钙离子会压缩黏土颗粒表面的扩散双电层，使水化膜变薄，电位下降，致使黏土晶体面-面和端-面聚结增加，黏土颗粒间发生聚结，分散度下降。SP-1 为非离子型杂聚糖，受 Ca^{2+} 影响较小，经过环氧氯丙烷交联改性后，SP-1 分子链增长，支化程度也增加，能够吸附在黏土颗粒表面，分子中的环醇羟基裸露在表面，有效地阻挡黏土颗粒间的聚结。因此，在 Ca^{2+} 浓度在 0~8000mg·L^{-1} 范围内，SP-1 处理浆能够较好地抵抗 Ca^{2+} 的污染。

表 3-1-9　SP-1 处理浆的抗镁盐污染实验结果

$MgCl_2/mg \cdot L^{-1}$	$AV/mPa \cdot s$	$PV/mPa \cdot s$	YP/Pa	$YP/PV/[Pa/(mPa \cdot s)]$	FL_{API}/mL	n	K
0	9.3	5.5	3.8	0.70	16.2	0.51	0.28
3000	10.5	6.0	4.6	0.77	14.4	0.49	0.37
5000	8.8	5.5	3.3	0.60	15.2	0.54	0.21
8000	7.8	5.0	2.8	0.56	14.6	0.56	0.16

由表 3-1-9 可知，当 Mg^{2+} 浓度达到 3000mg·L^{-1} 时，SP-1 处理浆的表观黏度和塑性黏度增大，动切力略微增加，动塑比也得到提升，流性指数减小，稠度稀释增大，滤失率降低。镁离子对提升 SP-1 处理浆的流变性和滤失性能有所帮助。当 Mg^{2+} 浓度在 3000~8000mg·L^{-1} 范围内，SP-1 处理浆的表观黏度和塑性黏度逐渐降低，动切力减小，动塑比降低，流性指数基本稳定，稠度系数有所减小。随着镁离子浓度的增加，SP-1 处理浆的流变性能略微减弱。钻井液的滤失量随着镁离子浓度的增加而逐渐减小，镁离子有助于 SP-1 处理浆的滤失性能的提升。因此，当 Mg^{2+} 浓度在 0~8000mg·L^{-1} 范围内，SP-1 处理浆能够较好抵抗 Mg^{2+} 的污染。

表 3-1-10　SP-1 处理浆的抗钾盐污染实验结果

$KCl/mg \cdot L^{-1}$	$AV/mPa \cdot s$	$PV/mPa \cdot s$	YP/Pa	$YP/PV/[Pa/(mPa \cdot s)]$	FL_{API}/mL	n	K
0	9.3	5.5	3.8	0.70	16.2	0.51	0.28
40000	15.3	5.5	9.9	1.81	29.2	0.29	2.13

由表3-1-10可知，当K^+的浓度为40000mg·L^{-1}时，SP-1处理浆的表观黏度增大，塑性黏度稳定，动切力逐渐增大，动塑比增大，流性指数减小，稠度系数增大，滤失量也增大。说明随着K^+浓度的增大，钻井液的流变性能和滤失性能减弱。可能是由于，随着K^+浓度的逐渐增大，黏土矿物颗粒表面的负电荷，吸附阳离子形成双电层，阳离子数目增多，压缩双电层，使扩散层厚度减小，ζ电位下降，黏土颗粒间的静电斥力减小，不同颗粒间端-面和端-端聚结趋势增强，黏土絮凝程度增加，致使钻井液的表观黏度、动切力、滤失量逐渐上升。

（4）SP-1的抑制页岩水化膨胀性能。

参照石油天然气行业标准钻井液用泥页岩抑制剂评价方法，制备岩心，采用线性膨胀量测定仪测定一定浓度的SP-1水溶胶液在不同时间的膨胀量，并计算线性膨胀率。参照《钻井液用页岩抑制剂评价方法》（SY/T 6335—1997），采用NP-01型页岩膨胀测试仪分别测试泥页岩在质量分数为0.5% SP-1水溶胶液中膨胀率随时间的变化关系。以岩心在自来水和10%硅酸钠溶液中的膨胀率作为参照，分别考察SP胶在改性前后抑制页岩水化膨胀性能，测试结果如图3-1-3所示。

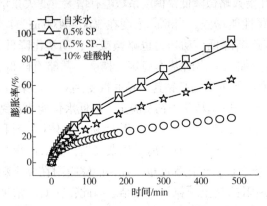

图3-1-3　SP和SP-1抑制页岩水化膨胀的性能

由图3-1-3可知，0.5%SP水溶胶抑制页岩水化膨胀性能与自来水抑制页岩水化膨胀性能相差无几。主要原因是SP在水中的溶解性较差，仅有少量溶解于水中，大部分只能溶胀，SP分子未能在页岩表面形成有效的"半透膜"，阻止自由水分子到达页岩表面。相比于SP，SP-1在8h的膨胀率由91.4%降低至34.2%，也明显优于10%硅酸钠溶液。这是由于SP分子链上含有较多的邻位羟基，部分分子间被环氧氯丙烷分子连接，在水中分散的SP分子链达到一定浓度时，能够形成网状结构，极性水化的羟基上带正电部分能够吸附在带负电的页岩表面并形成一层"连续半透膜"，阻止了钻井液中的自由水分子到达页岩表面；此外，经过环氧氯丙烷改性后，SP水溶性明显改善，杂聚糖分子链在水中更舒展，对页岩颗粒的桥联作用增强，从而抑制性能明显增强。

（5）泥球实验。

为更进一步探究SP-1水溶胶液抑制泥页岩的水化膨胀性能，制备相同质量的泥球，分别将其浸泡在自来水、1%SP和1%SP-1（质量分数）水溶胶液中，观察记录不同浸泡时间下泥球的吸水率和外观变化，实验结果如表3-1-11和图3-1-4所示。

表3-1-11　浸泡不同时间后泥球的吸水率及外观描述

浸泡液	泥球吸水率/%						外观描述
	10h	24h	36h	48h	60h	72h	
自来水	91.8	129.6	133.7	松软，无法称量			松软，崩散
1%SP	88.7	120.6	145.5	松软，无法称量		79.7	松软，有裂隙
1%SP-1	30.1	46.8	56.8	65.7	72.6		光滑完整

3 天然高分子基钻井液体系研究

自来水

SP水溶胶液

SP-1水溶胶液

图 3-1-4　泥球在自来水、1%SP 和 1%SP-1 水溶胶液中浸泡 36h 后的外观图

泥球实验结果见表 3-1-11 和图 3-1-4。由表 3-1-11 可知，随着泥球浸泡时间的延长，浸泡在自来水中的泥球吸水率急剧上升，而浸泡在浓度为 1%(m/v)SP-1 水溶胶液中的泥球吸水率上升较为缓慢，浸泡 36h 后泥球的吸水率仅为 56.8%，远低于在自来水和 SP 水溶胶液中泥球的吸水率。实验过程中观察到，泥球浸泡在自来水、SP 水溶胶液和 SP-1 水溶胶液中，泥球外观发生不同程度的变化：浸泡 36h 后，自来水中泥球体积明显增大，外表松软，且无法称量；SP 水溶胶液中的泥球外表松软，且有较大的裂隙；SP-1 水溶胶液中的泥球体积无明显变化，外观光滑完整且无明显的裂痕(图 3-1-4)。可能是由于在 SP-1 水溶胶液中，由于 SP-1 分子上的环醇羟基、糖苷键与泥球主要组分硅酸盐分子上的硅羟基(Si—OH)之间通过氢键连接形成网状结构，包裹着泥球，在泥球表面形成一层"硅锁封固壳"，阻止水分子进入泥球，阻挡泥球中黏土的进一步水化分散。

3) 构效分析(DSC 分析)

图 3-1-5 为 SP 和交联改性后 SP-1 杂聚糖粉末 DSC 图谱。从图 3-1-5 可知，随着温度的升高，SP 在 154.0℃ 左右开始出现吸热峰，相变的高峰温度在 159.0℃；而 SP-1 在 147.0℃ 附近开始出现吸热峰，相变的高峰温度在 156.17℃。这主要是因为 SP 经过环氧氯丙烷交联改性为 SP-1 后，其分子上部分—OH 改变为—O—，降低了 SP-1 分子内和分子间的氢键作用，使其相变温度向低温方向移动。

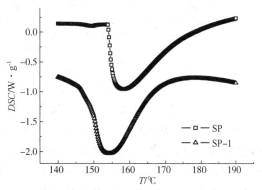

图 3-1-5　SP 和 SP-1 的 DSC 图谱

3.1.2　杂聚糖羧甲基化改性及其作为钻井液添加剂研究

羧甲基化改性是改善杂聚糖类化合物水溶性的有效途径。杂聚糖通过羧甲基化改性后，产物不仅水不溶物含量降低，水溶性较大幅度提高，同时，相比于天然杂聚糖，也可降低杂聚糖在水基钻井液中添加量，降低生产作业成本，提高经济效益。对于杂聚糖的羧甲基化改性，主要采用氯乙酸或氯乙酸钠作为醚化剂，水或醇为分散剂，在碱性介质中与杂聚糖缩合制得羧甲基化杂聚糖衍生物。黄启华等最早研究田菁胶的羧甲基化改性，合成了羧甲基田菁胶，其水不溶物含量相比于田菁胶降低 10 倍左右，在冷水中具有良好的分散性和

溶解性。

SP 胶的主要化学成分是天然杂聚糖。室温下，SP 胶仅少量溶于水，且水溶胶液黏度较低，绝大多数只能溶胀，在一定 pH 值的条件下，吸水膨胀后 SP 胶的体积增大 50~80 倍，但是在酸性条件下可被水解。因此，SP 胶不能直接作为水基钻井液的添加剂。本章以 SP 胶为原料，通过羧甲基化改性，改善 SP 胶对水基钻井液的流变性、滤失造壁性、抗温抗盐性以及抑制性等作用效能的影响。

1）体系构建

（1）杂聚糖羧甲基化改性原理。

在碱性条件下，杂聚糖 SP 胶分子上糖基单元的羟基与氯乙酸钠缩合，发生醚化反应，生成羧甲基化杂聚糖 SP-2。反应的步骤如下：

① 碱化：将杂聚糖分散在碱性介质中，颗粒发生膨胀，生成碱化杂聚糖：

② 羧甲基化反应：碱化后的杂聚糖，在碱性条件下，与氯乙酸钠反应，生成羧甲基杂聚糖：

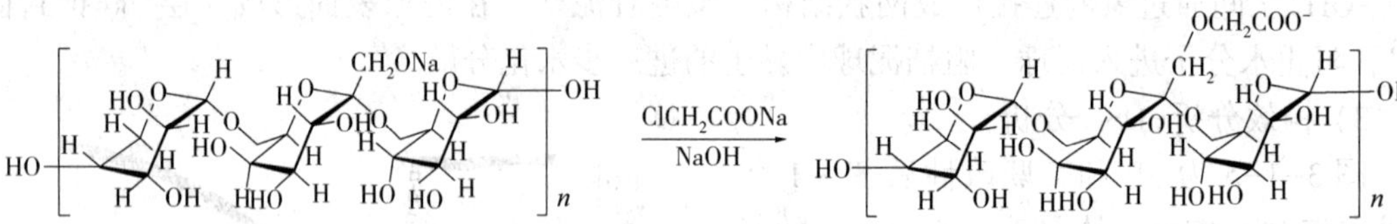

③ 副反应：氯乙酸钠在碱性条件下发生水解反应生成羟基乙酸钠，反应如下所示：

$$ClCH_2COONa + NaOH \longrightarrow HOCH_2COONa + NaCl$$

（2）SP 胶羧甲基化反应条件的优化。

SP 胶的羧甲基化反应主要受反应温度，反应 pH 值，羧甲基化试剂用量等因素的影响。为能更好地分析各影响因素之间的主次关系，设计了 $L9(3^3)$ 正交试验设计表进行室内评价。以 SP-2 在水基钻井液中增黏率作为评价指标，采用极差法分析试验数据结果，确定 SP 胶羧甲基化改性反应的优化反应条件，实验分析结果分别见表 3-1-12 和表 3-1-13。

表 3-1-12　$L9(3^3)$ 正交实验结果

实验编号	AV/mPa·s	FL_{API}/mL	相对于基浆		相对于 SP	
			增黏率/%	降滤失率/%	增黏率/%	降滤失率/%
基浆	3.8	27.8				
SP	4.5	19.4	20.0	30.2		
1#	9.8	13.0	160.0	53.2	116.7	33.0
2#	10.0	13.4	166.7	51.8	122.2	30.9
3#	11.0	13.2	193.3	52.5	144.4	32.0

续表

实验编号	AV/mPa·s	FL_{API}/mL	相对于基浆		相对于SP	
			增黏率/%	降滤失率/%	增黏率/%	降滤失率/%
4#	11.5	13.0	206.7	53.2	155.6	33.0
5#	10.9	13.8	189.3	50.4	141.1	28.9
6#	10.0	13.4	166.7	51.8	122.2	30.9
7#	8.5	14.0	126.7	49.6	88.9	27.8
8#	8.5	14.0	126.7	49.6	88.9	27.8
9#	10.0	13.6	166.7	51.1	122.2	29.9

表 3-1-13 极差法分析结果

项 目	A	B	C
K1	520.0	493.3	453.4
K2	562.7	482.7	540.1
K3	420.0	526.7	509.3
极差 R	142.7	44.0	86.7
优化条件	A_2	B_3	C_2

由表 3-1-12 可以得出改性反应的优化反应条件为：$A_2C_2B_3$，即反应温度为 50℃，反应 pH 值为 12，羧甲基化试剂用量为 20.28g/100g SP。由表 3-1-13 正交试验结果分析可知，羧甲基化试剂用量对杂聚糖衍生物 SP-2 处理浆增黏效果影响最大，其次是温度的影响，pH 值的影响最小。

为进一步考察羧甲基化改性反应的影响因素对 SP 胶羧甲基化改性反应的影响，进行单因素实验，确定反应条件。

(3) 羧甲基化试剂用量确定。

固定反应温度为 50℃，反应 pH 值为 12，选用氯乙酸钠作为羧甲基化试剂，改变羧甲基化试剂用量，以 SP-2 在水基钻井液中的增黏率和降滤失率作为评价指标，考察羧甲基化试剂用量对 SP 胶羧甲基化改性反应的影响。实验结果见表 3-1-14 和图 3-1-6。

表 3-1-14 羧甲基化试剂用量对 SP-2 处理浆的作用效能的影响

氯乙酸钠/ (g/100g SP)	AV/mPa·s	PV/mPa·s	YP/Pa	YP/PV/[Pa/(mPa·s)]	FL_{API}/mL	n	K
0	4.5	3.0	1.5	0.51	19.4	0.58	0.08
4.0	6.8	3.5	3.3	0.95	17.4	0.67	0.07
13.0	7.8	4.5	3.3	0.74	15.8	0.49	0.26
20.28	8.8	5.5	3.3	0.60	15.0	0.54	0.21
40.57	6.5	3.0	3.6	1.19	18.0	0.38	0.48
60.85	6.8	3.5	3.3	0.95	17.6	0.43	0.34

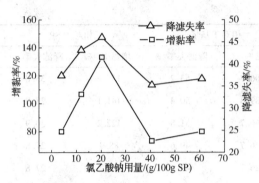

图 3-1-6 羧甲基化试剂用量对 SP-2
处理浆的增黏降滤失效能的影响

由图 3-1-6 可知,随羧甲基化试剂用量的增加,SP-2 处理浆的增黏率和降滤失率呈现先增加后逐渐降低的趋势,当羧甲基化试剂用量为 20.28g/100g SP 时,SP-2 处理浆的增黏率和降滤失率较大。羧甲基化试剂用量的增加有利于反应速率的提高,大量的 CH_2COO^- 与 SP 分子结合,提高了 SP 的溶解能力。但是羧甲基化试剂用量的增加也会影响 SP 分子与 CH_2COO^- 的接触,产生传质障碍,影响反应速率。同时羧甲基化试剂用量增加,副反应也有所增加。因此,羧甲基化试剂适宜的用量为 20.28g/100g SP。

(4) 羧甲基化反应 pH 值的确定。

考虑反应温度和羧甲基化试剂对 SP 胶改性反应的影响,固定反应温度为 50℃和羧甲基化试剂用量为 20.85g/100g SP,采用浓度为 0.1mol/L 氢氧化钠溶液或体积分数为 15% 乙酸溶液调节反应 pH 值,以 SP-2 处理浆的增黏率和降滤失率作为评价指标,考察 pH 值对 SP 胶羧甲基化改性反应的影响。实验结果见表 3-1-15 和图 3-1-7。

表 3-1-15 不同 pH 值对 SP-2 处理浆的作用效能的影响

pH 值	AV/mPa·s	PV/mPa·s	YP/Pa	YP/PV/[Pa/(mPa·s)]	FL_{API}/mL	n	K
3	5.3	4.0	2.3	0.58	18.0	0.69	0.04
4	6.0	4.0	5.1	1.28	15.4	0.58	0.11
8	8.3	5.0	3.6	0.72	14.4	0.52	0.23
9	9.5	5.0	4.6	0.92	14.9	0.44	0.46
10	10.0	6.5	3.6	0.55	14.4	0.57	0.20
11	10.0	7.0	3.1	0.44	15.0	0.62	0.14
12	10.3	5.5	4.9	0.88	14.2	0.45	0.46
13	9.8	5.5	4.3	0.79	16.0	0.48	0.36

由图 3-1-7 可知,当反应 pH 值小于 12 时,随 pH 值的增大,SP-2 处理浆的增黏率和降滤失率均逐渐增加,在 pH 值为 12 时 SP-2 处理浆的增黏率和降滤失率达到最大值,之后略有降低。当 pH 值为 12 时,SP-2 处理浆的增黏降滤失率效能较优。在羧甲基化反应中,氢氧化钠既是醚化反应的催化剂,也是醚化反应的反应物。同时,氢氧化钠作为催化剂,可以有效地破坏 SP 胶的晶区结构,使其形成无定型状态,与 SP 胶分子的羟基结合,形成活性中心。随

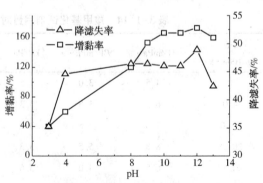

图 3-1-7 不同 pH 值对 SP-2 处理浆的
增黏降滤失效能的影响

着羧甲基化反应pH值的增加，SP对氢氧化钠的吸附能够破坏颗粒晶体区的致密结构，使SP不溶颗粒更易膨胀，分子更加舒展。但是当pH值超过12之后，导致SP胶部分降解，降低产物产率。因此，确定SP-2胶羧甲基化改性适宜的反应pH值为12。

（5）羧甲基化反应温度的确定。

考虑氯乙酸钠和反应pH值对SP胶改性反应的影响，固定反应pH值为12和羧甲基化试剂用量为20.85g/100g SP，改变反应温度，以SP-2处理浆的增黏率和降滤失率作为评价指标，考察反应温度对SP胶羧甲基化改性反应的影响。实验结果见表3-1-16和图3-1-8。

表3-1-16 反应温度对SP-2处理浆的增黏降滤失效能的影响

温度/℃	AV/mPa·s	PV/mPa·s	YP/Pa	YP/PV/[Pa/(mPa·s)]	FL_{API}/mL	n	K
30	8.3	5.0	3.3	0.66	15.4	0.52	0.23
50	11.6	7.5	4.2	0.56	13.2	0.56	0.24
60	9.3	5.5	3.8	0.70	14.0	0.51	0.28
70	10.0	6.0	4.1	0.68	14.2	0.51	0.29
80	10.0	5.0	5.1	1.02	14.5	0.42	0.58

由图3-1-8可知，随着反应温度逐渐升高，SP-2处理浆的增黏率先增加而后逐渐降低，降滤失率也呈现相同趋势。当羧甲基化改性反应温度为50℃时，SP-2处理浆的增黏率和降滤失率较大，增黏降滤失效能较优。实验表明，反应温度升高有利于加快反应速率，提高醚化度，但是也可能造成部分SP胶降解，同时副反应速率提高，致使SP-2的增黏效能降低。因此，适宜的羧甲基化改性反应温度为50℃。

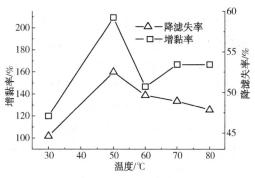

图3-1-8 反应温度对SP-2处理浆的增黏降滤失效能的影响

2）性能评价

（1）SP-2对水基钻井液流变性和滤失量的影响。

采用ZNN-D6S型六速旋转黏度计和SD6多联中压滤失仪，测定不同浓度的SP和SP-2处理浆的流变参数和滤失量，并与基浆性能参数进行比较，测定结果如表3-1-17和表3-1-18所示。

表3-1-17 SP和SP-2处理浆的性能

处理浆	用量/(g/100mL)	AV/mPa·s	PV/mPa·s	YP/Pa	YP/PV/[Pa/(mPa·s)]	FL_{API}/mL	n	K
基浆	0	3.7	2.0	1.8	0.89	27.8	0.45	0.17
SP	0.5	4.5	3.0	1.5	0.51	19.4	0.58	0.08
	1.0	6.3	4.5	1.8	0.40	14.0	0.64	0.07
SP-2	0.5	8.8	6.3	2.5	0.40	12.2	0.64	0.10
	1.0	12.5	8.0	4.6	0.57	10.0	0.56	0.27

表 3-1-18　SP-2 处理浆增黏降滤失效能

处理浆	用量/ (g/100mL)	相比于基浆		相比于 SP	
		增黏率/%	降滤失率/%	增黏率/%	降滤失率/%
SP	0.5	20.0	30.2		
	1.0	66.7	49.6		
SP-2	0.5	133.3	56.1	94.4	37.1
	1.0	233.3	64.0	98.4	28.6

由表 3-1-17、表 3-1-18 可知，相比于基浆，不同添加量 SP 和 SP-2 处理浆的表观黏度均有所提升，且在相同添加量下 SP-2 处理浆的增黏效能优于 SP 处理浆。随 SP 和 SP-2 添加量增大，处理浆的滤失量均有所降低，在相同浓度下 SP-2 处理浆的降滤失效能优于 SP。因此，SP 胶经过羧甲基化改性后，1%(m/v)SP-2 处理浆的增黏效能得到改善，增黏率为 233.3%，降滤失能力也得到提升，降滤失率达 64.0%。主要是因为，SP-2 分子链在钻井液中电离生成长链的多价阴离子，分子链上作为吸附基团的羟基和醚氧基，通过与黏土颗粒表面的氧形成氢键，还与黏土颗粒断键边缘的 Al^{3+} 之间形成配位键，使 SP-2 能够吸附在黏土颗粒上；分子链上的—COONa 通过强水化作用，增大黏土表面的 ζ 电位，使黏土颗粒表面水化膜变厚，阻止颗粒间的聚结，具有护胶作用；SP-2 分子链较长，使多个黏土微小颗粒同时吸附在分子链上，不同分子链间相互交错，形成布满整个体系的混合网状结构，提高黏土聚结稳定性，有利于形成致密的泥饼，高黏度和弹性的吸附水化层对泥饼也有一定的堵孔作用，从而降低滤失量。

(2) SP-2 在水基钻井液中抗温性。

将一定量的 SP-2 水溶胶液加入基浆，高速搅拌 20min，在 30~160℃ 范围内分别加热滚动陈化 16h 后，冷却至室温，测试基浆和 SP-2 处理浆的流变性能参数和滤失量，实验结果如表 3-1-19 和图 3-1-9 所示。

表 3-1-19　不同陈化温度下 SP-2 处理浆的性能的影响

处理浆	温度/ ℃	AV/ mPa·s	PV/ mPa·s	YP/ Pa	YP/PV/ [Pa/(mPa·s)]	FL_{API}/ mL	n	K
基浆	0	3.7	2.0	1.8	0.89	27.8	0.45	0.17
SP	30	4.5	3.0	1.5	0.51	19.4	0.58	0.08
SP-2	30	8.8	6.3	2.5	0.40	12.2	0.64	0.10
	80	10.5	7.5	3.1	0.41	14.6	0.64	0.13
	100	11.3	7.0	4.3	0.62	14.8	0.54	0.28
	120	8.5	5.0	3.6	0.72	16.0	0.50	0.27
	140	7.0	5.5	4.1	0.75	21.3	0.51	0.27
	160	7.0	4.0	3.1	0.77	32.0	0.49	0.25

由表 3-1-19 和图 3-1-9 所示，陈化温度在 30~80℃ 范围内，SP-2 处理浆的表观黏度和塑性黏度均逐渐增加，滤失量略有变化，动切力略微增大，动塑比保持稳定，流性指数和稠

度系数基本稳定。在此温度范围内，SP-2 处理浆的流变性能提升，滤失性基本稳定。可能是由于升高温度，SP-2 胶液的溶解性增加，SP-2 分子链更加舒展。在 80~100℃范围内，SP-2 处理浆的表观黏度略微增大，塑性黏度略微减小，动切力和动塑比增加，滤失量基本温定，流性指数减小，稠度系数增加。SP-2 处理浆的流变性能和滤失性能基本稳定，剪切稀释性能提升。温度的升高，SP-2 分子链更加舒展，分子链端的—COO⁻逐渐暴露在外端，与黏土颗粒晶体带负电荷之间的静电

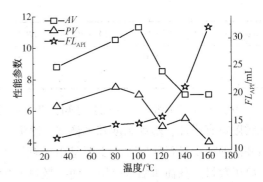

图 3-1-9　不同陈化温度下 SP-2 处理浆的性能参数

作用逐渐增强。塑性黏度减小，可能是由于少量 SP-2 发生降解。在 100~120℃范围内，SP-2 处理浆的表观黏度和塑性黏度逐渐降低，动切力略微减小，动塑比增大，滤失量增大，流性指数略减小，稠度系数基本不变。此时，SP-2 处理浆的流变性能和滤失性能略微削弱，剪切稀释性稳定。陈化温度继续升高，分子热运动加剧，SP-2 分子间或与黏土颗粒间形成的网架结构不稳定，SP-2 分子在黏土颗粒表面吸附作用减弱，部分 SP-2 逐步降解，致使钻井液流变性能和滤失性能减弱。在 120~160℃范围内，SP-2 处理浆的表观黏度和塑性黏度减小，动切力略有波动，动塑比稳定，滤失量逐渐增大，流性指数和稠度系数基本稳定。在陈化温度范围内 SP-2 逐步降解，对水基钻井液的作用效能降低。因此，在陈化温度在 30~100℃范围内，SP-2 处理浆的流变性能和滤失性能基本稳定，满足现场施工需要，超过此温度范围使用时，SP-2 在钻井液中减效甚至失效，建议现场添加其他抗温性添加剂配伍使用。

（3）SP-2 对水基钻井液抗盐能力的影响。

为了进一步考察 Ca^{2+}、Mg^{2+} 以及 K^+ 对 SP-2 处理浆作用效能的影响，分别在钻井液中添加不同浓度的氯化钙、氯化镁和氯化钾，测定处理浆流变参数和滤失性能参数，评价 SP-2 的抗 Ca^{2+}、Mg^{2+} 以及 K^+ 污染能力，实验结果如表 3-1-20、表 3-1-21 和表 3-1-22 所示。

表 3-1-20　SP-2 处理浆抗钙污染实验结果

$CaCl_2$/mg·L^{-1}	AV/mPa·s	PV/mPa·s	YP/Pa	YP/PV/[Pa/(mPa·s)]	FL_{API}/mL	n	K
0	8.5	5.0	3.6	0.72	16.6	0.5	0.27
3000	9.0	4.5	4.6	1.02	16.6	0.42	0.52
5000	7.5	4.5	3.1	0.68	19.4	0.51	0.22
8000	7.0	4.0	3.1	0.77	19.6	0.49	0.25

表 3-1-21　SP-2 处理浆抗镁污染实验结果

$MgCl_2$/mg·L^{-1}	AV/mPa·s	PV/mPa·s	YP/Pa	YP/PV/[Pa/(mPa·s)]	FL_{API}/mL	n	K
0	8.5	5.0	3.6	0.72	16.6	0.50	0.27
3000	10.0	4.3	5.8	1.35	15.8	0.35	0.91

续表

$MgCl_2$/mg·L^{-1}	AV/mPa·s	PV/mPa·s	YP/Pa	YP/PV/[Pa/(mPa·s)]	FL_{API}/mL	n	K
5000	8.0	4.8	3.3	0.68	19.0	0.51	0.23
8000	8.0	4.5	3.6	0.79	18.8	0.48	0.30

由表3-1-20和表3-1-21可知，当Ca^{2+}和Mg^{2+}浓度为3000mg·L^{-1}时SP-2处理浆表观黏度略有增加，塑性黏度基本稳定，滤失量未发生变化，动切力增大，动塑比有所提升，钻井液的剪切稀释性增强。主要是由于钙镁离子浓度的增大，增加黏土颗粒扩散双电层中阳离子数目，从而压缩双电层，使扩散层厚度减小，颗粒表面的ζ电位下降。在这种情况下，黏土颗粒间的静电斥力减小，水化膜变薄，颗粒的分散度降低，颗粒之间端-面和端-端连接的趋势增强，黏土的絮凝程度有所增加，导致处理浆表观黏度和动切力发生变化。由于SP-2分子链中含有大量的—COO^-，基团水化性能强，并且带有负电荷，可以使被钙离子压缩所降低的ζ电位得到补偿。因此，SP-2可以有效地阻止黏土颗粒间相互聚并的趋势，保持处理浆的流变性能，而且降低钙镁离子侵入后对处理浆的滤失性能的影响。

随着Ca^{2+}和Mg^{2+}浓度的增大，SP-2处理浆的表观黏度、塑性黏度略有降低，滤失量增大，动切力略有降低，但动塑比增大。说明SP-2处理浆的流变性能基本稳定，剪切稀释性提升。此外，随着钙离子浓度的增大，SP-2处理浆的流性指数n逐渐变小，说明钻井液能够有效地携带岩屑。当钙离子的浓度在5000~8000mg·L^{-1}范围内，SP-2处理浆的滤失量逐渐增大。分析原因，SP分子经过羧甲基化改性，分子的水化能力提升，SP-2分子在水相中更加伸展，增大与黏土分子吸附包裹的能力，在黏土颗粒表面形成一层有效的保护膜，能够抑制钙离子与蒙脱石中的钠离子的交换，降低钙离子对蒙脱石水化能力的影响。但是当钙离子浓度达到一定时，仍然有部分蒙脱石中钠离子被钙离子交换，使其转化为钙蒙脱石，而钙离子的水化能力远弱于钠离子，从而使蒙脱石絮凝程度增加，致使钻井液的滤失量增大。因此，SP-2处理浆能够有效地抵抗钙、镁污染的极限浓度为5000mg·L^{-1}。

表3-1-22　SP-2处理浆的抗盐污染实验结果

KCl/mg·L^{-1}	AV/mPa·s	PV/mPa·s	YP/Pa	YP/PV/[Pa/(mPa·s)]	FL_{API}/mL	n	K
0	8.5	5.0	3.6	0.72	16.6	0.50	0.27
40000	16.0	14.0	2.1	0.15	34.0	0.83	0.05

适量的KCl可以作为钻井液抑制剂，但是，当KCl浓度达到一定值时，也会影响钻井液的流变性和滤失量。由表3-1-22可知，当KCl浓度达到40000mg·L^{-1}时，SP-2处理水基钻井液的表观黏度和塑性黏度增大，动切力和动塑比减小，滤失量也增大。当K^+浓度增大，使压缩双电层的现象严重，黏土颗粒表面的ζ电位下降，水化膜变薄，黏土的絮凝程度增加，导致钻井液的黏度和滤失量均逐渐上升。因此，当K^+浓度达到40000mg·L^{-1}时，SP-2处理浆减效或失效。

（4）SP-2水溶胶液抑制性评价。

参照《钻井液用页岩抑制剂评价方法》（SY/T 6335—1997），采用NP-01型页岩膨胀测试仪分别测试岩心浸泡在0.5%（m/v）SP水溶胶液、0.5%（m/v）SP-1水溶胶液和10%（m/v）

硅酸钠溶液中不同时间的线性膨胀率，考察SP 胶在改性前后的抑制页岩水化膨胀性能，测试结果如图 3-1-10 所示。

由图 3-1-10 可知，随着测定时间的延长，SP-2 水溶胶液抑制页岩水化膨胀的能力明显优于相同浓度的 SP 水溶胶液和 10%硅酸钠溶液。说明经过羧甲基化改性后 SP-2 具有一定抑制页岩水化膨胀能力。究其原因，SP-2 分子链上具有羧基钠和羟基，能够有效地吸附在黏土颗粒的表面，而且可能以氢键的方式和水分子结合，减少钻井液中的自由水，从而有效地抑制页岩的水化膨胀；SP-2

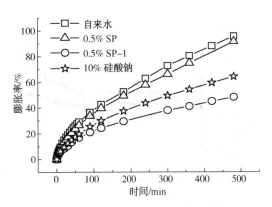

图 3-1-10　SP-2 水溶胶液的线性膨胀率随时间变化关系曲线

溶胶中不溶性悬浮胶体颗粒，在钻井作业过程中能够有效封堵页岩裂缝和孔隙，形成低渗透致密性滤饼，阻止滤液侵入地层，起到稳定井壁的作用。

（5）泥球实验。

为更进一步探究 SP-2 水溶胶液抑制泥页岩的水化膨胀性能，制备相同质量的泥球，分别将其浸泡在自来水、1%SP 和 1%SP-2（质量分数）水溶胶液中，观察记录不同浸泡时间下泥球的吸水率和外观变化，实验结果如表 3-1-23 和图 3-1-11 所示。

　　　自来水浸泡后　　　　　　SP水溶胶液浸泡后　　　　　SP-2水溶胶液浸泡后

图 3-1-11　泥球在自来水、1%SP 和 1%SP-2 水溶胶液中浸泡 36h 后的外观图

表 3-1-23　不同浸泡时间下泥球的吸水率和外观

浸泡液	泥球吸水率/%						外观描述
	10h	24h	36h	48h	60h	72h	
自来水	91.8	129.6	133.7	松软，无法称量			松软，崩散
1%SP	88.7	120.6	145.5	松软，无法称量			松软，有裂隙
1%SP-2	30.8	46.3	55.4	65.7	72.2	75.2	光滑完整

由表 3-1-23 可知，随着浸泡时间的延长，泥球在不同浸泡液中的吸水率随时间的延长而增大，而泥球在 SP-2 中的吸水率明显低于浸泡液为自来水和 SP 水溶胶液的泥球的吸水率，在 72h 时吸水率仅为 75.2%。实验过程中观察泥饼的外观发现，泥球在自来水和 SP 水溶胶液中浸泡 24h 之后，体积明显增大，外表松软，且浸泡 36h 之后已经无法直接称量；

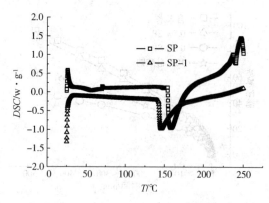

图 3-1-12　SP 和 SP-2 的 DSC 图谱

而泥球在 SP-2 水溶胶液中浸泡 24h 时，体积无明显变化，质地坚硬，外表光滑完整且无明显裂隙，直到浸泡 72h 之后，泥球外观依然光滑完整，体积略有增加。

3）构效分析（DSC 分析）

图 3-1-12 为 SP 和交联改性后的 SP-2 粉末的 DSC 图谱。从图 3-1-12 可知，随着温度的升高，SP 在 153.8℃ 左右开始出现吸热峰，相变吸热特征峰温度在 158.3℃；而 SP-2 在 142.6℃ 附近开始出现吸热峰，相变吸热特征峰温度在 145.8℃。SP-2 相变吸热峰温度比 SP 向低温方向移动。这主要是因为 SP 经过羧甲基化改性后，SP-2 分子中环醇羟基中部分—OH 改变为—O—CH$_2$—COO$^-$，分子侧链的体积增大，降低了 SP-2 分子内和分子间的氢键作用。

3.2　杂聚糖 SJ 钻井液体系研究

3.2.1　杂聚糖 SJ 的磺化改性及其作为钻井液添加剂研究

天然杂聚糖衍生物（SJ）是由植物胶热处理而得的一种新型钻井液处理剂，具有较好的抑制性。SJ 分子主要是由 L-阿拉伯糖、D-半乳糖、D-木糖、D-葡萄糖醛组成的长链分子，数均相对分子质量 $(30\sim120)\times10^4$，相对分子质量较大部分在水中不溶而形成悬浮溶液。为能够有效地提高 SJ 的水溶性，对其进行磺化改性，分别向糖链分子中引入带负电的磺酸基团。通过正交试验探究反应条件对改性反应结果的影响，优选反应条件。对比改性前后杂聚糖的水溶性及其在钻井液中的性能变化，以期开发新型杂聚糖类钻井液添加剂。

1）体系构建

（1）SJ 磺化改性反应原理。

利用环氧氯丙烷和亚硫酸氢钠反应合成 3-氯-2-羟基丙磺酸钠。以合成产物为磺化剂，在碱性条件下，与 SJ 糖链分子中的裸露羟基作用，发生醚化反应，得到改性产物（记为 SJS）。通过引入磺酸基，提高 SJ 大分子的水溶性，进而提高改性产品水溶胶液的黏度，改善其作为钻井液添加剂的性能。与传统利用浓硫酸-氯磺酸的磺化方法相比，反应更加安全、简便，副反应更少。植物聚糖 SJ 磺化反应原理如下：

(2) SJ 磺化改性反应条件的优化。

SJ 磺化改性反应结果主要受反应温度、反应 pH 值、反应时间、磺化剂加量的影响。为分析各条件对反应结果影响的主次关系，优选反应条件，采用正交实验对各因素进行考察。以改性前后处理剂对钻井液的增黏率为评价指标，正交实验结果如表 3-2-1 所示。采用极差法对反应结果进行分析，优选反应条件。分析结果见表 3-2-2，正交实验的均值主效应图如图 3-2-1 所示。

表 3-2-1 正交实验结果

实验编号	AV/mPa·s	FL/mL	相对 SJ 增黏率/%	降滤失率/%
SJ	4.70	20.5		
1	5.20	19.8	10.64	3.56
2	5.95	20.0	26.60	2.54
3	7.50	18.5	59.57	9.85
4	5.45	20.4	15.96	0.05
5	5.95	18.6	26.60	9.37
6	6.50	18.5	38.30	10.00
7	7.05	18.2	50.00	11.32
8	7.95	18.1	69.15	11.76
9	7.35	17.2	56.38	15.90

表 3-2-2 正交实验极差分析

项目	A	B	C	D
K1	96.81	76.59	118.08	93.63
K2	80.85	122.34	98.94	114.9
K3	175.53	154.26	136.17	144.69
极差 R	94.68	77.67	37.23	51.06
排序	1	2	4	3
优化条件	A_3	B_3	C_3	D_3

由正交实验极差分析结果可知，反应温度、反应 pH 值、反应时间、磺化剂加量对反应结果的影响均表现出一定的规律性。通过极差分析优选的磺化改性反应条件为 $A_3B_3C_3D_3$：即反应温度 90℃、反应 pH 值为 12、反应时间 12h、磺化剂与 SJ 质量比为 0.6∶1。四个反应条件中，反应温度是磺化改性结果的主要影响因素，其次是反应 pH 值、磺化剂加量，反应时间对改性结果的影响最小。

2) 性能评价

(1) 钻井液常温性能评价结果。

利用 ZNN-D_6S 型六速旋转黏度计和 SD_6 多联中压滤失仪，测定 SJS 加量为 0.3%、0.5% 时钻井液处理浆的流变性能、滤失量及泥饼润滑性能，并与基浆及 SJ 钻井液处理浆对比，结果如表 3-2-3 所示。

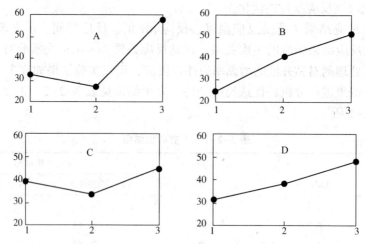

图 3-2-1　正交实验均值主效应图

表 3-2-3　改性前后处理浆性能对比

处理浆	AV/mPa·s	PV/mPa·s	FL/mL	tg	相对基浆		相对 SJ	
					增黏率/%	降滤失率/%	增黏率/%	降滤失率/%
基浆	2.0	3.2	27.5	0.0524				
0.3%SJ	4.0	2.6	22.5	0.0699	100.0	18.2		
0.5%SJ	4.7	3.3	20.5	0.0524	135.0	25.5		
0.3%SJS	8.1	4.6	19.1	0.0437	305.0	30.6	102.5	15.1
0.5%SJS	11.1	6.1	15.8	0.0349	452.5	42.6	135.1	22.9

根据常温性能测定结果可以发现，SJ 原糖在钻井液基浆中具有一定的增黏降滤失效果。经过磺化改性后，其在常温钻井液中的效能有所变化，随着加量的增加 SJS 表现出明显的增黏效果及降滤失效果。SJS 处理浆性能优于 SJ 处理浆，加量为 0.3%时增黏率为 102.5%，滤失量减少 15.1%，加量为 0.5%时增黏率达到 135.1%，滤失量减少 22.9%，滑块摩阻实验结果表明改性后钻井液处理浆形成的泥饼的润滑性也有一定程度提高。这可能因为磺化改性后糖链分子中引入亲水的磺基，提高了其水溶性；糖链中部分裸露的羟基被磺基取代，磺酸基的负电荷减弱了糖链分子中的氢键作用，使糖链更易在水中舒展，与黏土颗粒间的桥联作用增强，进而增强了钻井液处理浆的黏度。

（2）在水基钻井液中的抗温性。

配制杂聚糖加量分别为 0.3%、0.5%的钻井液处理浆，将钻井液分别在 90℃、120℃、150℃、180℃下高温老化 16h 后，测定钻井液流变性及滤失量，并与常温下的性能进行对比，SJ 处理浆性能测定结果如表 3-2-4 所示。

表 3-2-4　SJ 处理浆高温老化试验数据

温度/℃	添加量/%	AV/mPa·s	PV/mPa·s	YP/Pa	FL/mL
25	0.3	3.9	2.9	1.05	21.4
	0.5	4.1	2.8	1.25	19.4

续表

温度/℃	添加量/%	AV/mPa·s	PV/mPa·s	YP/Pa	FL/mL
90	0.3	8.0	5.9	2.05	16.4
	0.5	9.4	6.7	2.65	15.7
120	0.3	6.8	5.2	1.60	18.6
	0.5	7.1	5.2	1.85	18.3
150	0.3	6.0	4.0	2.70	33.6
	0.5%	6.7	4.0	2.00	29.2
180	0.3	7.8	5.6	2.20	70.0
	0.5	7.0	4.9	2.10	68.4

对0.5%的SJ处理浆的数据作图,如图3-2-2所示。可以看出:随着温度升高,表观黏度、塑性黏度先增大后减小;滤失量先减小后增大,当温度超过150℃时滤失量急剧增大。这可能是因为温度开始升高时,分子热运动加剧,黏土颗粒分散更均匀,同时部分不溶的杂聚糖开始溶解,增强了糖分子与黏土颗粒之间的交联作用,宏观上表现出黏度增大、滤失量变小的现象;温度继续升高时,分子热运动继续增强,糖分子与黏土颗粒之间氢键作用被破坏,黏土颗粒相互聚集,形成的悬浮颗粒大小不一,破坏了原有的悬浮液体系,性能显著下降。

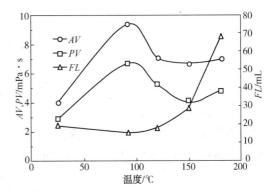

图3-2-2 0.5%SJ处理浆随温度性能参数变化

SJS处理浆高温老化性能如表3-2-5所示。

表3-2-5 SJS处理浆高温老化试验数据

温度/℃	添加量/%	AV/mPa·s	PV/mPa·s	YP/Pa	FL/mL
25	0.3	8.1	4.6	3.05	19.1
	0.5	11.1	6.1	5.05	15.8
90	0.3	6.4	5.2	0.70	19.6
	0.5	7.0	5.7	1.75	18.5
120	0.3	5.4	4.8	0.85	22.7
	0.5	6.1	5.2	0.65	20.5
150	0.3	7.0	3.0	4.30	35.6
	0.5	8.1	3.7	4.00	31.2
180	0.3	4.9	4.3	1.75	41.9
	0.5	6.1	4.3	0.25	35.4

对0.5%的SJS处理浆数据作图,如图3-2-3所示。可以看出:随着温度升高,表观黏

度、塑性黏度先减小后增大；滤失量逐渐增大，当温度超过120℃时滤失量急剧增大。与改性前钻井液处理浆相比，SJS钻井液高温处理后的性能变化较小，但抗温性略有降低。这可能是因为引入带负电阴离子基团后，杂聚糖的分散效果得到增强，与黏土之间的交联作用更稳定，开始升温时钻井液体系的性能变化更小；温度继续升高时阴离子之间斥力增强，氢键作用更易被破坏，宏观上表现为钻井液性能发生突变的温度更低。

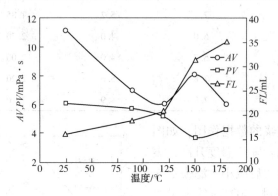

图3-2-3　0.5%SJS处理浆随温度性能参数变化

（3）膨润土线性膨胀实验。

利用常温常压膨胀量测定仪测定膨润土在改性前后杂聚糖溶液中的膨胀数据，并与蒸馏水、4%KCl溶液、10%硅酸钠溶液中的结果进行对比，实验结果如图3-2-4所示。

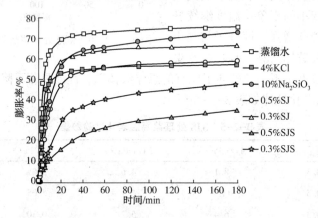

图3-2-4　膨润土线性膨胀实验结果

由图3-2-4中可以看出，在蒸馏水中浸泡3h后膨润土线性膨胀率为75.14%；在4%KCl溶液中浸泡3h后膨润土线性膨胀率为56.71%；在0.5%SJ溶液中浸泡3h后膨润土线性膨胀率为58.58%；10%硅酸钠溶液中膨润土的线性膨胀率为72.83%。未改性SJ产品的抑制性随水溶液浓度增大而增强，0.3%和0.5%浓度下的抑制性均优于10%硅酸钠溶液效果，弱于4%KCl溶液效果。改性后产品的抑制性得到明显提高，0.3%和0.5%浓度下的抑制性均优于KCl溶液。在0.3%SJS溶液中浸泡3h后膨润土线性膨胀率为47.68%，在0.5%SJS溶液中浸泡3h后膨润土线性膨胀率为34.99%。膨润土线性膨胀率实验结果说明改性后产物抑制膨润土水化膨胀的效果明显增强，并随浓度的增大而增强。

(4) 防膨实验。

通过黏土防膨实验测定水溶胶液浓度为 0.3%、0.5% 时磺化改性前后杂聚糖的防膨效果，结果如表 3-2-6 所示。由表中可以看出，改性前后杂聚糖均表现出一定的防膨效果，0.5%SJ 溶液防膨率为 14.84%，0.5%SJS 溶液防膨率达到 35.42%，磺化改性后杂聚糖的防膨效果有所增强。

表 3-2-6　防膨实验结果

溶液	$V_总$/mL	$V_液$/mL	$V_土$/mL	V_2-V_1/mL	B_1/%
水	10.10	5.71	4.39	0	0.00
煤油	10.05	9.50	0.55	3.84	100.00
0.3%SJ	9.91	6.02	3.89	0.50	13.02
0.5%SJ	10.01	6.19	3.82	0.57	14.84
0.3%SJS	10.02	6.70	3.32	1.07	27.86
0.5%SJS	9.98	6.95	3.03	1.36	35.42

(5) 泥球实验。

为更进一步探究杂聚糖水溶胶液抑制黏土水化膨胀的性能，制备相同质量的泥球，分别将其浸泡在自来水、4%KCl 和 0.5% 杂聚糖水溶胶液中，观察记录不同浸泡时间下泥球外观变化。泥球在溶液中浸泡 48h 后外观如图 3-2-5 所示。

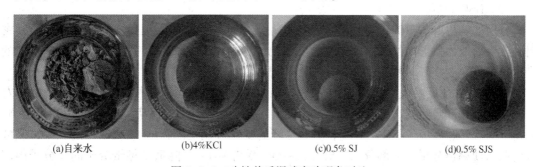

(a)自来水　　　　(b)4%KCl　　　　(c)0.5% SJ　　　　(d)0.5% SJS

图 3-2-5　改性前后泥球实验现象对比

从图 3-2-5 中可以看出，浸泡 48h 后，自来水中的泥球有明显的垮塌散落现象，在 4%KCl 溶液中的泥球表面无明显变化，在浓度为 0.5%SJ 溶液中的泥球表面有微小脱落现象，0.5%SJS 溶液中的泥球表面无裂纹，无垮塌散落现象，泥球表面有明显的水化膜出现。

膨润土线性膨胀实验和泥球实验结果表明，磺化改性后产物的抑制防塌作用有明显增强。改性后产物在 0.3%、0.5% 溶液中的抑制作用均优于 4% KCl 溶液的效果。泥球实验表明，改性后 0.5% 浓度的杂聚糖水溶胶液可以在黏土表面形成一层水化膜，有效抑制黏土的垮塌剥落现象。

这可能因为糖链中含有大量的羟基，可以通过氢键作用在黏土表面形成一层吸附膜，防止水分子向黏土内部移动，进而抑制黏土的水化膨胀。改性后杂聚糖分子链中引入亲水磺酸基团，提高了其水溶性，水溶胶液中的分子链变多，磺酸基团上的电荷作用减弱了杂聚糖分子链内部的氢键作用，使糖链更易在水中舒展，更易包被在黏土表面，形成了强度更高的半透膜。

3) 构效分析

（1）红外表征。

对改性前后的植物聚糖衍生物进行红外光谱分析，分析结果如图3-2-6所示。由图可见，除SJ原有的特征峰外，改性产物在1195cm^{-1}处出现S═O键的对称伸缩振动峰，617cm^{-1}处出现C—S键弯曲振动峰，证明磺酸基团成功引入到糖链分子上，达到了预期的改性效果。

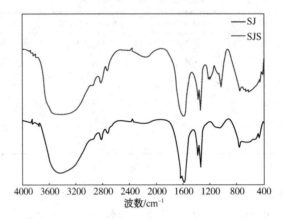

图3-2-6　植物聚糖改性前后红外光谱分析

（2）DSC分析。

分别准确称取5~10mg的SJ和SJS，放入已称重的铝质样品池，立即将样品池压紧密封，称重后放入仪器内的样品座，用空的参比池作参比物。采用氮气保护，以20℃/min的升温速率升至300℃，测定样品池内热量变化情况。

植物聚糖SJ及其改性产物SJS的DSC图谱如图3-2-7所示。由图可见，SJ在192℃左右开始出现相变吸热峰，相变峰值位于198℃左右；磺化改性处理后，SJS在172℃左右开始出现吸热峰，峰值位于175℃左右。相变峰的变化可能是因为SJ磺化改性过程中，磺酸基的引入使糖链分子上的部分羟基醚化，—OH变为—O—，降低了糖链分子间及分子内部的氢键作用，使相变温度向低温方向移动。

根据DSC、红外分析结果可以表明，在优选条件下，磺化反应成功地将磺酸基团引入了糖链中，磺酸基团的引入减弱了糖链分子内部的氢键作用，使糖链的相变温度降低，改性获得了预期效果。

（3）粒径测定。

① SJ磺化改性前后颗粒粒径分析。

将改性前后的杂聚糖溶于水，放置16h充分溶胀后，利用激光粒度仪测定改性前后水溶胶液中悬浮粒子的粒径，实验结果如图3-2-8所示。根据实验结果可以看出，改性前SJ水溶液中悬浮粒子平均粒径为299.5μm，改性后SJS水溶液中悬浮粒子平均粒径为147.8μm。经磺化改性后，水溶胶液中悬浮胶粒粒径明显变小，这可能是因为磺酸减弱了分子间的氢键作用力，颗粒聚集作用减弱，形成的胶粒更小。

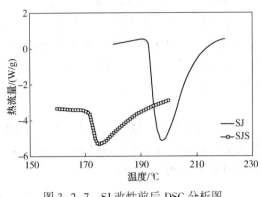

图3-2-7　SJ改性前后DSC分析图

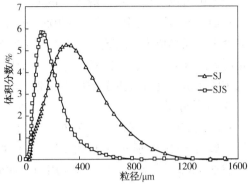

图3-2-8　改性前后悬浮粒子粒径

② 钻井液悬浮颗粒粒径。

准确量取一定体积自来水，在连续搅拌的条件下，先后加入0.2%(m/v)碳酸钠和4%(m/v)膨润土，继续搅拌1h。加入0.5%的钻井液处理剂后，高速搅拌20min，再陈化16h。取陈化后的钻井液充分搅拌后测定悬浮颗粒的粒径。实验结果如图3-2-9所示。

由图3-2-9中可以看出，未加入杂聚糖的钻井液悬浮粒径均值为33.26μm，加入SJ后粒径均值为212.5μm，说明SJ与黏土颗粒之间通过氢键作用形成交联，组成大悬浮颗粒，宏观上有效地增强黏度，降低滤失量。SJ加入后悬浮粒子粒径跨度有所增大，说明交联不均匀，悬浮颗粒粒径大小不统一。SJS处理浆中悬浮颗粒粒径为137.6μm，与SJ处理浆相比，改性后悬浮粒子粒径跨度比改性前减小，粒径均值略有降低。这可能是因为改性前由于糖分子内、分子间氢键作用，部分糖链缠绕成团，使黏土颗粒与糖桥联形成的颗粒大小不均一。改性后糖链分子中引入亲水基团，糖链中部分羟基被带电基团破坏，减弱了分子内部和分子间的作用力，糖链分子在水溶液中更加舒展，水溶胶液中的分子链变多，与黏土的表面双电层形成氢键作用更强，微观上表现为悬浮颗粒粒径略有减小，分布较为紧密。宏观上表现为钻井液黏度变大，滤失量变小。

③ 滤液悬浮颗粒粒径。

分别收集钻井液基浆、0.5%SJ钻井液处理浆、0.5%SJS钻井液处理浆滤液，利用激光粒度仪测定悬浮颗粒的粒径，实验结果如图3-2-10所示。

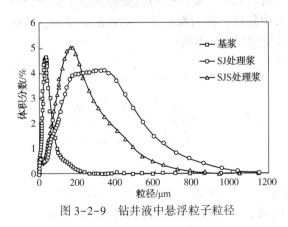

图3-2-9　钻井液中悬浮粒子粒径

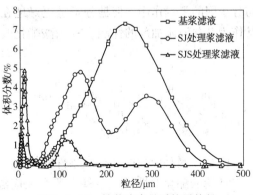

图3-2-10　钻井液中悬浮粒子粒径

由图中可以看出，钻井液基浆的滤液中悬浮粒径均值为166.3μm，粒径分布近似正态分布；加入SJ后滤液中粒径均值105.3μm，粒径分布不规则，小颗粒明显增多；SJS处理浆滤液中粒径均值为14.55μm，悬浮颗粒粒径显著变小，大部分颗粒粒径小于50μm。这可能是因为改性后杂聚糖水溶性增强，分子更加舒展，与黏土颗粒间的交联更充分，更易形成致密的泥饼，有效减少了滤液中的黏土大颗粒。

④ 热重分析。

对改性前后的杂聚糖进行热重分析（TGA），做出样品质量与温度的变化曲线，对曲线求导，如图3-2-11所示。实验结果表明改性后杂聚糖分解温度略低于改性前，这可能是因为磺酸基团减弱了分子间的氢键作用力，使分子链在高温下更易被破坏。

![热重实验结果图]

(a)热失重曲线　　(b)一阶导数曲线

图3-2-11　热重实验结果

3.2.2　杂聚糖SJ的磷酸酯化改性及其作为钻井液添加剂研究

为提高SJ的水溶性及其水溶胶液黏度，以Na_3PO_4为酯化剂对其进行了磷酸酯化改性，得到改性产物（记为SJP）。通过正交实验考察了改性过程中反应时间、反应温度、pH值、酯化剂加量对改性结果的影响，优选了反应条件。

1）体系构建

（1）SJ磷酸酯化改性反应原理。

SJ分子是由己醛糖和戊醛糖组成的长链分子，以磷酸三钠为酯化剂，向SJ糖分子链中引入亲水的磷酸根基团，提高其水溶性。引入磷酸根后，糖环中的磷酸根减弱了分子内部与分子间的氢键作用，使糖分子链更好地在水中舒展，进而提高水溶剂胶液的黏度，改善其作为钻井液添加剂的性能。SJ磷酸酯化改性反应原理如下所示：

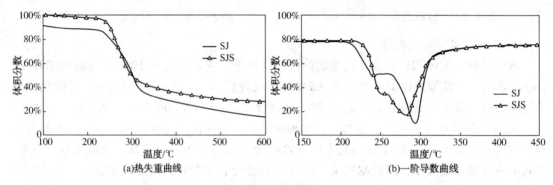

（2）SJ磷酸酯化改性反应条件的优化。

SJ磷酸酯化改性反应条件主要受反应温度、反应pH值、反应时间、酯化剂加量的影响，采用正交试验对各因素进行考察。以0.5%改性产物的钻井液处理浆的增黏率为评价指标，考察反应条件对改性结果的影响。正交实验结果如表3-2-7所示。采用极差法对反应结果进行分析，优选最佳反应条件。分析结果见表3-2-8，正交实验的均值主效应图如图3-2-12所示。

表3-2-7 正交实验结果

实验编号	AV/mPa·s	FL/mL	相对SJ	
			增黏率/%	降滤失率/%
SJ	4.70	20.5		
1	7.00	17.0	48.9	17.1
2	6.90	13.8	46.8	32.7
3	8.05	13.8	71.3	32.7
4	6.45	14.7	37.2	28.3
5	6.55	13.5	39.4	34.1
6	7.55	13.7	60.6	33.2
7	5.85	16.0	24.5	22
8	7.05	13.0	50.0	36.6
9	7.05	13.7	50.0	33.2

表3-2-8 正交实验极差分析

项 目	A	B	C	D
K1	167.01	110.61	159.51	138.30
K2	137.19	136.20	134.01	131.91
K3	124.50	181.89	135.21	158.49
极差R	42.51	71.28	25.50	26.58
排序	2	1	4	3
优化条件	A_1	B_3	C_1	D_3

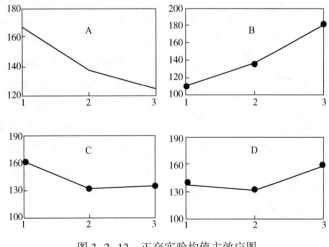

图3-2-12 正交实验均值主效应图

由正交实验结果可知,反应温度、反应pH值、反应时间、酯化剂加量对反应结果的影响均表现出一定的规律性。极差分析结果确定优选的酯化改性反应条件为$A_1B_3C_1D_3$:即反应温度80℃、反应环境pH值为12、反应时间6h,酯化剂与SJ质量比为0.1:1。由极差分析结果可知,反应条件中,反应温度是磷酸酯化改性的主要影响因素,其次是酯化剂加量、反应pH值,反应时间对改性结果的影响最小。

2)性能评价

(1)在水基钻井液中的抗温性。

配制杂聚糖加量分别为0.3%、0.5%的钻井液处理浆,将钻井液分别在90℃、120℃、150℃、180℃下高温老化16h后,测定钻井液流变性及滤失量,并与常温下的性能进行对比,SJ处理浆性能测定结果如表3-2-9所示。

表3-2-9 SJ处理浆高温老化试验数据

温度/℃	添加量/%	AV/mPa·s	PV/mPa·s	YP/Pa	FL/mL
25	0.3	3.9	2.9	1.05	21.4
	0.5	4.1	2.8	1.25	19.4
90	0.3	8.0	5.9	2.05	16.4
	0.5	9.4	6.7	2.65	15.7
120	0.3	6.8	5.2	1.60	18.6
	0.5	7.1	5.2	1.85	18.3
150	0.3	6.0	4.0	2.70	33.6
	0.5	6.7	4.0	2.00	29.2
180	0.3	7.8	5.6	2.20	70.0
	0.5	7.0	4.9	2.10	68.4

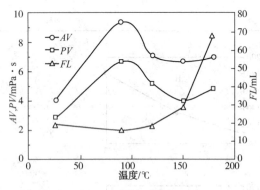

图3-2-13 0.5%SJ处理浆随温度性能参数变化

对0.5%的SJ处理浆的数据作图,如图3-2-13。可以看出:随着温度升高,表观黏度、塑性黏度先增大后减小;滤失量先减小后增大,当温度超过150℃时滤失量急剧增大。这可能是因为温度开始升高时,分子热运动加剧,黏土颗粒分散更均匀,同时部分不溶的杂聚糖开始溶解,增强了糖分子与黏土颗粒之间的交联作用,宏观上表现出黏度增大、滤失量变小的现象;温度继续升高时,分子热运动继续增强,糖分子与黏土颗粒之间氢键作用被破坏,黏土颗粒相互聚集,形成的悬浮颗粒大小不一,破坏了原有的悬浮液体系,性能显著下降。

SJP处理浆高温老化性能如表3-2-10所示。

3 天然高分子基钻井液体系研究

表 3-2-10 SJP 处理浆高温老化实验数据

温度/℃	添加量/%	AV/mPa·s	PV/mPa·s	YP/Pa	FL/mL
25	0.3	6.3	4.0	2.30	16.3
	0.5	8.5	5.1	3.47	14.5
90	0.3	4.4	4.3	0.10	16.4
	0.5	5.8	4.5	1.28	13.0
120	0.3	4.3	4.1	0.20	17.5
	0.5	5.2	4.9	0.31	15.5
150	0.3	3.5	2.0	1.53	27.0
	0.5	5.4	4.8	0.61	30.3
180	0.3	4.6	4.4	0.41	35.8
	0.5	4.5	4.6	2.96	42.8

对 0.5% 的 SJP 处理浆性能数据作图，如图 3-2-14 所示。可以看出：随着温度升高，SJP 处理浆表观黏度、塑性黏度先减小后增大；滤失量先减小后逐渐增大，当温度超过 120℃ 时滤失量急剧增大。与改性前钻井液处理浆相比，SJP 钻井液高温处理后的性能变化较小，但抗温极限略有降低。这可能是因为引入阴离子基团后，杂聚糖的分散效果得到增强，与黏土之间的交联作用更稳定，开始升温时钻井液体系的性能变化更小；温度继续升高时阴离子之间斥力增强，氢键作用更易被破坏，宏观上表现为钻井液性能发生突变的温度更低。

（2）膨润土线性膨胀实验。

利用常温常压膨胀量测定仪测定膨润土在改性前后杂聚糖溶液中的膨胀数据，并与蒸馏水、4%KCl 溶液、10%硅酸钠溶液中的结果进行对比，实验结果如图 3-2-15 所示。

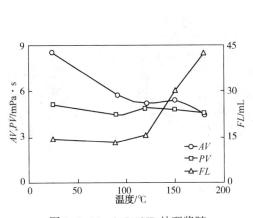

图 3-2-14 0.5%SJP 处理浆随温度性能参数变化

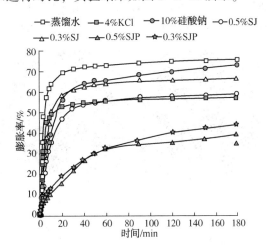

图 3-2-15 膨润土线性膨胀实验结果

由图 3-2-15 中可以看出，在蒸馏水中浸泡 3h 后膨润土线性膨胀率为 75.14%；在 4% KCl 溶液中浸泡 3h 后膨润土线性膨胀率为 56.71%；在 0.5%SJ 溶液中浸泡 3h 后膨润土线性膨胀率为58.58%；10%硅酸钠溶液中膨润土的线性膨胀率为72.83%。未改性SJ产品的抑制性随水溶液浓度增大而增强，0.3%和0.5%浓度下的抑制性均优于10%硅酸钠溶液效果，弱于4%KCl溶液效果。改性后产品的抑制性得到明显提高，0.3%和0.5%浓度下的抑制性均优于KCl溶液。在0.3%SJP溶液中浸泡3h后膨润土线性膨胀率为43.88%，在0.5%SJP溶液中浸泡3h后膨润土线性膨胀率为38.82%。膨润土线性膨胀率实验结果说明改性后产物抑制膨润土水化膨胀的效果明显增强，并随水溶胶液浓度的增大而增强。

（3）防膨实验。

通过黏土防膨实验测定水溶胶液浓度为0.3%、0.5%时磺化改性前后杂聚糖的防膨效果，结果如表3-2-11所示。由表中可以看出，改性前后杂聚糖均表现出一定的防膨效果，0.5%SJ溶液防膨率为14.84%，0.5%SJP溶液防膨率达到36.72%，磺化改性后杂聚糖的防膨效果有所增强。

表3-2-11 防膨实验结果

溶　液	$V_{总}$/mL	$V_{液}$/mL	$V_{土}$/mL	V_2-V_1/mL	B_1/%
水	10.10	5.71	4.39	0	0.00
煤油	10.05	9.50	0.55	3.84	100.00
0.3%SJ	9.91	6.02	3.89	0.50	13.02
0.5%SJ	10.01	6.19	3.82	0.57	14.84
0.3%SJP	9.96	6.51	3.45	0.94	24.47
0.5%SJP	10.01	7.03	2.98	1.41	36.72

（4）泥球实验。

为更进一步探究杂聚糖水溶胶液抑制黏土水化膨胀的性能，制备相同质量的泥球，分别将其浸泡在自来水、4%KCl和0.5%杂聚糖水溶胶液中，观察记录不同浸泡时间下泥球外观变化。泥球在溶液中浸泡48h后外观如图3-2-16所示。

(a)自来水　　　(b)4%KCl　　　(c)0.5%SJ　　　(d)0.5%SJS

图3-2-16 改性前后泥球实验现象对比

从图3-2-16中可以看出，浸泡48h后，自来水中的泥球有明显的垮塌散落现象，在4%KCl溶液中的泥球表面无明显变化，在浓度为0.5%SJ溶液中的泥球表面有微小脱落现象，0.5%SJP溶液中的泥球表面无裂纹，无垮塌散落现象，泥球表面有明显的水化膜出现。

膨润土线性膨胀实验和泥球实验结果表明，磺化改性后产物的抑制防塌作用有明显增强。改性后产物在0.3%、0.5%溶液中的抑制作用均优于4%KCl溶液的效果。泥球实验表明，改性后0.5%浓度的杂聚糖水溶胶液可以在黏土表面形成一层水化膜，有效的抑制黏土的垮塌剥落现象。

这可能因为糖链中含有大量的羟基，可以通过氢键作用在黏土表面形成一层吸附膜，防止水分子向黏土内部移动，进而抑制黏土的水化膨胀。改性后糖链分子中引入亲水的磷酸根，提高了其水溶性，水溶胶液中的分子链变多，磷酸根上的电荷作用减弱了糖链分子内部的氢键作用，使糖链更易在水中舒展，更易包被在黏土表面，形成了强度更高的半透膜。

3) 构效分析

(1) 红外表征。

在优选的条件下对 SJ 进行磷酸酯化改性反应，制得磷酸酯化改性产物 SJP。对产物进行红外光谱分析，改性前后红外光谱如图 3-2-17 所示。由图可见，除 SJ 原有的特征峰外，改性产物在 $1073cm^{-1}$、$1045cm^{-1}$ 处出现明显的磷酸根的不对称伸缩振动峰，$960cm^{-1}$ 处出现磷酸根对称伸缩振动峰，证明磷酸根基团成功引入到糖分子链上，达到了预期的改性效果。

(2) 粒径分析。

① SJ 磺磷脂化改性前后颗粒粒径分析。

将改性前后的杂聚糖溶于水，放置 16h 充分溶胀后，利用激光粒度仪测定改性前后水溶胶液中悬浮粒子的粒径，实验结果如图 3-2-18 所示。根据实验结果可以看出，改性前 SJ 水溶液中悬浮粒子平均粒径为 $299.5\mu m$，改性后 SJP 水溶液中悬浮粒子平均粒径为 $211.6\mu m$。经磷酸酯化改性后，水溶胶液中悬浮胶粒粒径明显变小，这可能是因为磷酸根减弱了分子间的氢键作用力，颗粒聚集作用减弱，形成的胶粒更小。

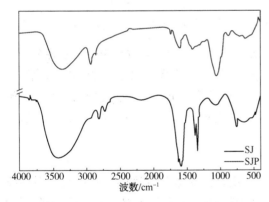

图 3-2-17 植物聚糖 SJ 磷酸酯化前后红外光谱分析

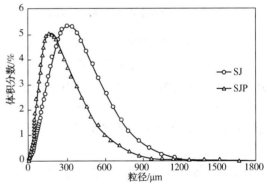

图 3-2-18 改性前后悬浮粒子粒径

② 钻井液悬浮颗粒粒径。

准确量取一定体积自来水，在连续搅拌的条件下，先后加入 0.2%(m/v)碳酸钠和 4%(m/v)膨润土，继续搅拌 1h。加入 0.5%的钻井液处理剂后，高速搅拌 20min，再陈化 16h。取陈化后的钻井液充分搅拌后测定悬浮颗粒的粒径。实验结果如图 3-2-19 所示。

由图 3-2-19 中可以看出，未加入杂聚糖的钻井液中悬浮粒径均值为 $33.26\mu m$，加入 SJ 后粒径均值 $212.5\mu m$，说明 SJ 与黏土颗粒之间通过氢键作用形成交联，组成大悬浮颗粒，宏观上有效地增加黏度，降低滤失量。SJ 加入后悬浮粒子粒径跨度有所增大，说明交联不均匀，悬浮颗粒的粒径大小不统一。SJP 处理浆中悬浮颗粒粒径为 $180.2\mu m$，与 SJ 处理浆相比，改性后悬浮粒子粒径跨度比改性前减小，粒径均值略有降低。这可能是因为改性前由于糖分子内、分子间氢键作用，部分糖链缠绕成团，使黏土颗粒与糖桥联形成的颗粒大小不均一。改性后糖链分子中引入亲水基团，糖链中部分羟基被带电基团破坏，减弱了分子内部和分子间的作用力，糖链分子在水溶液中更加舒展，水溶胶液中的分子链变多，与黏土的表面双电层形成氢键作用更强，微观上表现为悬浮颗粒粒径略有减小，分布较为紧密。宏观上表现为钻井液黏度变大，滤失量变小。

③ 滤液悬浮颗粒粒径。

分别接取钻井液基浆、0.5%SJ 钻井液处理浆、0.5%SJP 钻井液处理浆滤液，利用激光粒度仪测定悬浮颗粒的粒径，实验结果如图 3-2-20 所示。

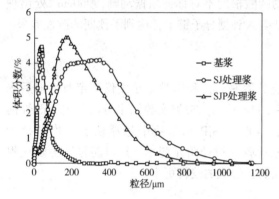

图 3-2-19　钻井液中悬浮粒子粒径　　　　图 3-2-20　钻井液中悬浮粒子粒径

由图 3-2-20 中可以看出，钻井液基浆的滤液中悬浮粒径均值为 166.3μm，粒径分布近似正态分布；加入 SJ 后滤液中粒径均值 105.3μm，粒径分布不规则，小颗粒明显增多；SJP 处理浆滤液中粒径均值为 53.62μm，悬浮颗粒粒径显著变小。这可能是因为改性后杂聚糖水溶性增强，分子更加舒展，与黏土颗粒间的交联更充分，更易形成致密的泥饼，有效减少了滤液中的黏土大颗粒的数量。

（3）热重分析。

对改性前后的杂聚糖进行热重分析（TGA），做出样品质量与温度的变化曲线，对曲线求导，如图 3-2-21 所示。实验结果表明改性后杂聚糖分解温度低于改性前，这可能是因为磷酸根基团减弱了分子间的氢键作用力，使分子链在高温下更易被破坏。

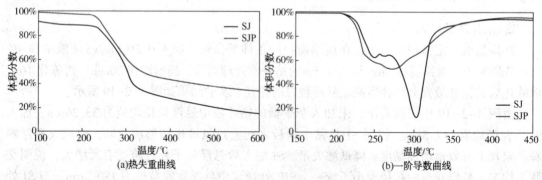

图 3-2-21　改性前后杂聚糖热重

3.3 纤维素基钻井液体系研究

3.3.1 CMC 水基钻井液体系研究

通过对抑制剂、润滑剂、降滤失剂进行室内性能评价，主要以表观黏度(AV)、塑性黏度(PV)和滤失量(FL)为主要评价指标，从中筛选出适宜的添加剂作为后续研究。并通过正交实验，极差分析以及单因素实验，得到了以 CMC，再生胶粉，正电胶，KY-润滑剂作为钻井液添加剂配制钻井液的最适宜配方以及塑性黏度、动切力、滤失量下的最适配方。进而，针对苏里格气田钻井液的技术要求和当地环保需求展开研究，为该地区的环保工作提供了良好的借鉴。

1) CMC 的筛选及其在钻井液中作用研究

对十余种不同型号的 CMC 在水基钻井液中进行室内性能评价，主要以表观黏度、塑性黏度和滤失量为主要评价指标，从中筛选出一种性能较优的 CMC 为主要添加剂并将其作为后续研究。同时考察 CMC 在水基钻井液中的抑制性、润滑性能、热稳定性能等性能，并通热重分析仪、激光粒度仪、差示扫描量热仪等仪器探究 CMC 在钻井液中的作用机理。

(1) CMC 的筛选。

在室温下，向淡水基浆中加入不同型号的 CMC，测试处理浆在常温下的表观黏度、塑性黏度、动切力、滤失量等性能参数，测试结果见表 3-3-1。由表 3-3-1 分析可知，通过对 CMC(HV-Ⅰ)、CMC(HV-Ⅱ)、CMC(HV-Ⅲ)、CMC(HV-Ⅳ)、CMC(HV-Ⅴ)、CMC(LV-Ⅰ)、CMC(LV-Ⅱ)、CMC(LV-Ⅲ)、CMC(LV-Ⅳ)、CMC(LV-Ⅴ)、CMC(分析纯)十一种不同型号的 CMC 筛选发现：当添加 CMC(分析纯)时，与 4%淡水基浆相比，滤失量随着 CMC(分析纯)用量的增加而减小，塑性黏度随着 CMC(分析纯)用量的增加而增加，其中当添加 0.5%CMC(分析纯)时，滤失量降低至 10mL，同时塑性黏度增加到了 24.2mPa·s；当添加 CMC(HV)时，与 4%淡水基浆相比，滤失量随着 CMC(HV)用量的增加而减小，塑性黏度随着 CMC(HV)用量的增加而增加，通过对 CMC(HV-Ⅰ)、CMC(HV-Ⅱ)、CMC(HV-Ⅲ)CMC(HV-Ⅳ)、CMC(HV-Ⅴ)进行筛选发现，其中当添加 0.5%CMC(HV-Ⅰ)时性能较好，滤失量降低至 8.4mL，同时塑性黏度增加到了 27.0mPa·s；当添加 CMC(LV)时，与 4%淡水基浆相比，滤失量随着 CMC(LV)用量的增加而减小，塑性黏度随着 CMC(LV)用量的增加而增加，通过对 CMC(LV-Ⅰ)、CMC(LV-Ⅱ)、CMC(LV-Ⅲ)、CMC(LV-Ⅳ)、CMC(LV-Ⅴ)进行筛选发现，其中当添加 1.0%CMC(HV-Ⅴ)时性能最佳，滤失量降低至 7.2mL，同时塑性黏度增加到了 13.0mPa·s。通过对十一种不同型号不同浓度的 CMC 进行钻井液性能评价发现，与 4%淡水基浆相比，不同型号的 CMC 处理浆均能使钻井液的表观黏度、塑性黏度增大，滤失量减小，滑块摩阻系数 tg 增加。综上所述：CMC(LV-Ⅴ)降滤失效果最佳，且黏度也在可控范围内，故选择 LV-Ⅴ型号 CMC 进行后续研究。

表 3-3-1 不同种类的 CMC 处理浆性能评价结果

型号	用量/%	AV/mPa·s	PV/mPa·s	YP/Pa	YP/PV/[Pa/(mPa·s)]	FL_{API}/mL	tg
基浆		2.0	1.4	0.6	0.4	15.9	0.0787
分析纯	0.1	10.3	8.0	2.3	0.3	15.6	0.0787
	0.2	17.8	12.6	5.2	0.4	13.4	0.0963
	0.3	28.5	17.0	11.5	0.7	12.6	0.1051
	0.4	35.4	20.8	14.6	0.7	12.0	0.1763
	0.5	43.0	24.2	18.8	0.8	10.0	0.2305
HV-Ⅰ	0.1	10.1	6.9	3.2	0.5	13.6	0.1228
	0.2	17.4	12.6	4.8	0.4	11.2	0.1317
	0.3	24.5	14.5	10.0	0.7	10.4	0.1584
	0.4	36.5	21.2	15.3	0.7	9.6	0.1317
	0.5	48.5	27.0	21.5	0.8	8.4	0.1139
HV-Ⅱ	0.1	10.5	6.0	2.2	0.4	18.4	0.0963
	0.2	14.5	10.0	4.5	0.5	14.2	0.1139
	0.3	20.5	12.0	11.2	0.9	12.6	0.1228
	0.4	32.4	19.0	16.7	0.9	11.8	0.1228
	0.5	42.5	23.0	19.5	0.8	11.0	0.1139
HV-Ⅲ	0.1	10.2	8.0	6.0	0.8	14.8	0.0787
	0.2	18.0	10.0	8.0	0.8	14.0	0.2126
	0.3	27.8	15.0	19.0	1.3	13.6	0.0963
	0.4	36.6	18.0	23.0	1.3	11.2	0.1228
	0.5	47.5	22.0	25.5	1.2	9.4	0.1228
HV-Ⅳ	0.1	3.0	1.0	0.8	0.8	15.0	0.0787
	0.2	5.0	4.0	1.0	0.3	14.2	0.0963
	0.3	18.0	8.0	8.0	1.0	13.6	0.1228
	0.4	35.0	14.0	15.0	1.1	11.6	0.1228
	0.5	53.0	27.0	26.0	1.0	9.0	0.1139
HV-Ⅴ	0.1	10.3	8.0	2.3	0.3	15.6	0.0787
	0.2	17.8	12.6	5.2	0.4	13.4	0.0963
	0.3	28.5	17.0	11.5	0.7	12.6	0.1051
	0.4	35.4	20.8	14.6	0.7	12.0	0.1763
	0.5	43.0	24.2	18.8	0.8	10.0	0.2305
LV-Ⅰ	0.5	9.5	9.0	0.5	0.1	13.2	0.0787
	1.0	18.0	15.0	3.0	0.2	10.2	0.0787
	1.5	30.0	24.0	6.0	0.3	9.4	0.0787
	2.0	43.0	33.0	10.0	0.3	7.8	0.0875
	2.5	61.5	46.0	15.5	0.3	6.4	0.0787

续表

型号	用量/%	AV/mPa·s	PV/mPa·s	YP/Pa	YP/PV/[Pa/(mPa·s)]	FL_{API}/mL	tg
LV-Ⅱ	0.5	10.0	9.0	1.0	0.1	9.6	0.0875
	1.0	15.5	12.0	3.5	0.3	9.4	0.0875
	1.5	23.5	18.0	5.5	0.3	7.6	0.0963
	2.0	38.0	30.0	8.0	0.3	7.8	0.0963
	2.5	37.5	16.0	26.0	1.6	7.4	0.0875
LV-Ⅲ	0.5	9.5	9.0	0.5	0.1	13.2	0.0787
	1.0	18.0	15.0	3.0	0.2	10.2	0.0787
	1.5	30.0	24.0	6.0	0.3	9.4	0.0787
	2.0	43.0	33.0	10.0	0.3	7.8	0.0875
	2.5	61.5	46.0	15.5	0.3	6.4	0.0787
LV-Ⅳ	0.1	4.0	3.0	1.0	0.3	15.2	0.1317
	0.3	5.0	4.0	1.0	0.3	14.8	0.1495
	0.5	7.5	7.0	0.5	0.1	13.0	0.1673
	0.8	8.5	6.0	2.5	0.4	12.4	0.1584
	1.0	11.5	9.0	2.5	0.3	10.8	0.1673
LV-Ⅴ	0.1	3.8	3.0	0.8	0.3	17.8	0.2962
	0.3	6.5	6.0	0.5	0.1	11.6	0.1584
	0.5	9.0	8.0	1.0	0.1	10.0	0.1944
	0.8	14.0	12.0	2.0	0.2	8.0	0.1495
	1.0	15.5	13.0	2.5	0.2	7.2	0.1405

选取1.0%CMC(LV-Ⅴ)，分别在90℃、120℃、150℃、180℃滚动老化16h后评价处理浆的表观黏度、塑性黏度、动切力、滤失量等性能参数，结果如表3-3-2所示。由表可知，与常温下1.0%CMC(LV-Ⅴ)处理浆相比，90℃下老化16h后，CMC(LV-Ⅴ)处理浆塑性黏度与滤失量基本无变化；120℃下老化16h后，CMC(LV-Ⅴ)处理浆塑性黏度值降低了23.07%，滤失量增加了19.44%；150℃下老化16h后，CMC(LV-Ⅴ)处理浆塑性黏度值降低了23.07%，滤失量增加了69.44%；180℃下老化16h后，CMC(LV-Ⅴ)处理浆塑性黏度值降低了46.15%，滤失量增加了138.89%。综上所述，当老化温度从90℃上升到150℃时，处理浆表观黏度与塑性黏度先增加后减小，滤失量随温度升高略呈升高趋势，但上升幅度不大；150℃上升到180℃时，处理浆表观黏度与塑性黏度逐渐下降，且下降的幅度较大，滤失量随温度升高略呈升高趋势，可见CMC处理浆可抗温至150℃。

表3-3-2 不同温度下CMC(LV-Ⅴ)处理浆的性能评价结果

温度/℃	AV/mPa·s	PV/mPa·s	YP/Pa	YP/PV/[Pa/(mPa·s)]	FL_{API}/mL
25	15.5	13.0	2.5	0.2	7.2
90	15.0	12.5	2.5	0.2	7.8

续表

温度/℃	AV/mPa·s	PV/mPa·s	YP/Pa	YP/PV/[Pa/(mPa·s)]	FL_{API}/mL
120	12.0	10.0	2.0	0.2	9.2
150	9.0	8.0	1.0	0.1	12.0
180	7.5	7.0	0.5	0.1	18.0

(2) 膨润土的线性膨胀率。

羧甲基纤维素钠(CMC)处理浆对膨润土线性膨胀率的影响如图3-3-1所示，由图可见，蒸馏水在两小时的黏土膨胀率为62.31%；CMC处理浆在两小时的黏土膨胀率为43.59%，CMC对黏土水化膨胀有一定的抑制作用，说明CMC可在泥页岩表面强烈吸附，形成吸附层。CMC是一种碳氢高分子聚合物，其支链上存在很多羟基，会与黏土分子由于范德华力相结合，从而降低页岩分散膨胀；由此可见，羧甲基纤维素钠(CMC)对黏土有一定抑制膨胀的作用。

(3) DSC分析。

取5mgCMC置于铝坩埚中，并用压片机压片制得样品，将其放入DSC仪器中，设置氮气流量为70mL/min、升温速率为10℃/min，记录25~500℃之间样品DSC曲线，结果如图3-3-2所示。

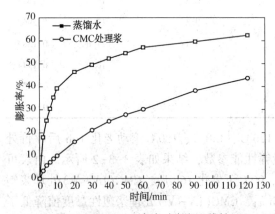

图3-3-1　CMC溶液对膨润土线性膨胀率的影响

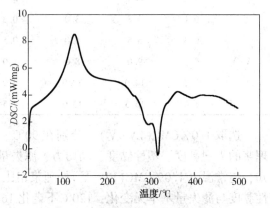

图3-3-2　羧甲基纤维素DSC分析图

如图3-3-2所示为CMC溶液浸泡后膨润土的DSC分析图，由曲线可知，100~130℃之间出现第一个波峰，该温度区间为CMC中的物理吸附水和部分化学结合水蒸发引起的吸热峰。在270~320℃之间明显出现一个波谷，该温度区间内CMC发生了部分热分解，其分子断链，形成小分子物质所释放的热量。综上所述，CMC在270℃时，其分子链开始发生热分解，失去其原有的结构，为后续研究CMC处理剂在钻井液抗温提供了有效的研究依据。

(4) 页岩回收率。

称取烘干后的页岩颗粒50g放入罐内，加入350mL待测溶液，将罐盖旋紧，然后将罐子放入100℃的滚子炉中热滚16h后冷却，冷却至室温后将罐内的页岩颗粒倒出清洗后进行烘干24h，烘干结束后在空气中冷却24h，测得不同溶液的滚动回收率见图3-3-3。

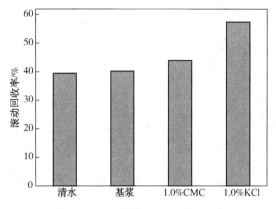

图 3-3-3 不同物质的页岩回收率

由图 3-3-3 可知，清水、基浆、1.0%CMC、1.0%KCl 的滚石回收率分别为 39.48%、40.22%、43.88%、57.32%。水和基浆的滚石回收率相差不大；当基浆中加入 KCl 时滚石回收率最大，说明 KCl 处理浆具有优良的抑制性；而 CMC 处理浆的页岩回收率小于 KCl 处理剂的页岩回收率且大于清水与基浆的页岩回收率，故得 CMC 具有一定的抑制性。

（5）膨润土颗粒粒度分布测定。

如表 3-3-3 所示，未水化膨润土的平均直径和中值直径分别为 33.26μm 和 26.65μm，明显大于水化膨润土的平均直径和中值直径，膨润土在清水中存在一定的水化膨胀，所以与未水化膨润土相比，粒径明显变小。与水化膨润土相比，CMC 溶液处理后膨润土的平均直径与中值直径明显增大了，表明当 CMC 加入钻井液中时，具有一定的抑制黏土水化分散的作用，这是由于 CMC 吸附于黏土表面，CMC 与黏土表面由于氢键的作用，阻止了黏土的进一步分散，从而使其粒径明显增大。

表 3-3-3 不同处理条件处理下膨润土粒径平均粒径及中值粒径

添加剂	平均直径/μm	中值直径/μm
未水化膨润土	33.26	26.65
水化膨润土	7.83	5.45
1.0%CMC	24.67	15.33

（6）热重分析。

将膨润土在清水与 CMC 溶液中陈化 24h 后，抽滤，充分干燥后制得黏土样品，将样品分别放入热重分析仪中进行热重分析，得到其样品质量随温度升高的变化曲线，结果如图 3-3-4 所示。

由图 3-3-4 可知，清水处理膨润土与 CMC 溶液处理膨润土随着温度的升高，其膨润土质量均出现一定的减少。在温度由 25℃升至 120℃的过程中，清水处理膨润土的质量损失明显高于 CMC 处理膨润土的质量损失，这是由于 25~120℃这一温度区间内，损失的质量主要为黏土吸收的水分以及黏土间存在的部分结合水，进一步证明了，CMC 吸附于黏土表面，阻止了自由水进入到黏土中，存在一定的抑制黏土分散的作用。在温度 250℃升至 300℃的过程中，清水处理膨润土的质量损失明显低于 CMC 处理膨润土的质量损失，结合

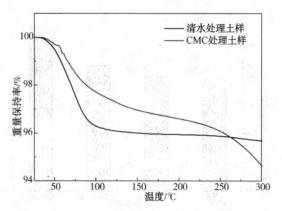

图 3-3-4 清水与 CMC 溶液浸泡后膨润土的热重分析

上述实验可知，CMC 在 250~300℃ 这一温度区间内，其分子会发生部分热解，碳水化合物分解为 H_2O、CO_2 等小分子化合物，所以 CMC 处理膨润土在 250~300℃ 质量损失明显大于清水处理膨润土的质量。

2）CMC 水基钻井液体系优化及性能评价

（1）降滤失剂的筛选。

实验选择 3 种"绿色"降滤失剂即为：腐殖酸、改性淀粉、再生胶粉，在钻井液基浆中分别加入不同浓度的不同降滤失剂（腐殖酸、改性淀粉、再生胶粉），待其陈化 24h 后，评价处理剂的各项性能；之后将其与 CMC 进行配伍性能评价，旨在考察降滤失剂与 CMC 配伍前后的滤失量。表 3-3-4 为 3 种降滤失剂降滤失性能参数对比结果。

表 3-3-4 不同降滤失剂性能评价

型号	比例	AV/mPa·s	PV/mPa·s	YP/Pa	YP/PV/[Pa/(mPa·s)]	FL_{API}/mL	tg
基浆	—	2.0	1.4	0.6	0.4	15.8	0.0437
再生胶粉	0.5	5.3	4.7	0.6	0.1	13.6	0.1317
	1.0	7.5	4.0	3.5	0.1	13.2	0.1317
	1.3	12.5	11.0	1.5	0.1	10.4	0.1584
	1.5	17.0	15.0	2.0	0.1	8.8	0.2126
	1.7	12.0	11.0	1.0	0.1	6.2	0.1228
	2.0	15.5	15.0	0.5	0.0	6.0	0.1673
腐殖酸	0.1	3.4	2.8	0.6	0.2	15.0	0.1139
	0.2	3.0	2.1	0.9	0.4	14.8	0.1228
	0.3	3.3	2.6	0.7	0.3	14.0	0.1139
	0.4	2.9	2.8	0.0	0.0	14.0	0.0787
	0.5	2.9	2.8	0.1	0.0	14.0	0.1673
	0.8	2.5	2.0	0.5	0.3	13.8	0.0524
	1.0	2.4	2.3	0.1	0.0	13.0	0.0613

续表

型号	比例	AV/mPa·s	PV/mPa·s	YP/Pa	YP/PV/[Pa/(mPa·s)]	FL_{API}/mL	tg
改性淀粉	0.1	3.0	2.8	0.2	0.1	15.0	0.1228
	0.3	4.1	3.7	0.4	0.1	14.4	0.1228
	0.5	4.5	4.0	0.5	0.1	13.0	0.1317
	0.8	6.0	5.0	1.0	0.2	12.0	0.1405
	1.0	6.9	6.0	0.9	0.2	10.8	0.1405

由表3-3-4可得，与基浆相比，改性淀粉、腐殖酸、再生胶粉三种降滤失剂均具有一定的降滤失性能；随着再生胶粉用量的增加，与基浆相比，其塑性黏度随着再生胶粉加量的增加而增加，其滤失量也显著降低，随着腐殖酸用量的增加，与基浆相比，其塑性黏度呈现先增加后减少的趋势，且变化幅度不大，其滤失量也显著降低；随着改性淀粉用量的增加，与基浆相比，其塑性黏度也随着改性淀粉用量的增加而增加，滤失量也显著降低。

（2）配伍性能评价。

改性淀粉、腐殖酸、再生胶粉三种降滤失剂均具有一定的降滤失性能，分别向CMC处理浆中加入不同浓度的改性淀粉、腐殖酸、再生胶粉，在室温下老化24h后测定钻井液的各项性能参数，结果如表3-3-5。

从表3-3-5可知，随着再生胶粉的用量增加，塑性黏度不断增加，滤失量逐渐降低，与CMC处理浆相比，0.5%再生胶粉与1.0%CMC复配后，塑性黏度增加了38.46%，滤失量降低了38.89%，故认为再生胶粉和CMC具有良好的配伍性，但随着再生胶粉用量的增加，其塑性黏度显著增加，但滤失量降低较低，其中2.5%再生胶粉与1%CMC复配后，塑性黏度增加了238.46%，滤失量降低了55.56%，其塑性黏度过大，无法满足钻井要求，故选择0.5%再生胶粉与1%CMC复配做后续进一步研究。随着腐殖酸用量的增加，CMC-腐殖酸处理浆其塑性黏度先增加后减少，滤失量逐渐减少，当腐殖酸加量少于1.0%时，滤失量仍然偏大；当用量为2.0%时，滤失量满足工艺要求，但是其颜色偏深，该钻井液色度不满足环保钻井液体系的要求。随着改性淀粉用量的增加，CMC-改性淀粉处理浆其塑性黏度显著增加，同时滤失量逐渐减少，当改性淀粉加量少于1.0%时，钻井液滤失量仍然偏大；当用量为1.5%时，其滤失量满足工艺要求，但是其塑性黏度偏高，不利于钻井工艺。综上所述，筛选出体系：1.0%CMC+0.5%再生胶粉，作为后续研究。因此，本研究选用再生胶粉作为钻井液体系的降滤失剂。

表3-3-5 CMC与不同降滤失剂配伍性能评价

型号	用量/%	AV/mPa·s	PV/mPa·s	YP/Pa	YP/PV/[Pa/(mPa·s)]	FL_{API}/mL	tg
CMC		15.5	13.0	2.5	0.2	7.2	0.1405
再生胶粉	0.5	29.0	18.0	11.0	0.6	4.4	0.1317
	1.0	31.5	26.0	5.5	0.2	4.0	0.1317
	1.5	35.0	30.0	5.0	0.2	3.6	0.1584
	2.0	49.0	38.0	11.0	0.3	3.6	0.2126
	2.5	52.5	44.0	8.5	0.2	3.2	0.2126

续表

型 号	用量/%	AV/mPa·s	PV/mPa·s	YP/Pa	YP/PV/[Pa/(mPa·s)]	FL_{API}/mL	tg
腐殖酸	0.1	15.3	13.3	2.0	0.1	7.6	0.0875
	0.3	15.3	13.5	1.8	0.1	7.6	0.0875
	0.5	15.3	13.5	1.8	0.1	7.4	0.1317
	0.8	16.5	15.0	1.5	0.1	7.2	0.1228
	1.0	17.5	15.0	2.5	0.2	7.0	0.1495
	1.5	16.0	14.0	2.1	0.1	6.0	0.1853
	2.0	17.9	17.8	0.1	0.0	4.0	0.1763
改性淀粉	0.1	16.9	14.8	2.1	0.1	8.0	0.1317
	0.3	19.6	17.2	2.4	0.1	7.6	0.1317
	0.5	22.1	18.4	3.7	0.2	7.2	0.1405
	0.8	24.1	21.2	2.9	0.1	6.4	0.1853
	1.0	25.5	21.0	4.5	0.2	6.0	0.1944

(3) 体系用抑制剂的优选。

① 膨润土的线性膨胀率。

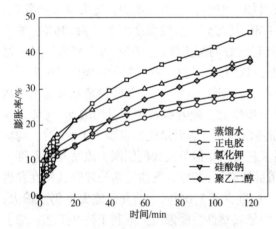

图 3-3-5 四种抑制剂溶液中膨润土的线性膨胀

钻井液体系中的抑制剂主要是起稳定井壁的作用，是水基钻井液重要处理剂之一。实验选取4种成本低，且具有良好环保性能的抑制剂进行筛选实验，其中所选用的抑制剂分别为正电胶、硅酸钠、聚乙二醇和氯化钾。评价相同用量时四种抑制对膨润土的线性膨胀率实验，实验结果见图 3-3-5。

由图 3-3-5 可知，正电胶、硅酸钠、聚乙二醇和氯化钾四种抑制剂对膨润土水化膨胀均有良好的抑制作用，其中正电胶对膨润土水化膨胀的抑制效果最佳，120min 时正电胶溶液中膨润土的线性膨胀率为 28.09%，与蒸馏水相比降低了 17.83%；硅酸钠对膨润土水化膨胀的抑制效果次之，120min 时硅酸钠溶液中膨润土的线性膨胀率为 29.43%，与蒸馏水相比降低了 16.81%；聚乙二醇对膨润土水化膨胀的抑制效果弱于硅酸钠的抑制性能，120min 时聚乙二醇溶液中膨润土的线性膨胀率为 37.61%，与蒸馏水相比降低了 11.24%；氯化钾水溶液对膨润土水化膨胀的抑制效果不明显，120min 时氯化钾溶液中膨润土的线性膨胀率为 38.48%，与蒸馏水相比降低了 7.55%；综上所述，正电胶、硅酸钠、聚乙二醇和氯化钾四种抑制剂的抑制效果依次为：正电胶＞硅酸钠＞聚乙二醇＞氯化钾，而正电胶与硅酸钠的抑制效果相差较小。

② 页岩回收率。

通过页岩滚动回收率实验进一步评价4种抑制剂的抑制效果,以苏里格钻采现场回收得到的页岩进行实验,页岩岩屑呈灰黑色页岩,较硬,用手捏不碎的;页岩滚动回收率结果如图3-3-6所示。经120℃、16h高温热滚后页岩的滚动回收率高低如下:正电胶处理浆>硅酸钠处理浆>聚乙二醇处理浆>KCl处理浆,与前述实验所得结论相同,其中在正电胶处理浆和硅酸钠处理浆中的滚动回收率均在70%以上;其中正电胶处理浆回收率为82.05%,硅酸钠处理浆回收率为70.75%。

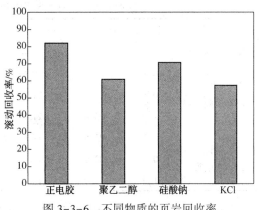

图3-3-6 不同物质的页岩回收率

③ 抑制剂加量的优化。

通过实验得出4种抑制剂中正电胶与硅酸钠的抑制效果较优,择优选正电胶与硅酸钠进行抑制剂加量的优化。按照膨润土的线性膨胀率进行测定,得到不同浓度下正电胶与硅酸钠抑制剂的线性膨胀数据,见图3-3-7、图3-3-8。

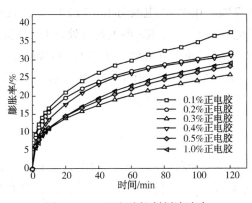

图3-3-7 正电胶抑制剂溶液中膨润土的线性膨胀率

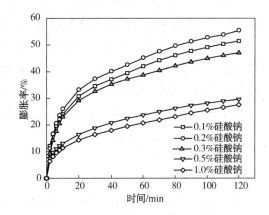

图3-3-8 硅酸钠抑制剂溶液中膨润土的线性膨胀率

由图3-3-7可知,0.3%正电胶对膨润土水化膨胀抑制效果最佳,120min时,0.3%正电胶溶液中膨润土的线性膨胀率为25.76%,0.5%正电胶抑制效果次之,0.1%正电胶效果最差;由图3-3-8可知1.0%硅酸钠对膨润土水化膨胀抑制效果最佳,120min时,1.0%硅酸钠溶液中膨润土的线性膨胀率为27.55%,0.5%硅酸抑制效果次之,0.2%硅酸钠抑制效果最差。

④ 配伍性能评价。

将筛选出来的抑制剂与CMC-再生胶粉处理浆进行抑制剂配伍性实验,结果表明,四种抑制剂均具有一定的抑制性能,其中0.3%硅酸钠与0.3%正电胶抑制性能较好,分别向CMC-聚合醇处理浆中加入不同浓度的硅酸钠与正电胶,在室温下老化16h后测定钻井液的各项性能参数,结果如表3-3-6所示。

表 3-3-6　CMC-再生胶粉与不同抑制剂配伍性能评价

型号	用量/%	AV/mPa·s	PV/mPa·s	YP/Pa	YP/PV/[Pa/(mPa·s)]	FL_{API}/mL	tg
CMC-再生胶粉	—	29.0	25.0	4.0	0.2	4.4	0.1405
CMC-再生胶粉+硅酸钠	0.3	22.5	19.0	3.5	0.2	6.0	0.1228
	0.5	24.0	21.0	3.0	0.1	7.6	0.1495
	1.0	25.0	21.0	4.0	0.2	7.8	1.4050
CMC-再生胶粉+正电胶	0.3	22.5	19.0	3.5	0.2	5.4	0.1584
	0.5	22.0	19.0	3.0	0.2	5.8	0.1673
	1.0	21.0	18.0	3.0	0.2	6.2	0.1763

从表 3-3-6 可知，与 CMC-再生胶粉处理浆相比，随着硅酸钠的用量增加，塑性黏度与动切先减小后增加，滤失量逐渐增加，其中 0.3%硅酸钠与 1.0%CMC-再生胶粉处理浆复配后，塑性黏度减少了 24.00%，滤失量增加了 36.36%，0.5%硅酸钠与 1.0%CMC-再生胶粉处理浆复配后，塑性黏度减少了 14.54%，滤失量增加了 72.72%，1.0%硅酸钠与 1.0%CMC-再生胶粉处理浆复配后，塑性黏度减少了 14.54%，滤失量增加了 77.27%，故认为硅酸钠和 CMC-再生胶粉处理浆配伍性差。与 CMC-再生胶粉处理浆相比，随着正电胶的用量增加，塑性黏度与动切基本无明显改变，而滤失量逐渐增加，其中 0.3%正电胶与 1.0%CMC-再生胶粉处理浆复配后，滤失量增加了 22.72%，0.5%正电胶与 1.0%CMC-再生胶粉处理浆复配后，滤失量增加了 31.81%，1.0%正电胶与 1.0%CMC-再生胶粉处理浆复配后，塑性黏度减少了 28.00%，滤失量增加了 40.91%，故相较于硅酸钠，正电胶和 CMC-再生胶粉处理浆具有良好的配伍性。综上所述，筛选出体系：1.0%CMC+0.5%再生胶粉+0.3%正电胶作为后续研究。因此，本研究选用正电胶作为钻井液体系的抑制剂。

(4) 体系用润滑剂优选。

① 润滑剂单剂的评价。

实验选择 5 种"绿色"润滑剂即为：杂聚 KD-03、聚乙二醇、KY-润滑剂、石墨、改性植物油进行润滑剂性能对比分析。实验先在室温条件下配制 4%膨润土浆，然后分别加入不同浓度的杂聚 KD-03、聚乙二醇、KY-润滑剂、石墨、改性植物油测量其滑块摩阻系数 tg；之后将其与 CMC-再生胶粉-正电胶处理浆进行配伍性能评价，旨在考察润滑剂与 CMC-再生胶粉-正电胶处理浆配伍性。表 3-3-7 为 5 种润滑剂润滑性能参数对比结果。

由表 3-3-7 可得，与基浆相比，杂聚 KD-03、聚乙二醇、KY-润滑剂、石墨、改性植物油五种润滑剂均具有一定的润滑性；与基浆相比，当添加 0.3%KY-润滑剂时，可使处理浆滑块摩阻系数 tg 值降低至 0.0349，润滑效果最佳；与基浆相比，当添加 0.3%杂聚糖时，可使处理浆滑块摩阻系数 tg 值降低至 0.0437，润滑效果次之；与基浆相比，当添加 0.1%植物油时，可使处理浆滑块摩阻系数 tgn 值降低至 0.0524，润滑效果次之；与基浆相比，当添加 0.05%石墨时，可使处理浆滑块摩阻系数 tg 值降低至 0.0524，润滑效果次之；与基浆相比，当添加 0.2%聚乙二醇时，可使处理浆滑块摩阻系数 tg 值降低至 0.0612，润滑效果最差；综上所述，五种润滑剂的润滑效果依次为：KY-润滑剂>杂聚 KD-03>石墨/改性植物油>聚乙二醇。

表 3-3-7 不同润滑剂性能评价

型号	用量/%	AV/mPa·s	PV/mPa·s	YP/Pa	YP/PV/[Pa/(mPa·s)]	FL_{API}/mL	tg
KY-润滑	0.1	3.0	2.0	1.0	0.5	15.0	0.0963
	0.2	3.0	2.0	1.0	0.5	14.5	0.0524
	0.3	3.0	2.0	1.0	0.5	15.4	0.0349
	0.4	3.0	2.0	1.0	0.5	15.4	0.0699
	0.5	3.0	2.0	1.0	0.5	10.8	0.0963
聚乙二醇	0.1	3.5	3.0	0.5	0.2	12.0	0.0699
	0.2	2.5	2.0	0.5	0.3	9.5	0.0612
	0.3	2.5	2.0	0.5	0.3	10.0	0.0699
	0.4	3.0	2.0	1.0	0.5	11.0	0.0787
	0.5	2.5	2.0	0.5	0.3	12.5	0.0787
植物油	0.02	3.0	2.0	1.0	0.5	31.0	0.0689
	0.05	3.0	2.0	1.0	0.5	31.2	0.0612
	0.1	3.0	2.0	1.0	0.5	31.8	0.0524
	0.2	3.0	2.0	1.0	0.5	31.8	0.0699
	0.3	3.0	2.0	1.0	0.5	31.0	0.0699
石墨	0.02	3.0	2.0	1.0	0.5	19.0	0.0612
	0.05	3.0	2.0	1.0	0.5	30.2	0.0524
	0.1	3.0	2.0	1.0	0.5	32.0	0.0699
	0.2	3.0	2.0	1.0	0.5	34.0	0.0875
	0.3	3.0	2.0	1.0	0.5	32.0	0.0963
杂聚糖	0.1	2.0	1.4	0.2	0.1	15.8	0.0787
	0.2	2.5	2.5	0.5	0.2	14.5	0.0699
	0.3	3.3	2.5	0.8	0.3	12.5	0.0437
	0.4	3.5	3.0	0.5	0.2	12.0	0.0437
	0.5	3.8	3.0	0.8	0.3	11.0	0.0524

② 配伍性能评价。

将润滑剂与 CMC-再生胶粉处理浆进行润滑剂配伍性实验，结果表明，五种润滑剂剂均具有一定的润滑性能，分别向配方：1.0%CMC+0.5%再生胶粉+0.3%正电胶处理浆中加入不同浓度的杂聚 KD-03、聚乙二醇、KY-润滑剂、石墨、改性植物油，在室温下老化 16h 后测定钻井液的各项性能参数，结果如表 3-3-8、图 3-3-9 所示。

表 3-3-8 CMC-再生胶粉-正电胶处理浆与不同润滑剂配伍性能评价

型号	用量/%	AV/mPa·s	PV/mPa·s	YP/Pa	YP/PV/[Pa/(mPa·s)]	FL_{API}/mL	tg
KY-润滑剂	0.1	19.0	18.0	1.0	0.1	5.4	0.1495
	0.2	19.5	18.0	1.5	0.1	5.4	0.1495
	0.3	20.0	18.0	2.0	0.1	5.6	0.0963
	0.4	19.5	17.0	2.5	0.2	5.6	0.1139
	0.5	19.5	17.0	2.5	0.2	5.6	0.1495
聚乙二醇	0.1	18.0	18.0	0.0	0.0	5.4	0.1317
	0.2	18.0	17.0	1.0	0.1	5.2	0.1139
	0.3	17.5	17.0	0.5	0.0	5.4	0.1051
	0.4	17.5	17.0	0.5	0.0	5.6	0.0875
	0.5	17.0	17.0	0.0	0.0	5.8	0.0963
植物油	0.02	19.0	18.0	1.0	0.1	5.4	0.1139
	0.05	19.5	18.0	1.5	0.1	5.4	0.1051
	0.1	20.0	18.0	2.0	0.1	5.4	0.0963
	0.2	19.5	17.0	2.5	0.2	5.2	0.1139
	0.3	19.5	17.0	2.5	0.2	5.4	0.1139
石墨	0.02	19.5	18.0	1.5	0.1	5.4	0.1128
	0.05	17.5	16.0	1.5	0.1	5.6	0.1051
	0.1	16.5	16.0	0.5	0.0	5.6	0.1128
	0.2	17.0	16.0	1.0	0.1	5.6	0.1317
	0.3	16.5	16.0	0.5	0.0	5.4	0.1317
杂聚糖	0.1	18.5	18.0	0.5	0.0	5.4	0.1317
	0.2	17.5	16.0	1.5	0.1	5.2	0.1228
	0.3	17.0	16.0	1.0	0.1	5.4	0.1051
	0.4	17.0	16.0	1.0	0.1	5.2	0.0963
	0.5	16.5	16.0	0.5	0.0	5.0	0.1051

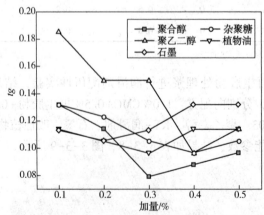

图 3-3-9 CMC-再生胶粉-正电胶处理浆与不同润滑剂配伍后润滑性能评价

3 天然高分子基钻井液体系研究

从表3-3-8、图s3-3-9可知,五种润滑剂在CMC体系中均具有显著的润滑作用。与CMC-再生胶粉-正电胶处理浆相比,当添加0.3%KY-润滑剂润滑效果最佳,其滑块摩阻系数为0.0699,可使CMC-再生胶粉-正电胶处理浆滑块摩阻系数 tg 值降低59.51%,满足钻井液施工工艺要求,综上所述,筛选出体系:1.0%CMC+0.5%再生胶粉+0.3%正电胶+0.3%KY润滑剂,作为后续研究。因此,本研究选用KY润滑剂作为钻井液体系的润滑剂。

(5) 环保钻井液正交优选。

基于CMC环保型钻井液体系性能主要受CMC加量、再生胶粉加量、KY-润滑剂和正电胶用量的影响。为进一步研究这四种因素对钻井液性能的影响,设计了如表3-1L9(4^3)正交实验设计,评价结果如表3-3-9所示。

表3-3-9 体系正交实验评价结果

用量/%	AV/mPa·s	PV/mPa·s	YP/Pa	YP/PV/[Pa/(mPa·s)]	FL_{API}/mL	tg
1.0	9.5	9.0	0.5	0.1	7.4	0.0612
2.0	10.5	9.0	1.5	0.2	7.0	0.0875
3.0	15.5	14.0	1.5	0.1	5.0	0.1051
4.0	16.0	14.0	2.0	0.1	8.2	0.0699
5.0	18.5	16.0	2.5	0.2	5.8	0.0875
6.0	27.0	23.0	4.0	0.2	5.8	0.0699
7.0	25.5	22.0	3.5	0.2	5.4	0.0612
8.0	28.5	23.0	5.5	0.2	6.2	0.1051
9.0	37.5	31.0	6.5	0.2	5.4	0.1228

根据极差法对表3-3-9中的数据进行分析,为了确定最佳性能下的使用用量。得到正交实验的塑性黏度,动切力,滤失量的均值主效应图如图3-3-10、图3-3-11、图3-3-12、图3-3-13所示,均值响应如表3-3-10、表3-3-12、表3-3-14、表3-3-16所示。

① 塑性黏度与CMC的用量,再生胶粉的用量,正电胶的用量,KY-润滑剂的用量。如表3-3-10所示。

表3-3-10 塑性黏度均值响应表

水 平	CMC	再生胶粉	KY-润滑剂	正电胶
1	10.67	15.00	18.33	18.67
2	17.67	16.00	18.00	18.00
3	25.33	22.67	17.33	17.00
Delta	14.67	7.67	1.00	1.67
排秩	1	2	4	3

对正交实验结果进行极差分析,得到四个因素的影响程度从高到低依次为:CMC,再生胶粉,正电胶,KY-润滑剂;并且得到它们的复配条件是:1.0%CMC,0.5%再生胶粉,0.4%KY-润滑剂、0.5%正电胶;将0.5%再生胶粉、0.4%KY-润滑剂、0.5%正电胶固定不变,通过改变CMC的加量,从而得到环保钻井液塑性黏度最适宜时CMC的最适加量,结果如表3-3-11所示。

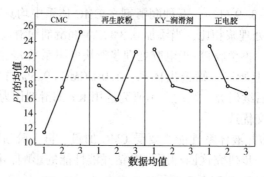

图 3-3-10　塑性黏度均值主效应图

表 3-3-11　塑性黏度单因素实验：0.5%再生胶粉+0.4%润滑剂+0.5%正点胶+不同浓度的 CMC

用量/%	AV/mPa·s	PV/mPa·s	YP/Pa	YP/PV/[Pa/(mPa·s)]	FL_{API}/mL	tg
0.5	16.5	14.0	2.5	0.18	8.2	0.0699
0.8	20.0	17.0	3.0	0.18	6.8	0.0875
1.0	22.5	18.0	4.5	0.25	6.2	0.0612
1.2	24.5	20.0	4.5	0.23	5.6	0.0787
1.5	29.5	24.0	5.5	0.23	5.2	0.0699

由表 3-3-11 的评价结果得出，当加入 1.0%的 CMC 时，钻井液的塑性黏度较适宜。因此，为了使环保钻井液体系的表观黏度较适宜，其最适条件为：1.0%CMC+0.5%再生胶粉+0.4%润滑剂+0.5%正点胶。

②滤失量与 CMC 的用量，再生胶粉的用量，正电胶的用量，KY-润滑剂的用量。如表 3-3-12 所示。

表 3-3-12　滤失量均值响应表

水　平	CMC	再生胶粉	KY-润滑剂	正电胶
1	6.467	7.000	6.467	6.200
2	6.600	6.333	6.867	6.067
3	5.667	5.400	5.400	6.467
Delta	0.933	1.600	1.467	0.400
排秩	3	1	2	4

对正交实验结果进行极差分析，得到三个因素的影响程度从高到低依次为再生胶粉的用量，KY-润滑剂的用量，CMC 的用量，正电胶的用量；并且得到它们的复配条件是：1.5%CMC，1.0%再生胶粉，0.5%KY-润滑剂，0.4%正电胶；将 1.5%CMC，0.5%KY-润滑剂，0.4%正电胶固定不变，通过改变再生胶粉的加量，从而得到控制环保钻井液滤失量较低时再生胶粉的最适加量，结果如表 3-3-13 所示。

3 天然高分子基钻井液体系研究

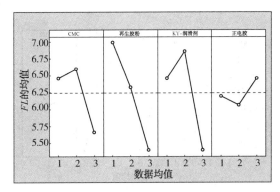

图 3-3-11 滤失量均值主效应图

表 3-3-13 再生胶粉加量对钻井液滤失量的影响

用量/%	AV/mPa·s	PV/mPa·s	YP/Pa	YP/PV/[Pa/(mPa·s)]	FL_{API}/mL	tg
0.5	23.5	22.0	1.5	0.07	6.4	0.1584
0.8	26.0	24.0	2.0	0.08	6.0	0.1317
1.0	29.0	25.0	4.0	0.16	5.6	0.1139
1.2	31.0	26.0	5.0	0.19	5.2	0.1051
1.5	33.5	29.0	4.5	0.16	5.2	0.0875

由表 3-3-13 中评价结果得出，当加入 1.0% 的再生胶粉时，钻井液的滤失量较适宜。因此，为了使环保钻井液体系的滤失量较适宜，其最适条件为：1.5%CMC+1.0%再生胶粉+0.5%润滑剂+0.4%正点胶。

③ 动切力与 CMC 的用量，再生胶粉的用量，正电胶的用量，KY-润滑剂的用量。如表 3-3-14 所示。

表 3-3-14 动切力均值响应表

水平	CMC	再生胶粉	KY-润滑剂	正电胶
1	6.467	7.000	6.467	6.200
2	6.600	6.333	6.867	6.067
3	5.667	5.400	5.400	6.467
Delta	0.933	1.600	1.467	0.400
排秩	3	1	2	4

对正交实验结果进行极差分析，得到对动切力三个因素的影响程度从高到低依次为：CMC，再生胶粉，KY-润滑剂，正电胶；并且得到它们的复配条件是：CMC 的用量为 1.0%，再生胶粉的用量为 1.0%，KY-润滑剂的用量为 0.3%，正电胶的用量为 0.3%；将 CMC、KY-润滑剂、正电胶的最佳用量固定不变，通过改变再生胶粉的加量，从而得到环保钻井液动切力最适宜时再生胶粉的最适加量，结果如表 3-3-15 所示。

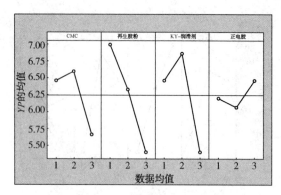

图 3-3-12 动切力均值主效应图

表 3-3-15 再生胶粉加量对钻井液动切的影响

用量/%	AV/mPa·s	PV/mPa·s	YP/Pa	YP/PV/[Pa/(mPa·s)]	FL_{API}/mL	tg
0.5	16.0	13.0	3.0	0.23	6.0	0.0699
0.8	19.5	16.0	3.5	0.22	5.6	0.0875
1.0	22.0	17.0	5.0	0.29	5.2	0.0612
1.2	23.0	17.0	6.0	0.35	5.2	0.0787
1.5	29.0	23.0	6.0	0.26	4.8	0.0699

由表 3-3-15 中评价结果得出,当加入 1.0% 的再生胶粉时,钻井液的滤失量较适宜。因此,为了使环保钻井液体系的滤失量较适宜,其最适条件为:1.0%CMC+1.0%再生胶粉+0.3%润滑剂+0.3%正点胶。

④ 滑块摩阻系数 tg 与 CMC 的用量,再生胶粉的用量,正电胶的用量,KY-润滑剂的用量。如表 3-3-16 所示。

表 3-3-16 滑块摩阻系数 tg 均值响应表

水平	CMC	再生胶粉	KY-润滑剂	正电胶
1	0.08460	0.06410	0.07873	0.09050
2	0.07577	0.09337	0.09340	0.07287
3	0.09637	0.09927	0.08460	0.09337
Delta	0.02060	0.03517	0.01467	0.02050
排秩	2	1	4	3

对正交实验结果进行极差分析,得到四个因素的影响程度从高到低依次为:再生胶粉,CMC,正电胶,KY-润滑剂;并且得到它们的复配条件是:CMC 的用量为 1.0%,再生胶粉的用量为 0.5%,正电胶的用量为 0.4%,KY-润滑剂的用量为 0.3%;将 CMC、正电胶、KY-润滑剂的最佳用量固定不变,通过改变再生胶粉的加量,从而得到控制环保钻井液滑块摩阻系数 tg 较低时再生胶粉的最适加量,结果如表 3-3-17 所示。

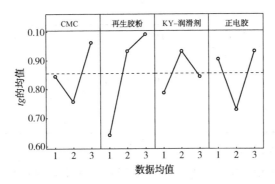

图 3-3-13 滑块摩阻系数 tg 均值主效应图

表 3-3-17 再生胶粉加量对钻井液滑块摩阻系数 tg 的影响

用量/%	AV/mPa·s	PV/mPa·s	YP/Pa	YP/PV/[Pa/(mPa·s)]	FL_{API}/mL	tg
0.1	16.5	14.0	2.5	0.18	10.4	0.0612
0.3	19.5	16.0	3.5	0.22	8.4	0.0699
0.5	21.5	17.0	4.5	0.26	8.0	0.0787
0.8	23.0	18.0	5.0	0.28	6.0	0.0875
1.0	25.5	21.0	4.5	0.21	4.2	0.0963

由表 3-3-17 中评价结果得出，当加入 0.5%的再生胶粉时，钻井液的滑块摩阻系数 tg 较适宜。因此，为了使环保钻井液体系的润滑性能较适宜，其最适条件为：CMC1.0%+1.0%再生胶粉+0.3% KY-润滑剂+0.4%正电胶。

3）性能评价

（1）基于 CMC 环保型钻井液的性能评价。

选取 1.0%CMC、0.5%再生胶粉、0.3%正电胶、0.3%KY-润滑剂配制环保钻井液体系，分别在 90℃、120℃、150℃下老化 16h 后测试处理浆的表观黏度、塑性黏度、动切力、滤失量等性能参数，结果如表 3-3-18 所示。由表可知，与室温下 CMC 体系处理浆相比，90℃下 CMC 体系处理浆塑性黏度、滑块摩阻系数 tg 值与滤失量基本无变化；120℃下 CMC 体系处理浆塑性黏度增加了 7.69%，滤失量增加了 15.86%；150℃下 CMC 处理浆塑性黏度降低了 15.38%，滤失量增加了 21.43%；180℃下 CMC 处理浆塑性黏度降低了 69.23%，滤失量增加了 150%，此时已经不满足钻井液工艺施工要求。综上所述，CMC 体系处理浆在 150℃以内性能稳定，而 150℃下滤失量明显增加，塑性黏度略有所降低，因此 CMC 体系处理浆在 150℃环保内稳定工作。

表 3-3-18 环保型钻井液的抗温性能评价结果

温度/℃	AV/mPa·s	PV/mPa·s	YP/Pa	YP/PV/[Pa/(mPa·s)]	FL_{API}/mL	tg
25	17.0	13.0	4.0	0.31	5.6	0.0699
90	18.0	14.0	4.0	0.29	6.0	0.0875
120	14.0	12.0	2.0	0.17	6.8	0.0875

续表

温度/℃	AV/mPa·s	PV/mPa·s	YP/Pa	YP/PV/[Pa/(mPa·s)]	FL_{API}/mL	tg
130	12.0	10.0	2.0	0.20	7.6	0.1051
140	11.5	11.0	0.5	0.05	8.8	0.1405
150	10.5	9.0	1.5	0.17	10.4	0.1405
180	5.0	4.0	1.0	0.25	14.0	0.1139

(2) 膨润土的线性膨胀率。

分别考察了清水，CMC 体系溶液、CMC 溶液对膨润土膨胀率的影响，结果如图 3-3-14 所示。

由图 3-3-14 可知，CMC 体系溶液对膨润土水化膨胀具有良好的抑制作用，膨润土在 CMC 体系溶液中 120min 时膨胀率为 18.65%，与清水相比降低了 43.66%，与 CMC 溶液相比降低了 19.83%。CMC 体系溶液中正电胶对体系起到了至关重要的抑制黏土膨胀的作用，CMC-正电胶吸附于黏土表面，CMC 与黏土由氢键相作用，阻止水渗入到黏土中，正电胶在黏土表面形成一层正电势层，进一步阻碍了黏土中的离子与水进行交换，从而起到良好的抑制作用。

(3) 页岩滚动回收率。

页岩滚动回收率试验表明，由于页岩在水中的水化作用导致页岩的重量下降，根据抑制剂溶液中页岩的质量发生了变化，从而表征抑制剂的抑制能力。页岩滚动回收率越高，溶液的抑制性能越好。页岩滚动回收率的不同结果如图 3-3-15 所示，清水、基浆、CMC 体系、1.0%KCl 的滚石回收率分别为 39.48%、40.22%、83.04%、57.32%。水和基浆的页岩滚动回收率相差不大；当基浆中加入 KCl 时页岩滚动回收率较好，说明 KCl 处理浆具有良好的抑制性；而 CMC 体系处理浆所得页岩回收率大于清水与基浆所得页岩回收率且大于 KCl 处理浆，故得 CMC 体系具有优异的抑制性。进一步表明，CMC 体系对页岩水化有明显的抑制作用。这种现象可能是由于 CMC 体系封堵作用，阻碍或减少了水对页岩的渗透，从而阻止了页岩的水化膨胀，同时体系中的正电胶提供了一定量的正电荷，正电荷吸附于黏土表面形成一层正电势层，阻止了页岩颗粒的细小化。

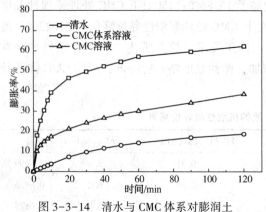

图 3-3-14 清水与 CMC 体系对膨润土线性膨胀率的影响

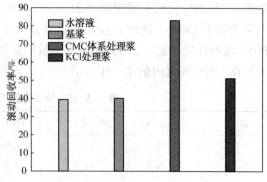

图 3-3-15 不同溶液中的页岩滚动回收率

(4) 抗侵污性能评价。

用选定的 CMC 环保型钻井液配方：1.0%CMC+0.5%再生胶粉+0.3%正电胶+0.3%KY-润滑剂；分别加入各种污染物进行实验，实验结果见表 3-3-19、表 3-3-20、表 3-3-21。由表 3-3-19 可知，随着 CMC 体系钻井液中 KCl 用量的增加，其塑性黏度先增加后减少，同时钻井液滤失量随着 KCl 用量的增加而增加，由此可知，CMC 钻井液体系可抗 10%KCl。由表 3-3-20 可知，随着 CMC 体系钻井液中 NaCl 用量的增加，其塑性黏度先增加后保持稳定不变，钻井液滤失量先增加后减少，当 NaCl 加量至饱和时，CMC 钻井液体系性能仍然保持良好，由此可知，CMC 钻井液体系可抗 NaCl 至饱和。由表 3-3-21 可知，随着 CMC 体系钻井液中的 $CaCl_2$ 用量的增加，其塑性黏度先增加后保持稳定不变，钻井液滤失量先增加后减少，当 $CaCl_2$ 加量至饱和时，CMC 钻井液体系性能仍然保持良好，由此可知，CMC 钻井液体系可抗 $CaCl_2$ 至饱和。综上所述，CMC 钻井液体系具有良好的抗盐侵性能，其中可抗钙盐与钠盐至饱和，抗钾盐至 10%。

表 3-3-19 CMC 体系抗氯化钾评价

KCl 加量/%	AV/mPa·s	PV/mPa·s	YP/Pa	YP/PV/[Pa/(mPa·s)]	FL_{API}/mL	tg
0	17.0	13.0	4.0	0.31	5.6	0.0699
1.0	18.5	15.0	3.5	0.23	7.6	1.0510
3.0	18.0	15.0	3.0	0.20	7.6	0.1139
5.0	14.0	11.0	3.0	0.27	7.2	0.1051
10.0	14.0	12.0	2.0	0.17	7.6	0.1139
15.0	11.0	9.0	2.0	0.22	8.2	0.1317
20.0	10.0	9.0	1.0	0.11	9.8	0.1405
25.0	9.0	8.0	1.0	0.13	9.6	0.1405

表 3-3-20 CMC 体系抗氯化钠评价

NaCl 加量/%	AV/mPa·s	PV/mPa·s	YP/Pa	YP/PV/[Pa/(mPa·s)]	FL_{API}/mL	tg
0	17.0	13.0	4.0	0.31	5.6	0.0699
1.0	16.5	13.0	3.5	0.27	7.2	0.0699
3.0	15.5	12.0	3.5	0.29	7.6	0.0787
5.0	14.5	11.0	3.5	0.32	6.0	0.0875
10.0	14.5	11.0	3.5	0.32	6.0	0.0875
15.0	14.5	11.0	3.5	0.32	6.4	0.0787
20.0	13.5	10.0	3.5	0.35	5.6	0.0875
25.0	13.5	11.0	2.5	0.23	5.6	0.0875

表 3-3-21 CMC 体系抗氯化钙评价

$CaCl_2$ 加量/%	AV/mPa·s	PV/mPa·s	YP/Pa	YP/PV/[Pa/(mPa·s)]	FL_{API}/mL	tg
0	17.0	13.0	4.0	0.31	5.6	0.0699
1.0	17.0	14.0	3.0	0.21	6.0	0.0787
3.0	14.5	12.0	2.5	0.21	6.0	0.0963

续表

CaCl$_2$加量/%	AV/mPa·s	PV/mPa·s	YP/Pa	YP/PV/[Pa/(mPa·s)]	FL$_{API}$/mL	tg
5.0	11.0	9.0	2.0	0.22	6.0	0.0875
10.0	10.0	9.0	1.0	0.11	5.6	0.0875
15.0	9.0	8.0	1.0	0.13	5.6	0.0963
20.0	9.5	9.0	0.5	0.06	5.6	0.0963
25.0	9.5	9.0	0.5	0.06	5.6	0.1228
30.0	9.5	9.0	0.5	0.06	5.2	0.1405
35.0	9.0	9.0	0.0	0.00	5.2	0.1405

(5) 环保性能评价。

目前钻井液毒性评价采用急性毒性试验方法，主要试验方法有：糠虾生物检测法、微生物毒性法和累计生物荧光法。考察了环保钻井液反排液的化学毒性、生物降解性和生物毒性，结果如表3-3-22所示。由表可知CMC环保型钻井液体系重金属含量、生物降解性和生物毒性均满足国家相关环保标准要求，对环境是友好的、无毒，生物易降解的钻井液体系。

表3-3-22　基于CMC环保型钻井液体系的环保性能评价

项目	测定值	规定值
烃类含量/(mg/L)	ND	≤10
Cd含/(mg/L)	ND	≤3
Hg含量/(mg/L)	0.00171	≤1
Pb含量/(mg/L)	ND	≤1
Cr含量/(mg/L)	0.036	≤5
As含量/(mg/L)	0.024	≤0.5
LC$_{50}$/(mg/L)	100000	≥30000
生物降解性(BOD$_5$/COD$_{Cr}$)/%	48	≥10

注：ND为未检出。

(6) 钻井液现场应用。

苏里格气田苏77地区钻遇地层特质及应对措施通常为：①二开长裸眼井段中，延安组、延长组岩性以泥岩为主，且延长组夹层多，表现出稳定性差的问题。②刘家沟组底部地层为区域漏失层，钻井过程中加强防漏措施。③太原组、山西组煤层发育，单层厚1~10m，易坍塌，钻井过程中加强防塌、防卡措施。④目的层防喷、防漏。因此常规钻井液（三磺钻井液等）性能为：降低钻井液的滤失量，改善滤饼质量，增强滤饼的防透性和钻井液的屏蔽造壁能力，防止井壁垮塌，提高钻井液的润滑性。因此在环保钻井液配方的筛选过程中，应当注意保证钻井液较低的滤失量，保证滤饼质量，防止垮塌。具有一定抑制性，避免地层造浆、增加固相含量与提高密度，有效保证地层的稳定，避免水化膨胀，很好的保护气层。同时具备一定的携带及悬浮岩屑的能力，避免了埋钻事故的发生，保证井下安全。基于此背景与钻井液设计(表3-3-23),设计了如表3-3-24所示的钻井液体系,并于2019年8月8~24日在苏77-X-Y井进行了实验。

表3-3-23 钻井液主要性能及维护处理要点

开钻次序	井段/m	常规性能					流变参数	
		密度/(g/cm^3)	漏斗黏度/s	API失水/mL	pH值	摩阻系数	塑性黏度/mPa·s	动切力/Pa
一开	0~700	1.02~1.05	30~60	不控	7~8	/	8~10	1.0~5.0
二开	701~2549	1.02~1.10	30~45	不控	7~8	≤0.8	5~20	1.0~3.0
	2549~3137	1.05~1.15	30~60	≤10	8~9	≤0.8	10~30	1.0~3.0
三开	3137~4100	1.15~1.30	40~70	≤5	8~9	≤0.8	10~30	1.0~3.0

表3-3-24 苏77-X-Y井钻井液体系

工程阶段	井深/m	配方
一开	0~500	清水+8~10%膨润土+0.4%Na$_2$CO$_3$+0.3%~0.4%CMC
二开	501~2549	清水+0.2%Na$_2$CO$_3$+0.1%-0.3%NaOH+0.3%-0.5%KPAM
	2549~3137	清水+4%膨润土+1.0-1.5%CMC+0.3%NaOH+0.5-0.8%再生胶粉+0.3-0.5%KY-润滑剂+0.2-0.4%正电胶+重晶石
三开	3137~4100	清水+4%膨润土+1.0-1.5%CMC+0.4%NaOH+0.5-0.8%再生胶粉+0.3-0.5%KY-润滑剂+0.2-0.4%正电胶+重晶石

该井斜深4100m,垂深3048.00m。钻井液体系黏度满足设计要求,黏切性能好,能够有效悬浮并携带岩屑;润滑性好,现场试验摩阻系数均小于0.08,造斜段工况正常,起下钻通畅,停起钻均未见异常情况。整个钻井过程中,该体系可以保持较好的黏度和滤失量,岩屑包被规则完整,观察返排岩屑发现无井壁垮塌剥落现象,能够满足钻井工程需要。在电测作业前的通井作业中,没有发生遇阻情况,起下钻通畅,在电测作业中,一次测井到底。在电测作业后的通井作业中,没有发生遇阻情况,起下钻通畅。全井平均井径237.74厘米,全井平均井径扩大率10.1%。BOD$_5$/COD$_{Cr}$测定结果为0.48,表明该体系具有良好的可生物降解性,证明该体系对环境友好无害。

4) 构效分析

(1) 热重分析。

将膨润土分别在清水与CMC体系溶液中陈化24h后,抽滤,充分干燥后制得黏土样品,将样品分别放入热重分析仪中进行热重分析,得到其样品质量随温度升高的变化曲线,结果如图4-1所示。由图3-3-16可知,清水处理膨润土与CMC体系溶液处理膨润土随着温度的升高,其黏土质量均出现一定的减少。在温度由25℃升至120℃的过程中,清水处理膨润土的质量损失明显高于CMC体系处理膨润土的质量损失,这是由于25~120℃这一温度区间内,损失的质量主要为黏土吸收的水分以及黏土间存在的部分结合水,进一步证明了CMC体系吸附于黏土表面,阻止了自由水进入到黏土中,具有良好的抑制黏土分散作用。在温度120℃升至150℃的过程中,CMC体系处理黏土质量损失为0.38%,表明

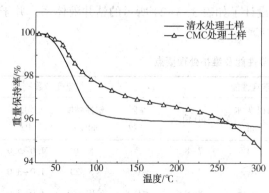

图3-3-16　清水与CMC体系处理膨润土热重图

CMC体系在150℃内，具有良好的热稳定性能。

（2）膨润土颗粒粒度分布测定。

膨润土分别分散在CMC体系溶液与清水中，测得膨润土的平均直径与中值如表3-3-25所示。由表3-3-25可知，未水化膨润土的平均直径和中值直径分别为33.26μm和26.65μm，明显大于水化膨润土的平均直径和中值直径，膨润土在清水中存在一定的水化膨胀过程，所以与未水化膨润土相比，粒径明显变小。当在水化后膨润土中添加CMC体系溶液后，其平均直径与中值直径明显增大了，表明当CMC体系溶液加入钻井液中时，具有明显的抑制膨润土水分分散的作用，这是由于CMC吸附于黏土表面，CMC与黏土表面由于氢键的作用，阻止了黏土的进一步分散，从而使其粒径明显增大，且体系中的正电胶在黏土表面形成一层正电势层，阻止了黏土与水之间的离子交换，故宏观表现为黏土粒径增大。

表3-3-25　不同处理条件处理下膨润土粒径平均粒径及中值粒径

添加剂	平均直径/μm	中值直径/μm
未水化膨润土	33.26	26.650
水化膨润土	7.83	5.458
CMC体系	38.82	23.210

（3）微观形态分析。

从图3-3-17能够看出，用SEM对CMC型环保钻井液制得的干燥后的膨润土和清水水化处理干燥的膨润土进行微观形态分析，与清水水化干燥后的膨润土相比CMC型环保型钻井液制得的干燥后的膨润土，其膨润土直径明显变大，这是由于CMC吸附于黏土表面，

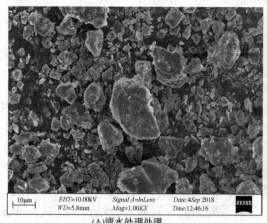
(A)清水处理处理

(B)CMC体系处理土样

图3-3-17　CMC体系处理浆处理前后黏土的SEM图

CMC 与黏土表面由于氢键的作用，阻止了黏土的进一步分散，从而使其粒径明显增大，且体系中的正电胶在黏土表面形成一层正电势层，阻止了黏土与水之间的离子交换，故宏观表现为膨润土粒径增大。

3.3.2 改性柿子皮–CMC 钻井液体系研究

植物酚和高分子聚合糖可以在钻井液中起到一定的增黏降滤失作用以及改善流动性的作用，已经被各大油田投入使用。柿子皮中含有的大量植物酚和高分子聚合糖，可以将其应用于钻井液中，同时它具有良好的生物降解性以及对环境无害，可以将其开发为绿色环保型钻井液添加剂，符合绿色环保可再生的环保理念。柿子皮来源广，成本低，可将农业废弃柿子皮变废为宝，更大地发挥其经济价值，同时还可以降低了油田开采的成本。

通过对废弃柿子皮与氯化铝螯合生成氯化铝改性柿子皮（ACPP），并在室内考察氯化铝改性柿子皮在水基钻井液中的性能，考察了氯化铝改性柿子皮在钻井液中的抑制性，流变性能、降滤失性能、热稳定性能等，并通过扫描电镜、热重分析仪、Zeta 电位仪探究改性柿子皮在钻井液中的作用机理。

1) 体系构建

(1) 柿子皮成分分析。

柿子皮中含有大量的纤维素、半纤维素、缩合单宁（图 3-3-18）、可溶性糖等。

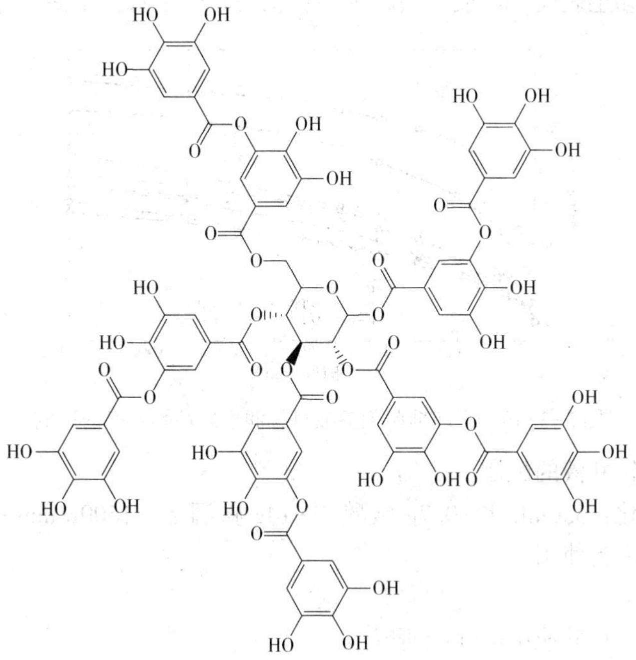

图 3-3-18 缩合单宁结构式

(2) 氯化铝改性柿子皮制备条件的优选。

通过膨润土线性膨胀率考察了柿子皮和氯化铝质量比对膨润土线性膨胀抑制性能的影响，结果如表 3-3-26 所示。由表 3-3-26 可知，当二者质量比为 6∶1（ACPP-3）时，膨润土的膨胀率最低，为28.13%。因此，在接下来的实验中选择柿子皮与氯化铝质量为比6∶1进行研究。当柿子皮与氯化铝比例为6∶1时，适当的氯化铝可以为改性柿子皮提供充足的正电荷与膨润土中的离子进行交换，从而抑制膨润土的水分分散；含量过高会导致柿子皮团聚絮凝，含量过低则不能提供足够的正电荷。总之，适当质量比的柿子皮与氯化铝可以提供适当正电荷，从而提高对膨润土的抑制作用，同时也不会导致膨润土絮凝。

表 3-3-26 柿子皮质量和氯化铝质量比对黏土膨胀抑制性能的影响

添加剂	比例	膨胀率/%(120min)
PP	—	35.21
ACPP-1	2∶1	43.42
ACPP-2	4∶1	38.48
ACPP-3	6∶1	28.13
ACPP-4	8∶1	31.92

通过在不同质量比例的柿子皮与氯化铝溶液中的膨润土线性膨胀率实验，考察了合成的改性柿子皮(ACPP)对膨润土膨胀的抑制作用。从图3-3-19可知，0.3%改性柿子皮(ACPP-3)对膨润土的抑制作用最强，当加入0.3%的改性柿子皮(ACPP-3)溶液，120min时膨润土的膨胀率为28.13%，抑制性大于1.0%氯化钾的抑制性。这是由于改性柿子皮由于氢键作用吸附于黏土表面，形成一层疏水层，从而阻碍了水分子渗入黏土中。

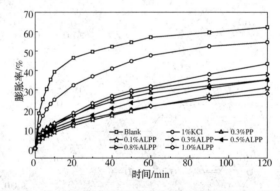

图 3-3-19 不同抑制剂溶液对膨润土线性膨胀率的影响

(3) 改性柿皮钻井液的配制。

钻井液的预水化：350mL水+0.7g碳酸钠+14g膨润土，1600r/min搅拌120min，封闭条件下陈化1天后准备使用。

2) 性能评价

(1) 改性柿皮在钻井液中的性能研究。

在不同温度(25℃、120℃)下，0.3%ACPP在钻井液中的性能如表3-3-27所示。由表可知，在基浆中加入改性柿子皮，经室温陈化后，与基浆相比，改性柿子皮处理浆表观黏度与塑性黏度得到了明显的提升，分别提高了25.0%和42.8%，滤失率降低11.5%。改性柿子皮在120℃下陈化16h后，仍能显著提高钻井液的黏度以及降低滤失。这是因为改性柿子皮中多糖(果胶、纤维素)、植物酚(木质素、黄酮类)与不溶性颗粒物的协同作用，使改性柿子皮处理浆的黏度增加,滤失量下降。结果还表明,ACPP-3 与常用的钻井液添加剂 CMC 具有良好的配伍性,ACPP-3 对水基钻井液的流变性能有明显的影响,特别是对表观黏度和动切力的影响较大,同时降低了滤失量。ACPP 与 CMC 通过氢键形成缔合复合体。该缔合物既具有线性高分子的"包被"功能,又具有 ACPP 低分子聚合物在固相颗粒表面的吸附和水合作用。钻井液中固体颗粒表面可形成一定厚度的吸附水化层。在钻头孔处高速剪切作用下,吸附膜变形后仍有一定的"涂层"效应。因此,固体颗粒的表观黏度和动切力明显低于基浆。另一方面,固体颗粒表面被主聚合物和 ACPP 缔合物的吸附和水化膜有效"包覆",使其滤失量减少。

表 3-3-27 改性柿子皮处理浆性能评价及其配伍性能评价

温度/℃	添加剂	AV/mPa·s	PV/mPa·s	YP/Pa	FL/mL	tg
25	Blank	3.6	2.1	1.4	13.0	0.0699
	0.3%PP	4.5	3.0	0.5	11.5	0.0963
	0.3%ACPP-3	3.0	2.0	1.0	11.0	0.0875
	CMC	15.5	13.0	2.5	8.0	0.1405
	CMC+0.3%PP	16.0	13.5	3.0	7.4	0.1584
	CMC+0.3%ACPP-3	13.0	11.0	1.0	7.2	0.1495
120	Blank	2.6	1.8	0.7	15.0	0.1853
	0.3%PP	5.5	5.0	0.5	13.0	0.1495
	0.3%ACPP-3	2.0	2.0	0.6	12.8	0.1051
	CMC	20.5	13.0	4.0	10.0	0.1495
	CMC+0.3%PP	22.0	14.5	2.0	9.2	0.1584
	CMC+0.3%ACPP-3	13.5	13.0	1.5	8.6	0.1584

(2)页岩滚动回收率。

页岩滚动回收率实验表明,由于页岩在水中的水化作用导致页岩的重量下降,根据抑制剂溶液中页岩的质量发生了变化,从而表征抑制剂的抑制能力。滚动回收率越高,溶液的抑制性能越好。页岩滚动回收率的不同结果如图 3-3-20 所示,清水、KCl 溶液、PP 溶液、ACPP 溶液的滚石回收率分别为 39.48%、40.22%、51.23%、66.44%。清水和 PP 溶液的页岩滚动回收率相差不大;当基浆中加入 KCl 溶液时页岩滚动回收率较好,说明 KCl 溶液具有良好的抑制性;而 ACPP 溶液页岩回收率大于清水与基浆所得页岩回收率降且大于 KCl 处理浆,进一步表明,ACPP 溶液对页岩水化有明显的抑制作用。这种现象可能是由于页岩表面吸附

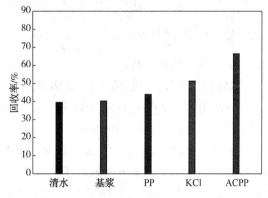

图 3-3-20 不同溶液的页岩滚动回收率

了 ACPP-3，阻碍或减少了水对页岩的渗透，从而阻止了页岩的水化膨胀。

3) 构效分析

（1）膨润土颗粒粒度分布测定。

改性柿子皮（ACPP-3）对膨润土粒径分布的影响进行测定，结果如表 3-3-28 和图 3-3-21 所示，未水化膨润土的平均直径和中值直径分别为 33.26μm 和 26.65μm，明显大于水化膨润土的平均直径和中值直径，膨润土在清水中存在一定的水化分散，所以与未水化膨润土相比，粒径明显变小。膨润土在 0.3%柿子皮溶液中水化 16h 后，膨润土微粒粒度平均尺寸下降到 8.16μm。而在 0.3%ACPP-3 溶液水化 16h 后，膨润土微粒粒度平均尺寸下降到 12.32μm。其平均粒径远大于水化后膨润土的粒度，这是由于改性柿子皮（ACPP-3）具有抑制水分作用，当添加改性柿子皮（ACPP）后，抑制了膨润土的水化分散，这可能是由于改性柿子皮（ACPP）吸附在黏土的表面，由于氢键的作用，从而阻碍了水分子向黏土中的渗入。

表 3-3-28　PP 溶液与 ACPP-3 溶液对膨润土粒径分布

添加剂	平均直径/μm	中值直径/μm
未水化膨润土	38.08	27.39
水化膨润土	7.83	5.46
0.3%PP 处理	8.16	7.79
0.3%ACPP-3 处理	12.32	11.82

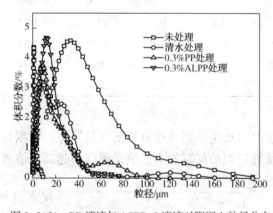

图 3-3-21　PP 溶液与 ACPP-3 溶液对膨润土粒径分布

（2）膨润土微观结构分析。

采用扫描电镜（SEM）对经 ACPP 溶液及清水处理干燥后的膨润土颗粒进行微观形态分析，探究 ACPP 对膨润土微观结构的影响，结果如图 3-3-22 所示。

从图 3-3-22 能够看出，通过 SEM 得到的 ACPP 溶液制得后干燥的膨润土和清水浸泡后干燥的膨润土进行微观形态分析可知，ACPP 溶液制得的干燥后的土样，其膨润土直径明显变大，进一步说明了 ACPP 溶液具有良好的抑制性能。

（3）膨润土热重分析。

将膨润土在清水、PP 溶液和 ACPP 溶液中陈化 24h 后，抽滤，充分干燥后制得黏土样品，将样品分别放入热重分析仪中进行热重分析，得到其样品质量随温度升高的变化曲线，结果如图 3-3-23 所示。由图 3-3-23 可知，清水处理黏土、PP 溶液、ACPP 溶液处理膨润土随着温度的升高，其黏土质量均出现一定的减少。在温度由 25℃升至 120℃的过程中，清水处理膨润土的质量损失明显高于 ACPP 溶液与 PP 溶液处理膨润土的质量损失，PP 溶液处理后膨润土的质量损失明显高于 ACPP 溶液处理膨润土的质量损失，这是由于 25~120℃这一温度区间内，损失的质量主要为黏土吸收的水分以及黏土间存在的部分结合水，进一步证明了 ACPP 具有较优的抑制作用，从而阻止了自由水进入到黏土中，存在一定的抑制黏土分散的作用。

(a) 水处理膨润土　　　　　　　　　(b) ACPP-3 溶液处理膨润土

图 3-3-22　ACPP-3 溶液处理浆处理前后膨润土的 SEM 图

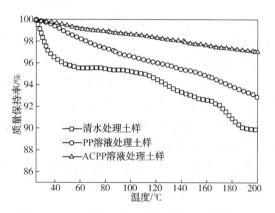

图 3-3-23　清水与 ACPP 溶液处理土样热重图

（4）红外光谱分析。

对前述热重分析时所制得膨润土颗粒样品进行压片法红外光谱分析，结果如图 3-3-24 所示。

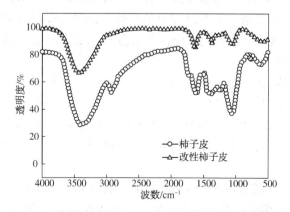

图 3-3-24　改性柿子皮（ACPP-3）和柿子皮（PP）的红外光谱图

由图3-3-24可知，分别对改性柿子皮（ACPP-3）和柿子皮（PP）进行红外测试，将ACPP-3的FTIR谱与PP的FTIR谱进行比较，在3420cm^{-1}附近较为显著的特征峰为O—H的伸缩振动，2910cm^{-1}处的吸收峰为甲基和亚甲基C—H的伸缩振动，1590cm^{-1}和1430cm^{-1}附近处的吸收峰为苯环的骨架振动吸收，改性柿子皮的吸收峰明显高于未改性柿子皮，是由于氯化铝与柿子皮螯合后O—H键的振动受到Al…O配位作用的影响而提高。进一步证明了柿子皮与氯化铝发生螯合反应，生成了氯化铝改性柿子皮（ACPP-3）。

(5) Zeta电位。

黏土矿物的膨胀分散是由多种因素引起的，这些因素既取决于黏土矿物的组成和结构，又取决于可交换阳离子的组成和分散介质的性质，分散介质溶液Zeta电位的数值与其中黏土分散的状态有很大关系，黏土颗粒粒度越小，Zeta电位绝对值越大，体系中的黏土颗粒越分散稳定，即分散力大于凝聚力。黏土颗粒表面的Zeta电位与ACPP溶液浓度关系测评结果如图3-3-25所示。

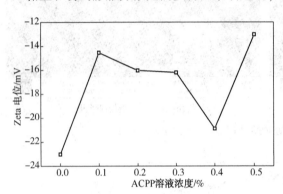

图3-3-25　ACPP溶液浓度与Zeta电位变化曲线图

ACPP溶液的Zeta电位评价如图3-3-25所示，黏土是带负电子的硅氧八面体构成的，在层间空间增加正电荷打破了电荷平衡。经水处理的膨润土的典型Zeta电位为-23.02mV，在水中具有良好的分散性。随着ACPP的加入，膨润土分散体的Zeta电位增大。随着ACPP溶液的加入，经过ACPP溶液处理的膨润土的Zeta电位在-20mV和-10mV之间波动，说明经过ACPP处理的膨润土形成了凝聚体。将ACPP吸附在经水处理的膨润土表面，同时进行脱附。吸附与解吸之间形成平衡，导致双静电层的水化排斥和抑制了膨润土的分散。

3.3.3　杂聚糖衍生物与CMC协同性研究

羧甲基纤维素是油田化学工作液中使用量较大的聚糖之一，探索羧甲基纤维素与杂聚糖衍生物的协同效应，为充分利用和发挥聚合物在提高石油采收率、降低油气开采成本方面具有重要的理论和应用价值。本章以羧甲基纤维素钠和杂聚糖衍生物为原材料，按照不同比例混合，探究两者复配后的协同效应，考察温度、pH值、无机盐和剪切速率等影响因素对复配凝胶性能的影响。

1) SP-1与CMC协同作用及凝胶化研究

(1) SP-1溶胶浓度对溶胶黏度的影响。

将浓度为2g/100mL的SP-1溶胶按照比例稀释至不同浓度，搅拌使溶胶达到溶胀平衡，采用NDJ-8S数显黏度计测定不同浓度的SP-1溶胶的黏度，实验结果如图3-3-26所示。

由图3-3-26可知，随浓度的增大，SP-1溶胶的黏度逐渐增大。当浓度在0~1.6g/100mL范围内时，SP-1溶胶的黏度缓慢增加，且呈线性增大；当浓度在1.6~2g/100mL范围内时，SP-1 溶胶的黏度迅速增大，且增加速率急剧增大。主要是由于 SP-1 分子在水中随机伸展，随着 SP-1 浓度增大，SP-1 分子间彼此碰撞的概率增加甚至相互缠绕，致使溶胶的黏度不断增加；当浓度超过一定值时，SP-1 分子链数量不断增加，分子间的缠绕作用迅速增强，溶胶黏度急剧增大。

(2) CMC 溶胶浓度对溶胶黏度的影响。

将浓度为 2g/100mL 的 CMC 溶胶按照比例稀释至不同浓度，搅拌均匀，溶胶达到溶胀平衡后，采用 NDJ-8S 数显黏度计测定不同浓度的 CMC 溶胶的黏度，实验结果如图 3-3-27 所示。

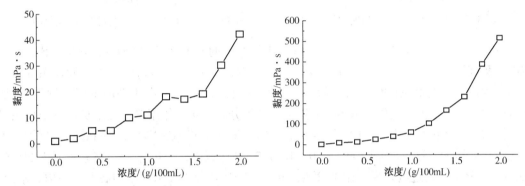

图 3-3-26　SP-1 溶胶的黏度随浓度的变化曲线　　图 3-3-27　CMC 溶胶黏度随浓度的变化曲线

由图 3-3-27 可知，随着浓度的增大，CMC 溶胶黏度逐渐增大。当浓度在 0~1g/100mL 范围内，CMC 溶胶黏度随浓度的增大而缓慢增大，浓度超出 1g/100mL 之后，黏度急剧增大。由于 CMC 是纤维素经过羧甲基化后的衍生物，主要由单糖-葡萄糖组成的线性高分子，在水中的溶解度较高，分子舒展程度也非常高。CMC 分子间通过氢键彼此相互作用，随着浓度的增加，分子间相互作用增强，致使溶胶的黏度不断增大。

(3) SP-1 和 CMC 的协同作用。

采用相图法研究 SP-1 和 CMC 之间的协同作用。分别配置浓度为 2g/100mL 的 SP-1 溶胶和 CMC 溶胶，按照一定配比 $r=m(SP-1):m(CMC)$（质量比分别为 10:0、9:1、8:2、7:3、6:4、5:5、4:6、3:7、2:8、1:9、0:10）混合均匀，测定各组复配凝胶的黏度。以各组复配凝胶的体积比（CMC:SP-1）为横坐标，黏度值为纵坐标，绘制复配凝胶的实测黏度曲线，如图 3-3-28 所示。对于高分子物质或者其他相互作用的二组分体系，体系中各组分即使不存在协同效应，体系的黏度也不是各组分黏度的之和，应该是按照不同组分间的稀释效应变化。假定体系中各组分相互没有协同效应，则体系中一组分相对于另一组具有稀释作用，在一定程度上彼此削弱它们的相互作用，使体系的黏度值低于加和关系值。为了得到体系的稀释效应线，将浓度为 2g/100mL 的 SP-1 和 CMC 溶胶分别按照不同比例稀释，测定其黏度，然后将相同浓度下（即 SP-1 和 CMC 浓度之和为 2g/100mL），体系中相应浓度 SP-1 和 CMC 溶胶黏度相加，即如图 3-3-29 所示的稀释效应曲线。将复配凝胶实测线以下与稀释线以上部分构成的封闭区域称为正协同效应区，复配凝胶实测线以上与稀释线以下部分构成的封闭区域称为负协同效应区；将复配凝胶实测线与稀释线的差值称为增效黏度。增效黏度值越大说明体系中两组分间的协同效应越强。

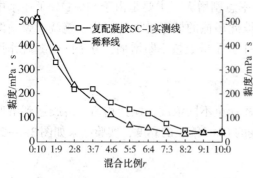 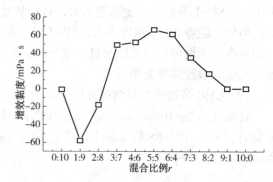

图 3-3-28　SP-1 和 CMC 协同效应曲线　　图 3-3-29　增效黏度随混合比例的变化曲线

由图 3-3-28 和图 3-3-29 可知，由于相同浓度的 CMC 溶胶与 SP-1 溶胶相比，CMC 溶胶的黏度远大于 SP-1 溶胶，在两者复配凝胶中，CMC 溶胶的黏度对于复配体系起主要作用，因此，复配凝胶（SC-1）的黏度随 CMC 在复配体系中所占比例的下降而逐渐降低。随着配比 r 逐渐增大，复配凝胶 SC-1 体系中各组分间的协同作用趋势先呈负协同效应后呈正协同效应；当配比 r 在 0∶10 至 2∶8 区域内，复配凝胶 SC-1 呈负协同效应，且增效黏度先降低后增大。这可能是因为，在 0∶10 至 2∶8 区域内，CMC 溶胶在体系中所占配比较大，CMC 分子间通过氢键相互作用较强；SP-1 与 CMC 分子在水相中伸展形成的构象不同，随着 SP-1 在体系中配比的增大，使得原来体系中 CMC 分子的结构产生了破坏，致使黏度下降，出现负协同效应。此外，协同效应的出现主要是因为，CMC 是线性分子结构，而杂聚糖 SP-1 经过交联改性后分子链具有一定数量的侧链，两种组分之间的分子结构存在差异，致使产生负协同效应。当配比 r 在 3∶7 至 10∶0 区域内，复配凝胶 SC-1 呈正协同效应，且体系中增效黏度先增大而后逐渐降低。当配比 r 为 5∶5 时，复配凝胶 SC-1 的增效黏度值最大，说明 SP-1 与 CMC 之间的协同效应最强。正协同效应宏观上表现在体系中复配凝胶的黏度增加的效应，体系结构的产生或者加强是因为不同组分间相互协同的结果。杂聚糖 SP 经过环氧氯丙烷交联改性后，不同分子链间交联作用增强，分子链增加且支化度也增加，在复配体系中更高的分子链端暴露在外面，渗入 CMC 分子链间的空隙中，分子间相互缠绕形成三维网架结构，复配体系结构黏度增加，致使体系的增黏效应增加。因此，选择适宜复配比例为 5∶5。

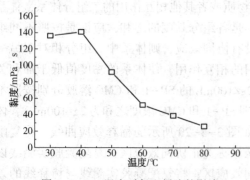

图 3-3-30　温度对复配凝胶的影响

（4）温度对复配凝胶 SC-1 的影响。

复配凝胶 SC-1 的总浓度为 2g/100mL，SP-1 和 CMC 按照配比 $r=5∶5$ 混合，分别在不同温度（分别为 30℃、40℃、50℃、60℃、70℃、80℃）水浴中，搅拌均匀后，测定复配凝胶 SC-1 的黏度，实验结果如图 3-3-30 所示。

如图 3-3-30 所示，随着温度的升高，复配凝胶 SC-1 的黏度先逐渐增加而后缓慢降低，当温度为 40℃时，复配凝胶 SC-1 的黏度达到最大值。在温度逐渐升高的过程中，SP-1 和 CMC 在水中逐渐溶解，分子开始伸展且呈混乱的卷曲状，逐渐达到溶胀平衡，形成凝胶。在 30~50℃ 范围内，CMC 分子链较长，温度升高，SP-1 分子逐渐缠绕在 CMC 分子链端，进而形成空间网状结构，致使溶胶的黏度增大。当温度超过 50℃ 之后，随着温度的升高，部分 SP-1 开始逐渐降解，与 CMC 分子间的相互作用得到削弱。因此，复配凝胶 SC-1 的适宜温度为 40℃。

(5) pH 值对复配凝胶 SC-1 性能的影响。

复配凝胶 SC-1 的总浓度为 2g/100mL，SP-1 和 CMC 按照配比 $r=5:5$ 混合，分别在不同 pH 值下，测定复配凝胶 SC-1 的黏度，实验结果如图 3-3-31 所示。

由图 3-3-31 可知，pH 值在 2~8 范围内，随着 pH 值升高，复配凝胶 SC-1 的黏度逐渐增高；当 pH 值在 8~11 范围内，复配凝胶 SC-1 的黏度随着 pH 值增大而逐渐降低。当 pH 值为 8 时，复配凝胶 SC-1 的黏度达到最大值。当 pH 值在 2~4 范围内，CMC 分子链上的羧钠基（—COONa）将转化为难电离的羧基

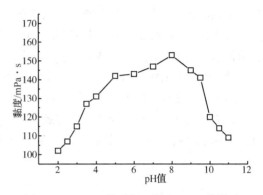

图 3-3-31　pH 值对复配凝胶 SC-1 的影响

（—COOH），不利于分子链的伸展，CMC 与 SP-1 分子间的作用力也得到减弱，致使复配体系黏度值降低。当 pH 值为 8 时，CMC 分子上的羧钠基（—COONa）逐渐电离出 Na^+，转化为—COO^-，使分子间的静电斥力增强，分子链更易伸展，较多的 SP-1 分子渗入 CMC 分子的空隙，增强分子间的作用力，致使复配凝胶黏度达到最大值；当 pH 值超过 8 以后，由于电离作用，CMC 分子中大量的 Na^+ 游离在溶液中对—COO^- 产生屏蔽作用，抑制分子链的伸展，削弱了 CMC 与 SP-1 分子间的缠绕作用，致使体系黏度逐渐降低。

(6) 无机盐对复配凝胶 SC-1 性能的影响。

复配凝胶 SC-1 的总浓度为 2g/100mL，SP-1 和 CMC 按照适宜配比 $r=5:5$ 混合，在复配凝胶 SC-1 中加入不同浓度的氯化钠，搅拌均匀后，测定复配凝胶 SC-1 的黏度，实验结果如图 3-3-32 所示。

由图 3-3-32 可知，当氯化钠的浓度在 5000~20000mg·L^{-1} 范围内，复配凝胶 SC-1 的黏度逐渐上升；当浓度在 20000~95000mg·L^{-1} 范围内，复配凝胶 SC-1 的黏度曲线振荡波动但趋势基本稳定；当浓度超过 95000mg·L^{-1} 之后，黏度逐渐降低。随着钠离子浓度的增加，有助于提升与体系中 CMC 分子中水解电离的—COO^- 的静电作用力；CMC 在水相中离解为聚阴离子，分子链上的水化基团充分水化完成，此时，氯化钠的去水化作用不是十分显著。当氯化钠浓度超过 95000mg·L^{-1} 之后，体系中大量的 Na^+ 处于游离态，阻止 CMC 分

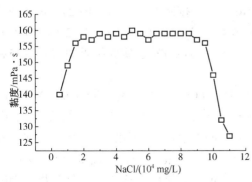

图 3-3-32　氯化钠对复配凝胶 SC-1 的影响

子上的羧钠基(—COONa)的 Na^+ 解离，屏蔽作用增大，促使分子链卷曲，致使复配体系黏度降低。因此，在氯化钠浓度在 $0\sim95000mg \cdot L^{-1}$ 范围内，复配凝胶 SC-1 流变性能稳定。

(7) 剪切速率对复配凝胶 SC-1 性能的影响。

复配凝胶 SC-1 的总浓度为 2g/100mL，SP-1 和 CMC 按照配比 $r=5:5$ 混合，搅拌均匀后，采用六速旋转黏度计，分别读取在不同剪切速率下六速黏度计的示数，之后继续在剪切速率为 $1022s^{-1}$ 下进行剪切作用，记录不同时间时黏度计的读数，考察剪切作用对复配凝胶 SC-1 的影响，实验结果如图 3-3-33 所示。

由图 3-3-33 可知，在剪切速率为 $1022s^{-1}$ 下，经过 40min 剪切作用，复配凝胶 SC-1 在不同转速下的剪切应力无明显变化，说明复配凝胶 SC-1 具有良好的抗剪切稳定性。

2) SP-2 与 CMC 协同作用及凝胶化研究。

(1) 浓度对 SP-2 溶胶黏度的影响。

将浓度为 2g/100mL 的 SP-2 溶胶按照配比稀释至不同浓度，搅拌使溶胶达到溶胀平衡，采用 NDJ-8S 数显黏度剂测定不同浓度的 SP-2 溶胶的黏度，实验结果如图 3-3-34 所示。

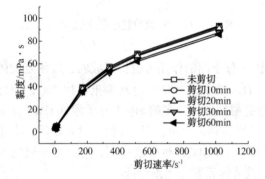

图 3-3-33 剪切速率对复配凝胶 SC-1 的影响

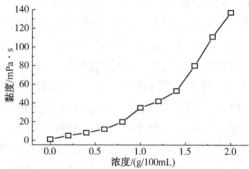

图 3-3-34 浓度对 SP-2 溶胶黏度的影响

由图 3-3-34 可知，SP-2 溶胶的黏度随浓度增加而增加。当浓度小于 1.0g/100mL 时，随着浓度的增加，SP-2 溶胶的黏度增加的变化率较低；浓度超过 1.0g/100mL 之后，黏度增加的变化率增大。

(2) SP-2 与 CMC 的协同效应。

分别配制浓度为 2g/100mL 的 SP-2 溶胶和 CMC 溶胶，按照配比 $r=m(SP-2):m(CMC)$（混合质量比分别为 10:0、9:1、8:2、7:3、6:4、5:5、4:6、3:7、2:8、1:9、0:10）混合均匀，测定各组 SP-2 和 CMC 复配凝胶(SC-2)的黏度，实验结果如图 3-3-35 和图 3-3-36 所示。

由图 3-3-35 可知，按照不同配比混合 SP-2 溶胶和 CMC 溶胶，复配凝胶 SC-2 的黏度均大于两者在相应浓度下黏度的加和值；在图 3-3-36 中，随着 SP-2 在复配凝胶 SC-2 中所占比例分数的增大，SP-2 和 CMC 之间增效黏度先迅速增大，当配比 $r=2:8$ 时，增效黏度达到最大值。这可能是由于，当混合比例在 0:10 至 2:8 范围内，复配凝胶 SC-2 体系中分散相为 CMC 溶胶，CMC 是由环状葡萄糖结构单元构成的线性长链分子化合物，CMC 分子间原本存有空隙(自由体积)，这些空隙很快被分子链相对短的 SP-2 分子渗入，随着

SP-2浓度的增大,两者分子间的缠绕作用迅速增强。此外,CMC分子与SP-2分子呈互锁状分散形态,界面相互作用增大,致使体系增效黏度迅速上升。继续增大SP-2在复配凝胶SC-2中所占比例,增效黏度小幅回落后略有增长,当混合比例超过5∶5之后,增效黏度缓慢降低。由于SP-2分子和CMC分子中都含有大量的羧基,而羧基带有负电荷,随着SP-2在体系中质量分数的不断增大,SP-2分子与CMC分子间的静电作用力逐渐增强,增强了分子链的刚性,继而体系的结构黏度增大;当比例 r 超过5∶5之后,体系的分散性转变为SP-2溶胶,SP-2分子链较短,分子链间的空隙较大,复配体系分子间的缠绕作用削弱;随着CMC在复配体系中质量分数不断减小,分子间的相互作用力也逐渐减弱,致使复配凝胶中增效黏度逐渐降低。因此,复配凝胶SC-2适宜的混合比例为2∶8。

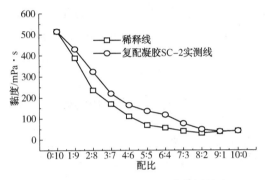
图3-3-35 SP-2与CMC的协同效应

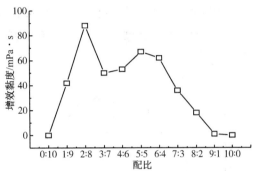
图3-3-36 增效黏度随混合比例的变化关系

(3) 温度对复配凝胶SC-2的影响。

复配凝胶SC-2的总浓度为2g/100mL,SP-2和CMC按照配比 $r=2∶8$ 混合,分别在不同温度(分别为30℃、40℃、50℃、60℃、70℃、80℃和90℃)水浴中,搅拌均匀后,测定复配凝胶SC-2的黏度,实验结果如图3-3-37所示。

由图3-3-37可知,当温度范围在30~40℃,复配凝胶SC-2黏度略有升高;在30~40℃范围内,随着温度的升高,SP-2溶解度逐渐增加,分子链更加伸展且羧基充分暴露在分子链外端,分子间的相互作用增强,同时与CMC分子间的排斥作用增强;当温度超过40℃之后,复配凝胶SC-2的黏度逐渐下降。由于温度升高,分子无规则的热运动逐渐加剧,分子间的相对距离增大,SP-2和CMC分子间原有的缠绕而形成的网状结构发

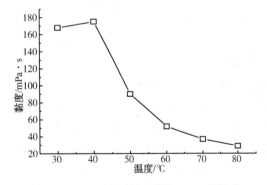
图3-3-37 温度对复配凝胶SC-2的影响

生变化,分子链段更易活动,溶胶的结构黏度降低。此外,在较高温度下,杂聚糖分子链的溶剂化作用会明显减弱,使分子链容易变得卷曲。因此,复配凝胶SC-2的适宜温度为40℃。

(4) pH值对SP-2与CMC复配凝胶性能的影响。

复配凝胶SC-2的总浓度为2g/100mL,SP-2和CMC按照配比 $r=2∶8$ 混合,分别在不

同 pH 值时，测定复配凝胶 SC-2 的黏度，实验结果如图 3-3-38 所示。

由图 3-3-38 可知，当 pH 值在 2~8 范围内，复配凝胶 SC-2 的黏度随 pH 值的增大而逐渐增大，当 pH 值超过 8 之后，复配凝胶 SC-2 的黏度小幅回落。当 pH 值在 2~6 范围内，SP-2 分子和 CMC 分子上的羧钠基转化为难电离的羧基，增强分子间的氢键作用力，不利于分子链的伸展；此外，在较低酸值时，部分 SP-2 分子链已经发生酸解，破坏复配凝胶 SC-2 的协同效应，致使复配体系黏度降低。当 pH 值超过 10 以后，羧钠基上电离的大量 Na^+ 离子，致使分子链上的 $-COO^-$ 中的负电荷受到屏蔽，抑制分子链的伸展，破坏原有的胶体稳定性。因此，pH 值在 6~8 范围内，复配凝胶 SC-2 具有较好的稳定性。

(5) 无机盐对复配凝胶 SC-2 的影响。

复配凝胶 SC-2 的总浓度为 2g/100mL，SP-2 和 CMC 按照配比 $r=2:8$ 混合，在复配凝胶 SC-2 中加入不同浓度的氯化钠，搅拌均匀后，测定复配凝胶 SC-2 的黏度，实验结果如图 3-3-39 所示。

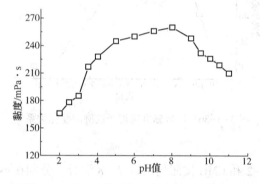
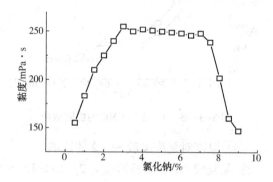

图 3-3-38　pH 值对复配凝胶 SC-2 的影响　　图 3-3-39　氯化钠对复配凝胶 SC-2 的影响

由图 3-3-39 可知，当氯化钠浓度在 5000~30000mg·L^{-1} 范围内，复配凝胶的黏度 SC-2 随氯化钠浓度的增长而逐渐增大；当浓度在 30000~70000mg·L^{-1} 范围内，复配凝胶 SC-2 的黏度基本稳定，无明显变化；当浓度在 70000~90000mg·L^{-1} 范围内，复配凝胶 SC-2 的黏度逐渐降低。在杂聚糖上引入羧甲基后，杂聚糖的水溶性得到极大改善，水化作用增强且分子的极性得到也增强。溶胶中加入盐离子后，Na^+ 离子削弱了复配凝胶 SC-2 中带负电的羧基基团间静电作用力，促进了 SP-2 溶解，有助于提高复配凝胶 SC-2 的黏度。当盐离子浓度超过一定程度后，可能是由于盐离子包覆了溶胶中的负电基团，产生屏蔽作用，使分子链发生卷曲，致使协同效应降低。因此，在氯化钠浓度在 0~70000mg·L^{-1} 范围内，复配凝胶 SC-2 流变性能稳定。

(6) 剪切速率对复配凝胶 SC-2 性能的影响。

复配凝胶 SC-2 的总浓度为 2g/100mL，SP-2 和 CMC 按照混合比例 $r=2:8$ 混合，搅拌均匀后，采用 ZNN-D6S 六速旋转黏度计，分别读取在不同剪切速率下黏度计的示数，之后继续在剪切速率为 $1022s^{-1}$ 下进行剪切作用，记录不同时间时黏度计的示数，考察高速剪切作用对复配凝胶 SC-2 的影响，实验结果如图 3-3-40 所示。

由图 3-3-40 可知，经过较长时间的高速剪切作用后，复配凝胶 SC-2 在不同转速时的剪切应力基本稳定,说明复配凝胶 SC-2 具有优良的剪切稳定性。随着剪切速率的增大,复配凝胶 SC-2 的表观黏度降低,表现出良好的剪切稀释性。SP-2 和 CMC 分子在水溶液中呈卷曲状,相互缠绕在一起,随着剪切速率的增加,使分子链中较柔端在剪切方向更加伸展,且使分子链所及体积增大,使得分子链段在局部的评价浓度降低,增黏效应降低,从而表现出剪切稀释性。因此,在剪切速率为 $1022s^{-1}$ 下,复配凝胶 SC-2 具有较好的抗剪切稳定性。

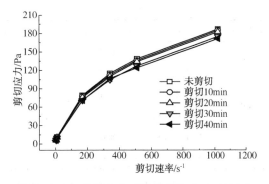

图 3-3-40 剪切速率对复配凝胶 SC-2 的影响

3.4 淀粉基钻井液体系研究

3.4.1 果皮粉-淀粉钻井液体系抗温性研究

淀粉由于其特殊的组成与结构,在钻井工作液中表现出不稳定的问题,在使用中也有很大的局限,容易变质发臭,引起井壁的不稳定。钻井液的液相(称为滤液)在油气生产区的流入会导致储层中流体的相对渗透率显著降低,并因此导致井的生产率。在极端温度和压力条件下开发具有低毒性和良好性能的非水流体的兴趣越来越大。

本部分以果皮和淀粉作为原料,将果皮粉末与淀粉复配成果皮粉-淀粉复合体,探索其稀释性、降滤失作用和抑制作用。分别评价了果皮粉-淀粉复合体在钻井液体系中的作用效能和抑制性能。利用粒径分析,红外光谱分析以及热重分析探索了复合体在钻井液体系中的作用机理。

1)体系构建

(1)淀粉分解温度的筛选。

分别对 1%玉米淀粉和 1%土豆淀粉在 120℃、130℃、140℃、150℃老化 16h 后,进行钻井液性能评价,主要包括滤失量、黏度、摩阻的测定。主要以滤失量作为主要评价标准,筛选出淀粉的分解温度。首先对淀粉的分解温度进行探讨。分别将 1%的土豆淀粉、1%的可溶性淀粉加入 4%的钙基基浆中,分别在 120~150℃之间每间隔 10℃取点,在此环境下处理 16h,然后对添加不同淀粉的钻井液性能进行评价。如表 3-4-1 所示,在 120℃至 140℃之间,淀粉的流变性、滤失性均没有较大的变化;但是在 150℃下,淀粉的滤失性明显降低。主要以滤失性作为淀粉分解的主要指标,淀粉在 150℃条件下开始分解。

表 3-4-1 不同温度下淀粉处理浆的性能评价结果

温度/℃	添加剂	AV/mPa·s	PV/mPa·s	YP/mPa·s	YP/PV/[Pa/(mPa·s)]	tg	FL/mL(7.5min)
120	1%玉米淀粉	7.9	4.3	3.67	0.85	0.0694	4.6
	1%土豆淀粉	7.2	5.0	2.29	0.45	0.0787	4.5

续表

温度/℃	添加剂	AV/mPa·s	PV/mPa·s	YP/mPa·s	YP/PV/[Pa/(mPa·s)]	tg	FL/mL(7.5min)
130	1%玉米淀粉	6.0	4.5	1.50	0.33	0.1405	4.6
	1%土豆淀粉	5.7	4.5	1.28	0.28	0.1763	5.1
140	1%玉米淀粉	4.6	4.4	0.20	0.045	0.0787	4.4
	1%土豆淀粉	4.7	2.8	1.98	0.7	0.1228	4.6
150	1%玉米淀粉	8.6	6.7	1.93	0.28	0.1584	13.7
	1%土豆淀粉	7.0	3.6	3.52	0.97	0.1228	12.6

（2）果皮对淀粉处理浆性能影响条件的筛选。

鉴于果皮粉与自由水不完全相容，存在封堵效应影响工作液的性能，因此需要首先考虑果皮粉末颗粒的大小对钻井工作液的影响。将采购市场的橘子皮、柿子皮自然风干，机械粉碎，并用标准检验筛进行筛分，分别为40~80目、80~120目、>120目，备用。向玉米淀粉、土豆淀粉处理浆中添加一定量的不同种类、不同粒径的果皮，在淀粉分解的温度下老化16h，主要以滤失量作为评价指标，筛选出果皮的种类、粒径、加量。考察0.3%果皮粉末的粒度对预水化坂土浆性能的影响，其次为不同的果皮粉末对钻井工作液性能的影响，结果如表3-4-2所示。

表3-4-2 不同果皮粉、果皮粉粒度在淀粉处理浆中的性能评价结果

果皮粉粒度/目	添加剂（150℃）	AV/mPa·s	PV/mPa·s	YP/Pa	YP/PV/[Pa/(mPa·s)]	tg	FL/mL(7.5min)
40~80	1%玉米淀粉+0.3%橘子皮	7.5	4.0	3.6	0.23	0.11	23.0
	1%玉米淀粉+0.3%柿子皮	8.0	5.5	2.6	0.47	0.11	19.0
	1%土豆淀粉+0.3%橘子皮	9.5	6.0	3.6	0.60	0.17	16.5
	1%土豆淀粉+0.3%柿子皮	8.0	5.0	3.1	0.62	0.15	20.
80~120	1%玉米淀粉+0.3%橘子皮	5.0	3.9	1.1	0.28	0.09	8.7
	1%玉米淀粉+0.3%柿子皮	3.9	4.3	0.6	0.14	0.12	7.6
	1%土豆淀粉+0.3%橘子皮	5.2	4.8	0.4	0.25	0.11	5.4
	1%土豆淀粉+0.3%柿子皮	4.7	4.5	0.2	0.046	0.11	8.5
>120	1%玉米淀粉+0.3%橘子皮	8.0	4.5	3.8	0.88	0.11	13.7
	1%玉米淀粉+0.3%柿子皮	6.7	3.3	3.5	1.00	0.11	13.3
	1%土豆淀粉+0.3%橘子皮	6.3	3.9	2.4	0.62	0.19	13.4
	1%土豆淀粉+0.3%柿子皮	6.7	4.3	4.8	1.11	0.20	13.9

由表3-4-2可见，随着果皮粉末目数的增大，钻井液AV、PV、YP、FL基本呈现出凹型的曲线关系，但是总体上要比40~80目的果皮粉末要小而YP/PV变化无明显规律，滤饼的摩阻除1%玉米淀粉+0.3%橘子皮（40~80目）外，其大小基本保持不变。其中主要过滤后滤液的体积大小作为主要评价指标，80~120目的果皮粉对淀粉处理浆的性能产生较好的影响，滤失量最低降至5.4mL，兼有一定的降低黏度的作用。产生良好效果的原因可能是：80~120目的果皮粉末与淀粉形成植物酚-淀粉复合体，提高了淀粉的抗温

3 天然高分子基钻井液体系研究

性能；适中的果皮粉粒径在150℃水化后，仍然能够保持适度的粒径大小，起到一定的堵孔作用，有利于保护井壁、钻井安全、降低渗透率。因此试验中选择80~120目标准筛处理过的果皮粉。

表 3-4-3 不同果皮加量在淀粉处理浆中的性能评价结果

温度/℃	处理浆	AV/mPa·s	PV/mPa·s	YP/mPa·s	YP/PV/[Pa/(mPa·s)]	tg	FL/mL (7.5min)
150	1%玉米淀粉+0.1%橘子皮	6.0	4.5	1.50	0.330	0.1139	10.3
	1%玉米淀粉+0.1%柿子皮	5.7	5.0	0.75	0.150	0.0875	10.6
	1%土豆淀粉+0.1%橘子皮	7.5	5.0	2.50	0.500	0.0963	16.9
	1%土豆淀粉+0.1%柿子皮	8.5	6.0	2.50	0.420	0.0699	14.4
	1%玉米淀粉+0.3%橘子皮	5.0	3.9	1.12	0.280	0.0437	8.7
	1%玉米淀粉+0.3%柿子皮	3.9	4.3	0.61	0.140	0.0787	7.6
	1%土豆淀粉+0.3%橘子皮	5.2	4.8	0.45	0.250	0.0699	5.4
	1%土豆淀粉+0.3%柿子皮	4.7	4.5	0.21	0.0460	0.0699	8.5
	1%玉米淀粉+0.5%橘子皮	11.2	7.5	0.38	0.0510	0.0787	11.5
	1%玉米淀粉+0.5%柿子皮	9.5	6.0	3.50	0.580	0.1944	17.2
	1%土豆淀粉+0.5%橘子皮	10.0	7.0	3.00	0.428	0.1673	20.8
	1%土豆淀粉+0.5%柿子皮	9.2	6.5	2.80	0.384	0.1405	16.3
	1%玉米淀粉+0.7%橘子皮	9.5	6.0	3.50	0.583	0.0524	16.5
	1%玉米淀粉+0.7%柿子皮	8.0	5.0	3.10	0.620	0.1051	20.0
	1%土豆淀粉+0.7%橘子皮	7.5	4.0	3.57	0.892	0.2126	23.0
	1%土豆淀粉+0.7%柿子皮	8.0	5.5	2.55	0.463	0.1139	19.0

由表3-4-3可见，分别考察0.1%、0.3%、0.5%以及0.7%的果皮(80-120)加量对淀粉处理浆的性能影响。随着果皮加量的不断增加，处理浆的表观黏度AV、滤失量FL、塑性黏度PV呈现出一种先减小后上升的趋势，而动切力YP、摩擦系数tg均表现出一种相对稳定的值。其主要原因可能是较少的橘子皮粉不能提供充足的植物酚与淀粉形成植物酚-淀粉复合体，不能够对淀粉的抗温性起到积极的作用，较少的植物酚不能够使处理浆的表观黏度起到降低的作用，并且不能够有足够的固体不溶物进行封堵；而过量的橘子皮粉增加了处理浆的固相含量，增加了处理浆的表观黏度与摩擦阻力系数，同时较多的固相含量增加了泥饼的厚度，容易形成孔道，造成滤失量增加。

综上所述，主要以滤失量作为评价的主要指标，0.3%橘子皮在土豆淀粉处理浆中表现出较好的滤失性，滤失量为5.4mL，兼有一定的降低黏度的效果。

2）性能评价

（1）膨润土的线性膨胀率。

根据SY/T 6335—1997钻井液用页岩抑制剂评价方法，测试果皮水提取物-淀粉复合体的不同时间下的膨胀量并绘制曲线。由图3-4-1可知，橘子皮水提取物-土豆淀粉复合体对黏土水化膨胀均有一定的抑制作用，钙基膨润土在1%橘子皮水提取物-土豆淀粉复合体

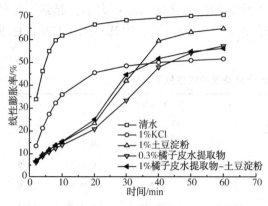

图 3-4-1 橘子皮-土豆淀粉复合体及单体对膨润土线性膨胀率的影响

的水体中 1h 膨胀率为 57.26%，与 1%KCl 溶液的 57.25% 相当，说明橘子皮水提取物-土豆淀粉复合体对钙基膨润土的水化膨胀有较好的抑制性。在前 20min，橘子皮水提取物-土豆淀粉复合体在图中上升较为缓慢，可能是由于其封堵作用，使得自由水不能直接接触岩块；由于渗透压的存在，岩块开始接触自由水，引起岩块的水化，导致膨胀量的上升。

（2）防膨实验和耐水洗率实验。

参照《黏土稳定剂技术要求》（Q/SH 0053—2010）来评价黏土抑制剂的膨胀体积及黏土稳定剂的耐水洗性能。采用离心法，定量检测岩心在稳定试剂溶液中的体积的变化。由表 3-4-4 可知，黏土在橘子皮-土豆淀粉复合体的水体系中的膨胀体积均显著减小，其耐水洗率得到显著提高，达到了 90.3%。主要是因为醇羟基、酚羟基对黏土具有较强的吸附作用，阻止了黏土的进一步水化膨胀。

表 3-4-4　防膨和耐水洗率实验结果

添加剂	膨胀体积/mL	水洗后膨胀体积/mL	耐水洗率/%
蒸馏水	3.1	—	—
1%土豆淀粉	3.2	3.9	82.01
0.3%橘子皮	2.5	3.5	71.40
1%橘子皮-土豆淀粉	2.8	3.1	90.30

（3）泥球实验。

25℃条件下，蒙脱石制钠土与自由水按质量比 2∶1 混合，按 10g/个的质量标准制作球状样品，分别放入容积相同的处理剂溶液或自由水中一定时间，观察并拍照记录泥球的外观变化，以膨胀后泥球的表面形态来评价 FLSS 的抑制性能。结果如图 3-4-2、图 3-4-3 所示，橘子皮-土豆淀粉复合体水体系中的泥球体积有所膨胀，表面出现较大的裂缝，但仍保持球形，而水中的泥球逐渐膨胀变形且最后破碎，说明橘子皮-土豆淀粉复合体在黏土稳定方面具有一定的促进效果。

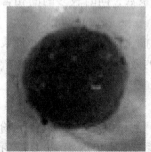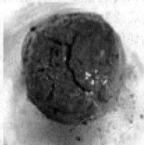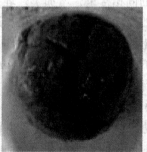

图 3-4-2　泥球在清水溶液中分别浸泡 12h、24h、36h 后的外观图

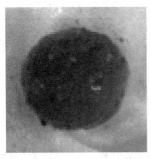 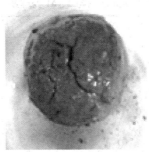 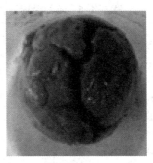

图 3-4-3　泥球在橘子皮-土豆淀粉水体系中分别浸泡 12h、24h、36h 后的外观图

(4) 果皮水提取物-淀粉处理浆评价。

通过对果皮水提取物-淀粉处理浆的性能评价，主要以滤失量作为评价指标，如表 3-4-5 所示，果皮水提取物-淀粉复合体处理剂对钻井液的滤失量具有一定的降低作用，其中又以橘子皮水提取物-土豆淀粉复合体的效果较好，降滤失量达到了 9.5mL。

其可能的原因是水溶解的植物酚类与淀粉形成植物酚-多糖复合体，提高了淀粉的抗温性能，从而达到降滤失的效果。

表 3-4-5　果皮水提取物-淀粉处理浆性能评价结果

温度/℃	添加剂	AV/ mPa·s	PV/ mPa·s	YP/ mPa·s	YP/PV/ [Pa/(mPa·s)]	tg	FL/mL (7.5min)
150	1%玉米淀粉	8.6	6.7	1.93	0.280	0.15	13.7
	1.3%柿子皮水提取物-玉米淀粉	8.6	7.9	0.76	0.090	0.13	11.0
	1.3%橘子皮水提取物-玉米淀粉	9.0	7.0	2.10	0.300	0.15	12.0
	1%土豆淀粉	7.0	3.6	3.52	0.970	0.12	12.6
	1.3%柿子皮水提取物-土豆淀粉	6.7	4.9	1.89	0.385	0.11	11.5
	1.3%橘子皮水提取物-土豆淀粉	7.0	5.0	2.10	0.420	0.11	9.5

(5) 配伍性评价。

由表 3-4-6 可见，在 25℃下，加入橘子皮-土豆淀粉复合体后，在杂聚糖苷和 PAM 处理浆中加入橘子皮-土豆淀粉复合体后所得钻井工作液流动性明显变化，主要表现为表观黏度 AV 和塑性黏度 PV 的大小的接近。同时伴随着悬浮能力的减弱，主要表现为切力的 YP 的降低。其中经橘子皮-土豆淀粉处理的 PAM 浆的表观黏度 AV 降低为 3.5mPa·s，塑性黏度 PV 降低为 2.1mPa·s，动切力 YP 降低为 1.4280Pa，滤失量 FL 由 13.0mL 降低为 8.2mL，因此具有较好的配伍性。在 120℃下，加入橘子皮-土豆淀粉复合体后，在杂聚糖苷和 PAM 处理浆中加入橘子皮-土豆淀粉复合体后所得钻井工作液流动性明显提高，主要表现为表观黏度 AV 和塑性黏度 PV 的降低。其中经橘子皮-土豆淀粉处理的杂聚糖苷浆表观黏度 AV 由 9.8mPa·s 增加至 11.9mPa·s，塑性黏度 PV 由 8.5mPa·s 增加至 8.8mPa·s，YP 从 2.5mPa·s 增加到 3.16mPa·s，尤其表现在滤失量 FL 由 15.7mL 降低至 4.7mL 降低了 70%，且对滑块摩擦阻力系数 tg 没有明显的削弱作用，因此具有较好的配伍性。

表 3-4-6　不同温度下，不同处理剂与 PAM 处理浆、杂聚糖苷处理浆配伍性

处理浆	温度/℃	AV/mPa·s	PV/mPa·s	YP/Pa	YP/PV/[Pa/(mPa·s)]	FL/mL	tg
PAM 浆	25	8.0	4.2	3.8836	0.9247	13.0	0.0299
	120	7.8	4.8	3.3000	0.7400	15.7	0.0349
PAM 浆+1.3%橘子皮-土豆淀粉	25	3.5	2.1	1.4280	0.6800	8.2	0.2867
	120	10.0	7.1	3.4680	0.4884	6.0	0.2401
杂聚糖苷浆	25	4.9	2.8	2.1462	0.7665	11.0	0.0875
	120	9.8	8.5	2.5000	0.1500	15.7	0.1051
杂聚糖苷浆+1.3%橘子皮-土豆淀粉	25	4.6	3.3	1.3260	0.4018	6.3	0.2309
	120	11.9	8.8	3.1620	0.3593	4.7	0.2126

3) 构效分析

(1) 黏土颗粒粒度分布测定。

膨润土与橘子皮-土豆淀粉复合体分散于水中，180℃老化处理，粒度分析结果如图 3-4-4 所示，粒径中值及平均值如表 3-4-7 所示。在 150℃老化后，基浆中黏土的平均直径为 7.054μm，中值粒径由 6.132μm；土豆淀粉浆中黏土的平均直径为 8.675μm，中值粒径为 6.432μm；橘子皮-土豆淀粉浆中黏土的平均直径为 9.310μm，中值粒径为 8.894μm，且 10~15μm 大小的黏土颗粒明显增多，从一定程度上可以分析解释为橘子皮-土豆淀粉复合体在黏土稳定过程中所起到的作用。在钻井液中则可以减少黏土片数量，阻碍或者控制内部结构、凝结强弱，从宏观上表现出流动的顺畅，阻力明显减弱。

表 3-4-7　处理浆中黏土平均粒径及中值粒径

添加剂(180℃)	平均直径/μm	中值直径/μm
基浆	7.054	6.132
土豆淀粉浆	8.675	6.432
橘子皮-土豆淀粉处理浆	9.310	8.894

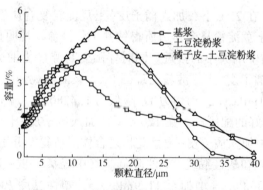

图 3-4-4　处理浆中黏土颗粒粒径分布

(2) 热重分析。

将在土豆淀粉水体中及橘子皮水提取物-土豆淀粉水体中浸泡 24h 的黏土在相同条件下

抽滤、干燥后进行热重分析(TGA)，结果如图 3-4-5 所示。由图可知，随着处理环境的变化，主要是热量的变化，土样在质量上出现了一定损失，当温度从 50℃升高到 300℃时，土豆淀粉处理土样的质量变化率约为 7.5%，而在橘子皮水提取物-土豆淀粉水体中处理后的黏土质量变化率为 5%；当热量从 180℃升高到 800℃时，土豆淀粉处理土样的黏土质量变化率为 27.5%，而在橘子皮水提取物-土豆淀粉水体中处理后的黏土质量变化率为 20%。可能的原因是处理剂可吸附于黏土表面封锁层间空隙，减少水向黏土层间渗入，还可能黏合坂土，增加坂土之间作用力，进而减缓内部结构的松散程度，自由水的运移速度变得滞缓，表现出质量变化率的减小。

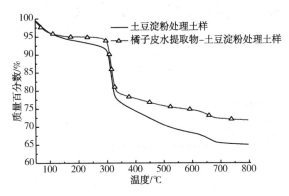

图 3-4-5　不同处理剂浸泡后黏土的热重分析

（3）红外光谱分析。

由图 3-4-6 可见，空白黏土的红外光谱特征在高频区出现两个强吸收带，3620cm^{-1} 附近的特征峰可以归结为 Al—O—H 的伸缩振动，3422cm^{-1} 附近特征峰可以归结为 H—O—H 的伸缩振动；在中频区，1630cm^{-1} 附近的强的特征峰可以归结为 H—O—H 的伸缩振动，在 1034cm^{-1} 和 798cm^{-1} 附近的特征峰可以归结为 Si—O—Si 的反伸缩振动；低频区 527.8cm^{-1} 和 469.3cm^{-1} 处强吸收带认为是 Si—O—M 和 M—O（M 为金属离子）的耦合振动引起的。土豆淀粉处理黏土红外光谱特征与橘子皮水提取物-土豆淀粉处理黏土的没有明显变化，说明橘子皮水提取物-土豆淀粉处理过的黏土骨架结构没有明显变化，可能是吸附在黏土颗粒表面的化合物在样品多次淋洗过程中被冲洗脱落。

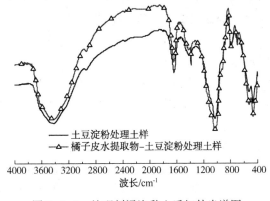

图 3-4-6　处理剂浸泡黏土后红外光谱图

(4) 黏土颗粒 XRD 分析。

采用 XRD 分析经土豆淀粉和橘子皮水提取物-土豆淀粉处理后膨润土层间距变化，结果如图 3-4-7 所示。与土豆淀粉处理膨润土 XRD 相比，与橘子皮水提取物-土豆淀粉处理膨润土颗粒的 XRD 衍射峰相似，两者相比较，没有出现新衍射峰，推测土样的物质组成没有遭到改变，没有新的理化性质的出现，但是出峰位置的变化，表明层间距发生了细微的改变。根据布拉格方程 $2d\sin\theta=\lambda$（d 为层位间距，nm；θ 为 XRD 谱图中的衍射角 2θ；λ 为 $CuK\alpha$ 辐射的波长，0.154nm），由所测材料 XRD 谱图中的衍射角 2θ 可得出以下结论：土豆淀粉处理水化 24h 后，黏土颗粒层间距 $d=9.54$nm，经橘子皮水提取物-土豆淀粉处理后的黏土颗粒层间距 $d=9.46$nm，表明橘子皮水提取物-土豆淀粉对黏土的水化膨胀具有一定的抑制作用。

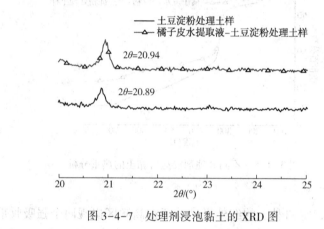

图 3-4-7　处理剂浸泡黏土的 XRD 图

3.4.2　无机聚合物-淀粉钻井液体系抗温性研究

淀粉，羧甲基纤维素（CMC）及其衍生物通常用作钻井液中的增黏剂和降滤失剂。它们的一般性质为人熟知，但是易于被忽略的重要问题是处于不同温度/时间时其对减少流体损失的影响。一些数据可能表明，淀粉在 275K 或 300K（135℃ 或 149℃）时具有可接受的高温高压（HTHP）流体损失。将无机聚合物与淀粉进行复合，在钻井液中具有广泛的应用。淀粉制作工艺成熟，对在油田中的应用有着极其重要的意义。在钻井过程中淀粉的使用受到温度的限制。本章主要关注处理剂在高温钻井过程中的稳定性。

1）体系构建

（1）淀粉分解温度的筛选。

分别对 1% 玉米淀粉和 1% 土豆淀粉在 120℃、130℃、140℃、150℃ 老化 16h 后，进行钻井液性能评价，主要包括滤失量、黏度、摩阻的测定。主要以滤失量作为主要评价标准，筛选出淀粉的分解温度。

首先对淀粉的分解温度进行探讨。分别将 1% 的土豆淀粉、1% 的可溶性淀粉加入 4% 的水基基浆中，分别在 120~150℃ 之间每间隔 10℃ 取点，在此环境下处理 16h，然后对添加不同淀粉的钻井液性能进行评价。如表 3-4-8 所示，在 120℃ 至 140℃ 之间，淀粉的流变性、滤失性均没有较大的变化；但是在 150℃ 下，淀粉的滤失性明显降低。主要以滤失性作为淀粉分解的主要指标，淀粉在150℃条件下开始分解。

表3-4-8 不同温度下淀粉处理浆的性能评价结果

温度/℃	添加剂	AV/mPa·s	PV/mPa·s	YP/Pa	YP/PV/[Pa/(mPa·s)]	tg	FL/mL(7.5min)
120	1%玉米淀粉	7.9	4.3	3.67	0.85	0.0694	4.6
	1%土豆淀粉	7.2	5.0	2.29	0.45	0.0787	4.5
130	1%玉米淀粉	6.0	4.5	1.50	0.33	0.1405	4.6
	1%土豆淀粉	5.7	4.5	1.28	0.28	0.1763	5.1
140	1%玉米淀粉	4.6	4.4	0.20	0.045	0.0787	4.4
	1%土豆淀粉	4.7	2.8	1.98	0.70	0.1228	4.6
150	1%玉米淀粉	8.6	6.7	1.93	0.28	0.1584	13.7
	1%土豆淀粉	7.0	3.6	3.52	0.97	0.1228	12.6

（2）无机金属聚合物-淀粉复合体的制备与优化。

向淀粉的水体系中添加一定量的无机金属聚合物，淀粉与聚合硫酸铁化铁按质量比7:1、14:1、56:1进行复合，25℃下搅拌下反应1h，反应完毕后，蒸去溶剂，真空干燥得聚铁-土豆淀粉复合体（PFTS）和聚铁-玉米淀粉复合体（PFCS），并分别标记为PFTS-1、PFTS-2、PFTS-3、PFCS-1、PFCS-2、PFCS-3；淀粉与聚合硫酸铝按质量比35:1、70:1、350:1进行复合，25℃下搅拌下反应1h，反应完毕后，蒸去溶剂，真空干燥得聚铝-土豆淀粉复合体（PATS）和聚铝-玉米淀粉复合体（PACS），并分别标记为PATS-1、PATS-2、PATS-3、PACS-1、PACS-2、PACS-3。

无机金属聚合物作为处理剂时，处理浆可能存在一定程度的絮凝现象，通过对无机金属聚合物与淀粉不同复合比例的筛选，确定无机金属聚合物与淀粉的合适配比。由表3-4-9可知，在140℃环境下老化16h后，主要以滤失量作为判断依据，淀粉处理剂尚未出现明显的分解，其中PFTS-1处理浆的表观黏度为6.2mPa·s，塑性黏度为4.7mPa·s，30min时标准的失水体积为8.2mL；PFCS-1处理浆的表观黏度为7.45mPa·s，塑性黏度为5.5mPa·s，30min时标准的失水体积为10.3mL；PATS-1处理浆的表观黏度为4.8mPa·s，塑性黏度为4.3mPa·s，30min时标准的失水体积为8.2mL；PACS-1处理浆的表观黏度为4.4mPa·s，塑性黏度为4.6mPa·s，30min时标准的失水体积为8.9mL。因此，本文初步选取PFTS-2、PFCS-2、PATS-2、PACS-2作为研究对象，并做进一步讨论。

由表3-4-10可知，在150℃下，将PFTS-2、PFCS-2、PATS-2、PACS-2处理浆老化16h后，对比淀粉处理剂，其中PATS-2处理剂的表观黏度明显降低，降低为5.1mPa·s，动切力为1.7mPa·s，具有一定的悬浮岩屑的能力，30min时标准的失水体积从12.6mL降低至8.9mL，30min时标准的失水体积降低了29.3%；其中PFTS-2的7.5min滤失量降低最为明显，降低了40.47%。综上所述，无机金属聚合物-淀粉复合体在处理浆中表现出一定的降黏、降低滤失量的作用，兼有一定的悬浮岩屑的能力。

表 3-4-9　140℃下，无机金属聚合物-淀粉复合体处理浆的性能评价结果

温度/℃	处理剂	AV/mPa·s	PV/mPa·s	YP/Pa	YP/PV/[Pa/(mPa·s)]	tg	FL/mL(7.5min)
140	1%TS	4.7	2.8	1.90	0.6785	0.1228	4.6
	1%CS	4.6	4.4	0.20	0.0454	0.0787	4.4
	1%PFTS-1	6.2	4.7	1.60	0.3404	0.1051	8.2
	1%PFTS-2	6.0	4.6	1.40	0.3043	0.1584	4.8
	1%PFTS-3	5.6	5.0	0.60	0.1200	0.1228	5.0
	1%PFCS-1	7.45	5.5	1.90	0.3454	0.0787	10.3
	1%PFCS-2	4.5	4.3	0.20	0.0465	0.0787	5.6
	1%PFCS-3	6.8	5.1	1.70	0.3333	0.1139	5.2
	1%PATS-1	4.8	4.3	0.60	0.1395	0.1673	8.2
	1%PATS-2	5.1	4.4	0.70	0.1590	0.1317	5.2
	1%PATS-3	7.0	7.0	0.050	0.0071	0.1051	4.4
	1%PACS-1	4.4	4.6	0.00	0.0000	0.1317	8.9
	1%PACS-2	5.0	4.7	0.35	0.0744	0.0699	5.3
	1%PACS-3	5.3	4.7	0.60	0.1276	0.1139	4.6

表 3-4-10　150℃下，无机金属聚合物-淀粉复合体处理浆的性能评价结果

温度/℃	处理剂	AV/mPa·s	PV/mPa·s	YP/Pa	YP/PV/[Pa/(mPa·s)]	tg	FL/mL(7.5min)
150	1%TS	7.0	3.6	3.46	0.9611	0.1228	12.6
	1%CS	8.6	6.7	1.90	0.2835	0.1584	13.7
	1%PFTS-2	5.4	4.0	1.40	0.3500	0.0875	7.5
	1%PFCS-2	6.2	4.1	2.15	0.5243	0.0875	8.8
	1%PATS-2	5.1	3.4	1.70	0.5000	0.0699	8.9
	1%PACS-2	5.25	2.8	2.45	0.8750	0.0612	9.8

2) 性能评价

(1) 膨润土的线性膨胀率。

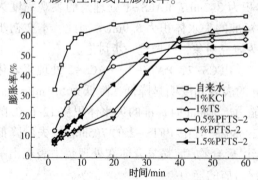

图 3-4-8　聚合硫酸铁-土豆淀粉复合体对膨润土线性膨胀率的影响

根据《钻井液用页岩抑制剂评价方法》(SY/T 6335—1997)，测试果皮水提取物-淀粉复合体的不同时间下的膨胀量并绘制曲线。由图 3-4-8 可知，钙基膨润土在 1.5%聚合硫酸铁-土豆淀粉复合体的体系中 1h 膨胀率为 55.83%，稍大于 1%KCl 溶液的 51.56%。因此，PFTS-2 在前 10min 的线性膨胀率较低；另一方面，PFTS-2 不能在膨润土表面形成空间网状结构，缺乏韧性，不能阻止水分子的渗透水化，在 10min 后其相膨胀率呈现急剧上升的现象。

(2) 防膨实验和耐水洗率实验。

参照《黏土稳定剂技术要求》(Q/SH 0053—2010)来评价黏土抑制剂的膨胀体积及黏土稳定剂的耐水洗性能。采用离心法,定量检测岩心在稳定试剂溶液中的体积的变化。由表3-4-11可知,黏土在PFTS-2的水体系中的膨胀体积显著减小,从3.1mL减小至1.8mL,其耐水洗率得到显著提高,从82.01%提高到了94.70%。主要是因为醇羟基、Fe^{3+}对黏土具有较强的吸附作用,阻止了水分子在黏土表面的表面水化。

表3-4-11 防膨和耐水洗率实验结果

添加剂	膨胀体积/mL	水洗后膨胀体积/mL	耐水洗率/%
蒸馏水	3.1	—	—
1%TS	3.2	3.9	82.01
1%PFTS-2	1.8	1.9	94.70

(3) 泥球实验。

25℃条件下,蒙脱石制钠土与自由水按质量比2∶1混合,按10g/个的质量标准制作球状样品,分别放入容积相同的处理剂溶液或自由水中一定时间,观察并拍照记录泥球的外观变化,以膨胀后泥球的表面形态来评价FLSS的抑制性能。25℃条件下,蒙脱石制钠土与自由水按质量比2∶1混合,按10g/个的质量标准制作球状样品,分别放入容积相同的处理剂溶液或自由水中。结果如图3-4-9、图3-4-10所示,PFTS-2的水体系中的泥球体积有所膨胀,表面出现较大的裂缝,但仍保持球形,而水中的泥球逐渐膨胀变形且最后破碎,说明橘子皮-土豆淀粉在黏土稳定方面具有一定的促进效果。

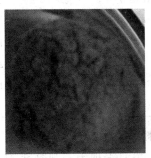 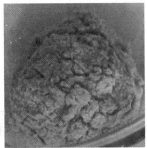 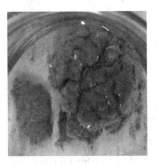

图3-4-9 泥球在清水溶液中分别浸泡12h、24h、36h后的外观图

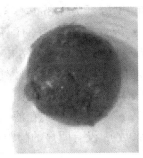 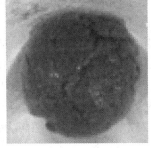 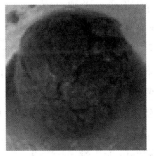

图3-4-10 泥球在PFTS-2水体系中分别浸泡12h、24h、36h后的外观图

(4) 配伍性评价。

向预水化坂土浆中分别加入1%杂聚糖苷、0.03%PAM配制成聚糖处理浆、PAM处理浆，再分别进行配伍实验，考察工作液的基本指标。由表3-4-12可见，在25℃下，加入无机聚合物-淀粉复合体后，在杂聚糖苷和PAM处理浆中加入FLSS-3后所得钻井工作液流动性明显提高，主要表现为表观黏度 AV 和塑性黏度 PV 的降低。同时伴随着悬浮能力的减弱，主要表现为切力的 YP 的降低。其中经PFTS-2处理的PAM浆的表观黏度 AV 降低为4.05mPa·s，塑性黏度 PV 降低为2.2mPa·s，动切力 YP 降低为1.887Pa，滤失量 FL 由13.0mL降低为8.3mL，因此具有较好的配伍性。在120℃下，加入PACS-2后，在杂聚糖苷和PAM处理浆中加入FLSS-3后所得钻井工作液流动性明显提高，主要表现为表观黏度 AV 和塑性黏度 PV 的降低。同时伴随着悬浮能力的减弱，主要表现为切力的 YP 的降低。其中经PACS-2处理的PAM浆表观黏度 AV 由7.8mPa·s降低至6.5mPa·s，YP 从3.32mPa·s增加到1.48mPa·s，尤其表现在滤失量 FL 由15.7mL降低至8mL降低了49%，且对滑块摩擦阻力系数 tg 没有明显的削弱作用，因此具有较好的配伍性。

表3-4-12 不同温度下，不同处理剂与PAM处理浆配伍性

处理浆	温度/℃	AV/mPa·s	PV/mPa·s	YP/Pa	YP/PV/[Pa/(mPa·s)]	FL/mL	tg
PAM浆	25	8	4.2	3.8836	0.9247	13	0.0299
	120	7.8	4.5	3.32	0.74	15.7	0.0349
PAM浆+1%PATS-2	25	4.6	3.3	1.326	0.401	7.8	0.1763
	120	7.5	3.2	2.346	0.4511	7.4	0.2962
PAM浆+1%PFTS-2	25	4.05	2.2	1.887	0.8577	8.3	0.1405
	120	6.5	4.2	2.397	0.5707	7	0.2867
PAM浆+1%PACS-2	25	4.85	3.7	1.173	0.317	7.6	0.1139
	120	6.5	5.3	1.479	1.53	8	0.2126
PAM浆+1%PFCS-2	25	4.4	2.8	1.581	0.5646	7.6	0.1139
	120	7.4	5.5	3.8	0.6909	7.6	0.2126

由表3-4-13可见，在25℃下，加入无机聚合物-淀粉复合体后，在杂聚糖苷和PAM处理浆中加入FLSS-3后所得钻井工作液流动性明显提高，主要表现为表观黏度 AV 和塑性黏度 PV 的降低。同时伴随着悬浮能力的减弱，主要表现为切力的 YP 的降低。其中经PATS-2处理的PAM浆的表观黏度 AV 降低为4.6mPa·s，塑性黏度 PV 降低为3.3mPa·s，动切力 YP 降低为1.326Pa，滤失量 FL 由11.0mL降低为7.8mL，因此具有较好的配伍性。在120℃下，加入PFCS-2后，在杂聚糖苷和PAM处理浆中加入FLSS-3后所得钻井工作液流动性明显提高，主要表现为表观黏度 AV 和塑性黏度 PV 的降低。同时伴随着悬浮能力的减弱，主要表现为切力的 YP 的降低。其中经PFCS-2处理的杂聚糖浆表观黏度 AV 由9.8mPa·s降低至9.2mPa·s，塑性黏度 PV 从8.5mPa·s降低至5.4mPa·s，尤其表现在滤失量 FL 由15.7mL降低至5.3mL，降低了66.24%，且对滑块摩擦阻力系数 tg 没有明显的削弱作用，因此具有较好的配伍性。

表 3-4-13 不同温度下,不同处理剂与杂聚糖处理浆配伍性

处理浆	温度/℃	AV/mPa·s	PV/mPa·s	YP/Pa	YP/PV/[Pa/(mPa·s)]	FL/mL	tg
KD-03浆	25	4.9	2.8	2.1462	0.7665	11	0.0875
	120	9.8	8.5	1.28	0.15	15.7	0.1051
KD-03浆+	25	4.6	3.8	0.867	0.2281	9.3	0.1405
1%PATS	120	9.4	6.7	2.805	0.4186	5.7	0.1673
KD-03浆+	25	4.5	3.2	1.275	0.3984	9.1	0.1137
1%PFTS	120	9.7	6.6	3.213	0.4868	5.5	0.1584
KD-03浆+	25	4.5	3.2	1.326	0.4143	9.1	0.1139
1%PACS	120	8.8	6.6	1.428	2.244	5.3	0.1763
KD-03浆+	25	4.6	3	1.581	0.527	9.5	0.1228
1%PFCS	120	9.2	5.4	3.876	0.717	5.3	0.1673

3) 构效分析

(1) 黏土颗粒粒度分布测定。

膨润土与 PFTS-2 分散于水中,150℃ 老化处理,粒度分析结果如图 3-4-11 所示,粒径中值及平均值如表 3-4-14 所示。在 150℃ 老化后,基浆中黏土的平均直径为 7.054μm,中值粒径由 6.132μm;土豆淀粉浆中黏土的平均直径为 8.675μm,中值粒径为 6.432μm;PFTS-2 浆中黏土的平均直径为 12.360μm,中值粒径为 11.030μm,且 17~22μm 大小的颗粒有一个显著增加的过程,从一定程度上可以分析解释为 PFTS-2 在黏土稳定过程中所起到的作用。在钻井液中则可以减少黏土片数量,阻碍或者控制内部结构、凝结强弱,从宏观上表现出流动的顺畅,阻力明显减弱。

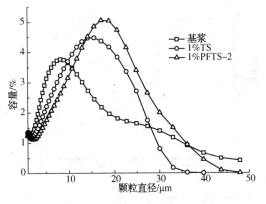

图 3-4-11 处理浆中黏土颗粒粒径分布

表 3-4-14 处理浆中黏土平均粒径及中值粒径

添加剂(180℃)	平均直径/μm	中值直径/μm
基浆	7.054	6.132
土豆淀粉浆	8.675	6.432
橘子皮-土豆淀粉处理浆	12.360	11.030

(2) 热重分析。

将在 TS 水体系中及 PFTS-2 水体系中浸泡 24h 的黏土在相同条件下抽滤、干燥后进行热重分析(TGA),结果如图 3-4-12 所示。由图可知,随着处理环境的变化,主要是热量的变化,土样在质量上出现了一定损失,当温度从 45℃ 升高到 300℃ 时,土豆淀粉处理土样的黏土质量改变量约为 7.5%,而在 PFTS-2 水体系中浸泡后的黏土颗粒质量改变量约为 5%;当温度

从 180℃升高到 800℃时，土豆淀粉处理土样的黏土质量改变量约为 37.5%，而在 PFTS-2 水体系中浸泡后的黏土颗粒质量改变量约为 30%。可能的原因是处理剂可吸附于黏土表面封锁层间空隙，减少水向黏土层间渗入，还可能黏合坂土，增加坂土之间作用力，进而减缓内部结构的松散程度，自由水的运移速度变得滞缓，表现出质量变化率的减小。

（3）红外光谱分析。

由图 3-4-13 可见，TS 处理黏土的红外光谱特征在高频区出现两个强吸收带，$3620cm^{-1}$ 附近的特征峰可以归结为 Al—O—H 的伸缩振动，$3422cm^{-1}$ 附近的特征峰可以归结为 H—O—H 的伸缩振动；中频区出现在 $2500cm^{-1}$ 处较弱的吸收带认为是 Si—O—M 和 M—O（M 为金属离子）的耦合振动引起的；$1640cm^{-1}$ 附近的特征峰可以归结为 H—O—H 的伸缩振动，在 $1033cm^{-1}$ 和 $797cm^{-1}$ 附近的特征峰可以归结为 Si—O—Si 的反伸缩振动。土豆淀粉处理黏土红外光谱特征与 PFTS-2 处理黏土的没有明显变化，说明 PFTS-2 处理过的黏土骨架结构没有明显变化，可能是吸附在黏土颗粒表面的化合物在样品多次淋洗过程中被冲洗脱落。

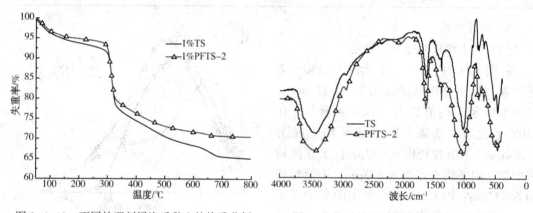

图 3-4-12　不同处理剂浸泡后黏土的热重分析　　图 3-4-13　处理剂浸泡黏土后红外光谱图

（4）黏土颗粒 XRD 分析。

采用 XRD 分析经自来水和 PFTS-2 处理后膨润土层间距变化，结果如图 3-4-14 所示。与水处理膨润土 XRD 相比，与 PFTS-2 处理膨润土颗粒的 XRD 衍射峰相似，两者相比较，没有出现新衍射峰，推测土样的物质组成没有遭到改变，没有新的理化性质的出现，但是出峰位置的变化，表明层间距发生了细微的改变。根据布拉格方程 $2d\sin\theta=\lambda$（d 为层位间距，nm；θ 为 XRD 谱图中的衍射角 2θ；λ 为 CuKα 辐射的波长，0.154nm），由所测材料 XRD 谱图中的衍射角 2θ 可得出以下结论：膨润土水化 24h 后，黏土颗粒层间距 $d=0.3323$nm，经 PFTS-2 处理后的黏土颗粒层间距 $d=0.3329$nm，表明 PFTS-2 对黏土的水化膨胀有一定的抑制作用。

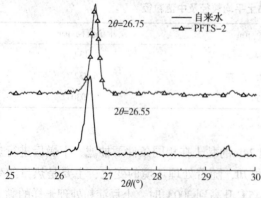

图 3-4-14　PFTS-2 处理剂浸泡黏土的 XRD 图

3.5 木质素基钻井液体系研究

3.5.1 铁-木质素钻井液体系研究

木质素是一种廉价,丰富且无毒的复合酚醛聚合物,从造纸和纤维素生物燃料工业大量获得。虽然木质素已经在上述和更多行业中应用,但是因其尚未达到能源生产工业的使用标准、污染环境而面临被淘汰。本部分用木质素磺酸盐(LSS)为主要原料,与铁盐螯合得到相应的铁螯合木质素磺酸盐(FLSS)(图3-5-1)。对比铁铬络合的磺化木质素(FCLS)和磺化木质素(LSS),铁螯合木质素磺酸盐(FLSS)具有更加环保的特点,同时可以提高 LSS 抗温及稀释性能。

1) 体系构建

(1) 铁络合木质素的制备。

向木质素磺酸盐(LSS)溶液中添加一定量的铁盐,一定温度下搅拌反应1h,反应完毕后过滤,蒸去溶剂,真空干燥得铁-木质素磺酸盐(FLSS)。磺酸基化木素盐(LSS)与三氯化铁按质量比 2∶1、4∶1、6∶1、8∶1 进行螯合,并标记为 FLSS-1、FLSS-2、FLSS-3、FLSS-4。

向碱木质素(LCC)溶液中添加一定量的铁盐,一定温度下搅拌下反应1h,反应完毕后过滤,蒸去溶剂,真空烘干处理得铁-碱木质素(FLCC)。碱木质素(LCC)与铁盐按质量比 2∶1、4∶1、6∶1、8∶1 进行螯合,并标记为 FLCC-1、FLCC-2、FLCC-3、FSS-4。

由表3-5-1、表3-5-2分析可知,在180℃条件下,钻井工作液老化16h后,对比基浆,FLSS处理浆、FLCC处理浆的滤失量、摩擦阻力系数偏高;对比不同种类的木质素下所得 FLSS 处理浆和 FLCC 处理浆相比,钻井工作液的流动性得到了明显的改善,悬浮能力依旧满足工作液的使用要求,主要以表观黏度为参考指标,选择木质素磺酸盐(LSS)作为制备原料;利用不同方法配制的处理剂 FLSS 处理得到钻井工作液,其中 FLSS-3 处理浆的表观黏度为 2.4mPa·s、塑性黏度为 1.8mPa·s,主要以表观黏度为参考指标,选择磺酸基化木质素盐与三氯化铁的复合比例(质量比)为 6∶1;就流变性能而言,不同浓度下所得 0.3%FLSS-3 处理浆和 0.1%、0.5%、0.7%、1.0%FLSS-3 处理浆相比,0.3%FLSS-3 具有更好的剪切稀释性。

表3-5-1 不同种类的木质素、不同配比下复合体处理浆性能评价结果

温度/℃	添加剂	AV/mPa·s	PV/mPa·s	YP/Pa	YP/PV/[Pa/(mPa·s)]	FL/mL	tg
180	—	3.5	3.1	0.51	0.16	15.2	0.09630
	0.3%LSS	3.3	2.7	0.80	0.29	15.0	0.1853
	0.3%LCC	3.3	3.0	0.50	0.16	15.0	0.1228
	0.3%FLSS-1	3.4	4.0	0.21	0.05	22.3	0.1584
	0.3%FLCC-1	3.5	3.5	0.25	0.07	18.0	0.1673
	0.3%FLSS-2	3.0	2.7	0.31	0.11	18.1	0.2586
	0.3%FLCC-2	3.2	2.6	0.30	0.11	19.0	0.1228
	0.3%FLSS-3	2.4	1.8	0.51	0.27	18.8	0.2035
	0.3%FLCC-3	3.2	2.4	0.80	0.30	18.0	0.1051
	0.3%FLSS-4	2.7	2.4	0.31	0.12	20.4	0.2035
	0.3%FLCC-4	3.4	2.5	0.90	0.36	18.0	0.1051

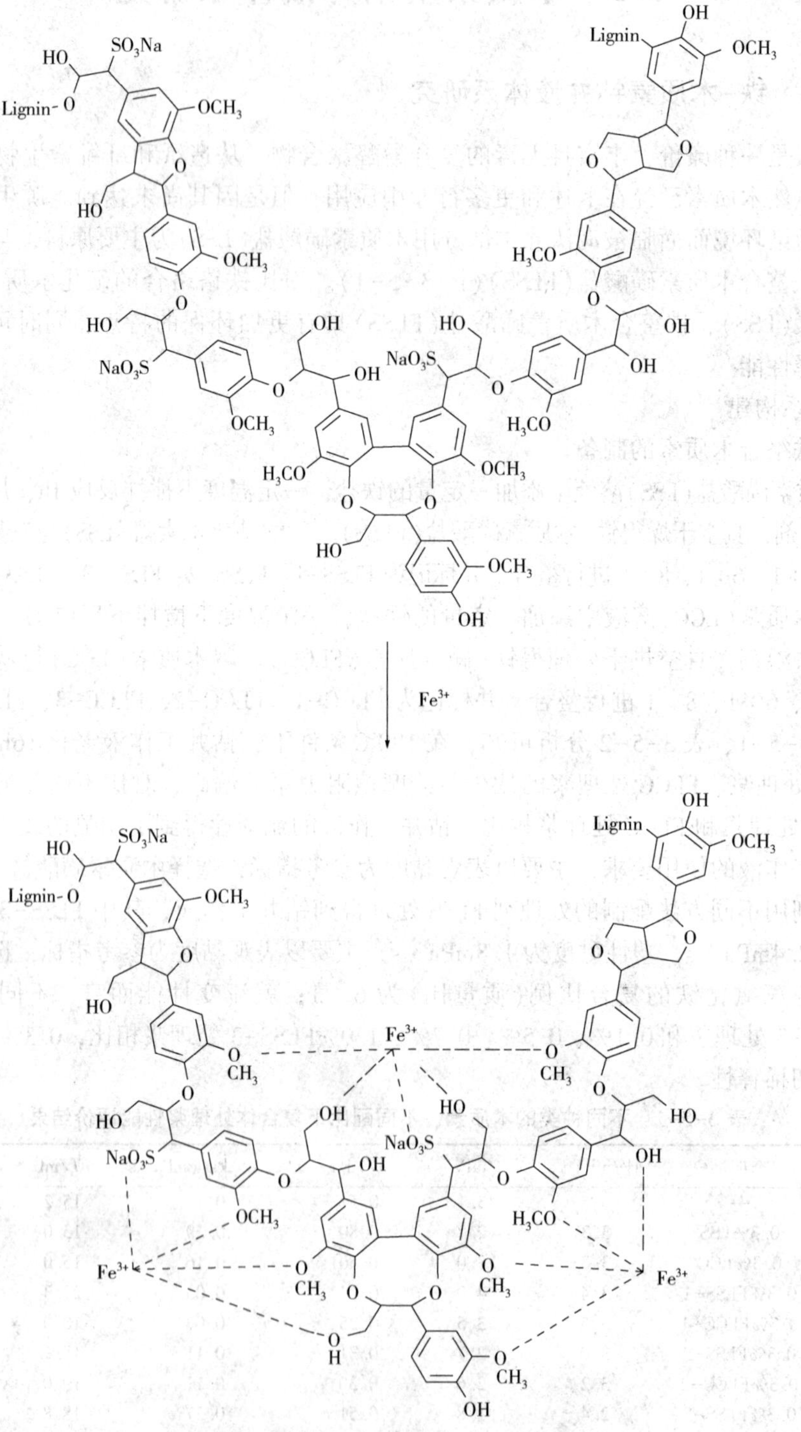

图 3-5-1 铁-木质素磺酸盐 FLSS 的合成

表 3-5-2　不同浓度下 FLSS-3 处理浆性能评价结果

温度/℃	添加剂	AV/mPa·s	PV/mPa·s	YP/Pa	YP/PV/[Pa/(mPa·s)]	FL/mL	tg
180	空白	3.5	3.1	0.5	0.16	15.2	0.0963
	0.1%FLSS-3	3.0	3.0	0.0	0.00	19.8	0.1673
	0.3%FLSS-3	2.4	1.8	0.5	0.27	18.8	0.2035
	0.5%FLSS-3	2.7	2.5	0.2	0.16	19.6	0.1584
	0.7%FLSS-3	2.6	2.3	0.3	0.13	19.5	0.1495
	1.0%FLSS-3	2.7	2.5	0.0	0.00	19.8	0.1495

(2) 钻井液的配制。

坂土的预水化：350mL 水+0.7g 碳酸钠+14g 膨润土，1600r/min 搅拌 120min，封闭条件下陈化 1 天后准备使用。水基钻井工作液的配制：坂土浆+处理剂，1600r/min 下匀速搅动，20min 对工作液进行性能评价。

2) 性能评价

(1) 膨润土的线性膨胀率。

根据 SY/T 6335—1997，评价钻井工作液处理试剂抑制评价步骤，测试 LSS 和 FLSS 的不同时间下的膨胀量并绘制曲线。由图 3-5-2 可见，磺酸基化木质素盐在 1h 的黏土膨胀比率为 47.53%，与 1%KCl 相当。铁-木质素磺酸盐中 FLSS-2 抑制性最好，1h 的黏土的膨胀比率为 40.9%，由此可见，铁盐与木质素磺酸盐螯合后可以显著提高其对黏土膨胀的抑制作用。

(2) 防膨和耐水洗率。

参照《黏土稳定剂技术要求》(Q/SH 0053—2010)来评价黏土抑制剂的膨胀体积及黏土稳定剂的耐水洗性能。采用离心法，定量检测岩心在稳定试剂溶液中的体积的变化。由表 3-5-3 可知，FLSS 溶液中黏土的膨胀体积均显著减小，其中 FLSS-2 效果最好，由 3.1mL 降低至 1.2mL，其水洗后的体积为 2.7mL，耐水洗率为 44.4%。效果最佳的耐水洗率为 78.2%，低于行业标准 90%，具有比较弱的包裹吸附性的效果。

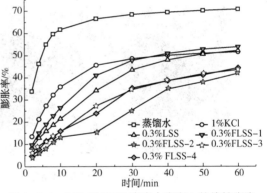

图 3-5-2　LSS 和 FLSS 溶液中膨润土的线性膨胀

表 3-5-3　防膨和耐水洗率实验结果

添加剂	膨胀体积/mL	水洗后膨胀体积/mL	耐水洗率/%
蒸馏水	3.1	—	—
0.3%LSS	1.7	2.7	62.7
0.3%FLSS-1	1.8	2.3	78.2
0.3%FLSS-2	1.2	2.7	44.4
0.3%FLSS-3	1.8	2.4	75.0
0.3%FLSS-4	2.0	2.9	68.9

(3) 泥球实验。

25℃条件下，钠基蒙脱土与自由水按质量比2∶1混合，按10g/个的质量标准制作球状样品，分别放入容积相同的处理剂溶液或自由水中一定时间，观察并拍照记录泥球的外观变化，以膨胀后泥球的表面形态来评价FLSS的抑制性能。结果如图3-5-3、图3-5-4所示，FLSS-2溶液中的泥球体积有所膨胀，但仍保持球形，而水中的泥球逐渐膨胀变形且最后破碎，说明FLSS-2在黏土稳定方面具有一定的促进效果。

图3-5-3　泥球在清水溶液中分别浸泡12h、24h、36h后的外观图

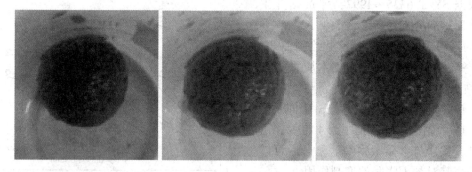

图3-5-4　泥球在FLSS-2溶液中分别浸泡12h、24h、36h后的外观图

(4) 配伍性评价。

向预水化坂土浆中分别加入1%杂聚糖苷、0.03%PAM配制成聚糖处理浆、PAM处理浆，再分别进行配伍实验，考察工作液的基本指标。分别向PAM处理浆、杂聚糖苷处理浆中加入0.3%FLSS-3，在25℃和120℃老化24h后测定钻井液的各项性能参数，结果如表3-5-4。

表3-5-4　不同温度下，FLSS-3分别与PAM处理浆、杂聚糖苷处理浆配伍性

处理浆	温度/℃	AV/mPa·s	PV/mPa·s	YP/Pa	YP/PV/[Pa/(mPa·s)]	FL/mL	tg
PAM浆	25	8.0	4.2	3.8836	0.9247	13.0	0.0299
	120	7.8	4.8	3.3000	0.7400	15.7	0.0349
PAM浆+ 0.3%FLSS-3	25	3.6	3.1	0.5100	0.165	16.2	0.0349
	120	6.0	4.5	1.2000	0.2500	15.2	0.0437
杂聚糖苷浆	25	4.9	2.8	2.1462	0.7665	11.0	0.0875
	120	9.8	8.5	2.5000	0.1500	15.7	0.1051

续表

处理浆	温度/℃	AV/mPa·s	PV/mPa·s	YP/Pa	YP/PV/[Pa/(mPa·s)]	FL/mL	tg
杂聚糖苷浆+	25	3.5	2.2	1.3260	0.6027	10.1	0.1853
0.3%FLSS-3	120	5.7	4.5	1.2000	0.5500	15.5	0.1137

由表3-5-4可见，在25℃下，加入后，在杂聚糖苷和PAM处理浆中加入FLSS-3后所得钻井工作液流动性明显提高，主要表现为表观黏度AV和塑性黏度PV的降低。同时伴随着悬浮能力的减弱，主要表现为切力的YP的降低。PAM浆和杂聚糖苷浆中分别加入0.3%FLSS-3后，钻井液的AV降低了55%、PV降低了26.8%，YP从3.8836降低到0.51，且对FL和tg没有明显的削弱作用，因此具有较好的配伍性；在120℃下，在杂聚糖苷和PAM处理浆中加入FLSS-3后所得钻井工作液流动性明显提高，主要表现为表观黏度AV和塑性黏度PV的降低。同时伴随着悬浮能力的减弱，主要表现为切力的YP的降低。PAM浆和杂聚糖苷浆中分别加入0.3%FLSS-3后，钻井液的AV降低了71.92%、PV从8.5mPa·s降低到4.5mPa·s，降低率为47.05%，YP从2.5mPa·s降低到1.2mPa·s，降低率为52%，且对FL和tg没有明显的削弱作用，因此具有较好的配伍性。

3）构效分析

(1) 黏土颗粒粒度分布测定。

LS 13320型激光衍射粒度分析仪利用光散原理，根据粒径对光的散射角度来决定粒径的大小，测定悬浮在液体中的颗粒粒度分布，测量范围0.04~2000μm，采用5Mw、750nm的固体半导体激光器作为主光源，12W、450nm、600nm、900nm为辅助光源，预热15min，泵速设定为40%，测样时间为8~10min。未水化膨润土粒度分析如图3-5-5所示；膨润土与FLSS分散于水中，180℃老化处理，粒度分析结果如图3-5-6所示，粒径中值及平均值如表3-5-5所示。未水化膨润土平均直径为33.26μm，中值粒径为26.65μm；在180℃老化后，与未水化膨润土相比，黏土有一个明显的水化膨胀、分散的过程，清水中黏土的平均直径为7.830μm，中值粒径由5.458μm；FLSS-2溶液中黏土的平均直径为12.323μm，中值粒径为11.827μm，且10~15μm大小的颗粒有一个显著增加的过程，从一定程度上可以分析解释为FLSS在黏土稳定过程中所起到的作用。在钻井液中则可以减少黏土片数量，阻碍或者控制内部结构、凝结强弱，从宏观上表现出流动的顺畅，阻力明显减弱。

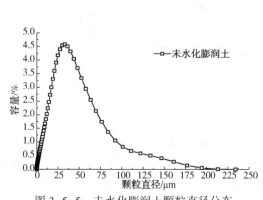

图3-5-5 未水化膨润土颗粒直径分布

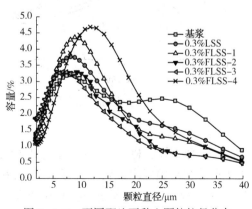

图3-5-6 不同配比下黏土颗粒粒径分布

表 3-5-5 不同比例下黏土粒径平均粒径及中值粒径

添加剂(180℃)	平均直径/μm	中值直径/μm
未水化膨润土	33.26	26.650
水化膨润土	7.83	5.458
0.3%LSS	8.675	6.432
0.3%FLSS-1	10.32	8.643
0.3%FLSS-2	8.72	7.826
0.3%FLSS-3	8.16	7.791
0.3%FLSS-4	12.32	11.827

(2) 紫外光谱、红外光谱分析方法。

将样品与 KBr 按 1∶100(质量比)混合研磨成细粉,置于压片模具内,压成透明的薄片,置于样品架上测试,进行全波长扫描(400~4000nm)。

将样品的溶液置于紫外可见分光光度计样品池内,以蒸馏水做基线校正,进行全波长扫描(185~400nm)。

由图 3-5-7 可见,LSS 和 FLSS 在紫外光区的吸收值较为接近,在 280.6nm 和 220.4nm 处有吸收峰;在紫外光区之中,FLSS-2 在各波段吸收值处于 LSS 和铁盐之间,而并未出现吸收值的叠加,表明了两者发生了螯合反应生成了 FLSS-2。由图 3-5-8 可见,在 $3500cm^{-1}$ 附近处所呈现的较为明显的特征吸收峰归属为 O—H 的伸缩振动,$2920cm^{-1}$ 处的吸收峰为甲基和亚甲基 C—H 的伸缩振动,$1595cm^{-1}$ 和 $1420cm^{-1}$ 附近处的吸收峰为苯环的骨架振动吸收,FLSS-2 的吸收峰强度较 LSS 降低,是由于铁盐与 LSS 螯合后 O—H 键的振动收到 Fe⋯O 配位作用的影响而降低。

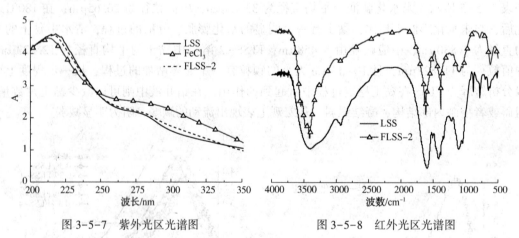

图 3-5-7 紫外光区光谱图   图 3-5-8 红外光区光谱图

(3) 红外光谱分析。

将水处理土样、FLSS-2 处理土样进行红外表征,结果如图 3-5-9 所示。水处理土样的红外光谱在高频区出现两个强吸收峰,$3620cm^{-1}$ 附近的特征峰可以归结为 Al—O—H 的伸缩振动,$3422cm^{-1}$ 附近的特征峰可以归结为 H—O—H 的伸缩振动;在中频区,$1630cm^{-1}$ 附近强的特征峰可以归结为 H—O—H 的伸缩振动,在 $1034cm^{-1}$ 和 $798cm^{-1}$ 附近的特征峰可以归结为 Si—O—Si 的反伸缩振动，在 1449cm⁻¹ 附近的特征峰可以归结为苯环 C=C 伸缩振动，在 1194cm⁻¹ 附近的特征吸收峰可以归结为 S=O 伸缩振动。对比水处理土样和 FLSS-2 处理土样的红外光谱曲线，表明了黏土表面可能吸附有一定量的木质素磺酸盐（LSS）。

（4）热重分析。

将适量钙基膨润土分别在自来水及抑制剂水溶液中浸泡24h，抽滤并用自来水反复冲洗后干燥24h，即得所需样品。取自制黏土样 3~12mg 放入氧化铝坩埚中，置于 TGA/DSC1 热重分析仪内，设定 N_2 气流速为 10mL/min、升温速率为 20℃/min，记录样品的 TG 曲线。在自由水及 LSS、0.3%FLSS-2 溶液中处理过 1 天时间的土样按预定设计的方法加工处理后进行热重分析（TGA），结果如图 3-5-10 所示。由图 3-5-10 可知，随着处理环境的变化，主要是热量的变化，土样在质量上出现了一定损失，当热量从 45℃ 升高到 180℃ 时，水处理土样的黏土质量改了变量为 4.5%，而被 LSS 溶液处理过后的土样质量变化率 4.25%，由 FLSS 溶液处理土样的质量变化率为 3.25%。可能的原因是 FLSS 可吸附于黏土表面封锁层间空隙，减少自由水向黏土层间渗入，还可能黏合坂土，增加坂土之间作用力，进而减缓内部结构的松散程度，自由水的运移速度变得滞缓，表现出质量变化率的减小。

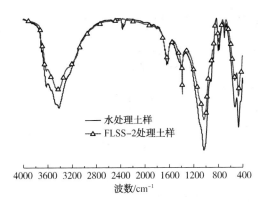 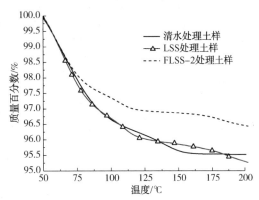

图 3-5-9　在不同溶液中浸泡后黏土的红外光谱图　　图 3-5-10　不同溶液浸泡后黏土的热重分析

（5）黏土颗粒微观形态分析。

采用 SEM 对经过自由水、FLSS-2 溶液按照预定的程序处理过后，对处理样品进行微观结构上的观察分析，形态如图 3-5-11 所示。结果与上述粒径分析结果吻合，对比自由水处理的土样，复合体 FLSS-2 处理过后的土样的直径大小、明显变大，分散程度明显减小，从一定程度上可以分析解释为 FLSS 在黏土稳定过程中所起到的作用。在钻井工作液中黏土片仍然保持这一定的形貌，阻碍或者控制内部结构、凝结强弱，从微观图片上可以最为直接地表现出来。

（6）黏土颗粒 XRD 分析。

采用 XRD，分析经自由水和 0.3%FLSS-2 溶液处理后的坂土层间距变化，结果如图 3-5-12 所示。在自由水处理土样的 XRD 出现的峰较为尖锐，而由 FLSS-2 处理的土样的峰比较宽，两者相比较，没有出现新衍射峰，推测土样的物质组成没有遭到改变，没有新的理化性质的出现，但是出峰位置的变化，表明层间距发生了细微的改变。根据布拉格方程

$2d\sin\theta=\lambda$（d 为层位间距，nm；θ 为 XRD 谱图中的衍射角 2θ；λ 为 CuKα 辐射的波长，0.154nm），由所测材料 XRD 谱图中的衍射角 2θ 可得出以下结论：在由自由水处理 1d 过后的土样，黏土颗粒层间距 $d=19.03$nm，经 FLSS-2 处理后的黏土颗粒层间距 $d=18.93$nm，表明 FLSS-2 抑制了膨润土的水化膨胀。

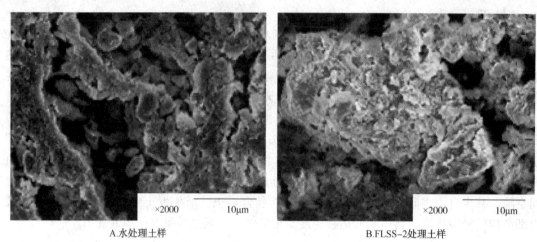

A.水处理土样　　　　　　　　　　　　B.FLSS-2处理土样

图 3-5-11　不同溶液处理后黏土的微观形态

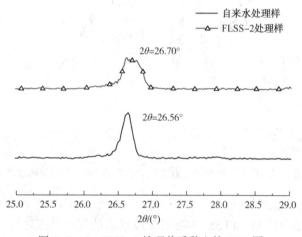

图 3-5-12　FLSS-2 处理前后黏土的 XRD 图

3.5.2　无机聚合物-木质素磺酸盐钻井液体系研究

木质素用于设计钻井液的各种化学品和聚合物将满足一些功能如适当的钻井液流变性，比重和较低的标准滤液体积等重要参数。尽管这些因素可以指导流体基质和添加剂的选择是复杂的，添加剂的选择必须考虑技术和环境，消除任何环境影响的基本因素。但是，实践中很难兼顾这两个因素。由于延迟实现的钻井液添加剂对环境的影响，在考虑中很少受到重视环境因素在许多具有良好技术因素的化学品的钻探早期阶段。因此，随着世界各国日益关注保护全球环境，环保型水基钻井液已得到广泛的应用。然而，具有环保型水基钻井液往往性能不佳，尤其表现为低热稳定性。例如，木素磺酸盐被认为是一种用于多功能组合的水基钻井液的良好添加剂。羟基和醚基可以通过氢键吸附到黏土表面。羧基和磺酸基团可以改善技术。

本章利用木质素磺酸盐分别与聚合氯化铝及聚合硫酸铁螯合成聚铝-木质素复合体(PALS)和聚铁-木质素复合体(PFLS)，将所制备的复合体用作钻井液处理剂进行室内评价，考察不同无机聚合物所螯合成的复合体处理水基钻井液的流变性能、降滤失性能、抑制页岩膨胀性能以及泥饼润滑等性能参数。

1) 体系构建

(1) 无机聚合物络合木质素磺酸盐的制备。

向木质素磺酸盐(LSS)溶液中添加一定量的无机聚合物，25℃下搅拌下反应1h，反应完毕后过滤，蒸去溶剂，真空干燥得聚铁-木质素磺酸盐(PFLS)和聚铝-木质素磺酸盐(PALS)(图3-5-13)。木质素磺酸盐(LSS)与无机聚合物按质量比2∶1、4∶1、6∶1、8∶1进行螯合，并分别标记为PALS-1、PALS-2、PALS-3、PALS-4和PFLS-1、PFLS-2、PFLS-3、PFLS-4。

(2) 无机聚合物络合木质素磺酸盐的制备条件的优选。

由表3-5-6、表3-5-7分析知，钻井工作液在180℃环境中老化处理16h后，对比基浆，PFLS处理浆、PALS处理浆的滤失量偏高，其中PALS处理浆的摩擦阻力系数较大；对比不同无机聚合物下所得PALS处理浆和PFLS处理浆相比，PALS处理的工作液能够明显的改善工作液的流动性，提高钻井速度和钻时，主要表现为表观黏度的降低，同时存在着悬浮能力跟着降低、岩块不能被及时携带出来，有可能造成埋钻的危险。主要以表观黏度为参考指标，选取聚合氯化铝作为初始材料；在不同复合比例下得到的复合体PALS处理的钻井工作液，其中PALS-3处理浆的表观黏度为2.0mPa·s、塑性黏度为2.0mPa·s，主要以表观黏度为参考指标，选取磺酸化木质素盐与聚合氯化铝，最佳的复合比例为6∶1，用量为0.2%；就流变性能而言，不同浓度下所得0.2%PALS-3处理浆和0.1%、0.3%PALS-3处理浆相比，0.2%PALS-3具有更好的剪切稀释性。

表3-5-6 不同无机聚合物、不同配比下复合体处理浆的性能评价

温度/℃	添加剂	AV/mPa·s	PV/mPa·s	YP/Pa	YP/PV/[Pa/(mPa·s)]	FL/mL	tg
180	空白	3.5	3.1	0.51	0.16	15.2	0.0963
	0.3%LSS	2.6	2.3	0.35	0.15	19.5	0.1495
	0.3%PFLS-1	3.0	3.0	0.00	0.00	20.8	0.1137
	0.3%PFLS-2	2.3	3.0	0.00	0.00	19.0	0.1495
	0.3%PFLS-3	3.0	2.9	0.05	0.02	17.5	0.1317
	0.3%PFLS-4	2.9	2.9	0.05	0.02	19.5	0.1228
	0.3%PALS-1	3.5	3.0	0.51	0.17	42.0	0.0875
	0.3%PALS-2	3.2	3.2	0.00	0.00	20.5	0.0875
	0.3%PALS-3	2.0	2.0	0.00	0.00	19.5	0.0963
	0.3%PALS-4	2.7	3.0	0.00	0.00	19.8	0.0963

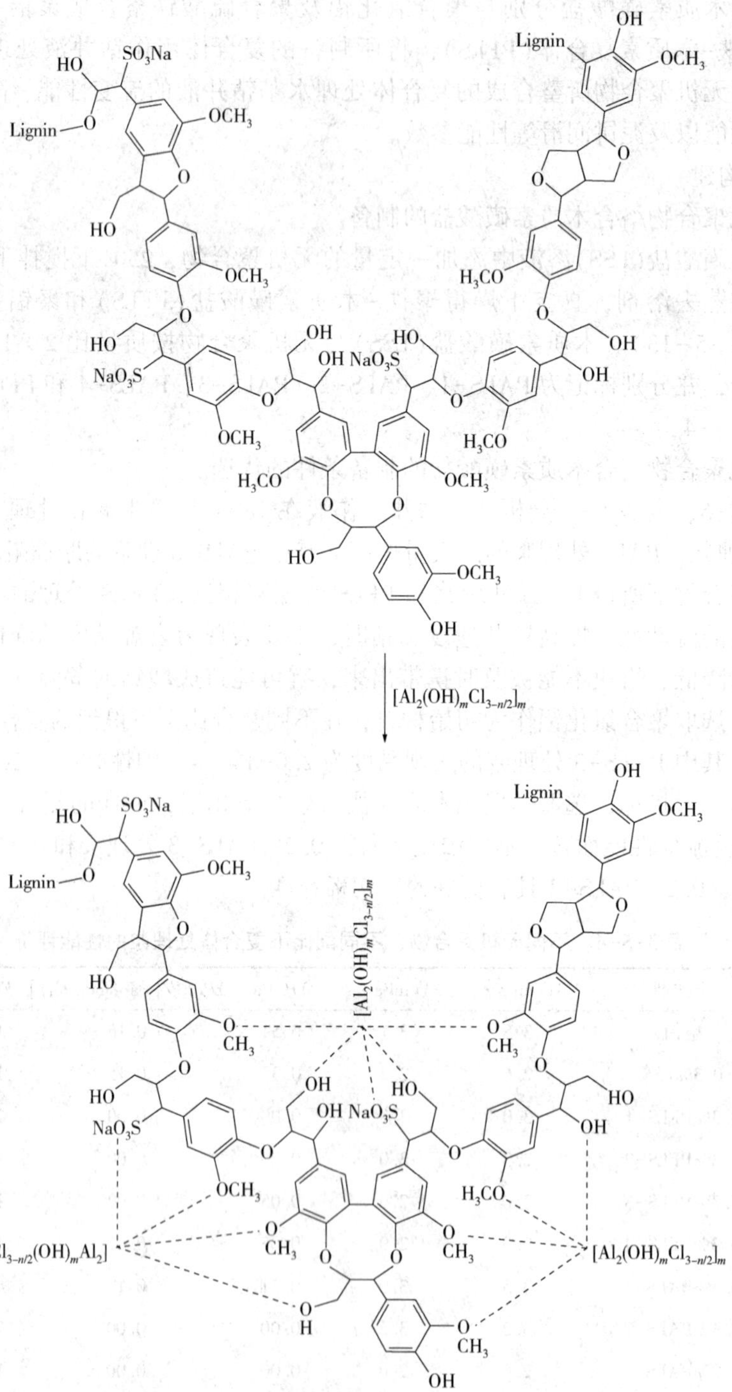

图 3-5-13 聚铝-木质素磺酸盐的合成

表 3-5-7　不同浓度下 PALS-3 处理浆的性能评价

温度/℃	添加剂	AV/mPa·s	PV/mPa·s	YP/Pa	YP/PV/[Pa/(mPa·s)]	FL/mL	tg
180	空白	3.5	3.1	0.51	0.16	15.2	0.0963
	0.1%PALS-3	2.7	2.0	0.71	0.35	18.4	0.0787
	0.2%PALS-3	1.4	2.2	0.00	0.00	22.2	0.1139
	0.3%PALS-3	2.0	2.0	0.00	0.00	19.5	0.0963

2）性能评价

（1）水基钻井液的配制及性能评价。

坂土的预水化：350mL 水+0.7g 碳酸钠+14g 膨润土，1600r/min 搅拌 120min，封闭条件下陈化 1 天后准备使用。水基钻井工作液的配制：坂土浆+处理剂，1600r/min 下匀速搅动，20min 对工作液进行性能评价。

根据《基于水的钻井工作液现场测试程序》(GB/T 16783—1997)中规定的方法，评估工作液性能。工作液在变频滚子加热炉中老化处理 16h。

（2）膨润土的线性膨胀率。

根据《钻井液用页岩抑制剂评价方法》(SY/T 6335—1997)，测试 LSS 和 FLSS 的不同时间下的膨胀量并绘制曲线。由图 3-5-14 可见，磺酸基化木质素盐在 1h 黏土膨胀比率为 47.53%，与 1%KCl 相当。其中 PALS-3 抑制性最好，1h 黏土的膨胀比率为 47.51%，由此可见，聚铝与磺酸化木质素盐络合后可以显著提高其对黏土膨胀的抑制作用。与自由水相比降低了 23.19%，与 1%KCl 相比降低了 4.05%，与 0.3%LSS 相比降低了 6.21%。

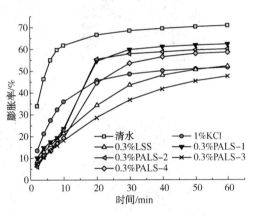

图 3-5-14　LSS 和 PALS 溶液中膨润土的线性膨胀

（3）防膨和耐水洗率实验。

参照《黏土稳定剂技术要求》(Q/SH 0053—2010)来评价黏土抑制剂的膨胀体积及黏土稳定剂的耐水洗性能。由表 3-5-8 可知，PALS 溶液中黏土的膨胀体积均有所减小，其中 PALS-1 和 PALS-3 的膨胀体积最低，为 1.9mL。在水洗后膨润土的体积具有不同程度的增加，其中 0.3%PALS-2 效果最好，水洗后的膨胀体积为 2.2mL，并且具有较好的耐水洗性，耐水洗率达到了 95.45%。

表 3-5-8　防膨和耐水洗率实验结果

添加剂	膨胀体积/mL	水洗后膨胀体积/mL	耐水洗率/%
蒸馏水	3.1	—	—
1%KCl	2.0	2.9	63.00
0.3%LSS	1.7	2.7	62.70
0.3%PALS-1	1.9	2.4	79.16
0.3%PALS-2	2.1	2.2	95.45
0.3%PALS-3	1.9	2.2	86.36
0.3%PALS-4	2.2	2.4	91.66

（4）泥球实验。

25℃条件下，蒙脱石制钠土与自由水按质量比2∶1混合，按10g/个的质量标准制作球状样品，分别放入容积相同的处理剂溶液或自由水中一定时间，观察并拍照记录泥球的外观变化，以膨胀后泥球的表面形态来评价FLSS的抑制性能。25℃条件下，蒙脱石制钠土与自由水按质量比2∶1混合，按10g/个的质量标准制作球状样品，分别放入容积相同的处理剂溶液或自由水中。结果如图3-5-15、图3-5-16所示，PALS-2溶液处理过程中的泥球体积有所膨胀，但仍保持球形，而水中的泥球逐渐膨胀变形且最后破碎，说明FLSS-2在黏土稳定方面具有一定的促进效果。推测是由于泥球内外受力不均匀所导致的。由于球形样品中的自由水引起的内部开始水化膨胀，外部环境则相反，抵制着这种情况的发生，样品因为受力不一而开裂。

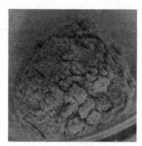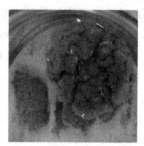

图3-5-15　泥球在清水溶液中分别浸泡12h、24h、36h后的外观图

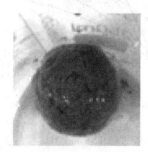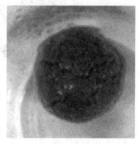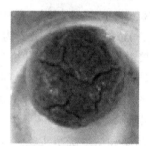

图3-5-16　泥球在PALS-2溶液中分别浸泡12h、24h、36h后的外观图

（5）配伍性评价

向预水化坂土浆中分别加入1%杂聚糖苷、0.03%PAM配制成聚糖处理浆、PAM处理浆，再分别加入3.2.2中的试剂进行配伍实验，考察工作液的基本指标。分别向PAM处理浆、杂聚糖苷处理浆中加入0.3%PALS-3，在25℃和120℃老化24h后测定钻井液的各项性能参数，结果如表3-5-9所示。

表3-5-9　不同温度下，PALS-3分别与PAM处理浆、杂聚糖苷处理浆配伍性

处理浆	温度/℃	AV/mPa·s	PV/mPa·s	YP/Pa	YP/PV/[Pa/(mPa·s)]	FL/mL	tg
PAM浆	25	8.0	4.2	3.8836	0.9247	13.0	0.0299
	120	7.8	4.8	3.3000	0.7400	15.7	0.0349
PAM浆+0.3%PALS-3	25	3.0	3.0	0.0000	0.0000	13.4	0.0612
	120	5.5	4.1	1.4791	0.3600	15.8	0.0524

续表

处理浆	温度/℃	AV/mPa·s	PV/mPa·s	YP/Pa	YP/PV/[Pa/(mPa·s)]	FL/mL	tg
杂聚糖苷浆	25	4.9	2.8	2.1462	0.7665	11.0	0.0875
	120	9.8	8.5	2.5000	0.1500	15.7	0.1051
杂聚糖苷浆+	25	4.1	3.0	1.1000	0.3666	10.8	0.1317
0.3%PALS-3	120	6.6	5.2	1.4280	0.2746	16.5	0.1137

由表3-5-9可见，在25℃下，加入后，在杂聚糖苷和PAM处理浆中加入PALS-3后所得钻井工作液流动性明显提高，主要表现为表观黏度AV和塑性黏度PV的降低。同时伴随着悬浮能力的减弱，主要表现为切力YP的降低。PAM浆和杂聚糖苷浆中分别加入0.3%PALS-3后，钻井液的AV降低了62.5%、PV降低了28.75%，YP从3.8836降低到0.000，FL和tg有略微的增大，其对FL和tg没有较大的削弱作用，因此具有较好的配伍性；在120℃下，在杂聚糖苷和PAM处理浆中加入PALS-3后所得钻井工作液流动性明显提高，主要表现为表观黏度AV和塑性黏度PV的降低。同时伴随着悬浮能力的减弱，主要表现为切力YP的降低。PAM浆和杂聚糖苷浆中分别加入0.3%PALS-3后，钻井液的AV降低了32.65%、PV降从8.5降低到5.2，YP从2.5000降低到1.4280，且对FL和tg没有较大的削弱作用，因此具有较好的配伍性。

3）构效分析

（1）PALS红外光谱分析。

由图3-5-17可得，在3410cm^{-1}附近较为显著的特征峰可以归结为O—H的伸缩振动，2920cm^{-1}处的吸收峰为甲基和亚甲基C—H的伸缩振动，1595cm^{-1}和1420cm^{-1}附近处的吸收峰为苯环的骨架振动吸收，PALS-2的吸收峰强度较LSS升高，是由于聚合氯化铝与LSS螯合后O—H键的振动受到Al⋯O配位作用的影响而提高。

将清水处理土样、PALS-2处理土样进行红外表征，结果如图3-5-18所示。水处理土样的红外光谱在高频区出现两个强吸收峰，3620cm^{-1}附近的特征峰可以归结为Al—O—H的伸缩振动，3422cm^{-1}附近的特征峰可以归结为H—O—H的伸缩振动；在中频区，1630cm^{-1}附近的强特征峰可以归结为H—O—H的伸缩振动，在1034cm^{-1}和798cm^{-1}附近的特征峰可以归结为Si—O—Si的反伸缩振动，在1449cm^{-1}附近的特征峰可以归结为苯环C=C伸缩振动，在1193cm^{-1}处的吸收峰归属为S=O伸缩振动。表明了黏土表面可能吸附有一定量的木质素磺酸盐(LSS)。对比水处理土样和PALS-2处理土样的红外光谱曲线，表明了黏土表面可能吸附有一定量的木质素磺酸盐(LSS)。

（2）热重分析。

在自由水及LSS、0.3%PALS-2溶液中处理过1天时间的土样按预定设计的方法加工处理后进行热重分析(TGA)，结果如图3-5-19。由图可知，随着处理环境的变化，主要是热量的变化，土样在质量上出现了一定损失，当热量从45℃升高到180℃时，水处理土样的黏土质量改了变量为4.5%，而被LSS溶液处理过后的土样质量变化率4%，由PALS-2溶液处理土样的质量变化率为3.6%。可能的原因是FLSS可吸附于黏土表面封锁层间空隙，减少自由水向黏土层间渗入，还可能黏合坂土，增加坂土之间作用力，进而减缓内部结构的松散程度，自由水的运移速度变得滞缓，表现出质量变化率的减小。

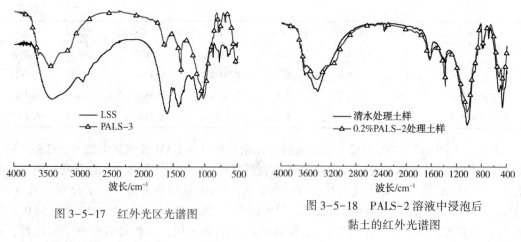

图 3-5-17　红外光区光谱图　　　图 3-5-18　PALS-2 溶液中浸泡后黏土的红外光谱图

(3) 黏土颗粒粒度分布测定。

膨润土与 FLSS 分散于水中，180℃老化处理，粒度分析结果如图 3-5-20 所示，粒径中值及平均值如表 3-5-10 所示。在 180℃老化后，水化膨润土的平均直径为 7.830μm，中值粒径为 5.458μm；LSS 溶液中黏土的平均直径为 8.676μm，中值粒径为 6.432μm，在已经水化 24h 的黏土浆液中添加 0.3%PALS-2、0.3%PALS-3，继续浸泡 16h 后，由于 PALS 处理剂与黏土之间的静电作用和氢键作用，使得处理剂吸附在工作液中固相的表面，并有拉伸的趋势，致使原本已水化的黏土颗粒絮凝聚结成颗粒状，平均粒径达到 10.54μm，且 7~15μm 大小的颗粒有一个显著增加的过程，从一定程度上可以分析解释为 FLSS 在黏土稳定过程中所起到的作用。在钻井液中则可以减少黏土片的分散程度，削弱了其空间网状结构强度，从而表现出一定的稀释性。

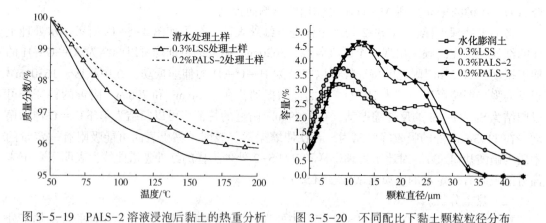

图 3-5-19　PALS-2 溶液浸泡后黏土的热重分析　　图 3-5-20　不同配比下黏土颗粒粒径分布

表 3-5-10　不同配比下黏土颗粒平均粒径及中值粒径

添加剂（180℃）	平均直径/μm	中值直径/μm
水化膨润土	7.83	5.458
未水化膨润土	33.26	26.65
0.3%LSS	8.675	6.432

续表

添加剂(180℃)	平均直径/μm	中值直径/μm
0.3%PALS-2	10.54	9.11
0.3%PALS-3	10.32	8.64

(4) 黏土颗粒微观形态分析。

采用 SEM 对经过自由水、PALS-2 溶液按照预定的程序处理过后，对处理样品进行微观结构上的观察分析，结果如图 3-5-21 所示。结果与上述粒径分析结果吻合，对比自由水处理的土样，复合体 PALS-2 处理过后的土样的直径大小、明显变大，分散程度明显减小，从一定程度上可以分析解释为 PALS 在黏土稳定过程中所起到的作用。在钻井工作液中黏土片仍然保持这一定的形貌，阻碍或者控制内部结构、凝结强弱，从微观图片上可以最为直接地表现出来。

A.清水处理土样　　　　　　　　　　　B.PALS-2处理土样

图 3-5-21　PALS-2 溶液处理后黏土微观形态

(5) 黏土颗粒 XRD 分析。

采用 XRD，分析经自由水和 0.3%PALS-2 溶液处理后的坂土层间距变化，结果如图 3-5-22 所示。在自由水处理土样的 XRD 出现的峰较为的尖锐，由 PALS-2 处理的土样表现出相似的特点，两者相比较，没有出现新衍射峰，推测土样的物质组成没有遭到改变，没有新的理化性质的出现，但是出峰位置的变化，表明层间距发生了细微的改变。根据布拉格方程 $2d\sin\theta=\lambda$（d 为层位间距，nm；θ 为 XRD 谱图中的衍射角 2θ；λ 为 CuKα 辐射的波长，0.154nm），由所测材料 XRD 谱图中的衍射角 2θ 可得出以下结论：在由自由水处理 1 天过后的土样，黏土颗粒层间距 $d=19.03$nm，经 PALS-2 处理后的黏土颗粒层间距 $d=18.93$nm，表明 PALS-2 抑制了膨润土的水化。

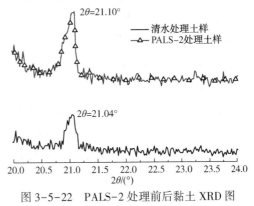

图 3-5-22　PALS-2 处理前后黏土 XRD 图

4 天然高分子基钻-采通用油田工作液研究

4.1 杂聚糖SJ钻井-压裂通用工作液应用研究

4.1.1 杂聚糖SJ钻井-压裂通用工作液基础配方研究

SJ是一种天然高分子产物经化学改性而得到的聚合糖类油田化学工作液处理剂，SJ类产品保存方便、使用安全，原料来源广泛，价格低廉，满足通用工作液的基本性能要求，在油田钻井及压裂作业中有巨大的应用潜力和开发价值。以实验室提供的SJ为钻井-压裂通用工作液主剂，进行SJ理化性能研究，分析SJ在钻井液与压裂液中的作用，评价含SJ工作液可生物降解性与储层伤害性。

对长庆油田钻井-压裂通用工作液用作钻井液基础配方的研究，主要包括选定SJ在钻井液中的加量、主辅处理剂种类的选择以及加量的优化、不同处理剂间的复配、处理剂添加顺序对钻井液性能的影响。其中处理剂的选择及加量的优化包括增黏剂的选择及加量的优化、降滤失剂的选择及加量的优化、降黏剂的选择及加量的优化。

1）主剂杂聚糖SJ理化性质

SJ是褐色固体，属于天然聚合糖类衍生物，数均相对分子质量为$(30\sim200)\times10^4$，其中相对分子质量较小部分能溶于水形成透明溶液；相对分子质量较大部分不溶于水但能均匀悬浮于水中；相对分子质量居中部分则表现出胶体粒子的性质。

（1）含水率。

SJ含水率测试结果小于10%，满足同类油田化学稠化剂（田菁胶、香豆胶等）行业标准《压裂用田菁胶》（SY/T 5341—2002）（表4-1-1）。

表4-1-1 SJ含水率测试结果

序号	初始质量/g	最终质量/g	含水率/%	平均含水率/%
1	2.029	1.850	8.83	8.81
2	2.026	1.8480	8.79	

（2）SJ水溶胶液电导率。

由图4-1-1可见，SJ在质量浓度为0~5%的溶胶时，电导率值与其浓度呈线性关系，电导率增幅不大，表明SJ属于弱电解质。

2）SJ环保性能评价和油气层伤害评价

（1）可生物降解性评价。

目前国内外环境科学与工程工作者普遍使用BOD_5/COD_{Cr}之比，来考察有机物的生物可降解性,此比值表示 BOD_5 的氧化降解率。用生物氧化降解率的大小可直接比较不同有机物降解性能。而这个比值就是表示生物降解率的意思,它和 BOD_5 含义不同。因为后者是指五天内(20℃条件下)微生物降解有机物量所消耗的氧量;而前者是反映在 5 日所消耗量的情况下,有机物被微生物氧化降解了多少个百分点。这里采用以下的评价指标与评价标准。

① 根据《污水综合排放标准》,其评价指标与标准选择见表 4-1-2。

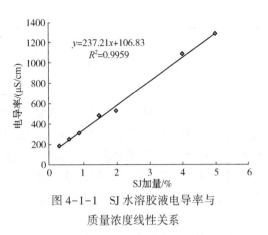

图 4-1-1 SJ 水溶胶液电导率与质量浓度线性关系

表 4-1-2 有害物质评价指标与评价标准

第二类污染物	化学需氧量(COD_{Cr})/mg·L^{-1}	生物需氧量(BOD_5)/mg·L^{-1}
允许值	150	30

② 评价钻井液生物降解性分级标准。

评定有机物生物降性的方法很多,主要有 BOD/COD 比值评定方法(包含 BOD_5/COD_{Cr} 的比值评定法、BOD/TOD 的比值评定法、TOD 和 TOC 的评定方法),三角瓶静培养筛选技术评定方法,生化呼吸线评定方法,利用脱氢酶活性的测定和三磷酸腺苷(ATP)量的测定等。油气田普遍选用评价钻井液生物降解性的标准,如表 4-1-3 所示。

表 4-1-3 钻井液生物降解性评价标准

$Y=BOD_5/COD_{Cr}/\%$	$Y \geq 25$	$15 \leq Y < 25$	$5 \leq Y < 15$	$Y < 5$
生物降解性	容易	较易	较难	难

测试结果如表 4-1-4 所示。淡水基浆各项指标都符合国家排放标准,也容易生物降解;在加入 4%SJ 以后各项指标都大幅增加,虽然 COD_{Cr} 值和 BOD_5 值单个超过国家标准,不宜直接外排,但是 BOD_5/COD_{Cr} 值大于 25%,SJ 处理浆容易生物降解。

盐水基浆本身就不宜外排且生物降解性较差,在加入 SJ 后,滤液的 COD_{Cr} 提高了 1.83~2.50 倍,BOD_5 提高了 37.19~45.57 倍,BOD_5/COD_{Cr} 值在 52.84%~61.25%,容易生物降解。其中盐水基浆的 COD_{Cr} 和 BOD_5 值远高于淡水体系,这是由于引入了 Na^+,破坏了黏土-水界面双电层,使基浆体系内的黏土失去稳定性,黏土表面的吸附能力下降,导致黏土表面原有的有机物解析出来,因而盐水基浆的 COD 和 BOD 均高于淡水体系。所以对于盐水钻井液体系来说,SJ 能有效地改善盐水钻井液的可生物降解性,扩大盐水钻井液的应用范围。

表 4-1-4 含杂聚糖钻井液滤液 COD_{Cr} 和 BOD_5 测试结果

	配 方	COD_{Cr}/(mg/L)	BOD_5/(mg/L)	$BOD_5/COD_{Cr}/\%$	生物降解性
淡水	4%基浆	37.499	9.756	26.02	容易
	4%SJ+4%基浆	3228.166	1925.439	59.64	容易

续表

配方		$COD_{Cr}/(mg/L)$	$BOD_5/(mg/L)$	$BOD_5/COD_{Cr}/\%$	生物降解性
盐水	4%基浆	1685.543	74.768	4.44	难
	4%SJ+4%基浆	4772.155	2855.387	59.83	容易

BOD_5/COD_{Cr} 值越大,表明其生物降解性能越好,长期的危害性就越小。由上表看出,加入 SJ 后,淡水浆和盐水浆的 BOD_5/COD_{Cr} 值差别不大,由此说明无论是在淡水体系或盐水体系中 SJ 水基钻井液的滤液都容易生物降解。当然,生物降解受各种条件的影响,但就 SJ 本身来说,它是一种天然聚合糖,易于生物降解;作为一种钻井液处理剂,有利于钻井液废液的生物降解,而不引起二次污染,是一种较好的环保型钻井液处理剂。

(2) 岩心渗透率恢复值。

按照评价实验操作步骤,对 4%SJ 水溶胶液和 4%SJ 处理浆的岩心损害恢复率情况进行了评价实验,并与 0.3%黄原胶水溶胶液做了对比,结果如表 4-1-5 所示。

表 4-1-5 渗透率恢复值实验结果

岩心编号	被测物	渗透率恢复值
1	XC 水溶胶液	64.67%
2	SJ 水溶胶液	67.94%
3	4%基浆+4%SJ	77.13%

由表 4-1-5 看出,SJ 的岩心渗透率恢复值较大,说明 SJ 有一定的保护储层的能力;SJ 处理浆的渗透率恢复值大于 SJ 水溶液,说明黏土固相形成的泥饼阻止了聚合物侵入岩心,能起到桥塞作用。

3) SJ 添加量对无黏土钻井液性能影响

SJ 添加加量对无黏土钻井液性能的影响,主要是以无黏土钻井液流变性和滤失造壁性及抑制页岩膨胀性为评价指标,实验结果见图 4-1-2。

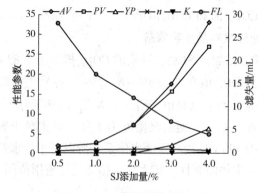

图 4-1-2 SJ 添加量对无黏土钻井液主要性能的影响

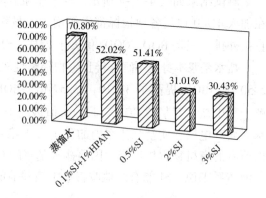

图 4-1-3 加量对页岩膨胀率影响

由图 4-1-2 可以看出,随着 SJ 在钻井液中加量的增大,表观黏度、塑性黏度逐渐增大;当 SJ 加量超过 2%后,表观黏度过大,会造成重新开泵困难,且滤失量降低很少;从

图 4-1-3 和图 4-1-4 可以看出,SJ 加量超过 2%以后,页岩膨胀率降低很少。因此考虑流变性和抑制性,综合成本因素,接下来的实验,SJ 加量选为 2%。以 2%SJ 水溶胶液的作为长庆油田钻井-压裂通用工作液用作钻井液基础配方的无黏土杂聚糖钻井液基液。

4)助增黏剂种类以及加量对钻井液性能影响

由于 SJ 本身可以作为增黏材料,但是由于其水不溶物较多影响后期压裂液性能,再考虑成本因素,因此需加入助增黏剂来提高钻井液

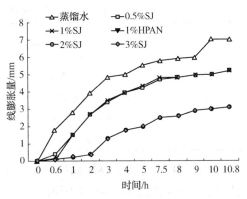

图 4-1-4　不同浓度 SJ 膨胀曲线

黏度。增黏剂一般为高分子聚合物,由于其分子链较长,在分子链间容易形成网状结构,因此会显著地提高钻井液的黏度。增黏作用的机理可以分为两类:一是游离(未被吸附)聚合物分子能增加水相的黏度;二是聚合物的桥联作用所形成的网架结构会增强钻井液的结构黏度。

增黏剂的种类有很多,依据课题组相关实验结果,选择 ZN-1、ZN-2、ZN-3 三种增黏剂作为无黏土钻井液的助增黏剂。通过分析钻井液的流变性能参数,确定其在钻井液中的加量。

(1) ZN-1 添加量对无黏土杂聚糖钻井液性能影响。

ZN-1 在无黏土钻井液中的加量如表 4-1-6 所示。

表 4-1-6　ZN-1 在无黏土杂聚糖钻井液中的加量

序　号	钻井液配方	序　号	钻井液配方
1	2%SJ	4	2%SJ+0.20%ZN-1
2	2%SJ+0.10%ZN-1	5	2%SJ+0.25%ZN-1
3	2%SJ+0.15%ZN-1		

ZN-1 加量对无黏土杂聚糖钻井液性能的影响,主要是通过对钻井液流变性能进行测试后得到,实验结果见图 4-1-5 所示。

由图 4-1-5 可以得出,加入 ZN-1 后,无黏土钻井液的表观黏度、塑性黏度、动切力均有所增加,滤失量降低;当 ZN-1 的添加量超过 0.10%后,处理浆的表观黏度、塑性黏度、滤失量变化幅度不大。因此,ZN-1 在 SJ 无黏土钻井液中的添加量在 0.10%较合理。

(2) ZN-2 添加量对无黏土杂聚糖钻井液性能影响。

ZN-2 在无黏土钻井液中的加量如表 4-1-7 所示。

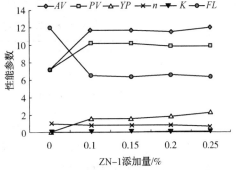

图 4-1-5　ZN-1 添加量对无黏土杂聚糖钻井液性能的影响

表 4-1-7 ZN-2 在无黏土杂聚糖钻井液中的加量

序 号	钻井液配方	序 号	钻井液配方
1	2%SJ	6	2%SJ+0.30%ZN-2
2	2%SJ+0.10%ZN-2	7	2%SJ+0.35%ZN-2
3	2%SJ+0.15%ZN-2	8	2%SJ+0.40%ZN-2
4	2%SJ+0.20%ZN-2	9	2%SJ+0.45%ZN-2
5	2%SJ+0.25%ZN-2		

ZN-2 加量对无黏土杂聚糖钻井液性能的影响，主要是通过对钻井液流变性能进行测试后得到，实验结果如图 4-1-6 所示。

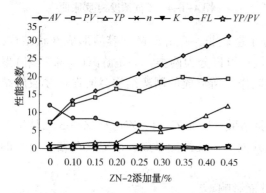

图 4-1-6 ZN-2 添加量对无黏土杂聚糖钻井液主要性能的影响

由图 4-1-6 可见，随着 ZN-2 添加量的不断增加，杂聚糖无黏土钻井液的表观黏度、塑性黏度、动切力逐渐增大，滤失量逐渐减小，同时流性指数维持在 0.6~0.8，这说明杂聚糖无黏土钻井液中添加 ZN-2 后能够有效地携带钻屑。稠度系数、动塑比都逐渐增大。ZN-2 加入钻井液后不但黏度增加，滤失量也逐渐减小，它在杂聚糖无黏土钻井液中的降滤失机理为：ZN-2 在钻井液中电离生成长链多价负离子，羟基和醚氧基通过与 SJ 颗粒表面上的氧形成的氢键之间形成配位键，从而阻止膨润土颗粒间的接触，因而提高了膨润土颗粒的聚结稳定性，有利于形成致密的滤饼，降低滤失。ZN-2 的添加量超过 0.30%后，处理浆的表观黏度、动切力迅速增大，对于重新开泵造成困难，同时滤失量变化幅度不大。综上考虑，ZN-2 在无黏土杂聚糖钻井液中的添加量在 0.25%~0.35%较合理。

（3）ZN-3 添加量对无黏土杂聚糖钻井液性能影响。

ZN-3 在无黏土钻井液中的加量如表 4-1-8 所示。

表 4-1-8 ZN-3 在无黏土杂聚糖钻井液中的加量

序 号	钻井液配方	序 号	钻井液配方
1	2%SJ	4	2%SJ+0.30%ZN-3
2	2%SJ+0.10%ZN-3	5	2%SJ+0.40%ZN-3
3	2%SJ+0.20%ZN-3		

ZN-3 加量对无黏土杂聚糖钻井液性能的影响，主要是通过对钻井液流变性能进行测试后得到，实验结果如图 4-1-7 所示。

由图 4-1-7 可见，随着 ZN-3 添加量的不断增加，无黏土杂聚糖钻井液的表观黏度、塑性黏度、动切力、稠度系数逐渐增大，滤失量逐渐减小，同时流性指数维持在 0.3~0.6，这说明无黏土杂聚糖钻井液中添加 ZN-3 后能有效地携带钻屑。ZN-3 添加量超过 0.2% 后，处理浆的黏度与动切力上升很快，这是由于 ZN-3 在水溶胶液中具有低浓度高黏度的特性，当 ZN-3 水溶胶液中所有离子含量较低时，由于带负电荷侧链间的彼此排斥作用，ZN-3 链形成一种盘旋结构，水溶胶液中 ZN-3 浓度变化很小也会减少侧链间的静电排斥，使得侧链和氢键盘绕在聚合物骨架上，聚合物链伸展成为相对僵硬的螺旋状杆，这使它具有很强的提黏能力。因此，现场应用时，ZN-3 浓度过高则可能会造成钻井液循环阻力过大而憋泵，且不利于提高钻速。综上所述，ZN-3 在无黏土杂聚糖钻井液中添加量在 0.1%~0.2% 较合理。

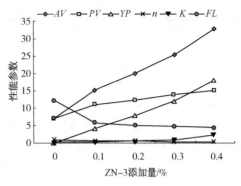

图 4-1-7 ZN-3 添加量对无黏土杂聚糖钻井液主要性能的影响

（4）助增黏剂相互比较。

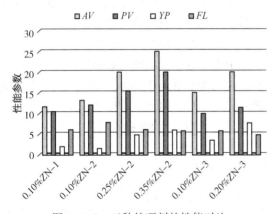

图 4-1-8 三种处理剂的性能对比

通过测试钻井液的性能参数，可以得出 ZN-3 添加量在 0.10%~0.20%，ZN-2 添加量在 0.25%~0.35%，ZN-1 添加量在 0.10% 时，杂聚糖无黏土钻井液都能起到较好的增黏效果。对三种助增黏剂在适宜加量下的性能参数进行对比评价，结果如图 4-1-8 所示。

由图 4-1-8 所示，三种处理剂在 0.10% 的相同加量下，ZN-3 在表观黏度与动切力上对钻井液的贡献要大于 ZN-2 与 ZN-1，但是动切力太大会对重新开泵造成困难；ZN-2 在塑性黏度上对钻井液的影响要大于 ZN-3 与 ZN-1，但是 ZN-1 的动切力稍小，可能会影响钻井液的携岩效果；三种处理剂在控制滤失量方面 ZN-3 最好，ZN-1 次之。综上所述，对于单剂来说，ZN-2 可能对改变钻井液的流变性能更为合适，但是在后面对于配方的研究中，需要与其他处理剂配伍，因此应该对三种处理剂共同研究。

5) 降滤失剂种类以及加量对钻井液性能影响

加入降滤失剂的目的就是要通过在井壁上形成低渗透率、柔韧、薄而致密的滤饼，尽可能降低钻井液的滤失量，从而达到稳定井壁，保护油气层的目的。依据课题组相关实验结果，选择 JLS-1、YZ-6、JN-ZC、JLS-3、JLS-4 五种降滤失剂，通过室内试验，确定最终在无黏土杂聚糖钻井液中应用的降滤失剂的种类以及加量。

（1）JLS-1 添加量对钻井液性能影响。

JLS-1 在无黏土杂聚糖钻井液中的加量如表 4-1-9 所示。

表 4-1-9　JLS-1 在无黏土杂聚糖钻井液中的加量

序　号	钻井液配方	序　号	钻井液配方
1	2%SJ	4	2%SJ+3.0% JLS-1
2	2%SJ+2.0% JLS-1	5	2%SJ+3.5% JLS-1
3	2%SJ+2.5% JLS-1		

JLS-1 加量对无黏土杂聚糖钻井液性能的影响，主要是通过对钻井液滤失性能进行测试后得到，实验结果如图 4-1-9 所示。

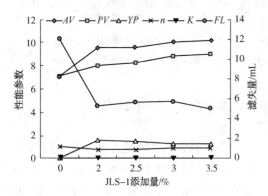

图 4-1-9　JLS-1 添加量对无黏土杂多糖钻井液主要性能的影响

JLS-1 是一种水溶性不规则的线型高分子，分子结构主要以苯环、亚甲基桥和 C-S 键组成。分子中的酚羟基为吸附基团，磺甲基为亲水基团，它的抗盐能力和热稳定性能很强。由图 4-1-9 可见，随着 JLS-1 添加量的不断增加，无黏土杂聚糖钻井液的表观黏度、塑性黏度、动切力逐渐增大，滤失量逐渐减小，稠度系数与动塑比维持在适宜的范围内，同时流性指数维持在 0.7～0.8，这说明 SJ 基浆中添加 JLS-1 后能有效地携带钻屑。由图 4-1-9 可见，JLS-1 添加量超过 2.5% 后，处理浆的黏度与动切力上升很快，滤失量变化不大。综上所述，JLS-1 在杂聚糖无黏土钻井液中添加量在 2.0%～2.5% 较合理。

（2）YZ-6 加量对钻井液性能影响。

YZ-6 在无黏土杂聚糖钻井液中的加量如表 4-1-10 所示。

表 4-1-10　YZ-6 在无黏土杂聚糖钻井液中的加量

序　号	钻井液配方	序　号	钻井液配方
1	2%SJ	4	2%SJ+0.3% YZ-6
2	2%SJ+0.1% YZ-6	5	2%SJ+0.4% YZ-6
3	2%SJ+0.2% YZ-6		

YZ-6 加量对无黏土杂聚糖钻井液性能的影响，主要是通过对钻井液滤失性能进行测试后得到，实验结果如图 4-1-10 所示。

随着 YZ-6 添加量的不断增加，无黏土杂聚糖钻井液的表观黏度、塑性黏度逐渐增大，动切力先减小后增大，滤失量逐渐减小。流性指数维持在 0.7～0.8，这说明杂聚糖无黏土钻井液中添加 YZ-6 后，加量超过 0.2% 时能有效地携带钻屑，这也验证了上述结论，即加量超过 0.2%，钻井液的流变性能变好。

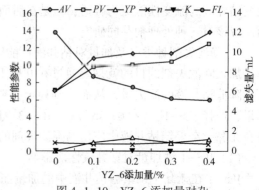

图 4-1-10　YZ-6 添加量对杂多糖无黏土钻井液主要性能的影响

4 天然高分子基钻-采通用油田工作液研究

由图 4-1-10 可见，YZ-6 添加量超过 0.3% 后，处理浆的表观黏度、塑性黏度、动切力、滤失量变化不大。因此，YZ-6 在无黏土杂聚糖钻井液中添加量在 0.3%~0.4% 较合理。

（3）JN-ZC 加量对钻井液性能影响。

JN-ZC 在无黏土杂聚糖钻井液中的加量如表 4-1-11 所示。

表 4-1-11 JN-ZC 在无黏土杂聚糖钻井液中的加量

序号	钻井液配方	序号	钻井液配方
1	2%SJ	4	2%SJ+0.4% JN-ZC
2	2%SJ+0.1% JN-ZC	5	2%SJ+0.7% JN-ZC
3	2%SJ+0.3% JN-ZC		

JN-ZC 加量对无黏土杂聚糖钻井液性能的影响，主要是通过对钻井液滤失性能进行测试后得到，实验结果如图 4-1-11 所示。

随着 JN-ZC 添加量的不断增加，无黏土杂聚糖钻井液的表观黏度、塑性黏度、动切力变化不大；稠度系数不大；滤失量逐渐减小，同时流性指数维持在 0.9 以上，这说明 SJ 基浆中添加用 JN-ZC 不能有效地携带钻屑。N-ZC 添加量超过 0.40% 后，处理浆的黏度、动切力变化不大、滤失量增加。JN-ZC 主要通过分子链上的晴基、酰胺基和羧基吸附在黏土颗粒上，由于羧基的水化性好，在减少自由水的同时，使黏土颗粒表面形成较厚的水化膜，增大黏土表面的负电性，从而保持了黏土颗粒的合适的大小分布，形成薄而致密的泥

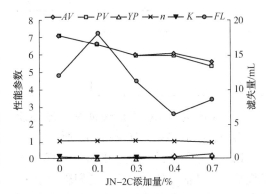

图 4-1-11 JN-ZC 添加量对无黏土杂聚糖钻井液主要性能的影响

饼，于是降低了滤失，又因 JN-ZC 加入钻井液后，使钻井液滤液黏度显著增大，增加了透过泥饼的阻力，也使滤失降低。通过数据分析，JN-ZC 作为降滤失剂在无黏土杂聚糖钻井液中的降滤失效果不佳。仅从以上数据进行分析 JN-ZC 在无黏土杂聚糖钻井液中添加量在 0.40% 较合理。

（4）JLS-3 加量对钻井液性能影响。

JLS-3 在无黏土杂聚糖钻井液中的加量如表 4-1-12 所示。

表 4-1-12 JLS-3 在无黏土杂聚糖钻井液中的加量

序号	钻井液配方	序号	钻井液配方
1	2%SJ	4	2%SJ+1.5% JLS-3
2	2%SJ+0.5% JLS-3	5	2%SJ+2.0% JLS-3
3	2%SJ+1.0% JLS-3		

JLS-3 加量对无黏土杂聚糖钻井液性能的影响，主要是通过对钻井液滤失性能进行测试后得到，实验结果如图 4-1-12 所示。

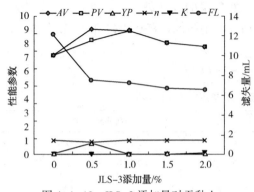

图 4-1-12　JLS-3 添加量对无黏土杂聚糖钻井液主要性能的影响

JLS-3 添加量在超过 0.5% 后，滤失量基本不再降低。因此，确定 JLS-3 在杂聚糖无黏土钻井液中添加量为 0.5%。JLS-3 中由于含有磺酸基，水化作用很强，当吸附在页岩晶层断面上时，可阻止页岩颗粒的水化分散；同时不溶于水的部分又能起到填充孔喉和裂缝的封堵作用，并可覆盖在页岩表面，改善泥饼质量。

（5）JLS-4 加量对钻井液性能影响。

JLS-4 在无黏土杂聚糖钻井液中的加量如表 4-1-13 所示。

表 4-1-13　JLS-4 在无黏土杂聚糖钻井液中的加量

序号	钻井液配方	序号	钻井液配方
1	2%SJ	4	2%SJ+1.5% JLS-4
2	2%SJ+0.5% JLS-4	5	2%SJ+2.0% JLS-4
3	2%SJ+1.0% JLS-4		

JLS-4 加量对无黏土杂聚糖钻井液性能的影响，主要是通过对钻井液滤失性能进行测试后得到，实验结果如图 4-1-13 所示。

JLS-4 分子中的羧基、酚羟基、醇羟基、甲氧基、酰氧基等是亲水基，它们决定 JLS-4 的亲水性和黏土表面的吸附性。当阴离子型的 JLS-4 吸附在黏土颗粒表面时，形成吸附水化层，同时提高黏土的 ζ 电位，因而增大了黏土颗粒聚结的机械阻力和静电斥力，提高了钻井液的聚结稳定性，使钻井液中易于保持和增加多级分散的黏土颗粒，一边形成致密的泥饼。黏土颗粒吸附水化膜的高黏度和强弹性具有较好的堵孔作用，使形成的泥饼更加致密，从而降低了滤失。JLS-4 随浓度增加，滤失量逐渐减小，无黏土杂聚糖钻井液中 JLS-4 添加量在 1.5%~2.0% 时较合理。

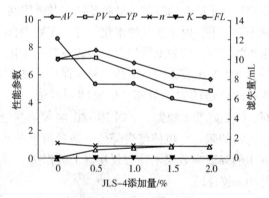

图 4-1-13　JLS-4 添加量对无黏土杂聚糖钻井液主要性能的影响

（6）降滤失剂相互比较。

通过评价钻井液的性能参数，可以得出 JLS-1 添加量在 2.0%~2.5%，JT-888 添加量在 0.3%~0.4% 时，都能起到较好的降滤失效果，JN-2C 的降滤失效果较差，JLS-3 与 JLS-4 在常温下降滤失效果较差。对六种降滤失剂在适宜加量下评价其对钻井液的影响，结果如图 4-1-14 所示。

由图 4-1-14 可以看出，作为降滤失剂，YZ-6 与 JLS-1 能够很好地控制钻井液的滤失

4 天然高分子基钻-采通用油田工作液研究

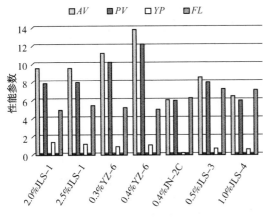

图 4-1-14 五种处理剂的性能对比

量,并且钻井液的流变性能够保持在适宜的范围内;至于 JN-2C 在通常的加量下,对于钻井液的控制滤失效果较差,不适合在无黏土杂聚糖钻井液中作为降滤失剂使用。

根据钻井液流变性和滤失造壁性选出相对性能较好的 4 种只添加助增黏剂或降滤失剂的配方,供评价筛选,配方为:①2%SJ+0.25%ZN-1;②2%SJ+0.30%ZN-2;③2%SJ+0.20%ZN-3;④2%SJ+2.0%JLS-1。

6)降黏剂种类以及加量对钻井液性能影响

在钻井液受到岩屑侵入,或者杂聚糖无黏土钻井液钻遇造浆率较高的黏土层时,钻井液黏度、切力过大,则会造成开泵困难、钻屑难以除去、钻井过程中激动压力过大等现象,严重时会导致各种井下复杂事故。因此,在钻井液的使用和维护过程中,经常需要加入降黏剂,以降低钻井液的黏度和切力,使其具有适宜的流变性,以利于更好的钻进。

(1) JN-1 加量对钻井液性能影响。

JN-1 在无黏土杂聚糖钻井液中的加量如表 4-1-14 所示。

表 4-1-14 JN-1 在无黏土杂聚糖钻井液中的加量

序 号	钻井液配方	序 号	钻井液配方
1	2%SJ	4	2%SJ+0.3% JN-1
2	2%SJ+0.1% JN-1	5	2%SJ+0.4% JN-1
3	2%SJ+0.2% JN-1		

JN-1 加量对无黏土杂聚糖钻井液性能的影响,主要是通过对钻井液流变性能进行测试后得到,实验结果如图 4-1-15 所示。

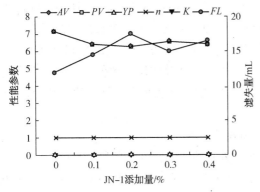

图 4-1-15 JN-1 添加量对无黏土杂聚糖钻井液主要性能的影响

JN-1 添加量对无黏土杂聚糖钻井液主要性能的影响见图 4-1-15,随着 JN-1 添加量的不断增加,杂聚糖无黏土钻井液的表观黏度、塑性黏度、动切力、滤失量逐渐减小,稠度系数以及动塑比都处于合适的范围内,同时流性指数维持在 0.5,这说明 SJ 基浆中添加 JN-1 后能够有效地携带钻屑。JN-1 在钻井液中的降黏机理为:分子链中引入了阳离子基团,能与黏土发生离子型吸附,又由于是线性相对分子质量较低的聚合物,故它比高分子聚合物能更快、更牢固地吸附在黏土颗粒上,阻止了黏土的水化分散。JN-1 的添加量为0.1%时，表观黏度、塑性黏度以及动切力都处在最小值。因此，当无黏土杂聚糖钻井液受到岩屑污染，黏度急剧增大，流变性变差时，在杂聚糖无黏土钻井液中加入0.1%JN-1为宜。

（2）JN-2系列对钻井液性能影响。

JN-2系列在无黏土杂聚糖钻井液中的加量如表4-1-15所示。

表4-1-15　JN-2系列在无黏土杂聚糖钻井液中的加量

序　号	钻井液配方	序　号	钻井液配方
1	8%土+0.1%Na$_2$CO$_3$	4	8%土+0.1%Na$_2$CO$_3$+2%SJ+0.5%JN-2B
2	8%土+0.1%Na$_2$CO$_3$+2%SJ	5	8%土+0.1%Na$_2$CO$_3$+2%SJ+0.5%JN-2C
3	8%土+0.1%Na$_2$CO$_3$+2%SJ+0.5%JN-2A		

为模拟现场杂聚糖无黏土钻井液钻遇高造浆率地层，选用含8%土预水化基浆进行实验。

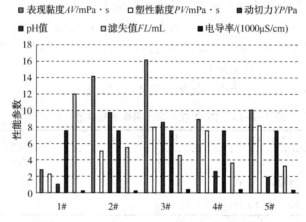

图4-1-16　JN-2系列对钻井液主要性能的影响

实验结果如图4-1-16所示，可以看出JN-2A对杂聚糖无黏土钻井液有增黏降滤失的作用，而JN-2B、JN-2C均有一定程度的降黏降滤失作用。在加入JN-2系列后，表观黏度与塑性黏度之差很小，即处理浆结构黏度均非常小。可以看出，JN-2系列的降黏作用机理，在JN-2加入钻井液后，进一步水解，其水解产物中的羧酸根与聚糖的羟基之间有较强的氢键作用，阻止了多糖大分子卷曲增黏效果，同时由于氢键作用，致使分子结合较为紧密，泥饼质量更好，使得滤失量有一定的降低。JN-2A增黏可能是由于其水解度相对较小，进一步水解程度相对较弱。

7）确定钻井-压裂通用工作液用作钻井液基础配方

实验研究了杂聚糖无黏土钻井液各种处理剂以及相应加量，增黏剂：ZN-2(0.25%~0.35%)；ZN-1(0.1%)；ZN-3(0.1%~0.2%)；降滤失剂 YZ-6(0.3%~0.4%)、ZN-2C(0.4%)、JLS-1(2.0%~2.5%)。实验中对三种降滤失剂与三种增黏剂分别配伍使用，对配伍后的钻井液的性能进行分析后，确定长庆油田钻井-压裂通用工作液用作钻井液基础配方。

（1）YZ-6作为抑制型降滤失剂与三种增黏剂配伍研究。

YZ-6作为杂聚糖无黏土钻井液的降滤失剂时，ZN-2、ZN-1、ZN-3分别作为钻井液的增黏剂，与YZ-6进行配伍性研究，钻井液配方如表4-1-16所示。

表4-1-16　YZ-6作为抑制型降滤失剂的杂聚糖无黏土钻井液配方

序号	钻井液配方	序号	钻井液配方
1	2%SJ	7	2%SJ+0.1%ZN-1+0.4%YZ-6
2	2%SJ+0.25%ZN-2+0.3%YZ-6	8	2%SJ+0.1%ZN-3+0.3%YZ-6
3	2%SJ+0.25%ZN-2+0.4%YZ-6	9	2%SJ+0.1%ZN-3+0.4%YZ-6
4	2%SJ+0.35%ZN-2+0.3%YZ-6	10	2%SJ+0.2%ZN-3+0.3%YZ-6
5	2%SJ+0.35%ZN-2+0.4%YZ-6	11	2%SJ+0.2%ZN-3+0.4%YZ-6
6	2%SJ+0.1%ZN-1+0.3%YZ-6		

YZ-6作为降滤失剂组成的配方对杂聚糖无黏土钻井液性能的影响，主要通过对钻井液的流变及滤失性能进行测试后得到，实验结果如表4-1-17所示。

表4-1-17　YZ-6作为降滤失剂的钻井液配方性能参数

序号	AV/mPa·s	PV/mPa·s	YP/Pa	n	K/Pa·s^n	$FL_{7.5min}$/mL
1	7.1	7.1	0	1.0	0.007	12.0
2	26.0	19.4	6.7	0.6	0.249	8.0
3	25.5	17.0	8.6	0.5	0.452	8.0
4	32.5	24.0	8.6	0.6	0.331	8.5
5	31.5	21.2	10.5	0.5	0.532	8.8
6	13.5	12.0	1.5	0.8	0.038	7.2
7	14.0	12.0	2.0	0.8	0.053	7.0
8	22.5	14.0	8.6	0.53	0.553	7.3
9	23.0	16.0	7.1	0.6	0.327	7.0
10	27.5	17.0	10.7	0.5	0.697	7.2
11	30.5	17.2	13.5	0.4	1.136	7.0

由表4-1-17可见：①从流变性上看：2~5配方，ZN-2作为增黏剂时，杂聚糖无黏土钻井液的黏度、动切力、流性指数、稠度系数和动塑比都处于适宜的范围内，这说明ZN-2与YZ-6配伍后，杂聚糖无黏土钻井液的流变性能较好，并且可以很好地携带岩屑，重新开泵也不会造成困难；8~11配方，ZN-3作为增黏剂时，杂聚糖无固相钻井液塑性黏度、动切力、动塑比、流性指数性能良好，这说明钻井液的携岩性能好，并且对于重新开泵也不会造成困难；6~7配方，ZN-1作为增黏剂时，流行指数大于0.8，这说明钻井液的携岩性较差。②从滤失性上看，虽然滤失量稍大于前面两组实验，但10组配方也表现出了良好滤失性。这说明YZ-6作为降滤失剂与上述增黏剂配伍后能较好地控制钻井液的滤失量。但是在实验中发现，ZN-2、ZN-3更适合与YZ-6配伍在杂聚糖无固相钻井液中使用，ZN-1与YZ-6配伍后的杂聚糖无黏土钻井液流动性较差。通过分析以上数值，从以上11组

配方中选出了 2、9 两组配方，以备下一步的评价实验。

（2）JN-2C 作为降滤失剂与三种增黏剂配伍研究。

JN-2C 作为杂聚糖无黏土钻井液的降滤失剂时，ZN-2、ZN-1、ZN-3 分别作为钻井液的增黏剂，与 JN-2C 进行配伍性研究，钻井液配方如表 4-1-18 所示。

表 4-1-18 JN-2C 作为降滤失剂的杂聚糖无黏土钻井液配方

序号	钻井液配方	序号	钻井液配方
1	2%SJ	7	2%SJ+0.1%ZN-1+0.5%JN-2C
2	2%SJ+0.25%ZN-2+0.4%JN-2C	8	2%SJ+0.1%ZN-3+0.4%JN-2C
3	2%SJ+0.25%ZN-2+0.5%JN-2C	9	2%SJ+0.1%ZN-3+0.5%JN-2C
4	2%SJ+0.35%ZN-2+0.4%JN-2C	10	2%SJ+0.2%ZN-3+0.4%JN-2C
5	2%SJ+0.35%ZN-2+0.5%JN-2C	11	2%SJ+0.2%ZN-3+0.5%JN-2C
6	2%SJ+0.1%ZN-1+0.4%JN-2C		

JN-2C 作为降滤失剂组成的配方对杂聚糖无黏土钻井液性能的影响，主要通过对钻井液的流变及滤失性能进行测试后得到，实验结果如表 4-1-19 所示。

表 4-1-19 JN-2C 作为降滤失剂的钻井液配方性能参数

序号	AV/mPa·s	PV/mPa·s	YP/Pa	n	K/Pa·s^n	$FL_{7.5min}$/mL
1	7.1	7.1	0	1.0	0.007	12.0
2	20.5	18.6	1.9	0.8	0.050	5.3
3	18.5	16.3	2.2	0.8	0.058	5.5
4	25.0	19.3	5.3	0.7	0.197	5.48
5	24.5	19.3	5.3	0.7	0.170	5.0
6	9.4	9.4	0	1.0	0.009	6.5
7	8.0	8.0	0	1.0	0.007	7.5
8	14.5	11.0	3.5	0.6	0.125	5.8
9	13.4	9.8	3.6	0.6	0.144	6.2
10	20.0	13.5	6.6	0.5	0.333	5.4
11	19.5	12.0	7.6	0.5	0.504	5.2

由表 4-1-19 可见：①从流变性上看：2~5 配方，ZN-2 作为增黏剂时，杂聚糖无黏土钻井液的黏度、动切力、流性指数、稠度系数都处于适宜的范围内，这说明 ZN-2 与 JN-2C 配伍后，杂聚糖无黏土钻井液的流变性能较好，并且可以很好地携带岩屑，重新开泵也不会造成困难；8~11 配方，ZN-3 作为增黏剂时，杂聚糖无黏土钻井液塑性黏度、动切力、动塑比、流性指数性能良好，这说明钻井液的携岩性能好，并且对于重新开泵也不会造成困难；6~7 配方，ZN-1 作为增黏剂时，流行指数大于 1.0，这说明钻井液的携岩性较差。②从滤失性上看，10 组配方也表现出了良好滤失性。这说明 JN-2C 作为降滤失剂与上述增黏剂配伍后能较好地控制钻井液的滤失量。但是在实验中发现，ZN-3 更适合与 JN-2C 配伍在杂聚糖无黏土钻井液中使用，ZN-1 与 JN-2C 配伍后的杂聚糖无黏土钻井液流动性较

差。通过分析以上数值，从以上 11 组配方中选出了 5、11 两组配方，以备下一步的评价实验。

（3）JLS-1 作为降滤失剂与三种增黏剂配伍研究。

JLS-1 作为杂聚糖无黏土钻井液的降滤失剂时，ZN-2、ZN-1、ZN-3 分别作为钻井液的增黏剂，与 JLS-1 进行配伍性研究，钻井液配方如表 4-1-20 所示。

表 4-1-20　JLS-1 作为降滤失剂的杂聚糖无黏土钻井液配方

序　号	钻井液配方	序　号	钻井液配方
1	2%SJ	7	2%SJ+0.1%ZN-1+2.5% JLS-1
2	2%SJ+0.25%ZN-2+2.0% JLS-1	8	2%SJ+0.1%ZN-3+2.0% JLS-1
3	2%SJ+0.25%ZN-2+2.5% JLS-1	9	2%SJ+0.1%ZN-3+2.5% JLS-1
4	2%SJ+0.35%ZN-2+2.0% JLS-1	10	2%SJ+0.2%ZN-3+2.0% JLS-1
5	2%SJ+0.35%ZN-2+2.5% JLS-1	11	2%SJ+0.2%ZN-3+2.5% JLS-1
6	2%SJ+0.1%ZN-1+2.0% JLS-1		

JLS-1 作为降滤失剂组成的配方对杂聚糖无黏土钻井液性能的影响，主要通过对钻井液的流变及滤失性能进行测试后得到，实验结果如表 4-1-21 所示。

表 4-1-21　JLS-1 作为降滤失剂的钻井液配方性能参数

序　号	AV/mPa·s	PV/mPa·s	YP/Pa	n	K/Pa·s^n	$FL_{7.5min}$/mL
1	7.1	7.1	0	1.0	0.007	12.0
2	22.5	18.0	4.5	0.7	0.139	3.5
3	21.3	16.6	4.8	0.7	0.156	3.1
4	28.5	21.0	7.6	0.6	0.294	4.0
5	26.7	19.0	7.9	0.6	0.340	3.2
6	12.0	11.5	0.5	0.6	0.018	5.3
7	11.0	10.2	0.8	0.6	0.022	4.6
8	17.5	11.5	6.1	0.5	0.333	4.0
9	17.6	12.2	5.5	0.6	0.255	3.5
10	24.5	14.0	10.7	0.4	0.866	4.3
11	23.7	14.9	9.0	0.5	0.563	3.9

由表 4-1-21 可见：①从流变性上看：2~5 配方，当 ZN-2 作为增黏剂时，杂聚糖无黏土钻井液的塑性黏度、动切力、稠度系数以及动塑比数值较大，但是基本可以处于适宜的范围内，流性指数为 0.6~0.7，这说明钻井液能很好地携带岩屑；8~11 配方，ZN-3 作为增黏剂时，动切力、稠度系数、塑性黏度基本处于适宜的范围内，流性指数也说明了钻井液的良好携岩性；6~7 配方，ZN-1 作为增黏剂时，动切力与动塑比数值较适宜，但塑性黏度数值较大，这不利于提高钻速，并且加入 ZN-1 后，钻井液的流性指数偏大，携岩效果

可能不是很理想。②从滤失性上看：11组配方都表现出了良好滤失性，这说明JLS-1作为降滤失剂与上述增黏剂配伍后能较好地控制钻井液的滤失量。分析了上述11组钻井液的流变性能和滤失性能后，通过分析以上数值，从以上11组配方中选出了3、8两组配方，以备下一步的评价实验。

以上6组配方为初选的钻井液配方，尚需对其他性能进一步评价后再进行优选。通过对流性指数进行分析后发现，ZN-1作为增黏剂，在杂聚糖无黏土钻井液中与降滤失剂JLS-1和SJ配伍后，流性指数不在0.4~0.7范围内；并且在实验中还发现ZN-1加入钻井液中，都会出现相同的实验现象，即烧杯静置8h后，烧杯底部有大量的沉砂且非常致密，在烧杯底部有大量未溶解的ZN-1并且主要以胶粒的形式存在。因此，需要在下面的实验中继续对添加ZN-1的钻井液进行评价，最终才能确定其是否适合在杂聚糖无黏土钻井液中作为增黏剂使用。其余两种增黏剂可与三种降滤失剂较好配伍。

4.1.2 杂聚糖SJ钻井-压裂通用工作液用作钻井液性能评价

钻井液性能评价是钻井液实验的一个重要方面，对上述初选的10组杂聚糖无黏土钻井液配方的流变性、滤失性、抑制性、抗温性和抗污染性能进行评价，最终确定出合适的通用工作液用作钻井液配方（表4-1-22）。

表4-1-22 初选的10组杂聚糖无黏土钻井液配方

序 号	钻井液配方	序 号	钻井液配方
1	2%SJ+0.25%ZN-1	6	2%SJ+0.1%ZN-3+0.4%YZ-6
2	2%SJ+0.30%ZN-2	7	2%SJ+0.35%ZN-2+0.5%JN-2C
3	2%SJ+0.20%ZN-3	8	2%SJ+0.2%ZN-3+0.5%JN-2C
4	2%SJ+2.0% JLS-1	9	2%SJ+0.25%ZN-2+2.5% JLS-1
5	2%SJ+0.25%ZN-2+0.3%YZ-6	10	2%SJ+0.1%ZN-3+2.0% JLS-1

1）通用工作液用作钻井液流变性评价

钻井液流变性是钻井液的一项基本性能，它直接影响机械钻速的高低，井眼净化的好坏和泵功率的有效利用程度，在快速钻进阶段和定向斜井段尤其显得重要。它在解决下列钻井问题时起着十分重要的作用：①携带岩屑，保证井底和井眼的清洁。②悬浮岩屑与重晶石。③提高机械钻速。④保持井眼规则和保证井下安全。

表观黏度、塑性黏度、动切力、动塑比、流性指数、稠度系数、漏斗黏度等都是非常重要的流变参数。实验室中对钻井液流变性的评价主要是前面6种及4种较好不添加降滤失剂的配方，而漏斗黏度由于受到加量的限制，在实验室中很少应用。在特定井段，钻井液都有一个合适的流变参数范围，对非加重钻井液流变性的一般范围是：塑性黏度的适宜范围为5~12mPa·s，动切力一般保持在1.4~14.4Pa范围内，流性指数一般维持在0.4~0.7。YP/PV的值越大，剪切稀释性越强。为了能够在高剪切效率下有效地破岩和在低剪切效率下有效地携带岩屑，要求钻井液具有较高的动塑比。上述初选的10组杂聚糖无黏土钻井液作为通用工作液用作钻井液进行性能评价结果如表4-1-23所示。

表 4-1-23 通用工作液流变性评价实验结果

序号	AV/mPa·s	PV/mPa·s	YP/Pa	n	YP/PV/[Pa/(mPa·s)]	K/Pa·s^n
1	12	9.8	2.2	0.7	0.229	0.06
2	23.6	18.6	5.1	0.7	0.275	0.16
3	20	12.2	7.9	0.5	0.653	0.53
4	9.5	8	1.5	0.7	0.192	0.04
5	26	19.4	6.7	0.6	0.348	0.24
6	23	16	7.1	0.6	0.447	0.32
7	24.55	19.3	5.3	0.7	0.278	0.17
8	19.5	12	7.6	0.5	0.639	0.50
9	21.3	16.6	4.8	0.7	0.289	0.15
10	17.5	11.5	6.1	0.5	0.533	0.33

由表可以看出，组成配方基本可以满足非加重钻井液对流变性的要求。尚需对其他性能进行评价后再进行讨论配方是否适合在通用工作液用作钻井液中使用。

2) 通用工作液钻井液滤失性评价

对一般地层而言，API滤失量应该尽量控制在10mL以内。通用工作液用作钻井液对滤失量的要求很严格，一般情况下滤失量还是越少越好。上述1~10配方的杂聚糖无黏土钻井液的滤失性能如图4-1-17所示。

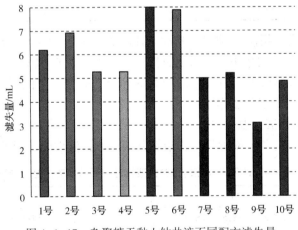

图 4-1-17 杂聚糖无黏土钻井液不同配方滤失量

由图所示，1号、5号、6号滤失量数值偏大，但10组配方在滤失量数值上完全可以满足现场钻井要求；9号的滤失量数值最小，仅为3.1mL；5号的滤失量最大，为8.0mL；4号、9号、10号的滤失量平均数值较小，说明JLS-1在杂聚糖无黏土钻井液中作为降滤失剂能起到较好的效果；7号和8号的滤失量平均数值较小，说明在杂聚糖无黏土钻井液中降滤失剂JN-2C与增黏剂配伍性较好，能在提高黏度的同时，有效地降低杂聚糖无黏土钻井液的滤失量；5号和6号滤失量平均数值最大，说明在钻井液中YZ-6作为降滤失剂时与增黏剂配伍性不佳。

3) 通用工作液钻井液抑制性评价

实验中称量 10g 膨润土，在 4MPa 压力下稳压 5min 后取出，用游标卡尺测出所制样芯的高度为 14.1mm。膨胀率评价实验的溶液配方如表 4-1-24 所示。

表 4-1-24　通用工作液用作钻井液抑制性评价实验的钻井液配方

序　号	钻井液配方	序　号	钻井液配方
1	水	5	2.0%SJ
2	0.3%SJ	6	2.0%SJ+0.2%ZN-3
3	0.6%SJ	7	2.0%SJ+0.35%ZN-2+0.5%JN-2C
4	1.0%SJ	8	2.0%SJ+0.35%ZN-2+2.5%JS-2+5%KCl

表 4-1-25　通用工作液用作钻井抑制性评价实验结果

序　号	2h 膨胀量/mm	2h 膨胀率/%	16h 膨胀量/mm	16h 膨胀率/%
1	1.78	20.94	4.5	52.94
2	1.52	17.88	3.6	42.35
3	1.41	16.59	3.5	41.18
4	0.95	11.18	2.2	25.88
5	0.83	9.76	1.98	23.29
6	0.87	10.24	2.55	30.00
7	0.78	9.18	2.55	30.00
8	1.85	21.76	2.3	27.06

由表 4-1-25 可见：相比 1#清水的膨润土样芯的膨胀率，2~5 号 SJ 水溶胶液以及对膨润土具有一定的抑制膨胀的作用；同时通过数据可以发现，SJ 具有较好的抑制样芯膨胀的作用；由 7 号、8 号数据可见，在加入助增黏剂和降滤失剂后，配制的杂聚糖无黏土钻井液，亦具有一定的抑制页岩膨胀作用。

4) 通用工作液钻井液抗温性评价

综合考虑上述性能分析，对通用工作液钻井液配方抗温性能进行评价（表 4-1-26）。

表 4-1-26　通用工作液用作钻井液抗温性评价实验的钻井液配方

序　号	钻井液配方	序　号	钻井液配方
1	2%SJ+0.25%ZN-2+2.5% JLS-1	7	2%SJ+0.10%ZN-3+0.4%YZ-6
2	2%SJ+0.25%ZN-2+2.5% JLS-2	8	2%SJ+0.35%ZN-2+0.5%JN-2C
3	2%SJ+0.30%ZN-2	9	2%SJ+0.20%ZN-3+0.5%JN-2C
4	2%SJ+0.20%ZN-3	10	2%SJ+0.10%ZN-3+2.0% JLS-2
5	2%SJ+2.5%ZN-2	11	4%SJ+0.25%ZN-2+2.5% JLS-1
6	2%SJ+0.25%ZN-2+0.3%YZ-6	12	2%SJ+0.25%ZN-2+2.5% JLS-1+2% JLS-4

室温及 120℃热滚后通用工作液用作钻井液抗温实验结果如表 4-1-27 所示。

4 天然高分子基钻-采通用油田工作液研究

表 4-1-27 室温及 120℃热滚后的钻井液流变性对比结果

序号	室温				120℃，热滚 16h			
	AV/mPa·s	PV/mPa·s	YP/Pa	n	AV/mPa·s	PV/mPa·s	YP/Pa	n
1	21.3	16.6	4.8	0.7	21.3	15.5	5.9	0.7
2	22.3	17.6	5.2	0.7	23.0	17.0	6.1	0.7
3	23.6	18.6	5.1	0.7	3.0	1.8	1.2	0.5
4	20.0	12.2	7.9	0.5	3.3	3.5	0.3	1.1
5	9.5	8.0	1.5	0.7	15.0	11.0	4.1	0.7
6	26.0	19.4	6.7	0.6	6.6	5.6	1.0	0.8
7	23.0	16.0	7.1	0.6	4.3	3.5	0.8	0.8
8	24.5	19.3	5.3	0.7	3.5	3.0	0.5	0.8
9	19.5	12.0	7.6	0.5	3.0	3.0	0.0	1.0
10	17.5	11.5	6.1	0.5	16.8	10.5	6.4	0.5
11	47.0	35.0	13.8	0.7	47.5	33.0	14.8	0.6
12	22.5	19.0	3.5	0.7	19.0	14.5	4.5	0.6

由表 4-1-27 可以看出，3号、4号、6号、7号、8号、9号经热滚后，表观黏度很小，说明这几组配方抗温能力较弱。亦可以从配方中分析出 ZN-2、ZN-3、YZ-6、JN-2C 单独抗温能力较弱，再加入 JLS-1 或 JLS-2、JLS-4 后钻井液抗温能力较好。5号表观黏度太低，不利于携带岩屑；11号表观黏度太高，开泵阻力大；1号、2号、10号、12号在120℃下热滚 16h 的杂聚糖无黏土钻井液其表观黏度、塑性黏度以及动切力都相应减小，但是所处范围正好适应非加重钻井液流变性的一般范围，这说明热滚后的钻井液其流变性能够适应钻井液在高温下对流变性能的要求；热滚后流性指数相应增加，但是基本都处在适宜的范围内，这表明热滚后的钻井液仍具有良好的携岩效果。室温及 120℃热滚后杂聚糖无黏土钻井液滤失量变化实验结果如图 4-1-18 所示。

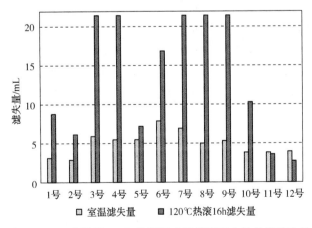

图 4-1-18 室温及 120℃热滚后杂聚糖无黏土钻井液滤失量

由图 4-1-18 可以看出：①热滚后的杂聚糖无黏土钻井液其滤失量都有所增大，其中 3号、

4号、7号、8号、9号完全漏失。②除6号配方外，其余六组配方在120℃热滚后7.5min的滤失量数值都控制在10mL以下。③钻井液中加入JLS尤其是加入JLS-2后，高温滤失量较少。④加入JLS-4的钻井液高温流变性和滤失性要好于室温测试结果，说明JLS-4在杂聚糖无黏土钻井液中是一种抗温能力较好的降滤失剂。⑤从1号是和11号是对比来看，SJ增加加量，可以提高抗温能力。

5）通用工作液钻井液抗Ca^{2+}、Mg^{2+}等无机盐污染能力评价

从上述性能测试中，优选出在高温下能够很好地控制滤失的钻井液配方：2%SJ+0.25%ZN-2+2.5%JLS-2，对此配方进行抗无机盐离子污染实验。

实验中的杂聚糖无黏土钻井液配方如表4-1-28所示。

表4-1-28 通用工作液钻井液抗Ca^{2+}、Mg^{2+}污染实验的钻井液配方

序号	钻井液配方	序号	钻井液配方
0	2%SJ+0.25%ZN-2+2.5%JLS-2	7	2%SJ+0.25%ZN-2+2.5%JLS-2+4%NaCl
1	2%SJ+0.25%ZN-2+2.5%JLS-2+0.3%CaCl₂	8	2%SJ+0.25%ZN-2+2.5%JLS-2+饱和食盐水
2	2%SJ+0.25%ZN-2+2.5%JLS-2+0.5%CaCl₂	9	2%SJ+0.25%ZN-2+2.5%JLS-2+5%KCl
3	2%SJ+0.25%ZN-2+2.5%JLS-2+0.8%CaCl₂	10	2%SJ+0.25%ZN-2+2.5%JLS-1+5%KCl
4	2%SJ+0.25%ZN-2+2.5%JLS-2+0.3%MgCl₂	11	2%SJ+0.10%ZN-3+2.5%JLS-2+5%KCl
5	2%SJ+0.25%ZN-2+2.5%JLS-2+0.5%MgCl₂	12	2%SJ+0.25%ZN-2+2.5%JLS-2+8%KCl
6	2%SJ+0.25%ZN-2+2.5%JLS-2+0.8%MgCl₂		

通用工作液用作钻井液被Ca^{2+}、Mg^{2+}污染后的性能如表4-1-29所示。

表4-1-29 通用工作液钻井液抗Ca^{2+}、Mg^{2+}污染实验结果

序号	AV/mPa·s	PV/mPa·s	YP/Pa	n	K/Pa·s^n	YP/PV/[Pa/(mPa·s)]	$FL_{7.5min}$/mL	ρ/(10^3 kg/m³)
0	22.3	17.6	5.2	0.7	0.15	0.289	3.1	1.02
1	17.7	14.9	2.9	0.79	0.1	0.19	4	1.04
2	17.5	14.5	3.1	0.77	0.1	0.21	3.5	1.04
3	17.3	14.5	2.8	0.79	0.1	0.19	3.2	1.04
4	18.5	15.5	3.1	0.78	0.1	0.20	3.5	1.05
5	18.3	15.0	3.3	0.76	0.1	0.22	4	1.05
6	17.5	14.5	3.1	0.77	0.1	0.21	4.2	1.05
7	15.0	12.5	2.6	0.78	0.1	0.20	4.5	1.07
8	17.8	15.0	2.8	0.79	0.1	0.19	4.1	1.20
9	15.3	12.5	2.8	0.76	0.1	0.22	4.4	1.07
10	18.3	15.0	3.3	0.8	0.1	0.22	4.2	1.07
11	14.0	10.0	4.1	0.6	0.1	0.26	4.3	1.07
12	15.3	13.0	2.3	0.80	0.1	0.18	4.3	1.09

由表4-1-29可以看出：①0~6号配方随着钙、镁离子浓度的增加，钻井液的滤失量数

值变化不大,其中加入 0.3%CaCl$_2$ 后的 1 号配方滤失量最大,但 7.5min 的滤失量仅为 4.0mL,6 号配方加入 0.8%MgCl$_2$ 的钻井液,其滤失量为 4.2mL,分析原因是 Ca^{2+}、Mg^{2+} 与聚合物反应生成沉淀物,从而堵塞降滤失仪的滤孔,同时减小了压力穿透,从而使钻井液的滤失减小,这种现象反映在现场应用中就是沉淀物堵塞页岩孔隙和微裂缝,阻止滤液进入地层,同时减少了压力穿透,从而能够很好地稳定井壁。②0~6 号配方随着 Ca^{2+}、Mg^{2+} 浓度的增加,钻井液黏度均有不同程度的降低,降低幅度不是很大,这是由于 Ca^{2+}、Mg^{2+} 破坏了部分 SJ 分子卷曲,导致其结构黏度下降所致。这也可以由表中数据得出,未添加 Ca^{2+}、Mg^{2+} 时,结构黏度为 4.7mPa·s;加入 Ca^{2+}、Mg^{2+} 后,结构黏度普遍降至 3.0mPa·s 左右。③从 7~8 号配方可以看出,在加入 NaCl 后,钻井液密度有一定增加,可达 1.20kg/m^3,滤失量有一定增加,表观黏度有一定降低,原理同上。可以看出在饱和盐水对钻井液性能影响不大,说明此配方同样适用无固相盐水钻井液体系。④从 9~12 号配方可以看出,钻井液对高浓度钾离子同样具有较强抵抗能力,尤其以 11 号最优。1 号、6 号配方均能够满足钻井液的性能要求,所以钻井液可以抗 2800mg/L 的 Ca^{2+},抗 1900mg/L 的 Mg^{2+} 的污染。

表 4-1-30　钻井液抗钾盐抗温实验配方

序号	钻井液配方	序号	钻井液配方
1	2%SJ+0.35%ZN-2+2.5%JLS-2+5%KCl	3	2%SJ+0.10%ZN-3+2.5%JLS-2+5%KCl
2	2%SJ+0.25%ZN-2+2.5%JLS-1+5%KCl		

表 4-1-31　室温及 120℃热滚后的钻井液流变性对比结果

序号	室温					120℃,热滚 16h				
	AV/mPa·s	PV/mPa·s	YP/Pa	n	API/mL	AV/mPa·s	PV/mPa·s	YP/Pa	n	API/mL
1	22.3	18.0	4.3	0.7	4.4	23.5	17.0	6.6	0.6	5.0
2	18.3	15.0	3.3	0.8	5.0	20.5	15.0	5.6	0.7	6.0
3	14.0	10.0	4.1	0.6	6.0	18.3	11.5	5.0	0.5	7.5

适量的 KCl 可以作为钻井液抑制剂,但当 KCl 浓度达到一定值时,它和其他无机盐一样会使钻井液流变性和滤失造壁性等性能变差。从表可以看出,在高温条件下,筛选出的工作液配方依然能够抵抗 5%KCl 的无机盐污染(表 4-1-30、表 4-1-31)。

4.1.3 杂聚糖 SJ 钻井-压裂通用工作液基础液向压裂液转化工艺探索

在研究了 SJ 理化性质和在油田化学工作液中作用后,SJ 不但能够增加工作液黏度,而且具有较好的环保性能和储层保护性能,并且有一定的抗温抗剪切性能,可作为压裂液稠化剂。基于上述优选出的长庆油田钻井-压裂通用水基工作液基础配方,探索由长庆油田钻井-压裂通用水基工作液基础液向压裂液转化的工艺,进而得出长庆油田钻井-压裂通用水基工作液用作压裂液基础配方。

1)通用水基工作液基础液向压裂液基液转化条件

随着稠化剂的加量增加,压裂液基液的黏度会大大增加,而且当稠化剂经过交联后就具备了更好的抗温和抗剪切能力，对支撑剂的悬浮稳定作用也更好，这会扩大聚合物溶液的使用范围。但是在实际的施工操作中不能单纯依靠增加稠化剂的浓度来解决压裂作业中的压裂液悬砂性问题，主要有以下几点原因：其一，增加稠化剂的浓度会增加施工作业的成本，通常市面上的稠化剂价格在3万元/吨左右，增加稠化剂的用量会使作用的成本大大上涨，从经济角度来说这种方法不可取。其二，压裂施工过程中压裂液基液是通过压力泵从配液车吸出再通过混砂车，最后泵入地层，所以压裂液基液的初始黏度大于50mPa·s后吸液就会由于基液黏度过大变得困难，增稠剂用量的增加会大大增加压裂液基液的初始黏度，所以要控制稠化剂的加量不可以超过一定范围，否则会对后面的吸液作业带来困难。其三，压裂液的黏度增加会影响到压裂后岩层的裂缝几何尺寸，进而直接影响到压裂施工的效果。

为了在保证稠化剂的基液具有良好悬砂性能的同时不出现上述问题，必须通过实验确定一个合适的转化工艺，具体的实验步骤如下：将通用水基工作液基础液配方2%SJ+0.20%ZN-2+2.5%JLS-2，用100目筛网过滤，在转速为1000r/min，离心15min，来模拟钻井现场固相去除实验工艺(振动筛、除泥器和离心机)，得到的离心液作为压裂液基础液；若现场固相控制设备效率不高，使得添加胍胶后压裂液基液表观黏度过高，可将离心液稀释后作为基础液。由于基础液黏度较低不易交联，需加入其他添加剂增加黏度促进交联，所以在基础液中添加不同量的稠化增效剂胍胶，测定其表观黏度并结合长庆油田的具体现状(地层情况、施工排量以及砂比要求等)来确定稠化增效剂的合适加量范围。

基础液与胍胶按不同比例混合，制得11种压裂液基液。其具体配比如表4-1-32所示。

表4-1-32 不同压裂液体系的配比

转化条件	压裂液体系编号	胍胶加量
长庆油田钻井-压裂通用水基工作液基础液	0	0.3%
	1	0.0%
	2	0.1%
长庆油田钻井-压裂通用水基工作液用作压裂液基础液	3	0.2%
	4	0.3%
	5	0.4%
	6	0.5%
压裂液基础液稀释两倍	7	0.0%
	8	0.3%
压裂液基础液稀释四倍	9	0.0%
	10	0.3%

先测定以上复配的十种压裂液基液体系的表观黏度，然后加入0.8%的硼砂交联剂，测定冻胶的交联时间，交联后冻胶的黏度，结果如表4-1-33所示。

表4-1-33 不同压裂液基液的基本性能测定结果

压裂液体系	表观黏度/mPa·s	交联时间/s	视挑挂高度/cm
未添加胍胶0	21.3	—	—
0	84	10	完全挑起
1	10	—	—

续表

压裂液体系	表观黏度/mPa·s	交联时间/s	视挑挂高度/cm
2	17.0	—	—
3	25.5	90	4
4	32.0	50	完全挑起
5	43.0	35	完全挑起
6	56.0	20	完全挑起
7	6.0	—	
8	27.0	25	完全挑起
9	3.5	—	
10	18.0	30	完全挑起

压裂液体系通常要求交联前基液黏度20~45mPa·s之间，交联时间30~60s。由表4-1-33可以看出，压裂液体系中0、5体系交联前的黏度超过40mPa·s，不符合压裂液20~40mPa·s的要求；1、2未能交联，3产生弱交联；从7~10可以看出，在现场经固控设备处理后，未达到离心液效果的，可以通过稀释方法使压裂液基液表观黏度达到要求。本章实验选择5体系为压裂液基液，即用水基工作液用作压裂液基础液+0.4%胍胶作为通用水基工作液用作压裂液基液。

2）确定溶胀时间

将通用水基工作液用作压裂液基液搅拌后立即取样，用旋转黏度计测其剪切为1022s^{-1}下不同时间的表观黏度。测试温度25℃，时间间隔30min，直至溶液表观黏度趋于稳定为止。

表4-1-34 通用水基工作液用作压裂液基液溶胀时间

时间/min	0	20	40	60	80	100	120
基液表观黏度/mPa·s	40.0	40.5	41.0	43.5	43.0	42.5	43.5

通过表4-1-34中的实验数据和观察表明：通用水基工作液用作压裂液基液溶胀时间短。1h后黏度稳定，但有气泡；3h后，溶液分散均匀，不会出现局部絮凝成胶，这些优点对于在生产现场配制聚合物稠化剂溶液。基液在经过长时间常温下剪切后黏度略有所降低，但是从整体上来看降低的幅度不大，不会影响聚合物的流变特性，进而影响到所配制的压裂液的流变性，影响压裂的施工安全进行和效果。会有这样的结果是因为聚合物分子链上含有羟基类基团，这类基团通过氢键作用缔合在一起，形成弱交联，这种结构能增强了它的抗剪切性能。

3）剪切稳定性

将通用水基工作液用作压裂液基液按照实验要求装入样品杯中，用旋转黏度计由低速到高速测试其经过较长时间连续剪切后，在不同剪切速率下的黏度（表4-1-35）。

表4-1-35 通用水基工作液用作压裂液基液剪切稳定性

时间/min	0	30	60	90	120
基液表观黏度/mPa·s	43.5	42.5	42.0	42.5	42.0

由实验结果可以看出,通用水基工作液用作压裂液基液在每个特定的剪切速率下剪切两小时黏度基本上无变化,说明基液具有优异的剪切稳定性。随着剪切速率的增加,压裂液基液的表观黏度大大降低,说明它存在较强的剪切稀释作用,可能的原因是:一方面是由于SJ分子链在溶液中呈线团状,这种线团是无规则的缠结在一块的,随着剪切速率的增加分子链就逐渐伸展开来,它们所形成的缠结作用就减弱了,黏度就大大降低了;另一方面就是由于基液分子可以通过氢键这种弱键把分子链连接(交联)起来,从而增加体系的黏度,随着剪切速率的增加分子链由氢键"交联"起来的结构就会解散,从而大幅降低体系的表观黏度。

4) 通用水基工作液用作压裂液基液与地层水以及其他压裂液添加剂的相容性

了解压裂液与地层水和其他压裂液添加剂的相容性对于了解和解决压裂液由于相容性不好而造成储集层伤害的问题有重大意义。

测试的时候将压裂液基液与地层水按照1∶1混合,并移取50mL放入比色皿中,观察有无沉淀生成,加入适量破胶剂,待完全破胶后观察有无沉淀生成;研究聚合物压裂液基液与添加剂的配伍性时,要先将需要考察的添加剂加入配置好的压裂液基液中,充分溶解后观察有无沉淀生成。根据表可以得出结论:基液与地层水和长庆油田目前所应用的其他各种添加剂配伍性能良好,不会互相影响各自在压裂液中的作用(表4-1-36)。

表4-1-36 通用水基工作液用作压裂液基液与地层水和添加剂的相容性测试结果

相容性评价	地层水	助排剂	黏土防膨剂
通用水基工作液用作压裂液基液	未产生沉淀	未产生沉淀	未产生沉淀

5) 压裂液交联剂的选择及用量的确定

通过水基工作液用作压裂液基液交联剂的筛选测试结果见表4-1-37。

表4-1-37 通用水基工作液用作压裂液基液交联剂的筛选测试结果

交联剂	交联情况	交联剂	交联情况
四硼酸钠	pH=8~10成胶,基液的成胶比较好;pH=8,成胶不易断。其他均不能成胶	多聚甲醛	所有均无法成胶,交联剂加入后无明显变化
		三氯化铬	所有均无法成胶,交联剂加入后无明显变化
三氯化铝	所有均无法成胶,交联剂加入后无明显变化	氢氧化锆	所有均无法成胶,交联剂加入后无明显变化

备注:pH值范围从1~14测试。

表4-1-38 确定通用水基工作液用作压裂液基液交联剂加量测试结果

序号	交联比	四硼酸钠加量/mL	旋涡闭合时间/s	视交联情况
1	100∶1	1	—	未交联
2	100∶2	2	—	弱交联
3	100∶4	4	50	交联
4	100∶5	5	35.0	交联
5	100∶8	8	—	碎胶
6	100∶11	11	—	碎胶

由表 4-1-38 可见,选用硼砂作为交联剂。在相同浓度的基液中,按不同的交联比添加交联液,成交时间各不相同,随着交联比的增大,成胶时间减小;随着交联剂加量的增加,交联时间逐渐较小,当交联比加量大于 100∶5 以后,不能形成冻胶。因此,确定压裂液基液最佳交联比为 100∶5。

6) pH 值对压裂液交联性能的影响

pH 值对压裂液交联性能的影响测试结果见表 4-1-39。

表 4-1-39　pH 值对通用水基工作液用作压裂液交联性能的影响测试结果

pH 值	pH 值调节剂与加量	交联时间/s	挑挂性能
6	0		无法挑起
8	10mL0.1%Na_2CO_3	30	起初无法挑起,静置数分钟后可整块挑起
10	30mL0.1%Na_2CO_3	50	有胶块形成,但不能挑起,静置后可挑起大部分
12	35mL0.1%Na_2CO_3	—	起初无法成胶,需静置较长时间后才可挑起部分

SJ 与基胶均含有半乳甘露糖单元,有顺式邻位顺式羟基,可与交联剂进行交联反应。硼砂和半乳甘露聚糖中的邻位顺式羟基发生交联反应,通过极性键和配价键交联起来,其具体反应可分为三步:

(1) 硼砂溶于水产生硼酸和硼酸根离子,而硼酸通过可逆反应在溶液中自身进一步电离成硼酸根离子:

$$Na_2B_4O_7+10H_2O \longrightarrow 2Na^++2B(OH)_3+2B(OH)_4^-+3H_2O$$

$$B(OH)_3+H_2O \rightleftharpoons B(OH)_4^-+H^+$$

(2) 在碱性介质中,硼酸根离子与胍胶中的顺式邻位羟基形成单二醇络合物,也可称为硼酸盐的二酯:

$$B(OH)_4^- + R\begin{matrix}HO\\HO\end{matrix} \rightleftharpoons R\begin{matrix}O\\O\end{matrix}B^-\begin{matrix}OH\\OH\end{matrix} +2H_2O$$

(3) 接着,单二醇络合物再与另一胍胶分子的顺式邻位羟基反应生成双二醇络合物,最后形成交联的三维网状冻胶:

$$R\begin{matrix}O\\O\end{matrix}B^-\begin{matrix}OH\\OH\end{matrix} + R\begin{matrix}HO\\HO\end{matrix} \rightleftharpoons R\begin{matrix}O\\O\end{matrix}B^-\begin{matrix}O\\O\end{matrix}R +2H_2O$$

当 pH 值增加时,平衡向生成硼酸根离子的方向移动,上述反应均在 pH>8 时发生。当 pH 值增加到大约 8.5 以上时,交联键迅速形成,产生高黏弹性胶体。表面交联发生时,产生很多的管阻压力,通常需延缓交联或降低泵压以减少管阻过分增大;当 pH>9 时,硼酸根离子在溶液中占优,高 pH 值有利于交联冻胶的稳定性,但 pH 值过高形成的交联冻胶发脆,甚至发生脱水现象,因此 pH 值以 8.5~9.5 为最佳。根据实验结果,也确定最佳交联 pH 值为 8~10。

7) 选择黏土稳定剂及确定加量

一般黏土中的蒙脱石和伊蒙混层黏土是引起水化膨胀乃至分散主要起因,即通常所说的水敏矿物。由于层间分子作用力不一样,蒙脱石水化膨胀后体积可达原始体积的几倍甚至10倍以上,可造成孔隙喉道被封堵,渗透率大幅下降;非膨胀型的高岭石在砂岩孔隙中常以填充物的形式存在,并且与砂粒之间的作用力较弱,因此被认为是储层中产生微粒运移的基础物质,即通常所谓的速敏矿物。除此之外,黏土矿物还存在着一定的碱敏、盐敏等。

黏土稳定剂要达到防止黏土水合膨胀或者分散运移的效果,必须使得可交换离子尺寸大小与黏土孔穴大小相适应,有牢固的吸附于黏土表面的能力,有防止水进入黏土层间的能力,最重要的是遵从与碱性的压裂液体系相配伍的原则(图4-1-19)。蒙脱土:水分子极易进入层间,强水敏、易水化、造浆好。当加入 KCl 时,K$^+$ 进入层间,压缩层黏土表面双电层,压缩层间距,从而使水分子难以进入层间而起到抑制水化膨胀的作用。当伊蒙混层时,若使用 KCl 防塌,则 K$^+$ 优先进入伊利土层间,上述补偿离子的作用,故蒙脱土的水化未得以有效抑制;当黏土矿物的层间补偿离子浓度超过一定值时,将导致黏土絮凝而引起滤失猛增。阴离子聚合物类在黏土表面吸附作用非常强而成为不可逆,具有长效性,同时也不存在阳离子聚合物产生润湿反转问题,因而是压裂液中较为广泛采用的黏土稳定剂类型。但是,由于阳离子聚合物分子链较长,吸附于地层黏土表面可能会产生孔隙喉道堵塞,因此对特低渗透率的地层,应慎用此类型的黏土稳定剂(表4-1-40)。

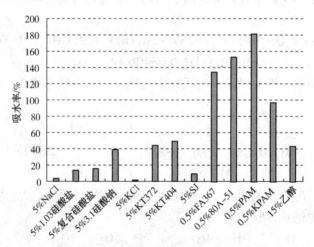

图 4-1-19 黏土稳定剂吸水率比较

表 4-1-40 压裂液不同 KCl 加量破胶液对黏土线性膨胀率的影响

水及通用水基工作液用作压裂液基液 KCl 添加量	2 小时膨胀量/mm	破胶液2小时膨胀率/%
水	3.7	41.57
0	1.4	15.73
1	1.25	14.04
2	1.05	11.80
3	0.9	10.11
4	0.85	9.55
5	0.82	9.21

目前适用于碱性交联的基胶体系的黏土稳定剂为 KCl 和有机小分子聚合物类的黏土稳定剂，这两种物质具有防膨效果好，对地层渗透率的伤害小，不存在润湿性反转的问题等优点（图 4-1-20、图 4-1-21）；但是针对中低渗尤其是特低渗油层，还是以 KCl 为主复配配方比较好。长庆油田压裂地层黏土矿物类型以伊利石和绿泥石为主，见少量伊/蒙间层矿物，高岭石含量极少。对于以伊利石和绿泥石为主黏土层，选择 KCl 作为压裂液的黏土稳定剂，且添加量为 2%。对于少量伊/蒙间层作业时，采用小分子聚合物类黏土稳定剂。

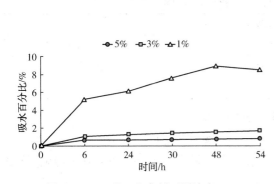

图 4-1-20 黏土稳定剂不同浓度 KCl 泥球实验结果吸水率比较

注：1%KCl 表面有少量颗粒脱落；
3%KCl 有少量微粒脱落；
5%KCl 形状几乎无变化。
5%KCl 55h 平均吸水率仅有 0.71%。

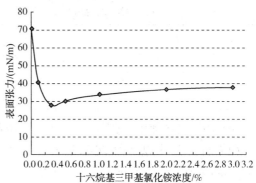

图 4-1-21 1631 浓度与溶液表面张力关系

8）破胶剂加量的确定

通用水基工作液用作压裂液的破胶实验数据见表 4-1-41。

表 4-1-41 通用水基工作液用作压裂液的破胶实验数据

序号	破胶剂添加量/mL	破胶时间/min	破胶后黏度/mPa·s(80℃)	破胶后黏度/mPa·s(22℃)
1	10.0	150.00	8.0	9.0
2	20.0	80.00	5.5	7.0
3	30.0	48.00	3.2	5.2
4	40.0	30.00	7.5	8.5
5	50.0	18.00	4.2	5.2

确定压裂液破胶剂加量为 30mL 随着破胶剂添加量的增加，破胶时间明显缩短，考虑到现场使用过程中，破胶时间不能过快，否则压裂液会在未泵入储层之前破胶，从而失去携砂性能；同样，压裂液破胶时间不能过长，否则影响整个压裂施工的作业时间，并且会对储层造成一定的伤害。确定压裂液破胶剂加量为 30mL，配方中破胶剂的添加量为 0.03%。

9）助排剂的选择

助排剂是指能帮助工作残液从地层反排的物质。使用助排剂可使压裂液破胶液及时返排至地面，减少二次沉淀对地层的伤害。它通过降低压裂液破胶液与原油间的界面张力，降低毛细管阻力,有利于压裂液残液的返排。十六烷基三甲基氯化铵(1631)为白色粉末状固体,溶解性较好。属于长链烷基阳离子表面活性剂。

从图 4-1-21 中的曲线可以看出,随着 1631 用量的增加,溶液表面张力先降低后增加。1631 用量为 0.3% 时,其溶液的表面张力最低,为 28.5mN/m。选择十六烷基三甲基氯化铵作为压裂液的助排剂,同时它兼有杀菌作用,添加量为 0.3%。从表 4-1-42 可以看出压裂液破胶液表面张力在加入助排剂后相对较小,易返排。

表 4-1-42 通用水基工作液用作压裂液的破胶液表面张力测试结果

序号	表面张力/(mN/m)		
	水	压裂液破胶液	加助排剂压裂液破胶液
1	70.2	41.3	30.5
2	68.6	43.2	32.4

10)确定长庆油田钻井-压裂通用工作液钻压转化工艺

(1)将通用水基工作液基础液配方 2%SJ+0.20%ZN-2+2.5%JLS-2,用离心机 1000r/min 转速,离心 15min。作为通用水基工作液用作压裂液基础液。添加 0.4% 稠化增效剂胍胶,静置 3h 后,作为通用工作液压裂用基液。

(2)配制长庆油田钻井-压裂通用工作液用作压裂液方法:在通用工作液压裂用基液中,加入碳酸钠调节 pH 值至 8~10,黏土防膨剂 2%KCl,助排剂 0.3% 十六烷基三甲基氯化铵,破胶剂 0.03% 过硫酸铵。

(3)加入交联剂硼砂 0.8% 溶液,交联比为 100:5;破胶剂 0.03% 过硫酸铵。

(4)长庆油田钻井-压裂通用工作液用作钻井液后向压裂液转化工艺,如图 4-1-22 所示。

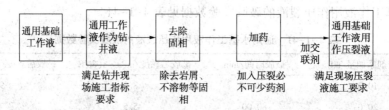

图 4-1-22 长庆油田钻井-压裂通用工作液用作钻井液向压裂液转化工艺示意图

将交联好的长庆油田压裂-钻井通用工作液用作压裂液,静置,留待后续评价其性能。

4.1.4 杂聚糖 SJ 钻井-压裂通用工作液用作压裂液性能评价

压裂液性能评价是压裂液实验的一个重要方面,对于任何可用于现场的压裂液配方,在使用前应对压裂液配方进行性能评价。压裂液的性能是压裂施工的重要保证,根据施工井的不同地质特征和地下流体的特性以及不同的压裂施工工艺,压裂液的性能也要相应的进行调整。由上述相关实验所确定的长庆油田压裂-钻井通用工作液用作钻井液,随后转化得到后裂液。本章着重对压裂液滤失性能、携砂性能、耐温性能、流变性能、耐剪切性能、配伍性能、破胶性能和黏土稳定性能进行评价。

1) 基液的性能

通用工作液用作压裂液基液的基本性能如表4-1-43所示。

表4-1-43 通用工作液用作压裂液基液基本性能

压裂液基液	密度/g·cm^{-3}	pH值	表观黏度/mPa·s	交联时间/s
通用工作液用作压裂液基液	1.02	8	43	35

2) 耐温能力测定

压裂施工要求压裂液在一定温度下保持较高的黏度，才能保证压裂液压开地层并延伸裂缝携带支撑剂。这就要求压裂液有一定耐温能力。通用工作液用作压裂液耐温性能测定结果如图4-1-23所示。

由图4-1-23可以看出，长庆油田钻井-压裂通用工作液用作压裂液在83.3℃时黏度才降到50mPa·s，表现出较好的耐温性能。用同样的方法测试延长油田常用压裂液及常规清洁压裂液抗温能力，见表4-1-44，相比之下，长庆油田钻井-压裂通用工作液用作压裂液抗温性能较好。

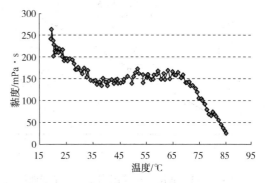

图4-1-23 通用工作液用作压裂液黏温曲线

表4-1-44 不同压裂液抗温能力比较

配　方	抗温极限/℃	配　方	抗温极限/℃
0.5%胍胶+1.0%KCl+交联剂（延长油田用）	53.5	4.0%KCl+0.5%Na$_2$S$_2$O$_3$+4.0%NaSaL+5.0%1631	82.0
0.6%胍胶+1.0%KCl+交联剂	58.6	长庆油田钻井-压裂通用工作液用作压裂液	83.3

备注：抗温极限是指表观黏度下降至50mPa·s以下的温度。

3) 耐剪切能力测定

将长庆油田钻井-压裂通用工作液用作压裂液在70℃实验，其剪切时间与剪切黏度的关系如图4-1-24所示。可以看出，通用工作液用作压裂液在70℃连续剪切60min，其黏度始终保持在150mPa·s以上，满足现场要求。

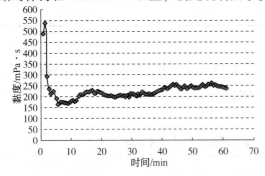

图4-1-24 长庆油田钻井-压裂通用工作液用作压裂液剪切黏度与剪切时间的关系

4) 压裂液流变参数测定

水基冻胶压裂液属于非牛顿流体中的假塑型流体。这类流体的黏度在给定的温度下随剪切速率的增加而减小。实验选取配制的通用工作液用作压裂液流变性能测定结果如图4-1-25所示。

上述关系曲线，通过线性拟合可得压裂液的斜率 n' 值为0.5079，截距取对数 K' 为10.23。以上所得压裂液 n'、K' 数据表明，压裂液具有很好的流变性能。

5）静态滤失性

压裂液必须具备恰当的滤失性。压裂液向油层内的渗滤性决定了压裂液的压裂效率。一般用滤失系数来衡量压裂液的液体效率及其在裂缝中的滤失量。压裂液的滤失系数与该压裂液的液体特性、油层岩石特性及油层所含流体有关。压裂液滤失系数越低，说明在压裂过程中其滤失量越低，在同一排量下，可以压出较大的裂缝面积，并将滤失伤害控制在最低的范围。通用工作液用作压裂液滤失性测定结果如图4-1-26所示。

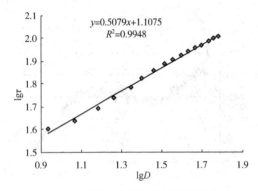 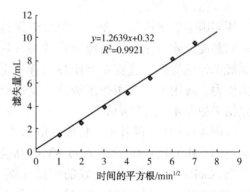

图4-1-25 通用工作液用作压裂液流变曲线　　图4-1-26 通用工作液用作压裂液滤失曲线

由图4-1-26中线性拟合的曲线得截距和斜率，由此得压裂液的滤失系数1.60×10^{-4} m/$\min^{1/2}$，初滤失量为$0.0081 m^3/m^2$，计算结果表明通用工作液用作压裂液具有较好的静态滤失性。

6）破胶性能

压裂施工结束后，压裂液按照预定的方案设计完成了造缝和携砂的任务后，必须适时返排回地面，为地下油气流打开通道。这就要求压裂液在油层温度条件下，从交联冻胶状态和大分子聚糖状态变成单糖或小分子聚糖状态，从而降低了破胶液的黏度，利于压裂液顺利地返排回地面。通用工作液用作压裂液的破胶性能测定结果如表4-1-45所示。压裂液破胶后，破胶液黏度为$4.4 mPa\cdot s$，破胶时间为$50 min$，满足应用要求。

表4-1-45　通用工作液用作压裂液破胶性能测定

压裂液基液	破胶液加量	破胶后的表观黏度/mPa·s	破胶时间/min
通用工作液用作压裂液基液	100∶30	4.4	50

7）携砂性能

压裂砂沉降速度较快会导致裂缝走向不均匀，形成下宽上窄，影响压裂施工的有效率。如表4-1-46中数据所示，压裂液沉降速度在$1.68\times10^{-5}\sim3.14\times10^{-5}$ m/s之间，可以看出压裂砂在调整后的压裂液中沉降速度较慢，利于悬砂。

表4-1-46　通用工作液用作压裂液静态悬砂性实验数据

序号	液柱长度/m	压裂液砂添加量/g	沉降总时间/min	沉降速度/(m/s)
1	0.123	0.50	67	3.06×10^{-5}
2	0.135	1.00	120	1.88×10^{-5}

续表

序 号	液柱长度/m	压裂液砂添加量/g	沉降总时间/min	沉降速度/(m/s)
3	0.133	1.50	86	2.58×10^{-5}
4	0.132	2.00	70	3.14×10^{-5}
5	0.126	2.50	125	1.68×10^{-5}

8）黏土稳定性能

实验测得破胶后的残液的防膨率为88.2%，表明该压裂液具有良好的黏土稳定性能。

9）配伍性能

在压裂液中添加一定量的过硫酸铵，搅拌后静置，待破胶完全后，取原油油样和模拟地层水，混合液没有明显变化，未生成沉淀，实验现象如表4-1-47所示。

表4-1-47 压裂液破胶后配伍性实验

序号	残油地层水	实验现象	残液/原油	实验现象
1	3:1	除破胶后残液中存在的少量残渣，未生成沉淀，混合液黏度为 3.5mPa·s	3:1	配伍性良好，未生成沉淀，原油和残液上下分层，原油漂浮于残液上部
2	2:1		2:1	
3	1:1		1:1	
4	1:2		1:2	
5	1:3		1:3	

由表4-1-48可见，通用工作液用作压裂液破胶后的残液与地层水配伍性良好，不会产生堵塞裂缝及孔道的沉淀物，对储层基本无伤害。

表4-1-48 不同比例的地层水与压裂液残液的配伍性实验结果

序 号	压裂液残液量/mL	加入地层水量/mL	实验现象
1	20.0	10.0	残液均匀透明、无沉淀
2	20.0	20.0	残液均匀透明、无沉淀
3	20.0	30.0	残液均匀透明、无沉淀
4	20.0	40.0	残液均匀透明、无沉淀
5	20.0	50.0	残液均匀透明、无沉淀

由表4-1-49可见，压裂液残液中未出现沉淀，混合液出现上下分层，上层为原油，下层残液均匀稳定。说明破胶后残液与实验所用原油配伍性良好，对油品性质基本无伤害。

表4-1-49 不同比例的原油与压裂液残液的配伍性实验结果

序 号	压裂液残液量/mL	加入原油量/mL	静置时间/h	实验现象
1	30	15	24	残液上下分层，少量原油漂浮于表面
2	30	30	24	上下分层明显，原油漂浮于残液表面
3	30	60	24	残液上下分层明显，大量原油漂浮于表面

10）压裂液材料成本分析

长庆油田钻井-压裂通用水基工作液用作压裂液与胍胶硼砂压裂液相比，除 SJ 外其他添加剂是相同的，而且在施工作业和用量方面基本相同，SJ 是通用工作液用作钻井液时循环利用作为压裂液材料，因此节约的成本体现在节省胍胶的成本。基胶价格为 $2.6×10^4$ 元/t。按照单井压裂用量 0.5t 计算，原配方（0.6%）比现配方（0.4%）多 0.2% 用量，现单井胍胶用量 0.33t，单井节约成本 $0.52×10^4$ 元，压裂总成本节省 30% 以上。并且现在的工作液性能远好于原工作液。

11）长庆油田钻井-压裂通用水基工作液用作压裂液综合性能

由表 4-1-50 的实验结果可以看出长庆油田钻井-压裂通用水基工作液用作压裂液的主要技术指标均达到规定要求。

表 4-1-50 通用水基工作液用作压裂液综合性能测定结果

压裂液性能项目	通用工作液用作压裂液	延长油田现场用压裂液（据延长研究院）	技术指标
基液表观黏度/mPa·s	43	60	20~50
交联时间/s	35	90	20~60
耐温能力/℃	83.5	58.6	
耐剪切性/min	60		≥50
K'	10.3		
n'	0.51		0.3~0.7
初滤失量/(m³/m²)	0.0081	0.019 m³/m²	
滤饼控制滤失系数/(m/min$^{1/2}$)	$1.60×10^{-4}$	$2.2×10^{-4}$	$≤6×10^{-4}$
破胶时间/min	50	58.2	
破胶液表面张力/(mN/m)	32.0		
残渣含量/(mg/L)	340		≤450
是否生成沉淀	无	无	

注：延长油田现场用压裂液为 0.6% 羟丙基胍尔胶+有机硼延迟交联水基压裂液。

12）稠化酸酸化压裂液转化研究

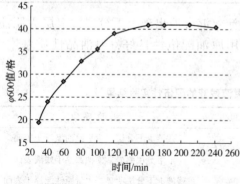

图 4-1-27 SJ 酸溶时间的测定

（1）SJ 酸溶时间的测定。

由图 4-1-27 可见，SJ 在酸液中 120min 左右可充分溶解、增稠，形成稳定的稠化酸。

（2）稠化剂加量的确定。

由表 4-1-51 可以看出，随着稠化剂浓度的增加，酸液黏度明显升高，即浓度对增稠作用影响较大。25mPa·s 对于砂岩酸化，黏度过高会增大酸液流动阻力，对地层的拖曳力也较大，容易造成地层出砂等，因此选用浓度为 2.5% 的稠化剂。

4 天然高分子基钻-采通用油田工作液研究

表 4-1-51 稠化酸试样的黏度

稠化剂浓度/%	1	2	3	4	5
酸液黏度/mPa·s	14.3	22.7	30.2	43.3	90.6

(3) 稠化酸热稳定性。

稠化酸热稳定性见表 4-1-52。从实验结果发现，稠化剂在酸液中加热到 40℃和 60℃均未产生沉淀或悬浮物，且稠化酸的热稳定性均在 75% 以上。

表 4-1-52 稠化酸热稳定性

温度/℃	初始黏度/mPa·s	恒温黏度/mPa·s	热稳定性/%
40	30.2	27.3	90.4
60	30.2	23.4	77.5

(4) 稠化酸耐温性。

由图 4-1-28 可见，随着温度的升高，酸液黏度下降很快；但酸液体系在 75℃下黏度仍大于 20mPa·s，基本能满足作业要求。

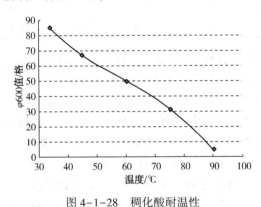

图 4-1-28 稠化酸耐温性

4.2 杂聚糖成胶性能及其在调剖工作液中应用研究

在课题组前期的研究基础上，选用天然杂聚糖为原材料，探究天然杂聚糖的交联改性和成胶性能。通过对杂聚糖进行改性研究，实现杂聚糖分子间或分子内的部分交联，形成三维空间网架结构，增加工作液的表观黏度。在此基础上，探究杂聚糖衍生物的成胶性和杂聚糖基钻井液转化为调剖工作液的基础配方及转化工艺，保持钻井液与调剖液的统一，并最终实现钻井、完井、压裂、调剖工作液体系的统一及转化提供理论研究基础。

4.2.1 杂聚糖衍生物成胶性能研究

(1) 杂聚糖衍生物浓度对凝胶性能的影响。

选用不同浓度的杂聚糖衍生物溶胶，添加一定量的增效剂和活化剂，在室温下放置，待形成凝胶后，测定不同时间的凝胶强度，实验结果如表 4-2-1 和表 4-2-2 所示。采用针入度法评价杂聚糖凝胶的胶凝时间和凝胶强度，针入度值越小说明凝胶的强度越大。

表 4-2-1 不同浓度 SP-1 对杂聚糖凝胶性能的影响

浓度/%	不同时间的凝胶强度/mm						
	0.5h	6h	24h	30h	36h	48h	72h
0	12	11.5	11.8	13	13.5	13.8	16
0.5	13.5	13	14.6	16.3	15	15	15.5
1	13.9	13.5	13	13	13.5	13.8	13.2
2	15.8	15.3	14.8	13.2	14	14	14

表 4-2-2 不同浓度 SP-2 对杂聚糖凝胶性能的影响

浓度/%	不同时间的凝胶强度/mm						
	0.5h	6h	24h	30h	36h	48h	72h
0	12	11.5	11.8	13	13.5	13.8	16
0.5	13.2	13.4	14.2	15.1	15.3	15.5	15.5
1	14.6	14.5	14.3	14.6	14.6	13.8	14.1
2	14.5	14.7	14.8	14.7	14.2	13.9	14

由表 4-2-1 可知，随着胶凝时间的延长，硅酸凝胶的凝胶强度逐渐降低，而添加不同浓度的 SP-1 凝胶随胶凝时间的延长，凝胶强度基本稳定，且当 SP-1 浓度为 1%时，凝胶强度缓慢增强。由表 4-2-2 可知，添加不同浓度的 SP-2 凝胶随着胶凝时间的延长，凝胶强度也基本稳定，但相比硅酸凝胶，稍有逊色。此外，实验过程中观察到硅酸凝胶在室温下放置五天后，凝胶析水非常严重，而添加 SP-1 凝胶性能稳定，无明显析水现象，凝胶体积保持率高。主要是由于添加一定量 SP-1 或 SP-2 之后，杂聚糖衍生物是带有侧链且主链较长的高分子聚合物，具有一定的亲水性，这种长链能够形成网状结构，束缚溶液中的自由水，增加溶胶液黏度，延长了凝胶的老化时间，增强凝胶强度。因此，选择 SP-1 作为凝胶的主剂，适宜的浓度为 1%。

（2）活化剂对杂聚糖凝胶性能的影响。

活化剂是指能够降低水玻璃的 pH 值的物质，可提供氢离子，引发硅酸钠分子间发生缩聚形成硅酸凝胶。常用于硅酸钠的活化剂一般满足以下三个条件：活化水玻璃的凝胶时间要长，凝胶强度大，用量少。添加 1%的 SP-1 溶胶，选用盐酸和碳酸铵作为活化剂，测定不同浓度的活化剂时，凝胶的胶凝时间和凝胶强度，实验结果如表 4-2-3 所示。

由表 4-2-3 可知，盐酸作为活化剂，胶凝时间较短，杂聚糖凝胶强度较大；碳酸铵作为活化剂，随浓度的增大，胶凝时间逐渐缩短，杂聚糖凝胶强度逐渐增强；当碳酸铵浓度为 1.5%时，凝胶强度与选用盐酸作为活化剂的凝胶接近，而胶凝时间较长。因此，选用碳酸铵作为活化剂，适宜的浓度为 1.5%。

表 4-2-3 活化剂对杂聚糖凝胶性能的影响

活化剂	浓度/%	胶凝时间/h	凝胶强度/mm
盐酸	2	0.12	12.1

续表

活化剂	浓度/%	胶凝时间/h	凝胶强度/mm
(NH$_4$)$_2$CO$_3$	0.5	12.42	26
	0.8	3.47	18.2
	1.2	1.31	15.3
	1.5	0.45	12.9
	1.8	0.23	12.8

(3) 增效剂对杂聚糖凝胶性能的影响。

选用硅酸钠为增效剂，分别配制质量浓度为4%、6%、8%、10%、12%，添加1%SP-1，加入相同体积的活化剂。考察不同质量浓度的增效剂对杂聚糖凝胶性能的影响，实验结果如表4-2-4所示。

表 4-2-4　不同浓度增效剂的杂聚糖凝胶性能的影响

增效剂浓度/%	成胶时间/h	不同时间的凝胶强度/mm		
		0.3h	24h	72h
4	未形成整体凝胶			
6	0.21	12.4	11.2	11.2
8	0.35	11.5	10.4	10.0
10	0.20	14.2	15.0	16.1
12	0.10	15.0	15.6	16.2

从表4-2-4可知，当增效剂的浓度低于6%时，无法形成整体凝胶。这主要是由于硅酸钠分子中的硅酸根分子数量较少，分子间链接后形成的共价键较少，分子链长较短，无法形成空间网状结构，难以形成整体凝胶。凝胶的胶凝时间随着浓度的增大而先增加后降低；当增效剂浓度为8%时，凝胶的成胶时间较长。随着增效剂浓度的增大，凝胶强度亦先增加后降低，且随着老化时间的延长，凝胶强度均有所降低。当浓度为8%时，杂聚糖凝胶的强度随陈化时间的延长而持续增加，凝胶强度保持稳定。当增效剂浓度超过8%时，杂聚糖凝胶的凝胶强度略有降低。因此，增效剂的适宜浓度为8%。

4.2.2　杂聚糖基钻井液向调剖工作液的转化工艺

为探究水基钻井液与调剖工作液不同体系中添加剂的统一，充分利用废弃的工作液，在课题组前期探索水基钻井液向压裂工作液转化的基础上，研究水基钻井液向杂聚糖凝胶调剖工作液的转化工艺。如前所述，对杂聚糖凝胶的成胶条件进行筛选，确定凝胶的基本组成为：1%SP-1+8%增效剂+1.5%活化剂，将杂聚糖凝胶转换为调剖工作液，考察各影响因素对调剖工作液成胶性能的影响。

(1) pH值的影响。

SP-1的浓度为1%，调节体系pH值，测定在不同pH值条件下调剖工作液的胶凝时间与凝胶强度，实验结果如图4-2-1所示。

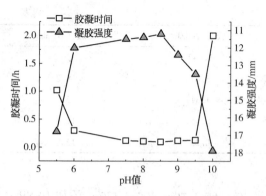

图 4-2-1　pH 值对调剖工作液成胶性能的影响

由图 4-2-1 可知，当 pH 值在 5~7 范围内时，随着溶胶 pH 值的增加，调剖工作液凝胶强度逐渐增强，胶凝时间也逐渐缩短；当 pH 值在 7~10 范围内，凝胶强度缓慢降低，胶凝时间也逐渐延长。当 pH 值大于 10.8 时，未能形成凝胶。考虑现场施工，酸性液体对金属通过 H^+ 作用而发生电化学腐蚀，易造成管线和设备腐蚀损坏，而碱性液体无腐蚀性，故 pH 值适宜的范围为 7~9。

（2）拟废弃杂聚糖基钻井液对凝胶性能的影响。

采用实验室经过陈化 48h 后的杂聚糖基钻井液模拟钻井现场拟废弃钻井液，室内实验设计合适的转化工艺，具体实施步骤为：拟废弃杂聚糖基钻井液的基本组成为：4%膨润土+0.2%碳酸钠+0.5%SP-1，将拟废弃钻井液经过沉降分离去除岩屑等固相，再在转速为 1000r/min 下离心分离 10min，模拟钻井作业现场对钻井液去除固相工艺（如振动筛、除泥器和离心机等），稀释至一定倍数，加入浓度为 8%增效剂，搅拌均匀后，再加入 1.5%活化剂，形成凝胶。采用针入度法测定调剖工作液的胶凝时间和凝胶强度，实验结果如图 4-2-2 和图 4-2-3 所示。

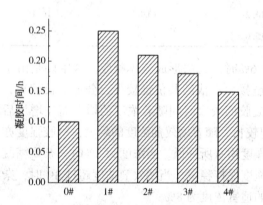

图 4-2-2　拟废弃钻井液对胶凝时间的影响
注：0#为硅酸凝胶；1#为钻井液制备凝胶；
2#~4#分别为钻井液稀释 1 倍、2 倍和 4 倍制备凝胶。

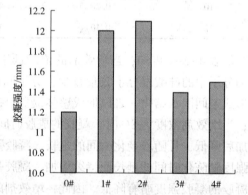

图 4-2-3　拟废弃钻井液对凝胶强度的影响
注：0#为硅酸凝胶；1#为钻井液制备凝胶；
2#~4#分别为钻井液稀释 1 倍、2 倍和 4 倍制备凝胶。

由图 4-2-2 可知，随着稀释倍数的增大，拟废弃钻井液对调剖工作液的胶凝时间逐渐降低，且愈接近杂聚糖凝胶的胶凝时间。由图 4-2-3 可知，拟废弃钻井液对凝胶的凝胶强度影响较大，随稀释倍数的增大，调剖工作液凝胶强度先逐渐增大，当稀释倍数超过两倍之后，凝胶强度略有降低。因此，适宜的钻井液稀释倍数为两倍。

（3）调剖工作液的注入工艺。

双液法调剖工艺，能够大幅度提高调剖工作液的波及范围，改善注入水的波及系数，延长调剖的有效期，实现远井调剖。由于调剖工作液的胶凝时间较短，为满足现场施工需要，保证调剖工作液在形成凝胶前到达指定地层，故采用双液法调剖工艺。基础液配方为：1%SP-1+8%增效剂。具体工艺：首先将废弃的钻井液稀释两倍，按照配方调制基础液，再向注水井注入基础液，接着注入隔离液，次之在注入活化剂，然后交替注入，由于地层孔隙的渗流作用，基础液和活化剂在地层深部相遇，反应形成杂聚糖凝胶，堵塞地层水流主要通道，提高注入水的波及效率。

（4）调剖工作液抗温性能评价。

配制基础液，加入活化剂，制备调剖工作液，分别放置在环境温度为 20℃、30℃、50℃、70℃烘箱中，其他条件不变，测定调剖工作液成胶性能，分别考察不同环境温度对调剖工作液成胶性能的影响，结果如图4-2-4所示。

由图4-2-4可知，调剖工作液的凝胶强度随着环境温度的升高而增加，而胶凝时间逐渐降低。环境温度的升高有利用调剖工作液形成性能较优的凝胶调剖剂。说明调剖工作液可以环境温度为 50℃~70℃的地层中有较好的适应性。

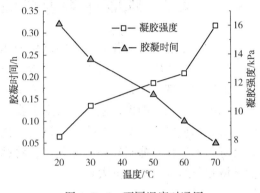

图 4-2-4 不同温度对通用工作液调剖剂的性能影响

凝胶强度随着温度的升高而增强，而胶凝时间则随着环境温度的增高而减小。根据 Arrhenius（阿伦尼乌斯）公式，即：$k = A \times e^{-Ea/RT}$ 式中，k 为速率常数；Ea 为活化能；R 为气体常数；T 为绝对温度；A 为指前因子，单位同 k。活化能 Ea、指前因子 A 以及气体常数 R 不随温度变化，温度与反应速率常数成正比。随着温度的升高，分子活性增大，硅酸凝胶分子间缩合反应速率加快，胶凝时间缩短。同时，温度升高，有利于分子运动加快，不同分子间的碰撞概率增大，加快硅酸分子间的缩合作用，致使凝胶强度不断增加。

（5）调剖工作液抗盐性能评价。

考虑到地层水会对调剖工作液性能产生影响，因此，实验考察添加不同浓度的氯化钠溶液模拟不同矿化度的地层水配制成调剖工作液，采用凝胶强度仪测定胶凝时间和凝胶强度，考察氯化钠对调剖工作液性能的影响，结果如表4-2-5所示。

表 4-2-5 氯化钠对调剖工作液性能的影响

NaCl 浓度/ (10^4 mg·L^{-1})	硅酸凝胶		调剖工作液	
	胶凝时间/h	凝胶强度/kPa	胶凝时间/h	凝胶强度/kPa
0	0.15	18.82	0.5	13.62
4	0.11	13.33	0.47	25.38
5	0.32	7.94	0.33	28.91
6	0.05	7.84	0.12	23.23
7	絮凝	0	0.11	17.35

由表4-2-5可知，随 NaCl 浓度的增大，硅酸凝胶的胶凝时间逐渐缩短，凝胶强度也逐

渐降低；调剖工作液随着氯化钠浓度的增大，胶凝时间缓慢缩短，凝胶强度先增加而后略有降低。根据Fajans法则，在碱性条件下，硅酸溶胶表面上，除过选择性吸附SiO_3^{2-}外，还吸附Na^+，加入NaCl解离质后，使得大量的Na^+进入双电层，致使溶胶的电势下降，不同硅酸分子间的缩合速率加快，所以胶凝时间缩短；由于硅酸凝胶间的胶凝时间缩短，致使形成的硅酸凝胶的结构更加致密，凝胶强度有所增大。因此，当氯化钠的浓度在 0~50000mg·L^{-1}范围内时，调剖工作液的凝胶性能稳定。

4.3 胍胶压裂返排液配制钻井液体系研究

目前，各个油田公司开采过程中常用的压裂液是胍胶压裂液，压裂结束后产生的返排液会产生一定的环境污染。由于胍胶压裂返排液中含有大量的胍胶，各种压裂液的添加剂以及从地层中携带的各种物质，并且这些物质都难降解，COD、TDS和TSS都较高，目前处理达标十分困难，如果将返排液随意排放，会对周边的环境造成很大的污染。最近几年，我国大力提倡环保，如果随意排放，这将与国家的环保政策背道而驰，而胍胶压裂返排液中含有对黏土起较好抑制效果的氯化钾，将胍胶压裂返排液进行处理配制钻井液，将会对保护环境和节约资源具有重大意义。

4.3.1 胍胶压裂返排液配制钻井液体系构建

1) 胍胶压裂返排液与不同比例基浆混合比例的筛选

分别配制8%、12%、16%、20%和24%的基浆，30℃下老化24h备用；再与胍胶压裂返排液以1∶1、2∶1、3∶1、4∶1和5∶1的比例混合；在胍胶压裂返排液与返排液混合前，将聚合氯化铝加入胍胶压裂返排液中，混合均匀后调节pH到碱性，与不同比例的钻井液基浆混合后，加入一定比例的LV-CMC、MV-CMC、淀粉、黄原胶、CMC和HV-CMC，在30℃下溶胀后，在低速搅拌器下搅拌均匀，加入一定比例改性植物酚后，分别评价在不同混合比例和不同护胶剂下钻井液性能，优选出最佳混合比例以及护胶剂。

（1）LV-CMC作为护胶剂。

通过加入1.5%的LV-CMC，1.5%的改性植物酚和0.02%的聚合氯化铝，对胍胶压裂返排液和不同比例基浆的混合后的钻井液性能进行评价，从而得到胍胶压裂返排液和不同比例基浆的最适混合比例，评价结果如表4-3-1所示。

表4-3-1 压裂返排液与不同比例基浆混合后的钻井液性能评价结果

混合比例	$AV/$ mPa·s	$PV/$ mPa·s	$YP/$ Pa	$YP/PV/$ [Pa/(mPa·s)]	pH值	$\kappa/$ (mS/cm)	$\rho/$ g·cm^{-3}	tg	$FL_{API}/$ mL
1∶1	24.1	19.8	4.3	0.22	9.28	25.16	1.041	0.1051	6.4
2∶1	22.7	19.2	3.5	0.18	9.24	28.27	1.045	0.0875	7.2
3∶1	17.4	17.4	0.0	0.00	9.30	29.61	1.042	0.1139	8.2
4∶1	15.6	15.2	0.4	0.03	9.34	32.66	1.045	0.0963	6.8
5∶1	16.6	15.0	1.6	0.11	9.36	33.43	1.044	0.1051	7.4

4 天然高分子基钻−采通用油田工作液研究

由表中的胍胶压裂返排液与不同比例基浆混合后的钻井液的评价结果可以看出，当胍胶压裂返排液和20%基浆以4∶1混合后，钻井液的表观黏度、塑性黏度、动切力和滤失量相对于其他比例下总体较好。

(2) 黄原胶作为护胶剂。

通过加入0.1%的黄原胶，1.5%改性植物酚和0.03%的聚合氯化铝，对胍胶压裂返排液和不同比例基浆的混合后的钻井液性能进行评价，从而得到胍胶压裂返排液和不同比例基浆的最适混合比例，评价结果如表4-3-2所示。

表4-3-2 压裂返排液与不同比例基浆混合后的钻井液性能评价结果

混合比例	$AV/$ mPa·s	$PV/$ mPa·s	$YP/$ Pa	$YP/PV/$ [Pa/(mPa·s)]	pH值	$\kappa/$ (mS/cm)	$\rho/$ g·cm^{-3}	tg	$FL_{API}/$ mL
1∶1	12.2	7.4	4.8	0.65	9.58	16.02	1.041	0.1228	13.2
2∶1	15.5	10.0	5.5	0.55	9.51	19.86	1.045	0.1405	12.4
3∶1	15.6	9.2	6.4	0.70	9.57	21.94	1.042	0.1317	13.0
4∶1	11.0	8.0	3.0	0.38	9.58	24.24	1.045	0.0963	12.0
5∶1	13.5	9.0	4.5	0.50	9.54	24.87	1.044	0.1139	11.0

由表中的胍胶压裂返排液与不同比例基浆混合后的钻井液的评价结果可以看出，各个混合比例下钻井液的滤失量相对较大，并且钻井液流动性较差，因此以黄原胶作为护胶剂，胍胶压裂返排液与不同比例基浆混合不能满足钻井液性能要求。

(3) CMC作为护胶剂。

通过加入0.30%的CMC，1.5%改性植物酚和0.02%聚合氯化铝，对胍胶压裂返排液和不同比例基浆的混合后的钻井液性能进行评价，从而得到胍胶压裂返排液和不同比例基浆的最适混合比例，评价结果如表4-3-3所示。

表4-3-3 压裂返排液与不同比例基浆混合后的钻井液性能评价结果

混合比例	$AV/$ mPa·s	$PV/$ mPa·s	$YP/$ Pa	$YP/PV/$ [Pa/(mPa·s)]	pH值	$\kappa/$ (mS/cm)	$\rho/$ g·cm^{-3}	tg	$FL_{API}/$ mL
1∶1	17.4	12.8	4.6	0.36	9.11	15.51	1.041	0.1139	7.4
2∶1	17.0	12.0	5.0	0.42	9.17	19.55	1.045	0.1051	7.6
3∶1	14.2	8.4	5.8	0.69	9.20	21.93	1.042	0.1495	7.4
4∶1	11.9	9.8	2.1	0.21	9.37	23.37	1.045	0.1405	7.8
5∶1	15.4	13.8	1.6	0.12	9.29	24.26	1.044	0.1317	9.4

由表4-3-3中的胍胶压裂返排液与不同比例基浆混合后的钻井液的评价结果可以看出，当胍胶压裂返排液和20%基浆以4∶1混合后，钻井液的表观黏度、塑性黏度、动切力和滤失量相对于其他比例下总体较好，并且能够对返排液更多的利用。

(4) HV-CMC作为护胶剂。

通过加入0.30%的HV-CMC，1.5%改性植物酚和0.02%聚合氯化铝，对胍胶压裂返排液和不同比例基浆的混合后的钻井液性能进行评价，从而得到胍胶压裂返排液和不同比例基浆的最适混合比例，评价结果如表4-3-4所示。

表4-3-4　压裂返排液与不同比例基浆混合后的钻井液性能评价结果

混合比例	AV/mPa·s	PV/mPa·s	YP/Pa	YP/PV/[Pa/(mPa·s)]	pH值	κ/(mS/cm)	ρ/g·cm^{-3}	tg	FL_{API}/mL
1:1	14.2	11.4	2.8	0.25	9.33	15.52	1.041	0.1228	8.0
2:1	14.0	10.8	3.2	0.30	9.28	20.10	1.045	0.1139	8.8
3:1	10.8	10.2	0.6	0.06	9.28	23.10	1.042	0.1584	8.0
4:1	8.7	7.4	1.3	0.18	9.46	23.79	1.045	0.1853	10.4
5:1	10.5	9.0	1.5	0.17	9.38	24.64	1.044	0.1495	11.6

由表4-3-4中的胍胶压裂返排液与不同比例基浆混合后的钻井液的评价结果可以看出，当胍胶压裂返排液和16%基浆以3:1混合后，钻井液的表观黏度、塑性黏度、动切力和滤失量相对于其他比例下总体较好，并且能够对返排液更多的利用。

（5）淀粉作为护胶剂。

通过加入2.0%的淀粉，1.5%改性植物酚和0.01%聚合氯化铝，对胍胶压裂返排液和不同比例基浆的混合后的钻井液性能进行评价，从而得到胍胶压裂返排液和不同比例基浆的最适混合比例，评价结果如表4-3-5所示。

表4-3-5　压裂返排液与不同比例基浆混合后的钻井液性能评价结果

混合比例	AV/mPa·s	PV/mPa·s	YP/Pa	YP/PV/[Pa/(mPa·s)]	pH值	κ/(mS/cm)	ρ/g·cm^{-3}	tg	FL_{API}/mL
1:1	12.4	10.8	1.6	0.15	8.92	11.54	1.041	0.1051	11.2
2:1	16.1	13.2	2.9	0.22	8.51	18.27	1.045	0.0875	11.8
3:1	14.0	11.8	2.2	0.19	8.94	14.19	1.042	0.1405	12.8
4:1	16.6	13.2	3.4	0.26	9.25	17.84	1.045	0.1228	12.4
5:1	20.5	15.0	5.5	0.37	8.40	18.68	1.044	0.1228	13.6

由表4-3-5中的胍胶压裂返排液与不同比例基浆混合后的钻井液的评价结果可以看出，各个混合比例下钻井液的滤失量相对较大。因此以淀粉作为护胶剂，胍胶压裂返排液与不同比例基浆混合不能满足钻井液性能要求。

（6）MV-CMC作为护胶剂。

通过加入0.40%的MV-CMC，1.5%改性植物酚和0.02%聚合氯化铝，对胍胶压裂返排液和不同比例基浆的混合后的钻井液性能进行评价，从而得到胍胶压裂返排液和不同比例基浆的最适混合比例，评价结果如表4-3-6所示。

表4-3-6　压裂返排液与不同比例基浆混合后的钻井液性能评价结果

混合比例	AV/mPa·s	PV/mPa·s	YP/Pa	YP/PV/[Pa/(mPa·s)]	pH值	κ/(mS/cm)	ρ/g·cm^{-3}	tg	FL_{API}/mL
1:1	25.0	15.8	9.2	0.58	9.55	18.52	1.045	0.1584	8.6

续表

混合比例	AV/mPa·s	PV/mPa·s	YP/Pa	YP/PV/[Pa/(mPa·s)]	pH值	κ/(mS/cm)	ρ/g·cm^{-3}	tg	FL_{API}/mL
2∶1	27.1	16.2	10.9	0.67	9.42	20.53	1.052	0.1317	8.0
3∶1	17.2	14.4	2.8	0.19	9.46	23.91	1.042	0.1495	7.2
4∶1	20.0	14.6	5.2	0.37	9.52	25.95	1.047	0.1944	8.6
5∶1	28.5	20.0	8.5	0.43	9.51	26.44	1.049	0.1317	8.4

由表4-3-6中的胍胶压裂返排液与不同比例基浆混合后的钻井液的评价结果可以看出，当胍胶压裂返排液和16%基浆以3∶1混合后，钻井液的表观黏度、塑性黏度、动切力和滤失量相对于其他比例下总体较好。

2) 不同护胶剂下胍胶压裂返排液配制钻井液的正交实验

分别以LV-CMC、MV-CMC、CMC和HV-CMC作为护胶剂，再加入改性植物酚和聚合氯化铝进行正交实验，正交实验设计分别如表4-3-7~表4-3-10所示

表4-3-7 L9(3^3)正交实验设计

实验序号	LV-CMC/%	改性植物酚/%	聚合氯化铝/%
1	2.5	0.5	0.01
2	2.5	1.5	0.02
3	2.5	2.5	0.03
4	2.0	0.5	0.02
5	2.0	1.5	0.03
6	2.0	2.5	0.01
7	1.5	0.5	0.03
8	1.5	1.5	0.01
9	1.5	2.5	0.02

表4-3-8 L9(3^3)正交实验设计

实验序号	CMC/%	改性植物酚/%	聚合氯化铝/%
1	0.45	0.5	0.01
2	0.45	1.5	0.02
3	0.45	2.5	0.03
4	0.40	0.5	0.02
5	0.40	1.5	0.03
6	0.40	2.5	0.01
7	0.35	0.5	0.03
8	0.35	1.5	0.01
9	0.35	2.5	0.02

表 4-3-9　L9(3^3) 正交实验设计

实验序号	MV-CMC/%	改性植物酚/%	聚合氯化铝/%
1	0.40	0.5	0.01
2	0.40	1.5	0.02
3	0.40	2.5	0.03
4	0.35	0.5	0.02
5	0.35	1.5	0.03
6	0.35	2.5	0.01
7	0.30	0.5	0.03
8	0.30	1.5	0.01
9	0.30	2.5	0.02

表 4-3-10　L9(3^3) 正交实验设计

实验序号	HV-CMC/%	改性植物酚/%	聚合氯化铝/%
1	0.5	0.5	0.01
2	0.5	1.5	0.02
3	0.5	2.5	0.03
4	0.4	0.5	0.02
5	0.4	1.5	0.03
6	0.4	2.5	0.01
7	0.3	0.5	0.03
8	0.3	1.5	0.01
9	0.3	2.5	0.02

(1) LV-CMC 作为护胶剂。

胍胶压裂返排液与20%基浆以4∶1混合后的钻井液性能主要受 LV-CMC 加量、改性植物酚加量和聚合氯化铝加量的影响。为得到三个因素对钻井液各个性能影响程度，在三个影响因素下进行正交实验，评价结果如表 4-3-11 所示。

表 4-3-11　LV-CMC 正交实验评价结果

序号	AV/mPa·s	PV/mPa·s	YP/Pa	YP/PV/[Pa/(mPa·s)]	pH 值	κ/(mS/cm)	ρ/g·cm^{-3}	tg	FL_{API}/mL
1	23.2	17.4	5.8	0.33	9.63	24.12	1.042	0.0963	8.6
2	44.9	37.8	7.1	0.19	9.73	38.80	1.051	0.0787	4.4
3	43.0	35.4	7.6	0.21	9.69	37.01	1.050	0.0612	5.4
4	28.6	25.2	3.4	0.13	9.71	33.93	1.046	0.0787	6.6
5	28.5	25.0	3.5	0.14	9.70	34.11	1.045	0.0963	5.8
6	28.1	24.2	3.9	0.16	9.80	36.80	1.045	0.1139	6.6

续表

序号	AV/mPa·s	PV/mPa·s	YP/Pa	YP/PV/[Pa/(mPa·s)]	pH值	κ/(mS/cm)	ρ/g·cm⁻³	tg	FL_API/mL
7	14.5	13.0	1.5	0.12	9.79	31.80	1.037	0.1139	7.6
8	20.3	14.6	5.7	0.39	9.71	32.21	1.039	0.0875	5.8
9	19.2	17.4	1.8	0.10	9.84	33.45	1.038	0.1051	7.6

用极差法对表中的数据进行分析，从而得到最适的反应条件。正交实验的 AV、PV、YP、FL 的均值主效应图如图 4-3-1~图 4-3-4 所示，均值响应如表 4-3-12、表 4-3-14、表 4-3-15、表 4-3-17 所示。

表 4-3-12 AV 均值响应表

水平	LV-CMC/%	改性植物酚/%	聚合氯化铝/%
1	18.00	22.10	23.87
2	28.40	31.23	30.90
3	37.03	30.10	28.67
Delta	19.03	9.13	7.03
排秩	1	2	3

① AV 与 LV-CMC%，改性植物酚%，聚合氯化铝%。

对正交实验结果进行极差分析，由表 4-3-12 得到三个因素的影响程度从高到低依次为：LV-CMC，改性植物酚，聚合氯化铝；从图 4-3-1 可以看出其复配条件为：1.5% LV-CMC，0.5%改性植物酚，0.01%聚合氯化铝；将 0.5%改性植物酚，0.01%聚合氯化铝固定不变，通过改变 LV-CMC 的加量，从而得到返排液配制的钻井液表观黏度最适宜时 LV-CMC 的最适加量，结果如表 4-3-13 所示。

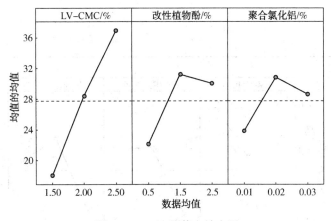

图 4-3-1 AV 均值主效应图

表 4-3-13 LV-CMC 加量对钻井液 AV 和 PV 的影响

LV-CMC 加量/%	AV/mPa·s	PV/mPa·s	YP/Pa	YP/PV/[Pa/(mPa·s)]	pH 值	κ/(mS/cm)	ρ/g·cm^{-3}	tg	FL_{API}/mL
0.5	11.7	10.2	1.5	0.15	9.25	33.80	1.032	0.1051	9.2
1.0	19.8	16.6	3.2	0.19	9.20	35.82	1.040	0.1317	7.0
1.5	24.2	19.8	4.4	0.22	9.17	38.57	1.043	0.0963	6.8
2.0	33.5	29.0	4.5	0.16	9.16	40.02	1.048	0.1228	6.4
2.5	46.2	36.4	9.8	0.27	9.24	45.29	1.050	0.1495	5.4

由表 4-3-13 中评价结果得出，当加入 1.0% LV-CMC 时，钻井液的表观黏度较适宜。因此，为了使胍胶压裂返排液配制的钻井液的表观黏度较适宜，其最适条件为：1.0% LV-CMC，0.5%改性植物酚，0.01%聚合氯化铝。

② PV 与 LV-CMC%，改性植物酚%，聚合氯化铝%。

对正交实验结果进行极差分析，由表 4-3-14 得到三个因素的影响程度从高到低依次为：LV-CMC，改性植物酚，聚合氯化铝；从图 4-3-2 可以看出其复配条件为：2.5% LV-CMC，0.5%改性植物酚，0.01%聚合氯化铝；将 0.5%改性植物酚，0.01%聚合氯化铝固定不变，通过改变 LV-CMC 的加量，从而得到胍胶返排液配制的钻井液塑性黏度最适宜时 LV-CMC 的最适加量，结果如表 4-3-13 所示。

由表 4-3-13 中评价结果得出，当加入 0.5% LV-CMC 时，钻井液的塑性黏度较适宜。因此，为了使胍胶压裂返排液配制的钻井液的塑性黏度较适宜，其最适条件为：0.5% LV-CMC，0.5%改性植物酚，0.01%聚合氯化铝。

表 4-3-14 PV 均值响应表

水平	LV-CMC/%	改性植物酚/%	聚合氯化铝/%
1	15.00	18.53	18.73
2	24.80	25.80	26.80
3	30.20	25.67	24.47
Delta	15.20	7.27	8.07
排秩	1	3	2

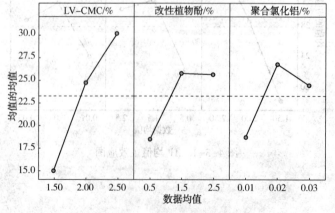

图 4-3-2 PV 均值主效应图

③ YP 与 LV-CMC%，改性植物酚%，聚合氯化铝%。

对正交实验结果进行极差分析，由表 4-3-15 得到三个因素的影响程度从高到低依次为：LV-CMC，改性植物酚，聚合氯化铝；从图 4-3-3 可以看出其复配条件为：2.5% LV-CMC，1.5%改性植物酚，0.01%聚合氯化铝；将 1.5%改性植物酚，0.01%聚合氯化铝固定不变，通过改变 LV-CMC 的加量，从而得到返排液配制的钻井液动切力最适宜时 LV-CMC 的最适加量，结果如表 4-3-16 所示。

表 4-3-15 YP 均值响应表

水 平	LV-CMC/%	改性植物酚/%	聚合氯化铝/%
1	3.000	3.567	3.467
2	3.600	5.433	4.100
3	6.867	4.467	4.233
Delta	3.867	1.867	1.033
排秩	1	2	3

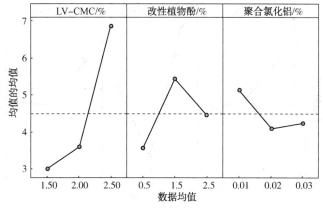

图 4-3-3 YP 均值主效应图

表 4-3-16 LV-CMC 加量对钻井液 YP 的影响

LV-CMC 加量/%	AV/mPa·s	PV/mPa·s	YP/Pa	YP/PV/[Pa/(mPa·s)]	pH 值	κ/(mS/cm)	ρ/g·cm^{-3}	tg	FL_{API}/mL
0.5	6.5	6.4	0.1	0.02	9.21	30.51	1.027	0.0875	7.6
1.0	12.1	11.2	0.9	0.08	9.17	33.71	1.034	0.1139	4.4
1.5	21.2	19.4	1.8	0.09	9.12	34.84	1.041	0.1317	4.0
2.0	35.6	30.2	5.4	0.18	9.06	38.65	1.052	0.1228	3.8
2.5	43.4	37.4	6.0	0.16	9.15	16.10	1.055	0.1405	2.6

由表 4-3-16 中评价结果得出，当加入 2.0% LV-CMC 时，钻井液的动切力较大。因此，为了使胍胶压裂返排液配制的钻井液的动切力较大，得到最适条件为：2.0% LV-CMC，1.5%改性植物酚，0.01%聚合氯化铝。

④ FL 与 LV-CMC%，改性植物酚%，聚合氯化铝%。

对正交实验结果进行极差分析，由表 4-3-17 得到三个因素的影响程度从高到低依次为：改性植物酚，LV-CMC，聚合氯化铝；从图 4-3-4 可以看出其复配条件是：2.5% LV-CMC，1.5% 改性植物酚，0.02% 聚合氯化铝；将 2.5% LV-CMC，0.02% 聚合氯化铝固定不变，通过改性植物酚的加量，从而得到控制胍胶压裂返排液配制的钻井液滤失量较低时改性植物酚的最适加量，结果如表 4-3-18 所示。

表 4-3-17 FL 均值响应表

水 平	LV-CMC/%	改性植物酚/%	聚合氯化铝/%
1	7.067	7.600	7.000
2	6.333	5.333	6.200
3	6.133	6.533	6.267
Delta	0.867	2.267	0.800
排秩	2	1	3

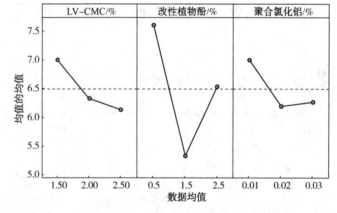

图 4-3-4 FL 均值主效应图

表 4-3-18 改性植物酚加量对钻井液 FL 的影响

改性植物酚加量/%	AV/ mPa·s	PV/ mPa·s	YP/ Pa	YP/PV/ [Pa/(mPa·s)]	pH 值	κ/ (mS/cm)	ρ/ g·cm^{-3}	tg	FL_{API}/ mL
0.5	48.0	44.6	3.4	0.08	9.24	42.23	1.049	0.1405	5.2
1.0	23.0	17.0	6	0.35	9.02	16.83	1.044	0.1228	4.4
1.5	16.0	11.6	4.4	0.38	9.11	16.67	1.040	0.1317	4.0
2.0	51.9	43.0	8.9	0.21	9.12	42.43	1.047	0.1139	4.2
2.5	53.4	44.2	9.2	0.21	9.09	42.02	1.051	0.1228	4.8

由表 4-3-18 中评价结果得出，当加入 1.5% 的改性植物酚时，钻井液的滤失量较低。因此，为了使胍胶压裂返排液配制的钻井液的滤失量较低，得到最适条件为：2.5% LV-CMC，1.5% 改性植物酚，0.02% 聚合氯化铝。

综上所述，胍胶压裂返排液配制钻井液最适条件为：1.5% LV-CMC，1.5% 改性植物

4 天然高分子基钻-采通用油田工作液研究

酚，0.01%聚合氯化铝。

（2）CMC作为护胶剂。

胍胶压裂返排液与20%基浆以4:1混合后的钻井液性能主要受CMC加量、改性植物酚加量和聚合氯化铝加量的影响。为得到三个因素对钻井液各个性能影响程度，在三个影响因素下进行正交实验，评价结果如表4-3-19所示。

表4-3-19 CMC正交实验评价结果

序号	AV/mPa·s	PV/mPa·s	YP/Pa	YP/PV/[Pa/(mPa·s)]	pH值	κ/(mS/cm)	ρ/g·cm^{-3}	tg	FL_{API}/mL
1	22.1	17.2	4.9	0.28	9.30	23.46	1.053	0.1495	8.0
2	20.5	16.0	4.5	0.28	9.30	23.42	1.050	0.1228	8.6
3	22.0	17.2	4.8	0.28	9.31	25.76	1.048	0.1673	8.2
4	18.6	15.2	3.4	0.22	9.36	22.95	1.042	0.1763	10.2
5	17.4	13.8	3.6	0.26	9.51	24.51	1.039	0.1139	4.4
6	17.7	14.2	3.5	0.25	9.23	23.84	1.045	0.1228	6.2
7	14.5	13.0	1.5	0.12	9.42	25.25	1.036	0.1495	9.4
8	14.1	11.2	2.9	0.26	9.18	24.29	1.038	0.1944	8.4
9	12.4	11.8	0.6	0.05	9.31	24.63	1.033	0.1317	8.6

用极差法对表中的数据进行分析，从而得到最适的反应条件。正交实验的均值主效应图如图4-3-5、图4-3-6、图4-3-7、图4-3-8所示，均值响应表见表4-3-20、表4-3-22、表4-3-23、表4-3-24。

① AV与CMC/%，改性植物酚%，聚合氯化铝%。

表4-3-20 AV均值响应表

水平	CMC/%	改性植物酚/%	聚合氯化铝/%
1	13.67	18.40	17.97
2	17.90	17.33	17.17
3	21.53	17.37	17.97
Delta	7.87	1.07	0.80
排秩	1	2	3

对正交实验结果进行极差分析，由表4-3-20得到三个因素的影响程度从高到低依次为：CMC，改性植物酚，聚合氯化铝；从图4-3-5可以看出其复配条件是：0.40%CMC，1.5%改性植物酚，0.01%聚合氯化铝；将1.5%改性植物酚，0.01%聚合氯化铝固定不变，通过改变CMC的加量，从而得到返排液配制的钻井液表观黏度最适宜时CMC的最适加量，结果如表4-3-21所示。

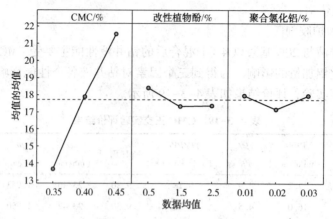

图 4-3-5 AV 均值主效应图

表 4-3-21 CMC 加量对钻井液 AV，PV 和 YP 的影响

CMC 加量/%	AV/ mPa·s	PV/ mPa·s	YP/ Pa	YP/PV/ [Pa/(mPa·s)]	pH 值	κ/ (mS/cm)	ρ/ g·cm^{-3}	tg	FL_{API}/ mL
0.30	10.9	10.0	0.9	0.09	9.14	27.87	1.041	0.1853	9.6
0.35	15.9	13.0	2.9	0.22	9.19	27.72	1.044	0.1317	6.4
0.40	16.4	13.8	2.6	0.19	9.13	27.97	1.046	0.1139	6.6
0.45	17.1	14.8	2.3	0.16	9.11	27.59	1.047	0.1405	5.2
0.50	21.7	17.6	4.1	0.23	9.06	26.62	1.051	0.1673	9.0

由表 4-3-21 中评价结果得出，当加入 0.40%CMC 时，胍胶压裂返排液配制的钻井液的表观黏度较适宜，并且钻井液的其他各个性能也较好。因此，为了使胍胶压裂返排液配制的钻井液的表观黏度较适宜，其最适条件为：0.40%CMC，1.5%改性植物酚，0.01%聚合氯化铝。

② PV 与 CMC/%，改性植物酚%，聚合氯化铝%。

对正交实验结果进行极差分析，由表 4-3-22 得到三个因素的影响程度从高到低依次为：CMC，改性植物酚，聚合氯化铝；从图 4-3-6 可以看出其复配条件是：0.35%CMC，1.5%改性植物酚，0.01%聚合氯化铝；将 1.5%改性植物酚，0.01%聚合氯化铝固定不变，通过改变 CMC 的加量，从而得到返排液配制的钻井液塑性黏度最适宜时 CMC 的最适加量，结果如表 4-3-21 所示。

表 4-3-22 PV 均值响应表

水平	CMC/%	改性植物酚/%	聚合氯化铝%
1	12.00	15.13	14.20
2	14.40	13.67	14.33
3	16.80	14.40	14.67
Delta	4.80	1.47	0.47
排秩	1	2	3

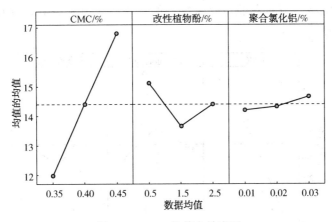

图 4-3-6 AV 均值主效应图

由表 4-3-21 中评价结果得出,当加入 0.40%CMC 时,胍胶压裂返排液配制的钻井液的塑性黏度较适宜,并且钻井液的其他各个性能也较好。因此,为了使胍胶压裂返排液配制的钻井液的塑性黏度较适宜,其最适条件为:0.40%CMC,1.5%改性植物酚,0.01%聚合氯化铝。

③ YP 与 CMC/%,改性植物酚%,聚合氯化铝%。

对正交实验结果进行极差分析,由表 4-3-23 得到三个因素的影响程度从高到低依次为:CMC,聚合氯化铝,改性植物酚;从图 4-3-7 可以看出其复配条件为:0.40%CMC,1.5%改性植物酚,0.01%聚合氯化铝;将 1.5%改性植物酚,0.01%聚合氯化铝固定不变,通过改变 CMC 的加量,从而得到返排液配制的钻井液动切力最适宜时 CMC 的最适加量,结果如表 4-3-21 所示。

表 4-3-23 YP 均值响应表

水 平	CMC/%	改性植物酚/%	聚合氯化铝%
1	1.667	3.267	3.767
2	3.500	3.667	2.833
3	4.733	2.967	3.300
Delta	3.067	0.700	0.933
排秩	1	3	2

由表 4-3-21 中评价结果得出,当加入 0.40%CMC 时,胍胶压裂返排液配制的钻井液的动切力较大,并且钻井液的其他各个性能也较好。因此,为了使胍胶压裂返排液配制的钻井液的动切力较适宜,其最适条件为:0.40%CMC,1.5%改性植物酚,0.01%聚合氯化铝。

④ FL 与 CMC/%,改性植物酚/%,聚合氯化铝/%。

对正交实验结果进行极差分析,由表 4-3-24 得到三个因素的影响程度从高到低依次为:改性植物酚,CMC,聚合氯化铝;从图 4-3-8 可以看出其复配条件是:0.40%CMC,1.5%改性植物酚,0.03%聚合氯化铝;将 0.40%CMC,0.03%聚合氯化铝固定不变,通过改变改性植物酚的加量，从而得到返排液配制的钻井液滤失量最适宜时 CMC 的最适加量，结果如表 4-3-25 所示。

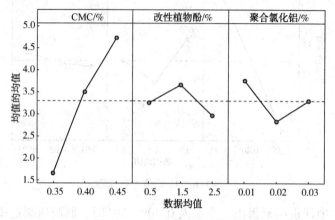

图 4-3-7　YP 均值主效应图

表 4-3-24　FL 均值响应表

水　平	CMC/%	改性植物酚/%	聚合氯化铝/%
1	8.800	9.200	7.533
2	6.933	7.133	9.133
3	8.267	7.667	7.333
Delta	1.867	2.067	1.800
排秩	2	1	3

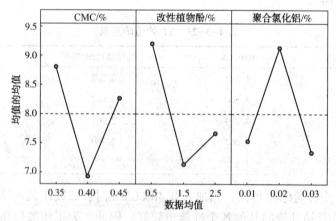

图 4-3-8　FL 均值主效应图

表 4-3-25　改性植物酚加量对钻井液 FL 的影响

改性植物酚加量/%	AV/mPa·s	PV/mPa·s	YP/Pa	YP/PV/[Pa/(mPa·s)]	pH 值	κ/(mS/cm)	ρ/g·cm^{-3}	tg	FL_{API}/mL
0.5	30.8	18.6	12.2	0.66	8.56	16.41	1.041	0.1051	9.4
1.0	29.4	18.8	10.6	0.56	8.63	16.83	1.044	0.1853	8.0

续表

改性植物酚加量/%	AV/mPa·s	PV/mPa·s	YP/Pa	YP/PV/[Pa/(mPa·s)]	pH值	κ/(mS/cm)	ρ/g·cm⁻³	tg	FL_API/mL
1.5	31.6	21.0	10.6	0.50	8.97	16.67	1.046	0.0963	6.2
2.0	29.0	19.4	9.6	0.49	8.74	16.61	1.047	0.1139	5.6
2.5	27.5	18.0	9.5	0.53	8.66	16.10	1.051	0.1495	9.0

由表 4-3-25 中评价结果得出，当加入 2.0%改性植物酚时，胍胶压裂返排液配制的钻井液的滤失量较小。因此，为了使胍胶压裂返排液配制的钻井液的滤失量较小，其最适条件为：0.40%CMC，2.0%改性植物酚，0.03%聚合氯化铝。

综上所述，胍胶压裂返排液配制钻井液最适条件为：0.40%CMC，1.5%改性植物酚，0.03%聚合氯化铝。

（3）MV-CMC 作为护胶剂。

胍胶压裂返排液与 16%基浆以 3∶1 混合后的钻井液性能主要受 MV-CMC 加量、改性植物酚加量和聚合氯化铝加量的影响。为得到三个因素对钻井液各个性能影响程度，在三个影响因素下进行正交实验，评价结果如表 4-3-26 所示。

表 4-3-26 MV-CMC 正交实验评价结果

序号	AV/mPa·s	PV/mPa·s	YP/Pa	YP/PV/[Pa/(mPa·s)]	pH值	κ/(mS/cm)	ρ/g·cm⁻³	tg	FL_API/mL
1	23.5	16.4	7.1	0.43	9.30	21.98	1.050	0.1317	9.8
2	20.6	14.8	5.8	0.39	9.23	21.85	1.051	0.1228	7.2
3	21.2	15.4	5.8	0.38	8.35	18.85	1.049	0.1405	8.6
4	15.5	13.0	2.5	0.19	7.98	17.11	1.043	0.1139	9.6
5	15.0	11.6	3.4	0.29	8.03	17.72	1.045	0.0963	10.4
6	16.6	13.2	3.4	0.26	9.24	22.32	1.048	0.1051	8.0
7	13.4	10.8	2.6	0.24	7.90	19.20	1.044	0.1584	10.0
8	12.5	11.2	1.3	0.12	9.26	21.55	1.040	0.1763	10.4
9	12.0	10.6	1.4	0.13	8.10	17.89	1.042	0.1228	7.6

用极差法对表中的数据进行分析，从而得到最适的反应条件。正交实验的均值主效应图如图 4-3-9~图 4-3-12 所示，均值响应表见表 4-3-27、表 4-3-29、表 4-3-31、表 4-3-32。

① AV 与 MV-CMC/%，改性植物酚/%，聚合氯化铝/%。

对正交实验结果进行极差分析，由表 4-3-27 得到三个因素的影响程度从高到低依次为：MV-CMC，聚合氯化铝，改性植物酚；从图 4-3-9 可以看出其复配条件是：0.40% MV-CMC，0.5%改性植物酚，0.01%聚合氯化铝；将 0.5%改性植物酚，0.01%聚合氯化铝固定不变，通过改变改性植物酚的加量，从而得到返排液配制的钻井液表观黏度最适宜时 MV-CMC 的最适加量，结果如表 4-3-28 所示。

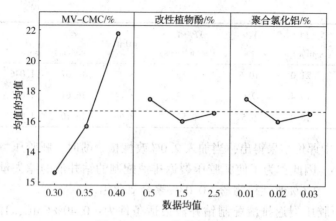

图 4-3-9　AV 均值主效应图

表 4-3-27　AV 均值响应表

水　平	MV-CMC/%	改性植物酚/%	聚合氯化铝/%
1	12.63	17.47	17.53
2	15.70	16.03	16.03
3	21.77	16.60	16.53
Delta	9.13	1.43	1.50
排秩	1	3	2

表 4-3-28　MV-CMC 加量对钻井液 AV 和 YP 的影响

MV-CMC/%	AV/mPa·s	PV/mPa·s	YP/Pa	YP/PV/[Pa/(mPa·s)]	pH 值	κ/(mS/cm)	ρ/g·cm^{-3}	tg	FL_{API}/mL
0.25	11.7	10.4	1.3	0.13	9.18	25.48	1.042	0.1228	13.0
0.30	15.4	13.0	2.4	0.18	9.15	25.69	1.043	0.1405	9.0
0.35	17.0	13.6	3.4	0.25	9.25	26.52	1.045	0.1139	8.4
0.40	23.0	16.8	6.2	0.37	9.22	26.65	1.045	0.1051	8.0
0.45	29.0	20.4	8.6	0.42	9.19	27.57	1.048	0.1317	7.4

由表 4-3-28 中评价结果得出，当加入 0.35%MV-CMC 时，胍胶压裂返排液配制的钻井液的表观黏度较适宜。因此，为了使胍胶压裂返排液配制的钻井液的表观黏度较适宜，其最适条件为：0.35% MV-CMC，0.5% 改性植物酚，0.01% 聚合氯化铝。

② PV 与 MV-CMC/%，改性植物酚/%，聚合氯化铝/%。

对正交实验结果进行极差分析，由表 4-3-29 得到三个因素的影响程度从高到低依次为：MV-CMC，聚合氯化铝，改性植物酚；从图 4-3-10 可以看出其复配条件是：0.30% MV-CMC，1.5% 改性植物酚，0.03% 聚合氯化铝；将 1.5% 改性植物酚，0.03% 聚合氯化铝固定不变，通过改变 MV-CMC 的加量，从而得到返排液配制的钻井液塑性黏度最适宜时 MV-CMC 的最适加量，结果如表 4-3-30 所示。

表 4-3-29　PV 均值响应表

水　平	MV-CMC/%	改性植物酚/%	聚合氯化铝/%
1	10.87	13.40	13.60
2	12.60	12.53	12.80
3	15.53	13.07	12.60
Delta	4.67	0.87	1.00
排秩	1	3	2

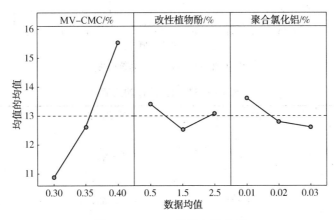

图 4-3-10　PV 均值主效应图

表 4-3-30　MV-CMC 加量对钻井液 PV 的影响

MV-CMC 加量/%	AV/ mPa·s	PV/ mPa·s	YP/ Pa	YP/PV/ [Pa/(mPa·s)]	pH 值	κ/ (mS/cm)	ρ/ g·cm^{-3}	tg	FL_{API}/ mL
0.25	10.7	9.6	1.1	0.11	9.10	26.65	1.039	0.1495	13.0
0.30	14.2	13.2	1.0	0.08	9.22	26.92	1.042	0.1317	10.0
0.35	17.0	14.0	3.0	0.21	9.20	27.35	1.045	0.1405	11.0
0.40	22.4	16.2	6.2	0.38	9.17	27.37	1.046	0.1139	10.6
0.45	25.2	19.2	6.0	0.31	9.21	27.38	1.048	0.1228	12.0

由表 4-3-30 中评价结果得出，当加入 0.35% MV-CMC 时，胍胶压裂返排液配制的钻井液的塑性黏度较适宜。因此，为了使胍胶压裂返排液配制的钻井液的塑性黏度较适宜，其最适条件为：0.35% MV-CMC，1.5%改性植物酚，0.03%聚合氯化铝。

③ YP 与 MV-CMC/%，改性植物酚/%，聚合氯化铝/%。

对正交实验结果进行极差分析，由表 4-3-31 得到三个因素的影响程度从高到低依次为：MV-CMC，聚合氯化铝，改性植物酚；从图 4-3-11 可以看出其复配条件是：0.40% MV-CMC，0.5%改性植物酚，0.01%聚合氯化铝；将 0.5%改性植物酚，0.01%聚合氯化铝固定不变，通过改变 MV-CMC 的加量，从而得到返排液配制的钻井液动切力较大时 MV-CMC 的最适加量，结果如表 4-3-28 所示。

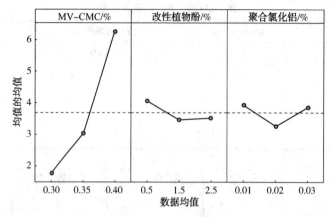

图 4-3-11 YP 均值主效应图

表 4-3-31 YP 均值响应表

水平	MV-CMC/%	改性植物酚/%	聚合氯化铝/%
1	1.767	4.067	3.933
2	3.033	3.467	3.267
3	6.267	3.533	3.867
Delta	4.500	0.600	0.667
排秩	1	3	2

由表 4-3-28 中评价结果得出，当加入 0.35% MV-CMC 时，胍胶压裂返排液配制的钻井液的动切力较大。因此，为了使胍胶压裂返排液配制的钻井液的动切力较大，其最适条件为：0.35% MV-CMC，0.5%改性植物酚，0.01%聚合氯化铝。

④ FL 与 MV-CMC/%，改性植物酚/%，聚合氯化铝/%。

对正交实验结果进行极差分析，由表 4-3-32 得到三个因素的影响程度从高到低依次为：改性植物酚，MV-CMC，聚合氯化铝；从图 4-3-12 可以看出其复配条件是：0.40% MV-CMC，2.5%改性植物酚，0.02%聚合氯化铝；将 0.40% MV-CMC，0.02%聚合氯化铝固定不变，通过改变改性植物酚的加量，从而得到返排液配制的钻井液滤失量较小时改性植物酚的最适加量，结果如表 4-3-33 所示。

表 4-3-32 FL 均值响应表

水平	MV-CMC/%	改性植物酚/%	聚合氯化铝/%
1	9.333	9.800	9.400
2	9.333	9.333	8.133
3	8.533	8.067	9.667
Delta	0.800	1.733	0.767
排秩	3	1	2

4 天然高分子基钻-采通用油田工作液研究

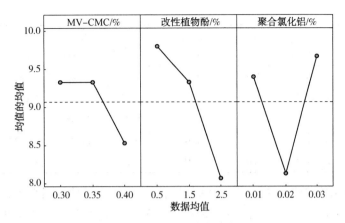

图 4-3-12 FL 均值主效应图

表 4-3-33 改性植物酚加量对钻井液 FL 的影响

改性植物酚加量/%	AV/mPa·s	PV/mPa·s	YP/Pa	YP/PV/[Pa/(mPa·s)]	pH 值	κ/(mS/cm)	ρ/g·cm^{-3}	tg	FL_{API}/mL
0.5	22.2	16.2	6.0	0.37	9.25	28.32	1.047	0.1317	6.8
1.0	21.4	15.6	5.8	0.37	9.16	27.12	1.045	0.1051	7.2
1.5	20.3	15.2	5.1	0.34	9.12	26.83	1.046	0.0875	6.6
2.0	19.7	16.0	3.7	0.23	9.11	26.51	1.045	0.1051	9.0
2.5	19.6	14.8	4.8	0.32	9.04	26.20	1.044	0.1139	10.0

由表 4-3-33 中评价结果得出,当加入 1.5%改性植物酚时,胍胶压裂返排液配制的钻井液的滤失量较小,并且钻井液其他各个性能也较好。因此,为了使胍胶压裂返排液配制的钻井液的滤失量较小,其最适条件为:0.40% MV-CMC,1.5%改性植物酚,0.02%聚合氯化铝。

综上所述,胍胶压裂返排液配制钻井液最适条件为:0.40% MV-CMC,1.5%改性植物酚,0.02%聚合氯化铝。

(4) HV-CMC 作为护胶剂。

胍胶压裂返排液与 16%基浆以 3:1 混合后的钻井液性能主要受 HV-CMC 加量、改性植物酚加量和聚合氯化铝加量的影响。为得到三个因素对钻井液各个性能影响程度,在三个影响因素下进行正交实验,评价结果如表 4-3-34 所示。

表 4-3-34 HV-CMC 正交实验结果

序号	AV/mPa·s	PV/mPa·s	YP/Pa	YP/PV/[Pa/(mPa·s)]	pH 值	κ/(mS/cm)	ρ/g·cm^{-3}	tg	FL_{API}/mL
1	27.5	23.8	3.7	0.16	9.30	25.91	1.047	0.1051	7.2
2	24.5	18.0	6.5	0.36	9.30	24.01	1.045	0.1584	9.2
3	23.6	18.2	5.4	0.30	9.31	24.03	1.045	0.1405	8.4
4	18.0	14.8	3.2	0.22	9.36	24.94	1.043	0.1139	9.6

续表

序号	AV/mPa·s	PV/mPa·s	YP/Pa	YP/PV/[Pa/(mPa·s)]	pH值	κ/(mS/cm)	ρ/g·cm^{-3}	tg	FL_{API}/mL
5	17.1	14.2	2.9	0.20	9.51	24.40	1.044	0.1763	7.8
6	15.9	12.8	3.1	0.24	9.23	24.52	1.042	0.1495	7.6
7	10.0	9.0	1.0	0.11	9.42	23.48	1.040	0.1853	8.0
8	11.6	10.2	1.4	0.14	9.18	24.24	1.043	0.2035	6.0
9	13.2	11.2	2.0	0.18	9.31	23.06	1.044	0.1317	7.6

用极差法对表中的数据进行分析，从而得到最适的反应条件。正交实验的均值主效应图如图4-3-13~图4-3-16所示，均值响应表见表4-3-35、表4-3-37、表4-3-39、表4-3-40。

① AV 与 HV-CMC/%，改性植物酚/%，聚合氯化铝/%。

对正交实验结果进行极差分析，由表4-3-35得到三个因素的影响程度从高到低依次为：HV-CMC，聚合氯化铝，改性植物酚；从图4-3-13可以看出其复配条件是：0.40% HV-CMC，1.5%改性植物酚，0.02%聚合氯化铝；将1.5%改性植物酚，0.02%聚合氯化铝固定不变，通过改变HV-CMC的加量，从而得到返排液配制的钻井液表观黏度较适宜时HV-CMC的最适加量，结果如表4-3-36所示。

表4-3-35 AV 均值响应表

水平	HV-CMC/%	改性植物酚/%	聚合氯化铝/%
1	11.60	18.50	18.33
2	17.00	17.73	18.57
3	25.20	17.57	16.90
Delta	13.60	0.93	1.67
排秩	1	3	2

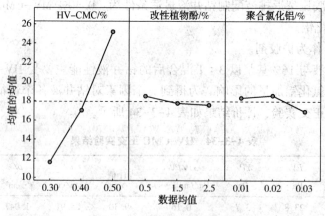

图4-3-13 AV 均值主效应图

4 天然高分子基钻-采通用油田工作液研究

表 4-3-36 HV-CMC 加量对钻井液 AV 和 YP 的影响

HV-CMC 加量/%	AV/ mPa·s	PV/ mPa·s	YP/ Pa	YP/PV/ [Pa/(mPa·s)]	pH 值	κ/ (mS/cm)	ρ/ g·cm^{-3}	tg	FL_{API}/ mL
0.10	13.1	11.4	1.7	0.15	9.07	27.05	1.041	0.0787	5.4
0.20	14.6	12.6	2.0	0.16	9.04	26.25	1.044	0.1495	7.0
0.30	21.0	16.2	4.8	0.30	9.06	26.84	1.046	0.1051	8.4
0.40	25.1	18.4	6.7	0.36	8.98	26.41	1.048	0.0963	8.6
0.50	30.1	21.2	8.9	0.42	9.03	26.79	1.047	0.1139	8.2

由表 4-3-36 中评价结果得出，当加入 0.20% HV-CMC 时，胍胶压裂返排液配制的钻井液的表观黏度较适宜，并且钻井液其他各个性能也较好。因此，为了使胍胶压裂返排液配制的钻井液的表观黏度较适宜，其最适条件为：0.20% HV-CMC，1.5%改性植物酚，0.02%聚合氯化铝。

② PV 与 HV-CMC/%，改性植物酚/%，聚合氯化铝/%。

对正交实验结果进行极差分析，由表 4-3-37 得到三个因素的影响程度从高到低依次为：HV-CMC，聚合氯化铝，改性植物酚；从图 4-3-14 可以看出其复配条件是：0.30% HV-CMC，1.5%改性植物酚，0.03%聚合氯化铝；将 1.5%改性植物酚，0.03%聚合氯化铝固定不变，通过改变 HV-CMC 的加量，从而得到返排液配制的钻井液塑性黏度较适宜时改性植物酚的最适加量，结果如表 4-3-38 所示。

表 4-3-37 PV 均值响应表

水 平	HV-CMC/%	改性植物酚/%	聚合氯化铝/%
1	10.13	15.87	15.60
2	13.93	14.13	14.67
3	20.00	14.07	13.80
Delta	9.87	1.80	1.80
排秩	1	3	2

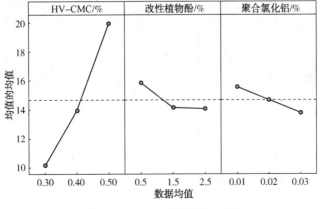

图 4-3-14 PV 均值主效应图

表 4-3-38 HV-CMC 加量对钻井液 PV 的影响

HV-CMC 加量/%	AV/ mPa·s	PV/ mPa·s	YP/ Pa	YP/PV/ [Pa/(mPa·s)]	pH 值	κ/ (mS/cm)	ρ/ g·cm^{-3}	tg	FL_{API}/ mL
0.10	14.7	11.6	3.1	0.27	9.05	16.41	1.041	0.0875	9.2
0.20	17.5	13.2	4.3	0.33	9.02	16.83	1.044	0.0787	6.6
0.30	23.0	16.8	6.2	0.37	9.11	16.67	1.046	0.0963	7.0
0.40	27.2	18.6	8.6	0.46	9.08	16.75	1.049	0.1228	8.8
0.50	29.0	20.4	8.6	0.42	9.03	16.61	1.047	0.0963	9.0

由表 4-3-28 中评价结果得出，当加入 0.20% HV-CMC 时，胍胶压裂返排液配制的钻井液塑性黏度较适宜，并且钻井液其他各个性能也较好。因此，为了使胍胶压裂返排液配制的钻井液的塑性黏度较适宜，其最适条件为：0.20% HV-CMC，1.5% 改性植物酚，0.03% 聚合氯化铝。

③ YP 与 HV-CMC/%，改性植物酚/%，聚合氯化铝/%。

对正交实验结果进行极差分析，由表 4-3-39 得到三个因素的影响程度从高到低依次为：HV-CMC，聚合氯化铝，改性植物酚；从图 4-3-15 可以看出其复配条件是：0.50% HV-CMC，1.5% 改性植物酚，0.02% 聚合氯化铝；将 1.5% 改性植物酚，0.02% 聚合氯化铝固定不变，通过改变 HV-CMC 的加量，从而得到返排液配制的钻井液动切力较大时 HV-CMC 的最适加量，结果如表 4-3-36 所示。

表 4-3-39 YP 均值响应表

水平	HV-CMC/%	改性植物酚/%	聚合氯化铝/%
1	1.467	2.600	2.700
2	3.067	3.600	3.900
3	5.167	3.500	3.100
Delta	3.700	1.000	1.200
排秩	1	3	2

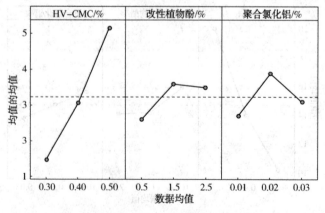

图 4-3-15 YP 均值主效应图

由表 4-3-36 中评价结果得出，当加入 0.20% HV-CMC 时，胍胶压裂返排液配制的钻井液的动切力较适宜。因此，为了使胍胶压裂返排液配制的钻井液的动切力较适宜，其最适条件为：0.20% HV-CMC，1.5% 改性植物酚，0.02% 聚合氯化铝。

④ FL 与 HV-CMC/%，改性植物酚/%，聚合氯化铝/%。

对正交实验结果进行极差分析，由表 4-3-40 得到三个因素的影响程度从高到低依次为：聚合氯化铝，HV-CMC，改性植物酚；从图 4-3-16 可以看出其复配条件是：0.30% HV-CMC，1.5% 改性植物酚，0.01% 聚合氯化铝；将 0.30% HV-CMC，1.5% 改性植物酚固定不变，通过改变聚合氯化铝的加量，从而得到返排液配制的钻井液滤失量较小时聚合氯化铝的最适加量，结果如表 4-3-41 所示。

表 4-3-40　FL 均值响应表

水　平	HV-CMC/%	改性植物酚/%	聚合氯化铝/%
1	7.200	8.267	6.933
2	8.333	7.667	8.800
3	8.267	7.867	8.067
Delta	1.133	0.600	1.867
排秩	2	3	1

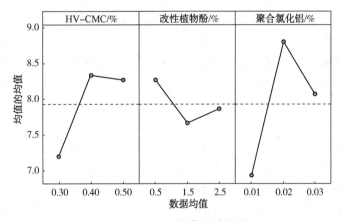

图 4-3-16　FL 均值主效应图

表 4-3-41　聚合氯化铝加量对钻井液 FL 的影响

聚合氯化铝加量/%	AV/mPa·s	PV/mPa·s	YP/Pa	YP/PV/[Pa/(mPa·s)]	pH 值	κ/(mS/cm)	ρ/g·cm^{-3}	tg	FL_{API}/mL
0.01	14.7	12.2	2.5	0.22	9.14	26.63	1.041	0.1228	9.2
0.02	13.9	12.2	1.7	0.14	9.02	16.83	1.044	0.0699	5.8
0.03	14.1	11.8	2.3	0.17	9.11	16.67	1.046	0.1051	8.8
0.04	14.8	12.0	2.8	0.23	9.03	16.61	1.047	0.1051	12.4
0.05	15.6	12.6	3.0	0.24	9.08	16.10	1.051	0.0875	18.2

由表 4-3-41 中评价结果得出，当加入 0.02% 聚合氯化铝时，胍胶压裂返排液配制的钻

井液的滤失量较小。因此，为了使胍胶压裂返排液配制的钻井液的滤失量较小，其最适条件为：0.30% HV-CMC，1.5%改性植物酚，0.02%聚合氯化铝。

综上所述，胍胶压裂返排液配制钻井液最适条件为：0.30% HV-CMC，1.5%改性植物酚，0.01%聚合氯化铝。

4.3.2 胍胶压裂返排液配制钻井液性能评价

1) 温度对胍胶压裂返排液配制的钻井液性能影响

将钻井液分别在90℃、120℃、150℃和180℃下老化16h，探究其钻井液的抗温性能。从表4-3-42的数据能够发现，随着温度的上升，以LV-CMC、CMC、MV-CMC和HV-CMC作为护胶剂，钻井液的表观黏度、塑性黏度、动切力和动塑比都逐渐减小，钻井液的滤失量增大；以低LV-CMC作为护胶剂，在150℃下，钻井液的各个性能较好，且都能满足钻井液性能要求；以CMC、MV-CMC和HV-CMC作为护胶剂，在120℃下，钻井液的各个性能都能满足要求。

表4-3-42 不同温度下胍胶压裂返排液配制的钻井液性能评价

温度/℃	处理剂	AV/mPa·s	PV/mPa·s	YP/Pa	YP/PV/[Pa/(mPa·s)]	pH值	tg	FL_{API}/mL
30	LV-CMC	21.9	17.5	4.4	0.25	9.32	0.1763	5.8
	CMC	17.4	13.8	3.6	0.26	9.15	0.0963	4.4
	MV-CMC	20.6	14.8	5.8	0.39	9.23	0.1228	7.2
	HV-CMC	17.1	14.2	2.9	0.20	9.21	0.1451	6.4
90	LV-CMC	9.6	8.8	0.8	0.09	9.03	0.1228	6.0
	CMC	10.2	9.6	0.6	0.06	9.13	0.1405	6.4
	MV-CMC	11.4	10.2	1.2	0.12	8.86	0.1584	8.0
	HV-CMC	10.9	9.4	1.5	0.16	9.27	0.1944	9.0
120	LV-CMC	8.9	8.4	0.5	0.06	8.67	0.2126	6.4
	CMC	7.0	6.8	0.2	0.03	9.14	0.1673	7.0
	MV-CMC	9.6	8.2	1.4	0.17	9.05	0.1853	8.6
	HV-CMC	10.1	8.4	1.7	0.20	9.06	0.1495	12.4
150	LV-CMC	8.6	7.6	1.0	0.13	9.10	0.1584	9.0
	CMC	5.1	4.8	0.3	0.06	9.17	0.1763	16.4
	MV-CMC	4.8	4.4	0.4	0.09	8.92	0.1853	18.8
	HV-CMC	5.4	5.0	0.4	0.08	9.12	0.2035	17.2
180	LV-CMC	3.9	3.2	0.7	0.22	8.64	0.1763	16.2
	CMC	4.6	4.2	0.4	0.10	9.11	0.1317	19.2
	MV-CMC	3.7	3.6	0.1	0.03	9.02	0.1228	26.4
	HV-CMC	5.1	5.0	0.1	0.02	9.23	0.1584	25.6

4 天然高分子基钻-采通用油田工作液研究

2)不同润滑剂对钻井液润滑性的影响

(1)聚合醇润滑剂在含不同护胶剂钻井液中润滑性评价。

① 以 LV-CMC 作为护胶剂。

从表 4-3-43 中看出,以 LV-CMC 作为护胶剂,随着聚合醇润滑剂加量的增大,钻井液的摩擦阻力系数明显减小,钻井液的各个性能较好;当加了 0.3% 聚合醇润滑剂时,钻井液的摩擦阻力系数为 0.0787,钻井液润滑性较好,满足钻井需求。

表 4-3-43 不同比例聚合醇润滑剂在钻井液中润滑性的评价

聚合醇润滑剂加量/%	$AV/\mathrm{mPa \cdot s}$	$PV/\mathrm{mPa \cdot s}$	YP/Pa	$YP/PV/[\mathrm{Pa}/(\mathrm{mPa \cdot s})]$	pH 值	tg	FL_{API}/mL
0.1	13.0	11.0	2.0	0.18	9.08	0.1584	8.0
0.2	13.6	11.1	2.5	0.23	9.03	0.1317	9.6
0.3	16.0	13.2	2.8	0.21	9.08	0.0787	7.0
0.4	15.5	12.8	2.7	0.21	9.13	0.1051	8.2
0.5	15.0	12.6	2.4	0.19	9.11	0.0875	10.4

② 以 CMC 作为护胶剂。

从表 4-3-44 中看出,以 CMC 作为护胶剂,随着聚合醇润滑剂加量的增大,钻井液的摩擦阻力系数明显减小,钻井液的各个性能较好;当加了 0.5% 聚合醇润滑剂时,钻井液的摩擦阻力系数为 0.0524,钻井液润滑性较好,满足钻井需求。

表 4-3-44 不同比例聚合醇润滑剂在钻井液中润滑性的评价

聚合醇润滑剂加量/%	$AV/\mathrm{mPa \cdot s}$	$PV/\mathrm{mPa \cdot s}$	YP/Pa	$YP/PV/[\mathrm{Pa}/(\mathrm{mPa \cdot s})]$	pH 值	tg	FL_{API}/mL
0.1	16.9	15.8	1.1	0.07	8.65	0.1051	4.8
0.2	17.4	16.0	1.4	0.09	8.82	0.0875	5.4
0.3	17.9	16.0	1.9	0.12	8.68	0.0699	5.8
0.4	18.0	16.6	1.4	0.08	8.87	0.0699	5.0
0.5	18.4	17.8	0.6	0.03	8.94	0.0524	4.0

③ 以 MV-CMC 作为护胶剂。

从表 4-3-45 中看出,以 MV-CMC 作为护胶剂,随着聚合醇润滑剂加量的增大,钻井液的摩擦阻力系数明显减小,钻井液的滤失量增大,其他性能较好;当加了 0.3% 聚合醇润滑剂时,钻井液的摩擦阻力系数为 0.0787,钻井液润滑性较好,满足钻井需求。

表 4-3-45 不同比例聚合醇润滑剂在钻井液中润滑性的评价

聚合醇润滑剂加量/%	$AV/\mathrm{mPa \cdot s}$	$PV/\mathrm{mPa \cdot s}$	YP/Pa	$YP/PV/[\mathrm{Pa}/(\mathrm{mPa \cdot s})]$	pH 值	tg	FL_{API}/mL
0.1	21.5	15.0	6.5	0.43	9.08	0.1139	9.8
0.2	21.1	14.9	6.2	0.42	9.12	0.0963	9.4
0.3	20.7	16.0	4.7	0.29	9.11	0.0787	10.2
0.4	20.5	15.0	5.5	0.37	9.03	0.1051	9.0
0.5	20.5	14.8	5.7	0.39	9.08	0.0963	9.2

④ 以 HV-CMC 作为护胶剂。

从表 4-3-46 中看出,以 HV-CMC 作为护胶剂,随着聚合醇润滑剂加量的增大,钻井液的摩擦阻力系数明显减小,并且钻井液的其他性能也较好;当加了 0.3% 聚合醇润滑剂时,钻井液的摩擦阻力系数为 0.0875,钻井液润滑性较好且加量较少,满足钻井需求。

表 4-3-46 不同比例聚合醇润滑剂在钻井液中润滑性的评价

聚合醇润滑剂加量/%	$AV/mPa \cdot s$	$PV/mPa \cdot s$	YP/Pa	$YP/PV/[Pa/(mPa \cdot s)]$	pH 值	tg	FL_{API}/mL
0.1	21.6	15.0	6.6	0.44	8.90	0.1228	4.0
0.2	21.4	15.2	6.2	0.41	8.81	0.1051	4.2
0.3	20.8	14.6	6.2	0.42	8.85	0.0875	5.2
0.4	20.6	14.0	6.6	0.47	8.83	0.0963	5.8
0.5	20.5	13.6	6.9	0.51	8.87	0.0875	6.0

由表 4-3-43~表 4-3-46 可知,聚合醇润滑剂对钻井液具有较好的润滑效果,主要是因为聚合醇润滑剂低于其浊点时为水溶性的溶液,其具有一定的表面活性,极易吸附在固体的表面,从而使得钻井液具有很好的润滑性;当其高于浊点温度时,聚合醇从钻井液中析出,附着在井壁上,形成一种油状的薄膜,减少摩擦,从而提高其润滑性。

2) 杂聚糖润滑剂在含不同护胶剂钻井液中润滑性评价。

① 以 LV-CMC 作为护胶剂。

从表 4-3-47 中看出,以 LV-CMC 作为护胶剂,随着杂聚糖润滑剂加量的增大,钻井液的摩擦阻力系数减小,钻井液的其他性能也较好;当加了 0.3% 杂聚糖润滑剂时,钻井液的摩擦阻力系数为 0.0787,钻井液润滑性较好,满足钻井需求。

表 4-3-47 不同比例杂聚糖润滑剂在钻井液中润滑性的评价

杂聚糖润滑剂加量/%	$AV/mPa \cdot s$	$PV/mPa \cdot s$	YP/Pa	$YP/PV/[Pa/(mPa \cdot s)]$	pH 值	tg	FL_{API}/mL
0.1	17.8	13.6	4.2	0.31	9.07	0.1228	6.4
0.2	15.6	12.2	3.4	0.28	9.05	0.1317	6.0
0.3	14.2	11.4	2.8	0.25	9.02	0.0787	5.8
0.4	14.6	11.7	2.9	0.25	9.06	0.0963	5.4
0.5	14.1	11.4	2.7	0.24	9.01	0.1051	5.2

② 以 CMC 作为护胶剂。

从表 4-3-48 中看出,以 CMC 作为护胶剂,随着杂聚糖润滑剂加量的增大,钻井液的摩擦阻力系数先减小后增大,钻井液的其他性能也较好;当加了 0.5% 杂聚糖润滑剂时,钻井液的摩擦阻力系数为 0.0787,钻井液润滑性较好,满足钻井需求。

表 4-3-48 不同比例杂聚糖润滑剂在钻井液中润滑性的评价

杂聚糖润滑剂加量/%	$AV/mPa \cdot s$	$PV/mPa \cdot s$	YP/Pa	$YP/PV/[Pa/(mPa \cdot s)]$	pH 值	tg	FL_{API}/mL
0.1	20.2	17.6	2.6	0.15	9.05	0.1405	6.6
0.2	19.6	17.2	2.4	0.14	9.02	0.1228	6.8
0.3	19.5	17.2	2.3	0.13	9.11	0.1228	5.2
0.4	19.2	17.0	2.2	0.13	9.03	0.1051	4.8
0.5	19.0	17.0	2.0	0.12	9.08	0.0787	4.6

③ 以 MV-CMC 作为护胶剂。

从表 4-3-49 中看出，以 MV-CMC 作为护胶剂，随着杂聚糖润滑剂加量的增大，钻井液的摩擦阻力系数逐渐减小，钻井液的其他性能也较好；当加了 0.5% 杂聚糖润滑剂时，钻井液的摩擦阻力系数为 0.0524，钻井液润滑性较好，满足钻井需求。

表 4-3-49　不同比例杂聚糖润滑剂在钻井液中润滑性的评价

杂聚糖润滑剂加量/%	AV/mPa·s	PV/mPa·s	YP/Pa	YP/PV/[Pa/(mPa·s)]	pH 值	tg	FL_{API}/mL
0.1	21.1	15.2	5.9	0.39	9.05	0.1051	7.0
0.2	21.7	16.6	5.1	0.31	9.02	0.0699	6.8
0.3	23.3	17.4	5.8	0.33	9.11	0.0699	5.4
0.4	24.4	17.4	7	0.40	9.03	0.0612	5.2
0.5	25.2	17.6	7.6	0.43	9.08	0.0524	4.8

④ 以 HV-CMC 作为护胶剂。

从表 4-3-50 中看出，以 HV-CMC 作为护胶剂，随着杂聚糖润滑剂加量的增大，钻井液的摩擦阻力系数先减小后增大，钻井液的其他性能也较好；当加了 0.3% 杂聚糖润滑剂时，钻井液的摩擦阻力系数为 0.0787，钻井液润滑性较好，满足钻井需求。

表 4-3-50　不同比例杂聚糖润滑剂在钻井液中润滑性的评价

杂聚糖润滑剂加量/%	AV/mPa·s	PV/mPa·s	YP/Pa	YP/PV/[Pa/(mPa·s)]	pH 值	tg	FL_{API}/mL
0.1	26.4	18.8	7.6	0.40	9.05	0.0963	6.4
0.2	25.5	18.0	7.5	0.42	9.02	0.0875	6.0
0.3	25.3	18.4	6.9	0.38	9.11	0.0787	5.8
0.4	25.1	18.2	6.9	0.38	9.03	0.0875	5.4
0.5	25.3	18.6	6.7	0.36	9.08	0.1051	5.2

由以上实验结果可知，杂聚糖润滑剂对以 LV-CMC、CMC、MV-CMC 和 HV-CMC 作为护胶剂下的钻井液的润滑性有很大的提升，并且钻井液的其他性能也较好，主要是因为杂聚糖润滑剂其主要成分时杂聚糖，杂聚糖长链分子和黏土颗粒的桥联作用在黏土表面形成一层润滑膜，从而使得钻井液的润滑性得到提升。

3）对比清洁压裂返排液配制的钻井液与苏里格气田现场钻井液性能

根据表 4-3-51 中的数据可知，与苏里格气田某地区现场钻井液的性能要求对比，使用胍胶压裂返排液配制钻井液，以 LV-CMC 作为护胶剂，钻井液的塑性黏度、动切力、摩擦阻力系数和滤失量都满足现场生产要求；以 CMC 和 HV-CMC 作为护胶剂，钻井液的塑性黏度、动切力和滤失量都满足现场生产要求，摩擦阻力系数相对较大；以作为护胶剂，钻井液的摩擦阻力系数、动切力和滤失量都满足现场生产要求，塑性黏度相对较大。其中以 LV-CMC 作为护胶剂，胍胶压裂返排液配制的钻井液各个性能总体最好，其钻井液配方为 1.5% LV-CMC，1.5% 改性植物酚，0.01% 聚合氯化铝。

表 4-3-51　胍胶压裂返排液配制的钻井液与现场钻井液性能对比

名称	PV/mPa·s	YP/Pa	tg	FL_{API}/mL
现场	3~15	2~10	≤0.08	≤6.0
LV-CMC	11.4	2.8	0.0787	5.8
CMC	13.8	3.6	0.1139	4.4
MV-CMC	17.4	7.0	0.0612	5.2
HV-CMC	13.6	6.9	0.0875	6.0

4）胍胶压裂返排液配制的钻井液对黏土水化抑制性评价

(1) 30℃下线性膨胀率。

在30℃下，通过对以 LV-CMC、CMC、MV-CMC 和 HV-CMC 作为护胶剂配制的钻井液及其上清液的线性膨胀率进行测定，从而评价其对黏土的抑制性，结果如图 4-3-17 和图 4-3-18 所示。

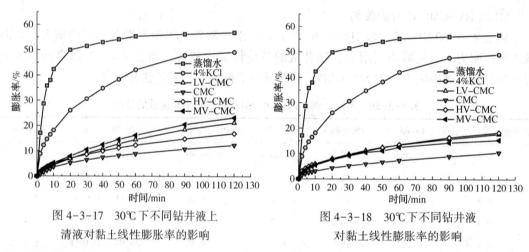

图 4-3-17　30℃下不同钻井液上清液对黏土线性膨胀率的影响　　图 4-3-18　30℃下不同钻井液对黏土线性膨胀率的影响

由图 4-3-17、图 4-3-18 可知，在30℃下，胍胶压裂液返排液配制的钻井液和钻井液上清液对黏土水化膨胀均有良好的抑制作用。以 LV-CMC、CMC、MV-CMC 和 HV-CMC 作为护胶剂，在 120min 时，胍胶压裂液返排液配制的钻井液上清液对黏土的膨胀率分别为 21.28%、12.42%、16.98% 和 23.24%，明显低于 4%KCl 的 49.14%。在 120min 时，胍胶压裂液返排液配制的钻井液的黏土膨胀率分别为 17.86%、10.55%、18.43% 和 15.49%，明显低于 4%KCl 的 49.14%。表明胍胶压裂液返排液配制的钻井液以及钻井液上清液对膨润土的水化膨胀都有较好的抑制性。其中以 CMC 作为护胶剂，在 30℃ 下，胍胶压裂返排液配制的钻井液以及上清液对抑制膨润土的水化膨胀效果最好。这可能是胍胶压裂返排液配制的钻井液中含有钾离子、铵离子，由于其水化半径较小及水化能较低，易进入黏土层间两个氧六角环之间的空间，通过晶格固定作用抑制黏土水化膨胀。

(2) 90℃下线性膨胀率。

在90℃下，通过对以 LV-CMC、CMC、MV-CMC 和 HV-CMC 作为护胶剂配制的钻井液及其上清液的线性膨胀率进行测定，从而评价其对黏土的抑制性，结果如图 4-3-19 和图 4-3-20 所示。

4 天然高分子基钻-采通用油田工作液研究

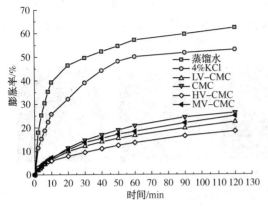

图4-3-19 90℃下不同钻井液上
清液对黏土线性膨胀率的影响

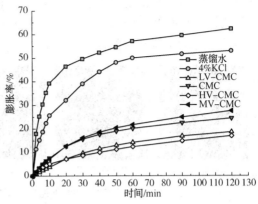

图4-3-20 90℃下不同钻井液
对黏土线性膨胀率的影响

从图4-3-19、图4-3-20可以看出,在90℃下,胍胶压裂液返排液配制的钻井液和钻井液上清液对黏土水化膨胀均有良好的抑制作用。以LV-CMC、CMC、MV-CMC和HV-CMC作为护胶剂,在120min时,胍胶压裂液返排液配制的钻井液上清液对黏土的膨胀率分别为22.36%、26.24%、24.90%和18.43%,明显低于4%KCl的53.03%。在120min时,胍胶压裂液返排液配制的钻井液的黏土膨胀率分别为18.65%、24.47%、27.59%和16.98%,明显低于4%KCl的53.03%。表明胍胶压裂液返排液配制的钻井液以及钻井液上清液对膨润土的水化膨胀都有较好的抑制性。其中以HV-CMC作为护胶剂,在90℃下,胍胶压裂返排液配制的钻井液以及上清液对抑制黏土的水化膨胀效果最好。这可能是胍胶压裂返排液配制的钻井液中含有钾离子、铵离子,由于其水化半径较小及水化能较低,易进入黏土层间两个氧六角环之间的空间,通过晶格固定作用抑制黏土水化膨胀。

(3) 30℃下的泥球实验。

在30℃下,将钠基膨润土与清水按质量比2∶1混合均匀后团成约10g/个的泥球,分别放入以LV-CMC、CMC、MV-CMC和HV-CMC作为护胶剂配制的钻井液及其上清液中或清水中浸泡24h,泥球的外观如图4-3-21和图4-3-22所示。

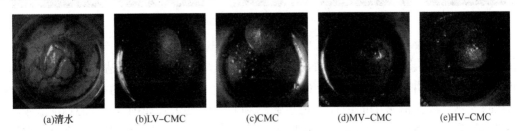

(a)清水 (b)LV-CMC (c)CMC (d)MV-CMC (e)HV-CMC

图4-3-21 30℃下泥球在不同钻井液上清液中浸泡24h的外观图

从图4-3-21和图4-3-22能够看出,在30℃下,与图4-3-21(a)清水相比,胍胶压裂液返排液配制的钻井液以及其上清液对黏土水化膨胀、分散均有较好的抑制效果。如图4-3-21(a)所示,浸在清水中的泥球出现了裂缝和其大小变大;如图4-3-21(b)、图4-3-21(c)、图4-3-21(d)、图4-3-21(e)所示,分别以LV-CMC、CMC、MV-CMC和HV-CMC作为护胶剂,泥球在胍胶压裂返排液配制的钻井液和钻井液的上清液溶液中浸泡后表面未出现水化和裂痕。表明分别以 LV-CMC、CMC、MV-CMC 和 HV-CMC 作为护胶剂，胍胶压裂返排液配制的钻井液对黏土水化膨胀有明显的抑制效果，这与膨润土的线性膨胀率结果一致。

(a)清水　　　　(b)LV-CMC　　　　(c)CMC　　　　(d)MV-CMC　　　　(e)HV-CMC

图 4-3-22　30℃下泥球在不同钻井液中浸泡 24h 的外观图

（4）60℃下的泥球实验。

在60℃下，将钠基膨润土与清水按质量比 2∶1 混合均匀后团成约 10g/个的泥球，分别放入以 LV-CMC、CMC、MV-CMC 和 HV-CMC 作为护胶剂配制的钻井液及其上清液中或清水中浸泡 12h，泥球的外观如图 4-3-23 和图 4-3-24 所示。

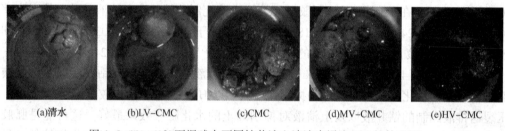

(a)清水　　　　(b)LV-CMC　　　　(c)CMC　　　　(d)MV-CMC　　　　(e)HV-CMC

图 4-3-23　60℃下泥球在不同钻井液上清液中浸泡 12h 的外观图

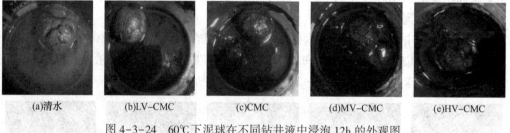

(a)清水　　　　(b)LV-CMC　　　　(c)CMC　　　　(d)MV-CMC　　　　(e)HV-CMC

图 4-3-24　60℃下泥球在不同钻井液中浸泡 12h 的外观图

从图 4-3-23、图 4-3-24 能够看出，在 60℃下，与图 4-3-23(a)清水相比，胍胶压裂液返排液配制的钻井液以及其上清液对黏土水化膨胀、分散均有较好的抑制效果。如图 4-3-23(a)所示，浸在清水中的泥球出现了裂缝和其大小变大；如图 4-3-23(b)所示，以 LV-CMC 作为护胶剂，泥球在胍胶压裂返排液配制的钻井液和钻井液的上清液溶液中浸泡后主要是表面水化，表面未出现裂痕；如图 4-3-23(c)所示，以 CMC 作为护胶剂，在胍胶压裂返排液配制的钻井液浸泡的泥球表面未出现水化和裂痕；泥球在钻井液的上清液溶液中浸泡后主要是泥球部分水化塌陷。如图 4-3-23(d)所示，以 MV-CMC 作为护胶剂，在胍胶压裂返排液配制的钻井液及其上清液中浸泡的泥球表面未出现水化和裂痕。如图 4-3-23(e)所示，以 HV-CMC 作为护胶剂，在胍胶压裂返排液配制的钻井液和其钻井液上清液中浸泡的泥球表面未出现水化和裂痕。表明胍胶压裂液返排液配制的钻井液对黏土水化膨胀有明显的抑制效果，这与膨润土的线性膨胀率结果一致。

4.3.3 胍胶压裂返排液配制钻井液构效分析

1）热重分析

在氧化铝坩埚中放入 5~10mg 自来水水化的膨润土样，以 LV-CMC、CMC、MV-CMC 和 HV-CMC 为护胶剂，通过胍胶压裂返排液和不同比例基浆混合后制得的土样，然后放到热重分析仪器中，设定 N_2 流速 10mL/min、升温速率 10℃/min，记录所测各个试样的热重曲线。

将经过自来水水化的膨润土，分别 LV-CMC、CMC、MV-CMC 和 HV-CMC 作为护胶剂，通过胍胶压裂返排液配制的钻井液经过离心，将固体烘干后，然后分别进行热重分析（TG），其结果如图 4-3-25 所示。

从图 4-3-25 能够看出，随着温度的上升，黏土颗粒会有一定的失重。当温度从 25℃升高至 225℃，经过自来水水化的膨润土颗粒失重率为 4.1%，而分别 LV-CMC、CMC、MV-CMC 和 HV-CMC 作为护胶剂，通过胍胶压裂返排液配制的钻井液制得的土样失重率分别为 3.0%、3.3%、3.2%、2.4%，可以看出，分别以 LV-CMC、CMC、MV-CMC 和 HV-CMC 作为护胶剂，通过胍胶压裂返排液配制的钻井液制得的土样失重比在自来水中的失重少，说明胍胶压裂返排中含有的钾离子滞缓了水分子向黏土层间的渗透作用，其对黏土的水化膨胀具有较好的抑制作用。

2）激光粒度分析

将自来水水化的膨润土样，以 LV-CMC、CMC、MV-CMC 和 HV-CMC 为护胶剂，通过胍胶压裂返排液和不同比例基浆混合后制得的土样，通过激光粒度测量各个样品粒径大小，从而得到各个样品粒径分布图，中值粒径和平均粒径，根据这些数据分析黏土粒径变化。

采用激光衍射粒度分析法测定不同作用方式下黏土的粒径分布，评价分别以 LV-CMC、CMC、MV-CMC 和 HV-CMC 作为护胶剂，胍胶压裂返排液配制钻井液中钾离子对黏土水化分散的影响，粒径分布结果如图 4-3-26 所示。

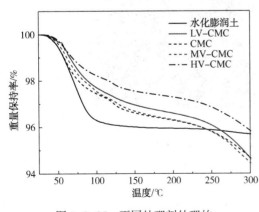

图 4-3-25 不同处理剂处理的黏土颗粒热失重曲线

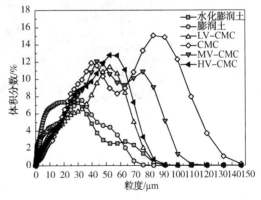

图 4-3-26 不同护胶剂的钻井液黏土粒径分布

从图 4-3-26、表 4-3-52 中能看出，黏土颗粒相对于水化的黏土颗粒，平均粒径由

34.62μm 降低到 16.92μm；将胍胶压裂返排液和水化后的膨润土基浆混合后，分别加入护胶剂 LV-CMC、CMC、MV-CMC 和 HV-CMC，黏土颗粒显著增大，说明胍胶压裂返排液中的钾离子对膨润土水化分散具有较好的抑制效果，使得分散的黏土颗粒聚集。

表 4-3-52 不同护胶剂的钻井液黏土颗粒平均粒径及粒径中值

黏土处理方式	平均粒径/μm	粒径中值/μm
膨润土	34.62	30.18
水化 24h	16.92	11.33
LV-CMC	43.38	35.02
CMC	42.64	33.63
MV-CMC	24.67	15.33
HV-CMC	28.75	27.95

3) 黏土颗粒微观形态分析

采用扫描电镜（SEM）对分别以 LV-CMC、CMC、MV-CMC 和 HV-CMC 作为护胶剂，通过胍胶压裂返排液配制的钻井液制得的干燥后的土样及自来水处理干燥后的黏土颗粒进行微观形态分析，结果如图 4-3-27 所示。

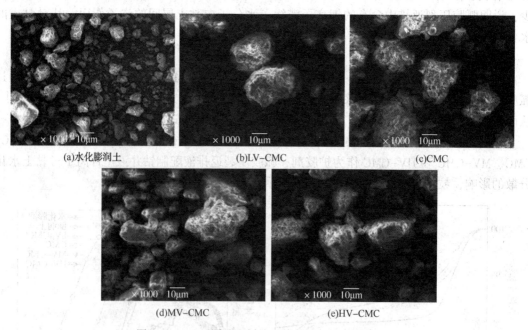

图 4-3-27 不同处理剂处理前后黏土的微观形态

从图 4-3-27 能够看出，用 SEM 对分别以 LV-CMC、CMC、MV-CMC 和 HV-CMC 作为护胶剂，通过胍胶压裂返排液配制的钻井液制得的干燥后的土样和自来水水化处理干燥的土样进行微观形态分析，与自来水水化干燥后的膨润土相比，分别以 LV-CMC、CMC、MV-CMC 和 HV-CMC 作为护胶剂，通过胍胶压裂返排液配制的钻井液制得的干燥后的土样，其土样直径明显变大，说明钾离子进入黏土层间，抑制黏土的水化分散。

4）红外光谱分析

用自来水水化的膨润土样，以LV-CMC、CMC、MV-CMC和HV-CMC为护胶剂，通过胍胶压裂返排液和水化后的膨润土混合制得的土样研磨，测试时将研磨的各个土样与KBr以1:100混合研磨，放到压片机内压成通透的薄片，用红外光谱仪对各个土样进行扫描测定。

对分别以LV-CMC、CMC、MV-CMC和HV-CMC作为护胶剂，通过胍胶压裂返排液配制的钻井液制得的干燥后的土样和自来水水化处理干燥的土样进行红外表征，结果如图4-3-28所示。

从图4-3-28能够看出，和自来水处理过的土样对比，分别以LV-CMC、CMC、MV-CMC和HV-CMC作为护胶剂，通过胍胶压裂返排液配制的钻井液处理的土样没有出现其他的特征吸收峰。可能是胍胶压裂返排液中含有的钾离子进入了黏土层间，所以胍胶压裂返排液处理过的土样没有特征吸收峰。胍胶压裂返排液中的氯化钾抑制黏土水化膨胀主要是通过钾离子被蒙脱石吸附进入黏土层间，钾离子不易水化，导致原有的层间水分子被排除层间，从而抑制膨润土水化膨胀。

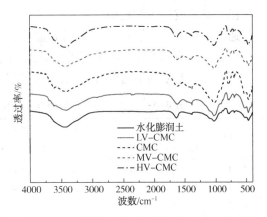

图4-3-28 不同处理剂处理前后黏土的红外光谱

4.4 清洁压裂返排液配制钻井液体系研究

清洁压裂液属于环保型钻井液，由于其具有摩阻低，对岩层损害小和返排残渣少等优势得到各个油田进行非常规压裂的应用。清洁压裂液主要是由阳离子表面活性剂组成，最常见的是阳离子季铵盐表面活性剂配制的压裂液，它的配制比较简单，依靠自身就能够成胶和破胶，并且产生的大量压裂返排液，在压裂结束后，几乎能够100%返排至地面。压裂返排液是油田开采过程中的污染物之一，对压裂返排液的处理方法主要有处理达标后外排和回用，而回用方向有重新配制压裂液，钻井液和回注等几种方式。本章主要是将清洁压裂返排液回用配制钻井液，而清洁压裂液返排液中含有大量季铵盐，它对黏土的水化膨胀有强抑制作用，难以直接配制钻井液。因此在用清洁压裂液返排液配制钻井液时需要加入护胶剂，保护膨润土配制的钻井液的稳定性，可以防止返排液中的季铵盐对钻井液产生絮凝作用。也正是由于清洁压裂液返排液含有的大量季铵盐，利用清洁压裂液返排液配制的钻井液就有较好的抑制性，这对于富含黏土的地层所需钻井液来说至关重要。

4.4.1 清洁压裂返排液配制钻井液体系构建

1）清洁压裂返排液与不同比例基浆混合比例的筛选

分别配制8%、12%、16%、20%和24%的基浆，30℃下老化24h备用；将清洁压裂返排液与8%、12%、16%、20%和24%的基浆以1:1、2:1、3:1、4:1和5:1的比例混合；将聚合氯化铝和改性植物酚按一定比例复配后加入清洁压裂液返排液中，将其pH值调成碱性，然后将清洁压裂液返排液和8%、12%、16%、20%和24%的基浆分别以1:1、2:1、3:1、4:1和5:1混合，混合均匀后，分别加入一定比例的CMC和改性胶粉，在30℃下老化12h后，在低速搅拌器下搅拌均匀，评价各个混合比例和不同护胶剂下的钻井液性能，优选出最佳混合比例和护胶剂。

(1) 黄原胶作为护胶剂。

通过加入0.05%黄原胶，1.0%改性胶粉和改性植物酚-聚合氯化铝复配比例1.5:0.03，对清洁压裂返排液和不同比例基浆的混合后的钻井液性能进行评价，从而得到清洁压裂返排液和不同比例基浆的最适混合比例，评价结果如表4-4-1所示。

表4-4-1 清洁压裂返排液与不同比例基浆混合后的钻井液性能评价结果

混合比例	$AV/$ $mPa \cdot s$	$PV/$ $mPa \cdot s$	$YP/$ Pa	$YP/PV/$ $[Pa/(mPa \cdot s)]$	pH值	$\kappa/$ (mS/cm)	$\rho/$ $g \cdot cm^{-3}$	tg	$FL_{API}/$ mL
1:1	10.1	8.0	2.1	0.26	9.28	25.16	1.039	0.1051	12.2
2:1	12.4	9.8	2.6	0.27	9.24	28.27	1.041	0.1317	16.6
3:1	11.5	9.0	2.5	0.28	9.30	29.61	1.041	0.1405	11.2
4:1	13.6	9.6	4.0	0.42	9.34	32.66	1.044	0.1673	13.6
5:1	18.0	13.4	4.6	0.34	9.36	33.43	1.046	0.1584	17.2

由表4-4-1中的清洁压裂返排液与不同比例基浆混合后的钻井液的评价结果可以看出，当清洁压裂返排液和16%基浆以3:1混合后，钻井液的表观黏度、塑性黏度、动切力和滤失量相对于其他比例下总体较好。

(2) MV-CMC作为护胶剂。

通过加入0.30% MV-CMC，1.0%改性胶粉和改性植物酚-聚合氯化铝复配比例1.5:0.02，对清洁压裂返排液和不同比例基浆的混合后的钻井液性能进行评价，从而得到清洁压裂返排液和不同比例基浆的最适混合比例，评价结果如表4-4-2所示。

表4-4-2 清洁压裂返排液与不同比例基浆混合后的钻井液性能评价结果

混合比例	$AV/$ $mPa \cdot s$	$PV/$ $mPa \cdot s$	$YP/$ Pa	$YP/PV/$ $[Pa/(mPa \cdot s)]$	pH值	$\kappa/$ (mS/cm)	$\rho/$ $g \cdot cm^{-3}$	tg	$FL_{API}/$ mL
1:1	13.9	13.8	0.1	0.01	9.58	16.02	1.043	0.1405	11.8
2:1	18.1	16.2	1.9	0.12	9.51	19.86	1.045	0.1673	12.6
3:1	12.6	12.4	0.2	0.02	9.57	21.94	1.043	0.1317	14.2
4:1	12.2	12.0	0.2	0.02	9.50	24.24	1.044	0.1228	16.4
5:1	12.6	12.0	0.6	0.05	9.54	24.87	1.043	0.1495	17.0

由表4-4-2中的清洁压裂返排液与不同比例基浆混合后的钻井液的评价结果可以看出，各个混合比例下钻井液的滤失量相对较大，因此以MV-CMC作为护胶剂，清洁压裂返排液与不同比例基浆混合不能满足钻井液性能要求。

(3) CMC作为护胶剂。

通过加入0.10%CMC，1.0%改性胶粉和改性植物酚-聚合氯化铝复配比例1.5:0.02，对清洁压裂返排液和不同比例基浆的混合后的钻井液性能进行评价,从而得到清洁压裂返排液和不同比例基浆的最适混合比例,评价结果如表 4-4-3 所示。

表 4-4-3 清洁压裂返排液与不同比例基浆混合后的钻井液性能评价结果

混合比例	AV/ mPa·s	PV/ mPa·s	YP/ Pa	YP/PV/ [Pa/(mPa·s)]	pH 值	κ/ (mS/cm)	ρ/ g·cm^{-3}	tg	FL_{API}/ mL
1:1	17.4	12.8	4.6	0.36	9.11	15.51	1.047	0.1317	7.4
2:1	17.0	12.0	5.0	0.42	9.17	19.55	1.044	0.1584	7.6
3:1	14.2	8.4	5.8	0.69	9.20	21.93	1.045	0.1405	7.4
4:1	11.9	9.8	2.1	0.21	9.37	23.37	1.043	0.1139	7.8
5:1	15.4	13.8	1.6	0.12	9.29	24.26	1.045	0.1317	9.4

由表 4-4-3 中的清洁压裂返排液与不同比例基浆混合后的钻井液的评价结果可以看出,当清洁压裂返排液和 20% 基浆以 4:1 混合后,钻井液的表观黏度、塑性黏度、动切力和滤失量相对于其他比例下总体较好,能够更多的对返排液进行使用。

(4) 胍胶作为护胶剂。

通过加入 0.20% 胍胶,1.0% 改性胶粉和改性植物酚-聚合氯化铝复配比例 1.5:0.03,对清洁压裂返排液和不同比例基浆的混合后的钻井液性能进行评价,从而得到清洁压裂返排液和不同比例基浆的最适混合比例,评价结果如表 4-4-4 所示。

表 4-4-4 清洁压裂返排液与不同比例基浆混合后的钻井液性能评价结果

混合比例	AV/ mPa·s	PV/ mPa·s	YP/ Pa	YP/PV/ [Pa/(mPa·s)]	pH 值	κ/ (mS/cm)	ρ/ g·cm^{-3}	tg	FL_{API}/ mL
1:1	31.5	17.0	14.5	0.85	8.92	11.54	1.052	0.1051	4.4
2:1	22.0	14.2	7.8	0.55	8.51	18.27	1.048	0.1228	5.0
3:1	28.9	17.8	11.1	0.62	8.94	14.19	1.050	0.1139	7.8
4:1	25.1	17.2	7.9	0.46	9.25	17.84	1.050	0.1317	9.8
5:1	24.4	16.8	7.6	0.45	8.40	18.68	1.049	0.1495	11.6

由表 4-4-4 中的清洁压裂返排液与不同比例基浆混合后的钻井液的评价结果可以看出,当清洁压裂返排液和 12% 基浆以 2:1 混合后,钻井液的表观黏度、塑性黏度、动切力和滤失量相对于其他比例下总体较好。

(5) HV-CMC 作为护胶剂。

通过加入 0.25% HV-CMC,1.0% 改性胶粉和改性植物酚-聚合氯化铝复配比例 1.5:0.02,对清洁压裂返排液和不同比例基浆的混合后的钻井液性能进行评价,从而得到清洁压裂返排液和不同比例基浆的最适混合比例,评价结果如表 4-4-5 所示。

表 4-4-5 清洁压裂返排液与不同比例基浆混合后的钻井液性能评价结果

混合比例	AV/ mPa·s	PV/ mPa·s	YP/ Pa	YP/PV/ [Pa/(mPa·s)]	pH 值	κ/ (mS/cm)	ρ/ g·cm^{-3}	tg	FL_{API}/ mL
1:1	14.5	13.0	1.5	0.12	9.55	18.52	1.043	0.1228	4.8
2:1	15.5	13.0	2.5	0.19	9.42	20.53	1.045	0.1405	3.6

续表

混合比例	AV/mPa·s	PV/mPa·s	YP/Pa	YP/PV/[Pa/(mPa·s)]	pH值	κ/(mS/cm)	ρ/g·cm^{-3}	tg	FL_{API}/mL
3∶1	14.0	11.0	3.0	0.27	9.46	23.91	1.044	0.1763	5.0
4∶1	14.1	10.2	3.9	0.38	9.52	25.95	1.044	0.1673	5.2
5∶1	13.5	12.0	1.5	0.13	9.51	26.44	1.043	0.1495	7.6

由表4-4-5中的清洁压裂返排液与不同比例基浆混合后的钻井液的评价结果可以看出，当清洁压裂返排液和20%基浆以4∶1混合后，钻井液的表观黏度、塑性黏度、动切力和滤失量相对于其他比例下总体较好，并且能够更多的使用返排液。

2）不同护胶剂下清洁压裂返排液配制钻井液的正交实验

分别以黄原胶、胍胶、CMC和HV-CMC作为护胶剂，再加入改性胶粉和改性植物酚-聚合氯化铝复合物进行正交实验，正交实验设计分别如表4-4-6～表4-4-9所示。

表4-4-6　L9(3^3)正交实验设计

实验序号	改性胶粉/%	黄原胶/%	改性植物酚-聚合氯化铝复配比例
1	1.5	0.05	1.5∶0.03
2	1.5	0.10	1.5∶0.02
3	1.5	0.15	1.5∶0.01
4	1.0	0.05	1.5∶0.02
5	1.0	0.10	1.5∶0.01
6	1.0	0.15	1.5∶0.03
7	0.5	0.05	1.5∶0.01
8	0.5	0.10	1.5∶0.03
9	0.5	0.15	1.5∶0.02

表4-4-7　L9(3^3)正交实验设计

实验序号	改性胶粉/%	CMC/%	改性植物酚-聚合氯化铝复配比例
1	1.5	0.10	1.5∶0.03
2	1.5	0.15	1.5∶0.02
3	1.5	0.20	1.5∶0.01
4	1.0	0.10	1.5∶0.02
5	1.0	0.15	1.5∶0.01
6	1.0	0.20	1.5∶0.03
7	0.5	0.10	1.5∶0.01
8	0.5	0.15	1.5∶0.03
9	0.5	0.20	1.5∶0.02

4 天然高分子基钻-采通用油田工作液研究

表 4-4-8 L9(3^3) 正交实验设计

实验序号	改性胶粉/%	胍胶/%	改性植物酚-聚合氯化铝复配比例
1	1.5	0.10	1.5∶0.03
2	1.5	0.20	1.5∶0.02
3	1.5	0.30	1.5∶0.01
4	1.0	0.10	1.5∶0.02
5	1.0	0.20	1.5∶0.01
6	1.0	0.30	1.5∶0.03
7	0.5	0.10	1.5∶0.01
8	0.5	0.20	1.5∶0.03
9	0.5	0.30	1.5∶0.02

表 4-4-9 L9(3^3) 正交实验设计

实验序号	改性胶粉/%	HV-CMC/%	改性植物酚-聚合氯化铝复配比例
1	1.5	0.15	1.5∶0.03
2	1.5	0.25	1.5∶0.02
3	1.5	0.35	1.5∶0.01
4	1.0	0.15	1.5∶0.02
5	1.0	0.25	1.5∶0.01
6	1.0	0.35	1.5∶0.03
7	0.5	0.15	1.5∶0.01
8	0.5	0.25	1.5∶0.03
9	0.5	0.35	1.5∶0.02

(1) 黄原胶作为护胶剂。

清洁压裂液返排液与16%基浆以3∶1混合后的钻井液性能主要受黄原胶加量、改性胶粉加量和改性植物酚-聚合氯化铝复配比例的影响。为得到三个因素对钻井液各个性能影响程度，在三个影响因素下进行正交实验，评价结果如表4-4-10所示。

表 4-4-10 黄原胶正交实验评价结果

序号	AV/mPa·s	PV/mPa·s	YP/Pa	YP/PV/[Pa/(mPa·s)]	pH值	κ/(mS/cm)	ρ/g·cm^{-3}	tg	FL_{API}/mL
1	17.6	14.2	3.4	0.24	9.06	28.21	1.045	0.0963	5.8
2	23.5	18.0	5.5	0.31	8.86	29.11	1.049	0.1317	5.6
3	25.0	16.0	9.0	0.56	9.13	29.03	1.052	0.0875	4.2
4	15.0	12.0	3.0	0.25	8.70	28.48	1.044	0.1051	12.0
5	18.0	13.0	5.0	0.38	8.94	27.96	1.046	0.1405	4.8
6	19.5	13.0	6.5	0.50	8.52	28.37	1.045	0.1139	5.0

续表

序号	AV/ mPa·s	PV/ mPa·s	YP/ Pa	YP/PV/ [Pa/(mPa·s)]	pH 值	κ/ (mS/cm)	ρ/ g·cm^{-3}	tg	FL$_{API}$/ mL
7	11.7	8.9	2.8	0.31	8.61	28.83	1.039	0.1495	19.6
8	15.3	10.6	4.7	0.44	8.79	29.25	1.046	0.1584	8.2
9	15.0	10.4	4.6	0.44	8.66	28.50	1.044	0.1405	9.4

用极差法对表 4-4-10 中的数据进行分析，从而得到最适的反应条件。正交实验的均值主效应图如图 4-4-1、图 4-4-2、图 4-4-3、图 4-4-4 所示，均值响应如表 4-4-11、表 4-4-13、表 4-4-14、表 4-4-16 所示。

① AV 与改性胶粉/%，黄原胶/%，改性植物酚-聚合氯化铝复配比例。

对正交实验结果进行极差分析，由表 4-4-11 得到三个因素的影响程度从高到低依次为：改性胶粉，黄原胶，改性植物酚-聚合氯化铝复配比例；从图 4-4-1 可以看出其复配条件是：1.0%改性胶粉，0.10%黄原胶，改性植物酚-聚合氯化铝复配比例 1.5∶0.03；将 0.10%黄原胶，改性植物酚-聚合氯化铝复配比例 1.5∶0.03 固定不变，通过改变改性胶粉的加量，从而得到返排液配制的钻井液表观黏度较适宜时改性胶粉的最适加量，结果如表 4-4-12 所示。

表 4-4-11 AV 均值响应表

水平	改性胶粉/%	黄原胶/%	改性植物酚-聚合氯化铝复配比例
1	14.00	14.77	17.47
2	17.50	18.93	17.83
3	22.03	19.83	18.23
Delta	8.03	5.07	0.77
排秩	1	2	3

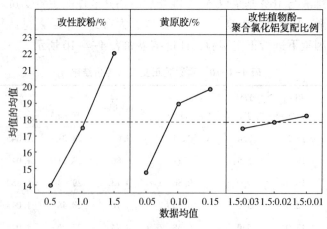

图 4-4-1 AV 均值主效应图

4 天然高分子基钻-采通用油田工作液研究

表 4-4-12 改性胶粉加量对钻井液 AV 和 PV 的影响

改性胶粉加量/%	AV/mPa·s	PV/mPa·s	YP/Pa	YP/PV/[Pa/(mPa·s)]	pH 值	κ/(mS/cm)	ρ/g·cm^{-3}	tg	FL_{API}/mL
0.5	9.0	7.0	2.0	0.29	8.84	18.83	1.041	0.1317	11.6
1.0	15.3	10.2	5.1	0.50	8.79	17.73	1.044	0.0963	8.6
1.5	17.1	13.8	3.3	0.24	8.74	17.68	1.046	0.1051	6.2
2.0	18.8	15.8	3.0	0.19	8.59	17.75	1.047	0.1405	5.8
2.5	22.0	19.4	2.6	0.13	8.62	17.57	1.051	0.1228	5.2

由表 4-4-12 中评价结果得出，当加入 1.5% 改性胶粉时，清洁压裂返排液配制的钻井液的表观黏度较适宜，并且返排液配制的钻井液其他性能也较好。因此，为了使清洁压裂返排液配制的钻井液的表观黏度较适宜，其最适条件为：1.5% 改性胶粉，0.10% 黄原胶，改性植物酚-聚合氯化铝复配比例 1.5∶0.03。

② PV 与改性胶粉/%，黄原胶/%，改性植物酚-聚合氯化铝复配比例。

对正交实验结果进行极差分析，由表 4-4-13 得到三个因素的影响程度从高到低依次为：改性胶粉，黄原胶，改性植物酚-聚合氯化铝复配比例；从图 4-4-2 可以看出其复配条件是：1.0% 改性胶粉，0.10% 黄原胶，改性植物酚-聚合氯化铝复配比例 1.5∶0.03；将 0.10% 黄原胶，改性植物酚-聚合氯化铝复配比例 1.5∶0.03 固定不变，通过改变改性胶粉的加量，从而得到返排液配制的钻井液塑性黏度较适宜时改性胶粉的最适加量，结果如表 4-4-12 所示。

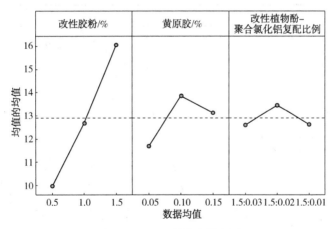

图 4-4-2 PV 均值主效应图

表 4-4-13 PV 均值响应表

水平	改性胶粉/%	黄原胶/%	改性植物酚-聚合氯化铝复配比例
1	9.967	11.700	12.600
2	12.667	13.867	13.467
3	16.067	13.133	12.633
Delta	6.100	2.167	0.867
排秩	1	2	3

由表中评价结果得出，当加入1.5%改性胶粉时，清洁压裂返排液配制的钻井液的塑性黏度较适宜，并且返排液配制的钻井液其他性能也较好。因此，为了使清洁压裂返排液配制的钻井液的塑性黏度较适宜，其最适条件为：1.5%改性胶粉，0.10%黄原胶，改性植物酚-聚合氯化铝复配比例1.5∶0.03。

③ YP与改性胶粉/%，黄原胶/%，改性植物酚-聚合氯化铝复配比例。

对正交实验结果进行极差分析，由表4-4-14得到三个因素的影响程度从高到低依次为：黄原胶，改性胶粉，改性植物酚-聚合氯化铝复配比例；从图4-4-3可以看出其复配条件是：1.5%改性胶粉，0.10%黄原胶，改性植物酚-聚合氯化铝复配比例1.5∶0.01；将1.5%改性胶粉，改性植物酚-聚合氯化铝复配比例1.5∶0.01固定不变，通过改变黄原胶的加量，从而得到返排液配制的钻井液动切力较适宜时黄原胶的最适加量，结果如表4-4-15所示。

表4-4-14　YP均值响应表

水平	改性胶粉/%	黄原胶/%	改性植物酚-聚合氯化铝复配比例
1	4.033	3.067	4.867
2	4.833	5.067	4.367
3	5.633	6.367	5.267
Delta	1.600	3.300	0.900
排秩	2	1	3

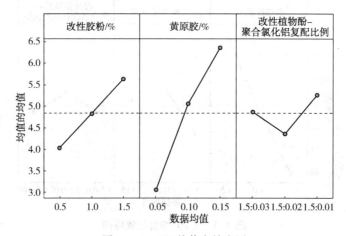

图4-4-3　YP均值主效应图

表4-4-15　黄原胶加量对钻井液YP的影响

黄原胶加量/%	AV/mPa·s	PV/mPa·s	YP/Pa	YP/PV/[Pa/(mPa·s)]	pH值	κ/(mS/cm)	ρ/g·cm^{-3}	tg	FL_{API}/mL
0.05	16.8	13.4	3.4	0.25	9.05	16.41	1.041	0.1228	7.6
0.10	19.2	15.0	4.2	0.28	9.02	16.83	1.044	0.1139	4.4
0.15	21.1	16.0	4.9	0.30	9.11	16.67	1.046	0.1051	4.0

续表

黄原胶加量/%	AV/mPa·s	PV/mPa·s	YP/Pa	YP/PV/[Pa/(mPa·s)]	pH 值	κ/(mS/cm)	ρ/g·cm^{-3}	tg	FL_{API}/mL
0.20	23.0	17.0	6.0	0.35	9.03	16.61	1.047	0.1228	4.2
0.25	24.0	17.0	7.0	0.41	9.08	16.10	1.051	0.1317	2.6

由表4-4-15中评价结果得出，当加入0.10%黄原胶时，清洁压裂返排液配制的钻井液的动切力较适宜，并且返排液配制的钻井液其他性能也较好。因此，为了使清洁压裂返排液配制的钻井液的动切力较适宜，其最适条件为：1.5%改性胶粉，0.10%黄原胶，改性植物酚-聚合氯化铝复配比例1.5∶0.01。

④ FL 与改性胶粉/%，黄原胶/%，改性植物酚-聚合氯化铝复配比例。

对正交实验结果进行极差分析，由表4-4-16得到三个因素的影响程度从高到低依次为：改性胶粉，黄原胶，改性植物酚-聚合氯化铝复配比例；从图4-4-4可以看出其复配条件是1.5%改性胶粉，0.10%黄原胶，改性植物酚-聚合氯化铝复配比例1.5∶0.03；将0.10%黄原胶，改性植物酚-聚合氯化铝复配比例1.5∶0.03固定不变，通过改变改性胶粉的加量，从而得到返排液配制的钻井液滤失量较小时改性胶粉的最适加量，结果如表4-4-17所示。

表 4-4-16 FL 均值响应表

水 平	改性胶粉/%	黄原胶/%	改性植物酚-聚合氯化铝复配比例
1	12.400	12.467	6.333
2	7.267	6.200	9.000
3	5.200	6.200	9.533
Delta	7.200	6.267	3.200
排秩	1	2	3

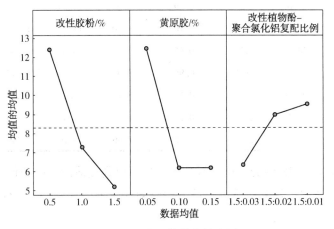

图 4-4-4 FL 均值主效应图

表 4-4-17　改性胶粉加量对钻井液 FL 的影响

改性胶粉加量/%	AV/mPa·s	PV/mPa·s	YP/Pa	YP/PV/[Pa/(mPa·s)]	pH 值	κ/(mS/cm)	ρ/g·cm^{-3}	tg	FL$_{API}$/mL
0.5	15.0	10.4	4.6	0.44	8.75	17.52	1.041	0.1405	8.2
1.0	15.3	11.6	3.7	0.32	8.67	17.43	1.044	0.1228	6.2
1.5	16.0	11.6	4.4	0.38	8.72	19.12	1.046	0.1051	5.8
2.0	19.4	15.6	3.8	0.24	8.64	17.44	1.047	0.1317	4.8
2.5	23.5	20.0	3.5	0.18	8.79	18.45	1.051	0.1584	3.2

由表 4-4-17 中评价结果得出，当加入 1.5% 改性胶粉时，清洁压裂返排液配制的钻井液的滤失量较小，并且返排液配制的钻井液其他性能也较好。因此，为了使清洁压裂返排液配制的钻井液的滤失量较适宜，其最适条件为：1.5% 改性胶粉，0.10% 黄原胶，改性植物酚-聚合氯化铝复配比例 1.5∶0.03。

综上所述，清洁压裂返排液配制钻井液最适条件为：1.0% 改性胶粉，0.10% 黄原胶，改性植物酚-聚合氯化铝复配比例 1.5∶0.01。

（2）胍胶作为护胶剂。

清洁压裂液返排液与 12% 基浆以 2∶1 混合后的钻井液性能主要受胍胶加量、改性胶粉加量和改性植物酚-聚合氯化铝复配比例的影响。为得到三个因素对钻井液各个性能影响程度，在三个影响因素下进行正交实验，评价结果如表 4-4-18 所示。

表 4-4-18　胍胶正交实验评价结果

序号	AV/mPa·s	PV/mPa·s	YP/Pa	YP/PV/[Pa/(mPa·s)]	pH 值	κ/(mS/cm)	ρ/g·cm^{-3}	tg	FL$_{API}$/mL
1	23.5	17.0	6.5	0.38	9.23	13.78	1.049	0.1405	12.0
2	32.5	24.0	8.5	0.35	9.11	14.23	1.052	0.0963	3.6
3	44.5	32.0	12.5	0.39	9.02	14.54	1.053	0.0875	2.4
4	14.9	12.8	2.1	0.16	9.10	14.05	1.041	0.1673	17.6
5	24.3	14.6	9.7	0.66	9.04	14.61	1.044	0.1228	5.2
6	30.2	15.4	14.8	0.96	8.92	14.75	1.047	0.1051	4.6
7	9.2	8.4	0.8	0.10	8.76	13.82	1.037	0.1763	32.8
8	13.6	11.2	2.4	0.21	9.11	13.98	1.040	0.2309	24.2
9	16.1	12.2	3.9	0.32	8.96	14.10	1.043	0.1584	14.4

用极差法对表 4-4-18 中的数据进行分析，从而得到最适的反应条件。正交实验的均值主效应图如图 4-4-5~图 4-4-8 所示，均值响应如表 4-4-19、表 4-4-21、表 4-4-23、表 4-4-25 所示。

① AV 与改性胶粉/%，胍胶/%，改性植物酚-聚合氯化铝复配比例。

对正交实验结果进行极差分析，由表 4-4-19 得到三个因素的影响程度从高到低依次为：改性胶粉，胍胶，改性植物酚-聚合氯化铝复配比例；从图 4-4-5 可以看出其复配条件是：1.0%改性胶粉，0.20%胍胶，改性植物酚-聚合氯化铝复配比例 1.5∶0.02；将 0.20%胍胶，改性植物酚-聚合氯化铝复配比例 1.5∶0.02 固定不变，通过改变改性胶粉的加量，从而得到返排液配制的钻井液表观黏度较适宜时改性胶粉的最适加量，结果如表 4-4-20 所示。

表 4-4-19 AV 均值响应表

水　平	改性胶粉/%	胍胶/%	改性植物酚-聚合氯化铝复配比例
1	12.97	15.87	22.43
2	23.13	23.47	21.17
3	33.50	30.27	26.00
Delta	20.53	14.40	4.83
排秩	1	2	3

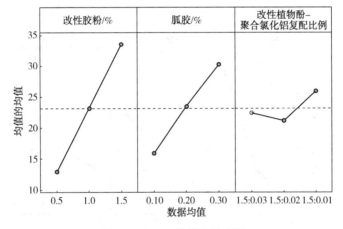

图 4-4-5 AV 均值主效应图

表 4-4-20 改性胶粉加量对钻井液 AV 的影响

改性胶粉加量/%	AV/mPa·s	PV/mPa·s	YP/Pa	YP/PV/[Pa/(mPa·s)]	pH 值	κ/(mS/cm)	ρ/g·cm^{-3}	tg	FL_{API}/mL
0.5	12.4	9.4	3.0	0.32	9.01	16.43	1.041	0.1673	22.4
1.0	17.5	12.6	4.9	0.39	8.85	15.84	1.044	0.1405	14.2
1.5	25.3	18.4	6.9	0.38	8.94	15.36	1.046	0.1051	8.6
2.0	34.0	25.6	8.4	0.33	8.86	15.90	1.047	0.1317	3.4
2.5	44.7	36.4	8.3	0.23	8.73	14.81	1.051	0.1228	2.2

由表 4-4-20 中评价结果得出，当加入 1.0%改性胶粉时，清洁压裂返排液配制的钻井液的表观黏度较适宜。因此，为了使清洁压裂返排液配制的钻井液的表观黏度较适宜，其最适条件为：1.0%改性胶粉，0.20%胍胶，改性植物酚-聚合氯化铝复配比例 1.5∶0.02。

② PV 与改性胶粉/%，胍胶/%，改性植物酚-聚合氯化铝复配比例。

对正交实验结果进行极差分析，由表 4-4-21 得到三个因素的影响程度从高到低依次为：改性胶粉，胍胶，改性植物酚-聚合氯化铝复配比例；从图4-4-6可以看出其复配条件是：1.0%改性胶粉，0.10%胍胶，改性植物酚-聚合氯化铝复配比例1.5∶0.03；将0.10%胍胶，改性植物酚-聚合氯化铝复配比例1.5∶0.03固定不变，通过改变改性胶粉的加量，从而得到返排液配制的钻井液塑性黏度较适宜时改性胶粉的最适加量，结果如表4-4-22所示。

表4-4-21 PV均值响应表

水　平	改性胶粉/%	胍胶/%	改性植物酚-聚合氯化铝复配比例
1	10.60	12.73	14.53
2	14.27	16.60	16.33
3	24.33	19.87	18.33
Delta	13.37	7.13	3.80
排秩	1	2	3

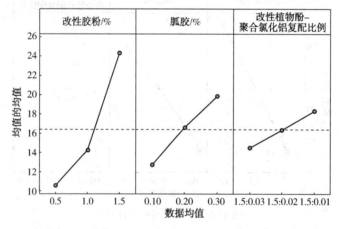

图4-4-6 PV均值主效应图

表4-4-22 改性胶粉加量对钻井液PV的影响

改性胶粉加量/%	AV/mPa·s	PV/mPa·s	YP/Pa	YP/PV/[Pa/(mPa·s)]	pH值	κ/(mS/cm)	ρ/g·cm^{-3}	tg	FL_{API}/mL
0.5	9.8	8.8	1.0	0.11	9.12	15.76	1.039	0.1139	23.2
1.0	14.4	11.0	3.4	0.31	9.03	15.85	1.043	0.1317	15.4
1.5	23.1	16.2	6.9	0.43	9.09	15.63	1.045	0.1228	10.8
2.0	29.6	20.8	8.8	0.42	8.99	15.48	1.046	0.1051	6.2
2.5	34.2	28.4	5.8	0.20	8.97	15.21	1.048	0.1139	5.4

由表4-4-22中评价结果得出，当加入1.0%改性胶粉时，清洁压裂返排液配制的钻井液的塑性黏度较适宜。因此，为了使清洁压裂返排液配制的钻井液的塑性黏度较适宜，其最适条件为：1.0%改性胶粉，0.10%胍胶，改性植物酚-聚合氯化铝复配比例1.5∶0.03。

③ YP与改性胶粉/%，胍胶/%，改性植物酚-聚合氯化铝复配比例。

4 天然高分子基钻-采通用油田工作液研究

对正交实验结果进行极差分析，由表 4-4-23 得到三个因素的影响程度从高到低依次为：胍胶，改性胶粉，改性植物酚-聚合氯化铝复配比例；从图 4-4-7 可以看出其复配条件是：1.5%改性胶粉，0.30%胍胶，改性植物酚-聚合氯化铝复配比例 1.5∶0.02；将 1.5%改性胶粉，改性植物酚-聚合氯化铝复配比例 1.5∶0.02 固定不变，通过改变胍胶的加量，从而得到返排液配制的钻井液动切力较大时胍胶的最适加量，结果如表 4-4-24 所示。

表 4-4-23 YP 均值响应表

水 平	改性胶粉/%	胍胶/%	改性植物酚-聚合氯化铝复配比例
1	2.433	3.200	7.900
2	8.867	6.867	4.833
3	9.167	10.400	7.733
Delta	6.733	7.200	3.067
排秩	2	1	3

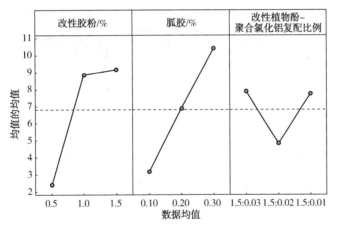

图 4-4-7 YP 均值主效应图

表 4-4-24 胍胶加量对钻井液 YP 的影响

胍胶加量/%	AV/mPa·s	PV/mPa·s	YP/Pa	YP/PV/[Pa/(mPa·s)]	pH 值	κ/(mS/cm)	ρ/g·cm^{-3}	tg	FL_{API}/mL
0.1	23.8	17.2	6.6	0.38	9.05	16.41	1.041	0.1228	6.2
0.2	26.0	17.8	8.2	0.46	9.02	16.83	1.044	0.0963	5.4
0.3	32.5	20.8	11.7	0.56	9.11	16.67	1.046	0.1317	4.8
0.4	35.0	19.8	15.2	0.77	9.03	16.61	1.047	0.1228	4.0
0.5	38.9	22.8	16.1	0.71	9.08	16.10	1.051	0.1051	3.6

由表 4-4-24 中评价结果得出，当加入 0.2%胍胶时，清洁压裂返排液配制的钻井液的动切力较适宜。因此，为了使清洁压裂返排液配制的钻井液的动切力较适宜，其最适条件为：1.5%改性胶粉，0.20%胍胶，改性植物酚-聚合氯化铝复配比例 1.5∶0.02。

④ FL 与改性胶粉/%，胍胶/%，改性植物酚-聚合氯化铝复配比例。

对正交实验结果进行极差分析，由表4-4-25得到三个因素的影响程度从高到低依次为：胍胶，改性胶粉，改性植物酚-聚合氯化铝复配比例；从图4-4-8可以看出其复配条件是：1.5%改性胶粉，0.30%胍胶，改性植物酚-聚合氯化铝复配比例1.5∶0.02；将0.30%胍胶，改性植物酚-聚合氯化铝复配比例1.5∶0.02固定不变，通过改变改性胶粉的加量，从而得到返排液配制的钻井液滤失量较小时改性胶粉的最适加量，结果如表4-4-26所示。

表4-4-25 FL 均值响应表

水 平	改性胶粉/%	胍胶/%	改性植物酚-聚合氯化铝复配比例
1	23.800	20.800	13.600
2	9.133	11.000	11.867
3	6.000	7.133	13.467
Delta	17.800	13.667	1.733
排秩	1	2	3

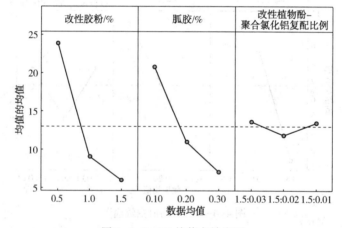

图4-4-8 FL 均值主效应图

表4-4-26 改性胶粉加量对钻井液 FL 的影响

改性胶粉加量/%	AV/mPa·s	PV/mPa·s	YP/Pa	YP/PV/[Pa/(mPa·s)]	pH值	κ/(mS/cm)	ρ/g·cm^{-3}	tg	FL_{API}/mL
0.5	16.4	11.8	4.6	0.39	8.71	13.68	1.041	0.0787	12.8
1.0	22.4	14.1	8.3	0.59	8.75	13.62	1.044	0.1317	5.6
1.5	31.9	21.6	10.3	0.48	8.67	13.21	1.046	0.0875	3.6
2.0	39.0	35.0	4.0	0.11	8.58	13.37	1.047	0.1139	2.6
2.5	41.0	36.6	4.4	0.12	8.60	13.15	1.051	0.1495	2.4

由表4-4-26中评价结果得出，当加入1.0%改性胶粉时，清洁压裂返排液配制的钻井液的滤失量较适宜。因此，为了使清洁压裂返排液配制的钻井液的滤失量较适宜，其最适

4 天然高分子基钻-采通用油田工作液研究

条件为：1.0%改性胶粉，0.30%胍胶，改性植物酚-聚合氯化铝复配比例 1.5 : 0.02。

综上所述，清洁压裂返排液配制钻井液最适条件为：1.0%改性胶粉，0.20%胍胶，改性植物酚-聚合氯化铝复配比例 1.5 : 0.01。

(3) CMC 作为护胶剂。

清洁压裂液返排液与 20%基浆以 4 : 1 混合后的钻井液性能主要受 CMC 加量、改性胶粉加量和改性植物酚-聚合氯化铝复配比例的影响。为得到三个因素对钻井液各个性能影响程度，在三个影响因素下进行正交实验，评价结果如表 4-4-27 所示。

表 4-4-27 CMC 正交实验评价结果

序号	AV/mPa·s	PV/mPa·s	YP/Pa	YP/PV/[Pa/(mPa·s)]	pH 值	κ/(mS/cm)	ρ/g·cm^{-3}	tg	FL_{API}/mL
1	16.7	15.4	1.3	0.08	8.74	13.74	1.038	0.2035	9.4
2	20.5	17.0	3.5	0.21	9.21	14.12	1.042	0.1139	4.2
3	32.6	25.2	7.4	0.29	9.15	14.83	1.054	0.0875	2.4
4	14.1	12.2	1.9	0.16	8.58	14.90	1.035	0.1051	7.0
5	17.5	15.0	2.5	0.17	9.04	14.66	1.037	0.1405	12.0
6	19.4	13.8	5.6	0.41	9.02	15.02	1.041	0.1139	3.2
7	11.6	10.2	1.4	0.14	8.91	15.32	1.030	0.1495	9.6
8	13.8	11.6	2.2	0.19	8.87	14.95	1.034	0.1228	14.8
9	17.0	13.0	4.0	0.31	9.22	15.11	1.039	0.1051	15.2

用极差法对表中的数据进行分析，从而得到最适的反应条件。正交实验的均值主效应图分别如图 4-4-9~图 4-4-12 所示，均值响应分别如表 4-4-28、表 4-4-30、表 4-4-31、表 4-4-33 所示。

① AV 与改性胶粉/%，CMC/%，改性植物酚-聚合氯化铝复配比例。

对正交实验结果进行极差分析，由表 4-4-28 得到三个因素的影响程度从高到低依次为：改性胶粉，CMC，改性植物酚-聚合氯化铝复配比例；从图 4-4-9 可以看出其复配条件是：0.5%改性胶粉，0.10%CMC，改性植物酚-聚合氯化铝复配比例 1.5 : 0.03，将 0.10%CMC，改性植物酚-聚合氯化铝复配比例 1.5 : 0.03 固定不变，通过改变改性胶粉的加量，从而得到返排液配制的钻井液表观黏度较适宜时改性胶粉的最适加量，结果如表 4-4-29 所示。

表 4-4-28 AV 均值响应表

水平	改性胶粉/%	CMC/%	改性植物酚-聚合氯化铝复配比例
1	14.13	14.13	16.63
2	17.00	17.27	17.20
3	23.27	23.00	20.57
Delta	9.13	8.87	3.93
排秩	1	2	3

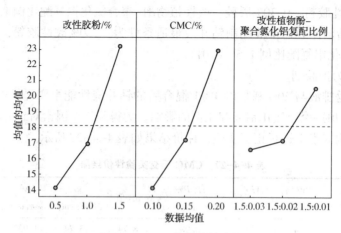

图 4-4-9 AV 均值主效应图

表 4-4-29 改性胶粉加量对钻井液 AV 和 PV 的影响

改性胶粉加量/%	AV/mPa·s	PV/mPa·s	YP/Pa	YP/PV/[Pa/(mPa·s)]	pH 值	κ/(mS/cm)	ρ/g·cm^{-3}	tg	FL_{API}/mL
0.5	9.3	8.8	0.5	0.06	8.53	14.90	1.026	0.0963	8.2
1.0	17.8	15.8	2.0	0.13	8.52	14.63	1.038	0.1139	6.0
1.5	19.6	16.2	3.4	0.21	8.49	14.37	1.041	0.1405	4.8
2.0	27.2	21.4	5.8	0.27	8.42	14.06	1.046	0.1051	3.4
2.5	30.5	25.0	5.5	0.22	8.47	15.20	1.050	0.1228	2.8

由表 4-4-21 中评价结果得出，当加入 1.0% 改性胶粉时，清洁压裂返排液配制的钻井液的表观黏度较适宜，并且返排液配制的钻井液其他性能也较好。因此，为了使清洁压裂返排液配制的钻井液的表观黏度较适宜，其最适条件为：1.0% 改性胶粉，0.10%CMC，改性植物酚-聚合氯化铝复配比例 1.5:0.03。

② PV 与改性胶粉/%，CMC/%，改性植物酚-聚合氯化铝复配比例。

对正交实验结果进行极差分析，由表 4-4-30 得到三个因素的影响程度从高到低依次为：改性胶粉，CMC，改性植物酚-聚合氯化铝复配比例；从图 4-4-10 可以看出其复配条件是：0.5% 改性胶粉，0.10%CMC，改性植物酚-聚合氯化铝复配比例 1.5:0.03；将 0.10%CMC，改性植物酚-聚合氯化铝复配比例 1.5:0.03 固定不变，通过改变改性胶粉的加量，从而得到返排液配制的钻井液塑性黏度较适宜时改性胶粉的最适加量，结果如表 4-4-29 所示。

表 4-4-30 PV 均值响应表

水平	改性胶粉/%	CMC/%	改性植物酚-聚合氯化铝复配比例
1	11.60	12.60	13.60
2	13.67	14.53	14.07
3	19.20	17.33	16.80
Delta	7.60	4.73	3.20
排秩	1	2	3

4 天然高分子基钻-采通用油田工作液研究

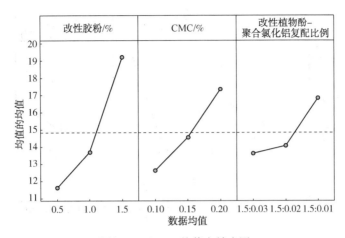

图 4-4-10 *PV* 均值主效应图

由表 4-4-29 中评价结果得出，当加入 0.5% 改性胶粉时，清洁压裂返排液配制的钻井液的塑性黏度较适宜，并且返排液配制的钻井液其他性能也较好。因此，为了使清洁压裂返排液配制的钻井液的塑性黏度较适宜，其最适条件为：0.5% 改性胶粉，0.10% CMC，改性植物酚-聚合氯化铝复配比例 1.5∶0.03。

③ *YP* 与改性胶粉/%，CMC/%，改性植物酚-聚合氯化铝复配比例。

对正交实验结果进行极差分析，由表 4-4-31 得到三个因素的影响程度从高到低依次为：CMC，改性胶粉，改性植物酚-聚合氯化铝复配比例；从图 4-4-11 可以看出其复配条件是：1.5% 改性胶粉，0.2% CMC，改性植物酚-聚合氯化铝复配比例 1.5∶0.01；将 1.5% 改性胶粉，改性植物酚-聚合氯化铝复配比例 1.5∶0.01 固定不变，通过改变 CMC 的加量，从而得到返排液配制的钻井液动切力较适宜时 CMC 的最适加量，结果如表 4-4-32 所示。

表 4-4-31 *YP* 均值响应表

水 平	改性胶粉/%	CMC/%	改性植物酚-聚合氯化铝复配比例
1	2.533	1.533	3.200
2	3.500	2.733	3.133
3	4.067	5.833	3.767
Delta	1.533	4.300	0.633
排秩	2	1	3

表 4-4-32 CMC 加量对钻井液 *YP* 的影响

CMC 加量/%	AV/mPa·s	PV/mPa·s	YP/Pa	YP/PV/[Pa/(mPa·s)]	pH 值	κ/(mS/cm)	ρ/g·cm^{-3}	tg	FL_{API}/mL
0.05	10.5	10.2	0.3	0.03	8.49	13.95	1.029	0.0963	6.0
0.10	12.5	12.0	0.5	0.04	8.70	14.97	1.032	0.1228	5.0
0.15	16.4	15.0	1.4	0.09	8.62	14.63	1.036	0.1139	4.2
0.20	27.3	21.6	5.7	0.26	8.59	15.01	1.041	0.1317	3.2
0.25	31.7	23.6	8.1	0.34	8.48	13.88	1.046	0.1495	2.4

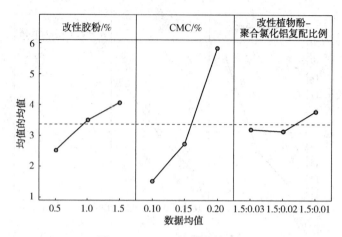

图 4-4-11　YP 均值主效应图

由表 4-4-32 中评价结果得出，当加入 0.2%CMC 时，清洁压裂返排液配制的钻井液的动切力较大，并且返排液配制的钻井液其他性能也较好。因此，为了使清洁压裂返排液配制的钻井液的动切力较适宜，其最适条件为：1.5%改性胶粉，0.20%CMC，改性植物酚-聚合氯化铝复配比例 1.5∶0.01。

④ FL 与改性胶粉/%，CMC/%，改性植物酚-聚合氯化铝复配比例。

对正交实验结果进行极差分析，由表 4-4-33 得到三个因素的影响程度从高到低依次为：改性胶粉，CMC，改性植物酚-聚合氯化铝复配比例；从图 4-4-12 可以看出其复配条件是：1.5%改性胶粉，0.2%CMC，改性植物酚-聚合氯化铝复配比例 1.5∶0.01；将 CMC0.2%，改性植物酚-聚合氯化铝复配比例 1.5∶0.01 固定不变，通过改变改性胶粉的加量，从而得到返排液配制的钻井液滤失量较小时改性胶粉的最适加量，结果如表 3-36 所示。

表 4-4-33　FL 均值响应表

水平	改性胶粉/%	CMC/%	改性植物酚-聚合氯化铝复配比例
1	13.200	9.133	9.133
2	7.400	10.333	8.800
3	5.333	6.933	8.000
Delta	7.867	3.400	1.133
排秩	1	2	3

表 4-4-34　改性胶粉加量对钻井液 FL 的影响

改性胶粉加量/%	AV/mPa·s	PV/mPa·s	YP/Pa	YP/PV/[Pa/(mPa·s)]	pH 值	κ/(mS/cm)	ρ/g·cm^{-3}	tg	FL_{API}/mL
0.5	14.2	11.6	2.6	0.22	8.58	17.58	1.037	0.1405	5.8
1.0	15.5	13.2	2.3	0.17	9.47	19.28	1.038	0.1139	4.4
1.5	28.2	21.8	6.4	0.29	8.93	18.52	1.045	0.1228	3.6

续表

改性胶粉加量/%	AV/mPa·s	PV/mPa·s	YP/Pa	YP/PV/[Pa/(mPa·s)]	pH值	κ/(mS/cm)	ρ/g·cm⁻³	tg	FL_{API}/mL
2.0	29.6	22.6	7.0	0.31	8.37	17.19	1.045	0.0963	3.0
2.5	32.6	24.8	7.8	0.31	8.59	17.96	1.048	0.1584	2.4

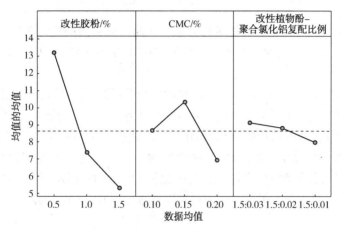

图 4-4-12 FL 均值主效应图

由表 4-4-34 的评价结果得出，当加入 1.0% 改性胶粉时，清洁压裂返排液配制的钻井液的滤失量较小，并且返排液配制的钻井液其他性能也较好。因此，为了使清洁压裂返排液配制的钻井液的滤失量较小，其最适条件为：1.0% 改性胶粉，0.20% CMC，改性植物酚-聚合氯化铝复配比例 1.5∶0.01。

综上所述，清洁压裂返排液配制钻井液最适条件为：1.0% 改性胶粉，0.20% CMC，改性植物酚-聚合氯化铝复配比例 1.5∶0.03。

（4）HV-CMC 作为护胶剂。

清洁压裂液返排液与 20% 基浆以 4∶1 混合后的钻井液性能主要受 HV-CMC 加量、改性胶粉加量和改性植物酚-聚合氯化铝复配比例的影响。为得到三个因素对钻井液各个性能影响程度，在三个影响因素下进行正交实验，评价结果如表 4-4-35 所示。

表 4-4-35 HV-CMC 正交实验评价结果

序号	AV/mPa·s	PV/mPa·s	YP/Pa	YP/PV/[Pa/(mPa·s)]	pH值	κ/(mS/cm)	ρ/g·cm⁻³	tg	FL_{API}/mL
1	12.2	11.4	0.8	0.07	8.95	16.76	1.042	0.1051	9.2
2	15.1	14.2	0.9	0.06	9.05	17.12	1.041	0.0875	4.8
3	29.3	27.2	2.1	0.08	8.77	18.34	1.050	0.1228	3.8
4	8.5	8.0	0.5	0.06	9.12	16.45	1.033	0.1763	27.0
5	15.6	13.6	2.0	0.15	9.00	18.02	1.044	0.0963	4.4
6	15.0	14.0	1.0	0.07	9.22	18.54	1.042	0.1139	6.8

续表

序号	AV/ mPa·s	PV/ mPa·s	YP/ Pa	YP/PV/ [Pa/(mPa·s)]	pH值	κ/ (mS/cm)	ρ/ g·cm^{-3}	tg	FL_{API}/ mL
7	5.1	4.6	0.5	0.11	8.81	17.34	1.031	0.1584	16.4
8	10.1	9.4	0.7	0.07	8.98	18.41	1.040	0.1228	13.2
9	15.2	13.8	1.4	0.10	9.15	18.45	1.042	0.1637	18.0

用极差法对表 4-4-35 中的数据进行分析，从而得到最适的反应条件。正交实验的均值主效应图如图 4-4-13~图 4-4-16 所示，均值响应如表 4-4-36、表 4-4-38、表 4-4-40、表 4-4-41 所示。

① AV 与改性胶粉/%，HV-CMC/%，改性植物酚-聚合氯化铝复配比例。

对正交实验结果进行极差分析，由表 4-4-36 得到三个因素的影响程度从高到低依次为：HV-CMC，改性胶粉，改性植物酚-聚合氯化铝复配比例；从图 4-4-13 可以看出其复配条件是：1.5%改性胶粉，0.35% HV-CMC，改性植物酚-聚合氯化铝复配比例 1.5∶0.01；将 1.5%改性胶粉，改性植物酚-聚合氯化铝复配比例 1.5∶0.01 固定不变，通过改变 HV-CMC 的加量，从而得到返排液配制的钻井液表观黏度较适宜时 HV-CMC 的最适加量，结果如表 4-4-37 所示。

表 4-4-36 AV 均值响应表

水平	改性胶粉/%	HV-CMC/%	改性植物酚-聚合氯化铝复配比例
1	9.800	8.267	12.433
2	13.033	13.600	12.933
3	18.867	19.833	16.333
Delta	9.067	11.567	3.900
排秩	2	1	3

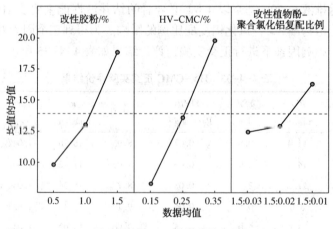

图 4-4-13 AV 均值主效应图

表 4-4-37　HV-CMC 加量对钻井液 AV、YP 和 FL 的影响

HV-CMC 加量/%	AV/ mPa·s	PV/ mPa·s	YP/ Pa	YP/PV/ [Pa/(mPa·s)]	pH 值	κ/ (mS/cm)	ρ/ g·cm^{-3}	tg	FL_{API}/ mL
0.15	13.5	13.0	0.5	0.04	8.90	16.71	1.040	0.1139	6.4
0.20	15.5	14.6	0.9	0.06	8.89	16.84	1.042	0.1495	5.6
0.25	19.3	18.0	1.3	0.07	8.96	16.52	1.045	0.0875	3.8
0.30	25.0	20.6	4.4	0.21	8.80	16.64	1.048	0.1228	2.4
0.35	26.4	21.2	5.2	0.25	9.01	16.75	1.047	0.1051	3.6

由表 4-4-37 中评价结果得出，当加入 0.20% HV-CMC 时，清洁压裂返排液配制的钻井液的表观黏度较适宜，并且返排液配制的钻井液其他性能也较好。因此，为了使清洁压裂返排液配制的钻井液的表观黏度较适宜，其最适条件为：1.5%改性胶粉，0.20% HV-CMC，改性植物酚-聚合氯化铝复配比例 1.5:0.01。

② PV 与改性胶粉/%，HV-CMC/%，改性植物酚-聚合氯化铝复配比例。

对正交实验结果进行极差分析，由表 4-4-38 得到三个因素的影响程度从高到低依次为：HV-CMC，改性胶粉，改性植物酚-聚合氯化铝复配比例；由图 4-4-14 可以看出其复配条件是：1.0%改性胶粉，0.25% HV-CMC，改性植物酚-聚合氯化铝复配比例 1.5:0.01；将 1.0%改性胶粉，改性植物酚-聚合氯化铝复配比例 1.5:0.01 固定不变，通过改变 HV-CMC 的加量，从而得到返排液配制的钻井液塑性黏度较适宜时 HV-CMC 的最适加量，结果如表 4-4-39 所示。

表 4-4-38　PV 均值响应表

水　平	改性胶粉/%	HV-CMC/%	改性植物酚-聚合氯化铝复配比例
1	9.267	8.000	11.600
2	11.867	12.400	12.000
3	17.600	18.333	15.133
Delta	8.333	10.333	3.533
排秩	2	1	3

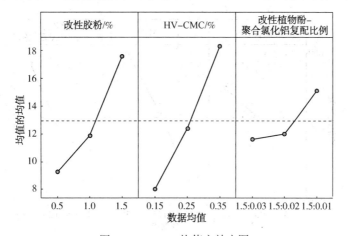

图 4-4-14　PV 均值主效应图

由表 4-4-39 中评价结果得出,当加入 0.25% HV-CMC 时,清洁压裂返排液配制的钻井液的塑性黏度较适宜,并且返排液配制的钻井液其他性能也较好。因此,为了使清洁压裂返排液配制的钻井液的塑性黏度较适宜,其最适条件为:1.0% 改性胶粉, 0.25% HV-CMC,改性植物酚-聚合氯化铝复配比例 1.5:0.01。

表 4-4-39 HV-CMC 加量对钻井液 PV 的影响

HV-CMC 加量/%	AV/mPa·s	PV/mPa·s	YP/Pa	YP/PV/[Pa/(mPa·s)]	pH 值	κ/(mS/cm)	ρ/g·cm^{-3}	tg	FL_{API}/mL
0.15	12.1	11.2	0.9	0.08	9.00	20.14	1.041	0.0875	18.8
0.20	16.0	13.2	2.8	0.21	8.82	18.73	1.044	0.1051	16.4
0.25	17.2	14.0	3.2	0.23	8.70	18.41	1.046	0.1405	15.2
0.30	18.7	15.2	3.5	0.23	8.82	19.48	1.047	0.1317	4.4
0.35	19.2	16.4	2.8	0.17	8.91	19.32	1.045	0.1405	5.0

③ YP 与改性胶粉/%,HV-CMC/%,改性植物酚-聚合氯化铝复配比例。

对正交实验结果进行极差分析,由表 4-4-40 得到三个因素的影响程度从高到低依次为:HV-CMC,改性胶粉,改性植物酚-聚合氯化铝复配比例;从图 4-4-15 可以看出其复配条件是:1.5% 改性胶粉,0.35% HV-CMC,改性植物酚-聚合氯化铝复配比例 1.5:0.01;将 1.5% 改性胶粉,改性植物酚-聚合氯化铝复配比例 1.5:0.01 固定不变,通过改变 HV-CMC 的加量,从而得到返排液配制的钻井液动切力较适宜时 HV-CMC 的最适加量,结果如表 4-4-37 所示。

表 4-4-40 YP 均值响应表

水平	改性胶粉/%	HV-CMC/%	改性植物酚-聚合氯化铝复配比例
1	0.8667	0.6000	0.8333
2	1.0667	1.1000	0.9333
3	1.2667	1.5000	1.4333
Delta	0.4000	0.9000	0.6000
排秩	3	1	2

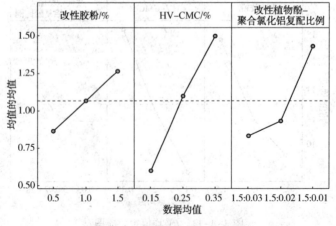

图 4-4-15 YP 均值主效应图

由表 4-4-40 中评价结果得出，当加入 0.35% HV-CMC 时，清洁压裂返排液配制的钻井液的动切力较大。因此，为了使清洁压裂返排液配制的钻井液的动切力较大，其最适条件为：1.5% 改性胶粉，0.35% HV-CMC，改性植物酚-聚合氯化铝复配比例 1.5∶0.01。

④ FL 与改性胶粉/%，HV-CMC/%，改性植物酚-聚合氯化铝复配比例。

对正交实验结果进行极差分析，由表 4-4-41 得到三个因素的影响程度从高到低依次为：HV-CMC，改性胶粉，改性植物酚-聚合氯化铝复配比例；从图 4-4-16 可以看出其复配条件是：1.5% 改性胶粉，0.35% HV-CMC，改性植物酚-聚合氯化铝复配比例 1.5∶0.01；将 1.5% 改性胶粉，改性植物酚-聚合氯化铝复配比例 1.5∶0.01 固定不变，通过改变 HV-CMC 的加量，从而得到返排液配制的钻井液滤失量较小时 HV-CMC 的最适加量，结果如表 4-4-37 所示。

表 4-4-41　FL 均值响应表

水　平	改性胶粉/%	HV-CMC/%	改性植物酚-聚合氯化铝复配比例
1	15.867	17.533	9.733
2	12.733	7.467	16.600
3	5.933	9.533	8.200
Delta	4.967	10.067	8.400
排秩	2	1	3

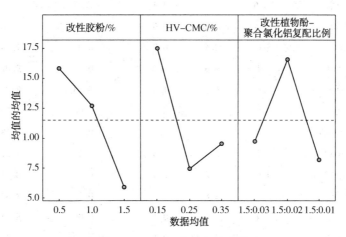

图 4-4-16　FL 均值主效应图

由表 4-4-41 中评价结果得出，当加入 0.20% HV-CMC 时，清洁压裂返排液配制的钻井液的滤失量较小，并且返排液配制的钻井液其他性能也较好。因此，为了使清洁压裂返排液配制的钻井液的滤失量较小，其最适条件为：1.5% 改性胶粉，0.20% HV-CMC，改性植物酚-聚合氯化铝复配比例 1.5∶0.01。

综上所述，清洁压裂返排液配制钻井液最适条件为：1.0% 改性胶粉，0.25% HV-CMC，改性植物酚-聚合氯化铝复配比例 1.5∶0.01。

4.4.2 清洁压裂返排液配制钻井液性能评价

将以黄原胶、胍胶、CMC和HV-CMC作为护胶剂，清洁压裂返排液与不同比例基浆混合后配制的钻井液，按照GB/T 16783.1—2014测试标准，测定钻井液的表观黏度、塑性黏度、动切力、动塑比、密度、API滤失量和润滑系数等性能参数。

1）温度对清洁压裂液配制的钻井液性能的影响。

表4-4-42 不同温度对清洁压裂返排液配制的钻井液性能评价

温度/℃	处理剂	AV/mPa·s	PV/mPa·s	YP/Pa	YP/PV/[Pa/(mPa·s)]	pH值	tg	FL_{API}/mL
30	黄原胶	18.0	13.0	5.0	0.38	8.94	0.1139	4.8
	胍胶	24.3	14.6	9.7	0.66	9.04	0.1228	5.2
	CMC	20.6	14.2	6.4	0.45	9.07	0.1051	6.4
	HV-CMC	15.6	13.6	2.0	0.15	9.00	0.1317	4.4
90	黄原胶	12.4	11.2	1.2	0.11	8.85	0.1228	15.6
	胍胶	19.2	15.2	4.0	0.26	8.49	0.1051	6.2
	CMC	13.7	11.4	2.3	0.20	8.57	0.1584	4.0
	HV-CMC	10.3	9.4	0.9	0.10	8.91	0.1405	4.8
120	黄原胶	10.6	7.2	3.4	0.47	8.73	0.1228	24.6
	胍胶	13.4	12.8	0.6	0.05	8.65	0.1317	14.4
	CMC	8.6	8.4	0.2	0.02	7.84	0.1853	7.6
	HV-CMC	7.1	6.8	0.3	0.04	9.02	0.1051	11.6
150	黄原胶	7.6	6.2	1.4	0.23	8.94	0.1317	28.4
	胍胶	8.5	8.0	0.5	0.06	8.73	0.1228	35.2
	CMC	6.6	6.2	0.4	0.06	7.78	0.1495	11.2
	HV-CMC	6.2	5.6	0.6	0.11	8.52	0.1584	16.4
180	黄原胶	4.6	4.2	0.4	0.10	8.91	0.1405	35.6
	胍胶	3.4	2.8	0.6	0.21	8.84	0.1139	39.4
	CMC	7.4	7.0	0.4	0.06	8.66	0.1228	27.2
	HV-CMC	4.3	4.2	0.1	0.02	8.99	0.1051	28.8

将钻井液分别在90℃、120℃、150℃和180℃下老化16h，探究其钻井液的抗温性能。从表4-4-42的数据能够发现，随着温度的上升，以黄原胶、胍胶、CMC和HV-CMC作为护胶剂，钻井液的表观黏度、塑性黏度、动切力和动塑比都逐渐减小，钻井液的滤失量增大；以黄原胶作为护胶剂，在90℃时，钻井液的滤失量较大，不能满足钻井液性能要求，不适合在深井作业；以胍胶作为护胶剂，在90℃时，钻井液的滤失量较好；在大于120℃下，滤失量较大，不能满足钻井液性能要求；以CMC作为护胶剂，在150℃时，钻井液的各个性能较好；在大于150℃时，钻井液的滤失量较大，不能满足钻井液性能要求；以HV-CMC作为护胶剂，在120℃时，钻井液的各个性能较好；在大于150℃时，钻井液的滤

失量较大,不能满足钻井液性能要求。

2) 不同润滑剂对钻井液润滑性的影响

(1) 聚合醇润滑剂在含不同护胶剂钻井液中润滑性评价。

① 以黄原胶作为护胶剂。

从表4-4-43中看出,以黄原胶作为护胶剂,随着聚合醇润滑剂加量的增大,钻井液的摩擦阻力系数明显减小,但钻井液的滤失量增大,黏度减小;当加了0.2%聚合醇润滑剂时,钻井液的摩擦阻力系数为0.0524,钻井液润滑性较好且加量较少,满足钻井需求。

表4-4-43 不同比例聚合醇润滑剂在钻井液中润滑性的评价

聚合醇润滑剂加量/%	AV/mPa·s	PV/mPa·s	YP/Pa	YP/PV/[Pa/(mPa·s)]	pH值	tg	FL_{API}/mL
0.1	15.2	15.0	0.2	0.01	8.77	0.0699	10.8
0.2	12.6	10.0	2.6	0.26	8.82	0.0524	13.4
0.3	11.0	8.2	2.8	0.34	8.86	0.0437	16.0
0.4	10.2	8.2	2.0	0.24	8.93	0.0524	15.6
0.5	10.0	8.0	2.0	0.25	8.90	0.0612	16.2

② 以胍胶作为护胶剂。

从表4-4-44中看出,以胍胶作为护胶剂,随着聚合醇润滑剂加量的增大,钻井液的摩擦阻力系数明显减小,钻井液的黏度减小,并且钻井液的其他性能也较好;当加了0.4%聚合醇润滑剂时,钻井液的摩擦阻力系数为0.0524,钻井液润滑性较好,并且满足钻井需求。

表4-4-44 不同比例聚合醇润滑剂在钻井液中润滑性的评价

聚合醇润滑剂加量/%	AV/mPa·s	PV/mPa·s	YP/Pa	YP/PV/[Pa/(mPa·s)]	pH值	tg	FL_{API}/mL
0.1	17.3	11.0	6.3	0.57	9.12	0.0963	5.6
0.2	16.6	10.2	6.4	0.63	9.16	0.0875	6.4
0.3	17.5	11.6	5.9	0.51	9.20	0.0699	6.0
0.4	18.4	12.8	5.6	0.44	9.17	0.0524	5.8
0.5	18.1	12.4	5.7	0.46	9.11	0.0612	6.2

③ 以CMC作为护胶剂。

从表4-4-45中看出,以CMC作为护胶剂,随着聚合醇润滑剂加量的增大,钻井液的摩擦阻力系数先减小后增大,钻井液黏度减少,滤失量增大;当加了0.2%聚合醇润滑剂时,钻井液的摩擦阻力系数为0.0437,钻井液润滑性较好,并且满足钻井需求。

表4-4-45 不同比例聚合醇润滑剂在钻井液中润滑性的评价

聚合醇润滑剂加量/%	AV/mPa·s	PV/mPa·s	YP/Pa	YP/PV/[Pa/(mPa·s)]	pH值	tg	FL_{API}/mL
0.1	15.6	14.6	1.0	0.07	9.09	0.0612	7.2
0.2	13.4	11.0	2.4	0.22	9.05	0.0437	8.4
0.3	13.3	11.0	2.3	0.21	9.14	0.0524	8.2
0.4	13.4	11.6	1.8	0.16	9.23	0.0787	9.0
0.5	13.2	11.2	2.0	0.18	9.18	0.0612	8.6

由表4-4-43~表4-4-45可知,聚合醇润滑剂对钻井液具有较好的润滑效果,主要是

因为聚合醇润滑剂低于其浊点时为水溶性的溶液,其具有一定的表面活性,极易吸附在固体的表面,从而使得钻井液具有很好的润滑性;当其高于浊点温度时,聚合醇从钻井液中析出,附着在井壁上,形成一种油状的薄膜,减少摩擦,从而提高其润滑性。

(2)杂聚糖润滑剂在含不同护胶剂的钻井液中润滑性评价。

① 以黄原胶作为护胶剂。

从表4-4-46中看出,以黄原胶作为护胶剂,随着杂聚糖润滑剂加量的增大,钻井液的摩擦阻力系数先减小后增大,钻井液的其他性能也较好;当加了0.2%杂聚糖润滑剂时,钻井液的摩擦阻力系数为0.0437,钻井液润滑性较好,并且满足钻井需求。

表4-4-46 不同比例杂聚糖润滑剂在钻井液中润滑性的评价

杂聚糖润滑剂加量/%	AV/mPa·s	PV/mPa·s	YP/Pa	YP/PV/[Pa/(mPa·s)]	pH值	tg	FL_{API}/mL
0.1	14.0	9.2	4.8	0.52	9.11	0.1317	7.2
0.2	14.1	10.6	3.5	0.33	9.08	0.0787	6.8
0.3	14.7	11.2	3.5	0.31	9.15	0.0612	7.0
0.4	15.0	11.2	3.8	0.34	9.02	0.0437	7.2
0.5	15.4	11.8	3.6	0.31	9.05	0.0524	6.6

② 以胍胶作为护胶剂。

从表4-4-47中看出,以胍胶作为护胶剂,随着杂聚糖润滑剂加量的增大,钻井液的摩擦阻力系数先减小后增大,钻井液的其他性能也较好;当加了0.3%杂聚糖润滑剂时,钻井液的摩擦阻力系数为0.0524,钻井液润滑性较好,并且满足钻井需求。

表4-4-47 不同比例杂聚糖润滑剂在钻井液中润滑性的评价

杂聚糖润滑剂加量/%	AV/mPa·s	PV/mPa·s	YP/Pa	YP/PV/[Pa/(mPa·s)]	pH值	tg	FL_{API}/mL
0.1	21.2	13.6	7.6	0.56	8.85	0.078775	5.6
0.2	19.6	12.6	7.0	0.56	8.76	0.0612	6.0
0.3	18.4	11.0	7.4	0.67	8.83	0.0524	6.4
0.4	19.2	12.2	7.0	0.57	8.94	0.0612	6.2
0.5	20.1	13.0	7.1	0.55	8.80	0.0612	6.4

(3)以CMC作为护胶剂。

从表4-4-48中看出,以CMC作为护胶剂,随着杂聚糖润滑剂加量的增大,钻井液的摩擦阻力系数先减小后增大,钻井液的其他性能也较好;当加了0.4%杂聚糖润滑剂时,钻井液的摩擦阻力系数为0.0612,钻井液润滑性较好,并且满足钻井需求。

表4-4-48 不同比例杂聚糖润滑剂在钻井液中润滑性的评价

杂聚糖润滑剂加量/%	AV/mPa·s	PV/mPa·s	YP/Pa	YP/PV/[Pa/(mPa·s)]	pH值	tg	FL_{API}/mL
0.1	19.3	15.2	4.1	0.27	8.98	0.0963	5.2
0.2	17.9	14.8	3.1	0.21	9.06	0.0875	5.8
0.3	17.7	14.6	3.1	0.21	9.07	0.0699	5.6
0.4	17.6	14.2	3.4	0.24	9.12	0.0612	6.0
0.5	17.8	15.0	2.8	0.19	9.01	0.0699	6.0

4 天然高分子基钻-采通用油田工作液研究

(4) 以 HV-CMC 作为护胶剂。

从表 4-4-49 中看出,以 HV-CMC 作为护胶剂,随着杂聚糖润滑剂加量的增大,钻井液的摩擦阻力系数减小,钻井液的其他性能也较好;当加了 0.3%杂聚糖润滑剂时,钻井液的摩擦阻力系数为 0.0612,钻井液润滑性较好,并且满足钻井需求。

表 4-4-49 不同比例杂聚糖润滑剂在钻井液中润滑性的评价

杂聚糖润滑剂加量/%	AV/mPa·s	PV/mPa·s	YP/Pa	YP/PV/[Pa/(mPa·s)]	pH 值	tg	FL_{API}/mL
0.1	13.8	13.0	0.8	0.06	9.25	0.0787	5.4
0.2	12.4	12.0	0.4	0.03	9.19	0.0787	5.8
0.3	12.5	11.8	0.7	0.06	9.23	0.0612	6.0
0.4	12.7	11.6	1.1	0.09	9.14	0.0699	6.4
0.5	13.1	12.2	0.9	0.07	9.18	0.0612	5.6

由以上实验结果可知,杂聚糖润滑剂对以黄原胶、胍胶、CMC 和 HV-CMC 作为护胶剂下的钻井液的润滑性有很大的提升,并且钻井液的其他性能也较好,主要是因为杂聚糖润滑剂其主要成分时杂聚糖,杂聚糖长链分子和黏土颗粒的桥联作用在黏土表面形成一层润滑膜,从而使得钻井液的润滑性得到提升。

3) 对比清洁压裂返排液配制的钻井液与苏里格气田现场钻井液性能。

根据表 4-4-50 中的数据可知,与苏里格气田某地区现场钻井液的性能要求对比,使用清洁压裂返排液配制钻井液,以黄原胶为护胶剂,钻井液的塑性黏度、动切力和摩擦阻力系数都满足现场需求,滤失量相对较大;以 CMC 和胍胶作为护胶剂,钻井液的塑性黏度、动切力、摩擦阻力系数和滤失量都满足现场生产要求;以 HV-CMC 作为护胶剂,钻井液的塑性黏度、摩擦阻力系数和滤失量都能满足现场生产需求,动切力相对较小。其中以胍胶作为护胶剂,清洁压裂返排液配制的钻井液性能都能满足现场需求且性能最好,其钻井液配方为 1.0%改性胶粉,0.20%胍胶,改性植物酚-聚合氯化铝复配比例 1.5∶0.01 和 0.4%聚合醇润滑剂。

表 4-4-50 清洁压裂返排液配制的钻井液与现场钻井液性能对比

名 称	PV/mPa·s	YP/Pa	tg	FL_{API}/mL
现场	3~15	2~10	≤0.08	≤6.0
黄原胶	11.8	6.6	0.0524	6.6
胍胶	12.8	5.6	0.0524	5.8
CMC	14.2	3.4	0.0612	6.0
HV-CMC	12.2	0.9	0.0612	5.6

4) 清洁压裂液返排液配制的钻井液对黏土水化抑制性评价

(1) 30℃下的线性膨胀率。

在 30℃下,通过对以黄原胶、胍胶、CMC 和 HV-CMC 作为护胶剂配制的钻井液及其上清液的线性膨胀率进行测定,从而评价其对黏土的抑制性,结果如图 4-4-17 和图 4-4-18 所示。

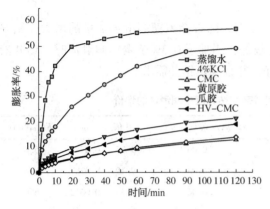
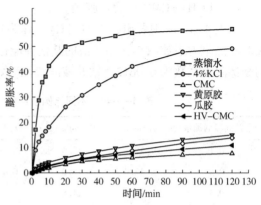

图 4-4-17 30℃下不同钻井液上清液
处理剂对黏土线性膨胀率的影响

图 4-4-18 30℃下不同钻井液
处理剂对黏土线性膨胀率的影响

由图 4-4-17、图 4-4-18 可以看出，在 30℃下，清洁压裂液返排液配制的钻井液和钻井液上清液对黏土水化膨胀均有良好的抑制作用。以黄原胶、胍胶、CMC 和 HV-CMC 作为护胶剂，在 120min 时，清洁压裂液返排液配制的钻井液上清液对黏土的膨胀率分别为 21.46%、14.01%、12.94% 和 19.12%，明显低于 4%KCl 的 49.14%。在 120min 时，清洁压裂液返排液配制的钻井液的黏土膨胀率分别为 15.05%、13.89%、7.71% 和 10.89%，明显低于 4%KCl 的 49.14%。表明清洁压裂液返排液配制的钻井液以及钻井液上清液对膨润土的水化膨胀都有较好的抑制性。其中以 CMC 作为护胶剂，清洁压裂返排液配制的钻井液以及上清液对抑制膨润土的水化膨胀效果最好；这可能是由于清洁压裂液返排液配制的钻井液中含有季铵盐和改性胶粉，季铵盐分子链上的极性基团与黏土发生吸附，进而形成吸附层，滞缓水分子向页岩中的渗透作用。

（2）90℃下的线性膨胀率。

在 90℃下，通过对以黄原胶、胍胶、CMC 和 HV-CMC 作为护胶剂配制的钻井液及其上清液的线性膨胀率进行测定，从而评价其对黏土的抑制性，结果如图 4-4-19 和图 4-4-20 所示。

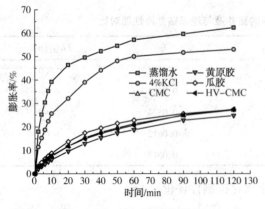
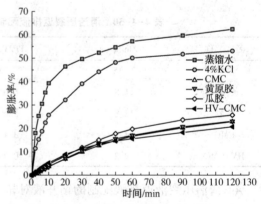

图 4-4-19 90℃不同钻井液上
清液对黏土线性膨胀率的影响

图 4-4-20 90℃不同钻井液对
黏土线性膨胀率的影响

由图4-4-19、图4-4-20可以看出,在90℃下,清洁压裂液返排液配制的钻井液和钻井液上清液对黏土水化膨胀均有良好的抑制作用。以黄原胶、胍胶、CMC和HV-CMC作为护胶剂,在120min时,清洁压裂液返排液配制的钻井液上清液对黏土的膨胀率分别为24.81%、27.33%、27.16%和27.49%,明显低于4%KCl的53.03%。在120min时,清洁压裂液返排液配制的钻井液的黏土膨胀率分别为22.83%、23.02%、25.62%和20.66%,明显低于4%KCl的53.03%。表明清洁压裂液返排液配制的钻井液以及钻井液上清液对膨润土的水化膨胀都有较好的抑制性。其中以HV-CMC作为护胶剂,清洁压裂返排液配制的钻井液对抑制膨润土的水化膨胀效果最好;以胍胶作为护胶剂,清洁压裂返排液配制的钻井液上清液对抑制膨润土的水化膨胀效果最好;这可能是由于清洁压裂液返排液配制的钻井液中含有季铵盐和改性胶粉,季铵盐分子链上的极性基团与黏土发生吸附,进而形成吸附层,滞缓水分子向页岩中的渗透作用。

(3) 30℃下的泥球实验。

在30℃下,将钠基膨润土与清水按质量比2∶1混合均匀后团成约10g/个的泥球,分别放入以黄原胶、胍胶、CMC和HV-CMC作为护胶剂作为护胶剂配制的钻井液及其上清液中或清水中浸泡24h,泥球的外观如图4-4-21和图4-4-22。

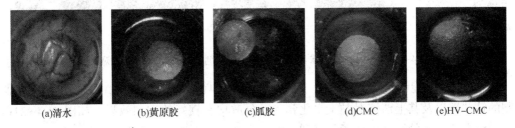

图4-4-21 30℃下泥球在不同钻井液上清液处理剂下浸泡24h后的外观图

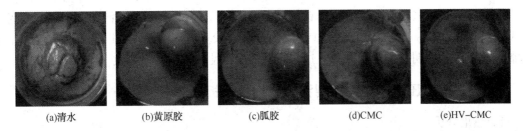

图4-4-22 30℃下泥球在不同钻井液处理剂下浸泡24h后的外观图

从图4-4-22能够看出,在30℃下,与图4-4-22(a)清水相比,清洁压裂液返排液配制的钻井液以及其上清液对黏土水化膨胀、分散均有较好的抑制效果。如图4-4-22(a)所示,浸在清水中的泥球出现了裂缝且其尺寸变大;如图4-4-22(b),图4-4-22(c),图4-4-22(d),图4-4-22(e)所示,分别以黄原胶、胍胶、CMC和HV-CMC作为护胶剂,泥球在清洁压裂返排液配制的钻井液和钻井液的上清液溶液中浸泡后表面未出现水化和裂痕。表明分别以黄原胶、胍胶、CMC和HV-CMC作为护胶剂,清洁压裂液返排液配制的钻井液对黏土水化膨胀有明显的抑制效果,这与膨润土的线性膨胀率结果一致。

天然高分子基钻井液体系研究

(4) 60℃下的泥球实验。

在60℃下,将钠基膨润土与清水按质量比2:1混合均匀后团成约10g/个的泥球,分别放入以黄原胶、胍胶、CMC和HV-CMC作为护胶剂作为护胶剂配制的钻井液及其上清液中或清水中浸泡12h,泥球的外观如图4-4-23和图4-4-24。

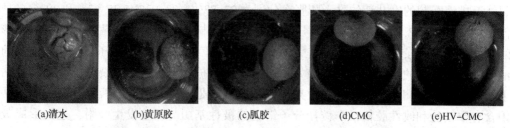

(a)清水　　(b)黄原胶　　(c)胍胶　　(d)CMC　　(e)HV-CMC

图4-4-23　60℃下泥球在不同钻井液上清液中浸泡12h后的外观图

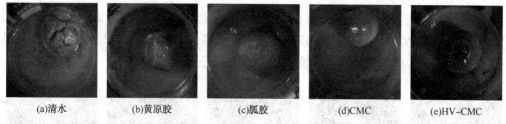

(a)清水　　(b)黄原胶　　(c)胍胶　　(d)CMC　　(e)HV-CMC

图4-4-24　60℃下泥球在不同钻井液处理剂下浸泡12h后的外观图

从图4-4-24能够看出,在60℃下,与图4-4-24(a)自来水相比,清洁压裂液返排液配制的钻井液以及其上清液对黏土水化膨胀、分散均有较好的抑制效果。如图4-4-24(a)所示,浸在清水中的泥球出现了裂缝和其大小变大;如图4-4-24(b),图4-4-24(c),图4-4-24(d),图4-4-24(e)所示,分别以黄原胶,胍胶,CMC和HV-CMC作为护胶剂,泥球在清洁压裂返排液配制的钻井液和钻井液的上清液溶液中浸泡后表面未出现水化和裂痕。表明分别以黄原胶、胍胶、CMC和HV-CMC作为护胶剂,清洁压裂液返排液配制的钻井液对黏土水化膨胀有明显的抑制效果,这与膨润土的线性膨胀率结果一致。

4.4.3　清洁压裂返排液配制钻井液构效分析

1) 热重分析

在氧化铝坩埚中放入5~10mg自来水水化的膨润土样,以黄原胶、胍胶、CMC和HV-CMC为护胶剂为护胶剂,通过胍胶压裂返排液和不同比例基浆混合后制得的土样,然后放到热重分析仪器中,设定N_2流速10mL/min、升温速率10℃/min,记录所测各个试样的热重曲线。

将经过自来水水化的膨润土,分别以黄原胶、胍胶、CMC和HV-CMC作为护胶剂,通过清洁压裂返排液配制的钻井液经过离心,将固体烘干后,然后分别进行热重分析(TG),其结果如图4-4-25。

从图4-4-25能够看出,随着温度的上升,黏土颗粒会有一定的失重。当温度从25℃升高至225℃,经过自来水水化的膨润土颗粒失重率为4.1%,而分别以黄原胶、胍胶、

CMC 和 HV-CMC 作为护胶剂，通过清洁压裂返排液配制的钻井液制得的土样失重率分别为 2.3%、2.2%、2.5%、1.6%，可以看出，分别以黄原胶、胍胶、CMC 和 HV-CMC 作为护胶剂，通过清洁压裂返排液配制的钻井液制得的土样失重比在自来水中的失重少，当继续升高温度，分别以黄原胶、胍胶、CMC 和 HV-CMC 作为护胶剂，清洁压裂返排液配制的钻井液制的土样失重明显，可能是由于清洁压裂返排液中的季铵盐物质高温分解导致。清洁压裂返排液配制的钻井液制得的土样失重比在自来水中的失重少，说明

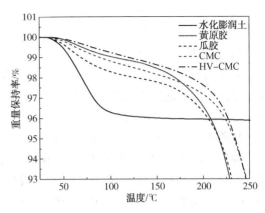

图 4-4-25　不同处理剂处理膨润土的热重图

清洁压裂返排液中含有的季铵盐滞缓了水分子向黏土层间的渗透，从而抑制了膨润土的水化分散。

2）激光粒度分析

将自来水水化的膨润土样，以黄原胶、胍胶、CMC 和 HV-CMC 为护胶剂，通过清洁压裂返排液和不同比例基浆混合后制得的土样，通过激光粒度测量各个样品粒径大小，从而得到各个样品粒径分布图、中值粒径和平均粒径，根据这些数据分析黏土粒径变化。

采用激光衍射粒度分析法测定不同作用方式下黏土的粒径分布，评价分别以黄原胶、胍胶、CMC 和 HV-CMC 作为护胶剂，清洁压裂返排液配制钻井液中季铵盐对黏土水化分散的影响，粒径分布结果如图 4-4-26 所示。

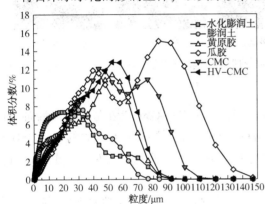

图 4-4-26　不同护胶剂的钻井液黏土粒径分布

表 4-4-51　不同护胶剂的钻井液黏土颗粒平均粒径及粒径中值

黏土处理方式	平均粒径/μm	粒径中值/μm
膨润土	34.62	30.18
水化 24h	16.92	11.33
黄原胶	30.55	27.24
胍胶	40.07	40.09
CMC	52.39	47.14
HV-CMC	32.81	30.78

从图 4-4-26、表 4-4-51 中能看出，黏土颗粒相对于水化的黏土颗粒，平均粒径由 34.62μm 降低到 16.92μm；将清洁压裂返排液和水化后的膨润土基浆混合后，分别加入护

胶剂黄原胶，胍胶，CMC 和 HV-CMC，黏土颗粒显著增大，说明清洁压裂返排液中的季铵盐离子对膨润土水化分散具有较好的抑制效果，使得分散的黏土颗粒聚集。

3）黏土颗粒微观形态分析

采用扫描电镜（SEM）对分别以黄原胶、胍胶、CMC 和 HV-CMC 作为护胶剂，通过胍胶压裂返排液配制的钻井液制得的干燥后的土样及自来水处理干燥后的黏土颗粒进行微观形态分析，结果如图 4-4-27 所示。

从图 4-4-27 能够看出，用 SEM 对分别以黄原胶、胍胶、CMC 和 HV-CMC 作为护胶剂，通过清洁压裂返排液配制的钻井液制得的干燥后的土样和自来水水化处理干燥的土样进行微观形态分析，与自来水水化干燥后的膨润土相比，分别以黄原胶、胍胶、CMC 和 HV-CMC 作为护胶剂，通过清洁压裂返排液配制的钻井液制得的干燥后的土样，其土样直径明显变大。由此一定程度可以说明季铵阳离子化合物进入黏土层间，通过其分子长链将黏土颗粒聚集在一起，使得土样尺寸变大；另一方面又可通过静电吸附及氢键作用等方式包裹并束缚已经水化分散的黏土片层，保持黏土颗粒的结构。

(a)水化膨润土　　(b)黄原胶　　(c)胍胶　　(d)CMC　　(e)HV-CMC

图 4-4-27　不同处理剂处理黏土的微观形态

4）红外光谱分析

用自来水水化的膨润土样，以黄原胶、胍胶、CMC 和 HV-CMC 为护胶剂为护胶剂，通过胍胶压裂返排液和水化后的膨润土混合制得的土样研磨，测试时将研磨的各个土样与 KBr 以 1∶100 混合研磨，放到压片机内压成通透的薄片，用红外光谱仪对各个土样进行扫描测定。

对分别以黄原胶、胍胶、CMC 和 HV-CMC 作为护胶剂，通过清洁压裂返排液配制的钻井液制得的干燥后的土样和自来水水化处理干燥的土样进行红外光谱分析。结果如图 4-4-28 所示。

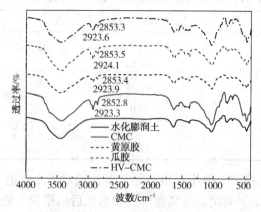

图 4-4-28　不同处理剂处理黏土的红外光谱

从图 4-4-28 可以看出，与水化膨润土对比，分别以黄原胶、胍胶、CMC 和 HV-CMC 作为护胶剂，通过清洁压裂返排液配制的钻井液制得的干燥后的土样在 2923cm^{-1} 和 2853cm^{-1} 左右附近出现吸收峰，可能是 C—H 伸缩振动峰；黏土经清洁压裂返排液处理前后其 3420cm^{-1} 附近的层间水吸收峰的强度有所减弱，说明清洁压裂返排液中的季铵盐进入黏土层间，将水分子渗透到黏土的层间得到滞缓。蒙脱石晶格中 Si—O—Si 在 1035cm^{-1} 的振动峰无显著变化，说明清洁压裂返排液中的季铵盐吸附于黏土的表面，对黏土晶体结构无显著影响。

参 考 文 献

[1] Hiemenz PC 著. 周祖康、马季铭译. 胶体与表面化学原理[M]. 北京：北京大学出版社, 1986.
[2] 鄢捷年, 李元. 预测高温高压下泥浆密度的数学模型[J]. 石油钻采工艺, 1990, 12(5)：27-34.
[3] 张绍槐, 罗平亚, 等. 保护储集层技术[M]. 北京：石油工业出版社, 1993.
[4] 魏宏森, 曾国屏. 系统论-系统科学哲学[M]. 北京：清华大学出版社, 1995.
[5] 钱人元, 吴立衡. 柔性链高聚物的单分子链玻璃体和单晶[J]. 化学进展, 1996, 8(3)：177-187.
[6] 罗平亚. 钻井完井过程中保护油层的屏蔽式暂堵技术[M]. 北京：中国大百科全书出版社, 1997.
[7] 陈宗淇. 胶体与界面化学[M]. 北京：高等教育出版社, 2001.
[8] 金之钧, 谢方克. 中国典型含油气盆地地层压力分布特征[J]. 石油大学学报(自然科学版), 2002, 26(6)：1-16.
[9] 黄承建. MMH 聚合物——MMH 聚磺钻井液技术[J]. 石油钻探技术, 2002, (2)：57-58.
[10] 徐同台, 赵敏, 熊友明, 等. 保护油气层技术[M]. (第二版). 北京：石油工业出版社, 2003.
[11] 张金波, 鄢捷年. 国外特殊工艺井钻井液技术新进展[J]. 油田化学, 2003, 20(3)：285-290.
[12] 杨振杰. 环保钻井液技术现状及发展趋势[J]. 钻井液与完井液, 2004, (2)：39-42.
[13] 刘汝山, 朱德武. 中国石化深井钻井主要技术难点及对策[J]. 石油钻探技术, 2005, 33(5)：6-10.
[14] 张克勤, 卢彦丽, 宋芳, 等. 国外钻井液处理剂20年发展分析[J]. 钻井液与完井液, 2005, 22：1-4.
[15] 罗平亚, 康毅力, 孟英峰. 我国储层保护技术实现跨越式发展[J]. 天然气工业, 2006, 26(1)：84-87.
[16] 鄢捷年. 钻井液工艺学[M]. 中国石油大学出版社, 2006.
[17] 王中华. 钻井液化学品设计与新产品开发[M]. 陕西西安：西北工业大学出版社, 2006.
[18] 吕开河, 邱正松, 徐加放. 聚醚多元醇钻井液研制及应用[J]. 石油学报, 2006, 27(1)：105-109.
[19] 康毅力, 罗平亚. 储层保护系统工程：实践与认识[J]. 钻井液与完井液, 2007, 24(1)：1-7.
[20] 刘大伟, 康毅力, 雷鸣, 等. 保护碳酸盐岩储层屏蔽暂堵技术研究进展[J]. 钻井液与完井液, 2008, 25(5)：57-61.
[21] 王中华, 杨小华. 国内钻井液用改性木质素类处理剂研究与应用[J]. 精细石油化工进展, 2009, 10(4)：19-22.
[22] 舒勇, 鄢捷年. 低渗凝析气藏防液锁成膜两性离子聚磺钻井液[J]. 中国石油大学学报：自然科学版, 2009, (1)：57-63.
[23] 杨枝, 王治法, 杨小华, 等. 国内外钻井液用抗高温改性淀粉的研究进展[J]. 中外能源, 2012, 17(12)：42-47.
[24] 李龙, 孙金声, 刘勇, 等. 纳米材料在钻井完井流体和油气层保护中的应用研究进展[J]. 油田化学, 2013, (1)：139-144.
[25] Xie N, Liu MJ, Deng HL, et. al. Macromolecular Metallurgy of Binary Mesocrystals via Designed Multiblock Terpolymers[J]. Journal of the American Chemical Society, 2014, 136(8)：2974-2977.
[26] Wang FF, Zhang RC, Wu Q, et. al. Probing the Nanostructure, Interfacial Interaction, and Dynamics of Chitosan-Based Nanoparticles by Multiscale Solid-State NMR[J]. ACS Applied Materials & Interfaces, 2014, 6(23)：21397-21407.
[27] 黄进, 付时雨. 木质素化学及改性材料[M]. 北京：化学工业出版社, 2014.
[28] 蔡杰, 吕昂, 周金平, 张俐娜. 纤维素科学与材料[M]. 北京：化学工业出版社, 2015.
[29] 蒋官澄. 多孔介质油气藏岩石表面气体润湿性理论基础与应用[M]. 北京：石油大学出版社, 2015.

[30] 陈大钧,陈馥. 油气田应用化学(第二版)[M]. 北京:石油工业出版社,2015.

[31] Pang XQ, Jia CZ, and Wang WY. Petroleum Geology Features and Research Developments of Hydrocarbon Accumulation in Deep Petroliferous Basins[J]. Petroleum Science, 2015, 12, (1): 1-53.

[32] 汪文洋,庞雄奇,武鲁亚等. 全球含油气盆地深层与中浅层油气藏压力分布特征[J]. 石油学报, 2015, 36(2): 194-202.

[33] Li J, Hu WB. BiasedDiffusion Induces Coil Deformation via a 'Cracking-the-Whip' Effect of Acceleration Generated by Dynamic Heterogeneity along a Polymer Chain[J]. Polymer International, 2015, 64, (1): 49-53.

[34] Zhuang ZL, Jiang T, Lin JP, et. al. Hierarchical Nanowires Synthesized by Supramolecular Stepwise Polymerization[J]. Angewandte Chemie International Edition, 2016, 55(40): 12522-12527.

[35] 张勇,王彪,刘晓栋. 国内钻井液用磺化酚醛树脂研究进展[J]. 油田化学, 2016, (3): 547-551.

[36] 叶晓东,周科进,吴奇. 高分子研究中的一个知识问题——柔性链"从线团到小球"的构象变化[J]. 高分子学报, 2017, (9): 1389-1399.

[37] 黄维安,雷明,滕学清,等. 致密砂岩气藏损害机理及低损害钻井液优化[J]. 钻井液与完井液, 2018, 35(4): 33-38.

[38] Razali S Z, Yunus R, Abdul Rashid S, et al. Review of biodegradable synthetic-based drilling fluid: progression, performance and future prospect[J]. Renewable & Sustainable Energy Reviews, 2018, 90(3): 171-186.

[39] Hong W, Xu GZ, Ou XG, et. al. Colloidal probe dynamics in gelatin solution during the sol-gel transition [J]. Soft Matter, 2018, 14(19): 3694-3703.

[40] 安立佳,陈尔强,崔树勋,等. 中国改革开放以来的高分子物理和表征研究[J]. 高分子学报, 2019, 50(10): 1047-1067.